D1672333

Systeme der Regelungstechnik mit MATLAB® und Simulink®

Analyse und Simulation

von
Prof. Dr.-Ing. Helmut Bode

Oldenbourg Verlag München

Prof. Dr.-Ing. Helmut Bode, Jahrgang 1939, studierte Regelungstechnik und promovierte an der TH Magdeburg; Von 1993 bis 2003 war er Professor für „Theoretische Grundlagen automatisierter Systeme“ an der HTW Dresden, 1994 bis 1997 gleichzeitig Studiendekan des Fachbereichs Elektrotechnik.

Bibliografische Information der Deutschen Nationalbibliothek

Die Deutsche Nationalbibliothek verzeichnet diese Publikation in der Deutschen Nationalbibliografie; detaillierte bibliografische Daten sind im Internet über <http://dnb.d-nb.de> abrufbar.

Rosenheimer Straße 145, D-81671 München
Telefon: (089) 45051-0
oldenbourg.de

Lektorat: Anton Schmid
Herstellung: Anna Grosser
Coverentwurf: Kochan & Partner, München
Gedruckt auf säure- und chlorfreiem Papier
Druck: Grafik + Druck, München
Bindung: Thomas Buchbinderei GmbH, Augsburg

ISBN 978-3-486-59083-8

Vorwort

Die Notwendigkeit der computerunterstützten Analyse und Synthese dynamischer Systeme und das Vorhandensein leistungsfähiger Rechner haben zahlreiche Softwareprodukte auf den Markt gebracht. Die in diesem Buch auf die Belange der Analyse und Simulation nichtlinearer und linearer dynamischer Systeme und der linearen Regelungstechnik angewendete Software MATLAB® und Simulink® gehört mit zu den am weitesten verbreiteten Produkten dieser Art.

Auf der Grundlage des Prinzips Lehren und Lernen mit dem Computer soll den Studierenden eine Anweisung in die Hand gegeben werden, die es ihnen erlaubt, den in der Vorlesung vorgetragenen Stoff in Form von betreuten und selbständigen Übungen am Rechner zu erlernen, zu hinterfragen und zu festigen.

Neben den Studierenden richtet sich dieses Buch aber auch an Fachleute aus der Praxis, Forschung und Entwicklung, die entsprechende Aufgabenstellungen zu lösen haben.

Grundlagen für die in diesem Buch durchgeführten Berechnungen sind[1]:

MATLAB	Version 7.7	(R2008b)
Simulink	Version 7.2	(R2008b)
Control System Toolbox	Version 8.2	(R2008b)
Symbolic Math Toolbox	Version 5.1	(R2008b)

Für das Überlassen dieser Software bedanke ich mich bei The MathWorks, 3 Apple Hill Drive, Natick, MA 01760-2098 USA und speziell bei den Damen und Herren von The MathWorks Book Program Team.

Eine der wesentlichen Voraussetzungen für die Automatisierung technologischer Prozesse ist die Analyse und Simulation dynamischer Systeme. Die damit im Zusammenhang auftretenden Grundbegriffe werden im ersten Kapitel – Einleitung – behandelt.

In die notwendigen Grundoperationen von MATLAB und in die Grundbausteine der Simulink-Signalflusspläne wird in den Kapiteln zwei und drei eingeführt, sie können aber nicht die entsprechenden Handbücher bzw. die M-function help *name* / doc *name* ersetzen.

---

[1] Sämtliche im Buch behandelten Beispiele und functions wurden mit den MATLAB-Prerelease-Versionen R2009b getestet und sind darunter voll lauffähig.

Ohne Systemanalyse keine Computersimulation, d. h. die Analyse und Simulation dynamischer Systeme mit einem Softwareprogramm setzt das Vorhandensein mathematischer Modelle voraus. Die Beschreibung des Aufbaus der Modelle konkreter und abstrakter sowie linearer und nichtlinearer Systeme ist Gegenstand des vierten Kapitels.

Vertieft werden diese Zusammenhänge durch das Aufstellen der mathematischen Beziehungen zum dynamischen Verhalten an drei physikalisch unterschiedlich konkreten Systemen. Zwei davon liefern das gleiche abstrakte Modell in Form einer linearen Differenzialgleichung 1. Ordnung. Das Zeitverhalten des dritten Systems wird durch eine nichtlineare Differenzialgleichung 1. Ordnung beschrieben. Die dazugehörenden Simulink-Signalflusspläne werden angegeben.

Für eine computergestützte Simulation ist es notwendig, die mathematischen Modelle der zu simulierenden Systeme in einer geeigneten Form darzustellen. Unter MATLAB/Simulink ist besonders die Darstellung in Form der nichtlinearen bzw. linearen Zustandsraumbeschreibung, d. h. als Vektor-Matrix-Differenzial-Gleichungssystem bzw. als Signalflussplan, geeignet. Die dazu erforderlichen Grundlagen, einschließlich der Bildung der nichtlinearen Funktionen und der Linearisierung sind ebenfalls Inhalt des vierten Kapitels.

Gegenstand des fünften Kapitels ist die Vorgehensweise beim Erstellen mathematischer Prozessmodelle auf der Grundlage der Lagrange'schen Bewegungsgleichung 2. Art. Die behandelten Systeme sind:
Ein mechanisches System „Stab-Wagen“.
Ein Gleichstrom-Scheibenläufer-Motor mit Seilscheibe und Umlenkrollen, als System „Antrieb“ bezeichnet.
Ein System „Inverses Pendel“ als Vereinigung der beiden ersten Systeme.
Ein als „Regelkreis“ aufgebautes System, in welchem über eine lineare Zustandsrückführung zunächst das „Inverse Pendel“ grenzstabilisiert wird, um es dann mittels einer Mitkopplung des Wegsignals über einen *PI*-Regler zum Regelkreis zu komplettieren und zu stabilisieren.
Das System „Netzwerk“, hier handelt es sich um ein sprungfähiges elektrisches Netzwerk.
Schließlich ein RLC-Netzwerk, als System „Brückenschaltung“.
Die mathematischen Modelle der im fünften Kapitel behandelten Beispiele repräsentieren eine große Klasse von nichtlinearen bzw. linearen Systemen, die durch nichtlineare bzw. lineare Differenzialgleichungen im Zustandsraum beschrieben werden. Für die linearen Systeme wird auch die Beschreibung durch Übertragungsfunktionen eingesetzt.

Das Bilden der Modelle wird Schritt für Schritt aufgezeigt, wobei Wert auf das Nachvollziehen möglichst vieler Schritte mit Hilfe der Symbolic Math Toolbox gelegt wurde.

Die im fünften Kapitel abgeleiteten Modelle werden in der Mehrzahl der späteren Beispiele immer wieder verwendet. Für jedes Modell existiert eine in MATLAB geschriebene *function*, mit der die Daten der Zustandsmodelle bzw. der Übertragungsfunktionen berechnet und ausgegeben werden können.

Die Gliederung der weiteren Kapitel richtet sich im Wesentlichen nach der Vorgehensweise bei der Vermittlung regelungstechnischer Grundlagen.

Das sechste Kapitel beinhaltet die Möglichkeiten der Beschreibung linearer, zeitinvarianter Systeme im Zeit- und Frequenzbereich.

Das siebente Kapitel hat Testsignale und ihre Zeitantworten zum Inhalt. Die Eigenschaften linearer, zeitinvarianter Systeme und die verschiedenen Arten der Modelltransformation sind Gegenstand des achten Kapitels.

Im neunten Kapitel werden die einzelnen Möglichkeiten des Zusammenschaltens zweier Systeme zu einem Gesamtsystem aufgezeigt, wobei die Beschreibung durch Übertragungsfunktionen und Zustandsmodelle getrennt behandelt wird.

Mein besonderer Dank gilt meinem Sohn, Dipl.-Ing. Stephan Bode, für die wertvollen fachlichen Hinweise und für die gewährte Unterstützung.

Frau Dr. Margit Roth und Herrn Anton Schmid vom Lektorat Buch Mathematik/Informatik/ Naturwissenschaften/Technik danke ich für die Möglichkeit dieses Buch beim „Oldenbourg Wissenschaftsverlag" erscheinen zu lassen und für die gute Zusammenarbeit.

Für die Unterstützung zu Fragen von MATLAB und Simulink bedanke ich mich bei Frau Dipl.-Ing. Desiree Somnitz, Technical Support Engineer von The MathWorks GmbH in Ismaning bei München.

Für die Hilfe bei der Beschaffung von historischem Material zur Automatisierung möchte ich mich u. a. bei Frau Steffi Lange von der Universitätsbibliothek der Otto-von-Guericke-Universität Magdeburg sowie Frau Hirschmann und Frau Carlisi von der Marktbücherei Postbauer-Heng bedanken.

Mein Dank wäre letztlich unvollständig, wenn er nicht meine Frau Rosemarie einschließen würde, für das sicherlich oft schwer aufzubringende Verständnis, meine zeitraubende Beschäftigung, die dieses Buch entstehen ließ, zu akzeptieren.

Für Letzteres danke ich auch unseren Kindern Constance mit Daniel und Stephan mit Manja.

Postbauer-Heng, im August 2009 Helmut Bode

Inhalt

1 Einleitung

Zielstellung dieses Buches ist die Vermittlung von Wissen über die Möglichkeit das dynamische Verhalten technischer Systeme – Anlagen – mit Hilfe von Rechnern[2] so zu simulieren, dass daraus Rückschlüsse auf ihre Steuerbarkeit möglich sind und Entscheidungskriterien für die Automatisierung[3], d. h. für den gefahrlosen, wirtschaftlichen und qualitätsgerechten Betrieb der real existierenden Systeme, gefunden werden.

Das in Abb. 1.1 dargestellte „Konkrete System" besteht aus einem abgeschlossenen Verband untereinander festverkoppelter Elemente mit Kopplungen zu seiner Umwelt.
Zum näheren Verständnis der im weiteren Verlauf immer wieder verwendeten Begriffe werden diese nachfolgend definiert, was bei dem Auftreten neuer Begriffe fortgesetzt wird.

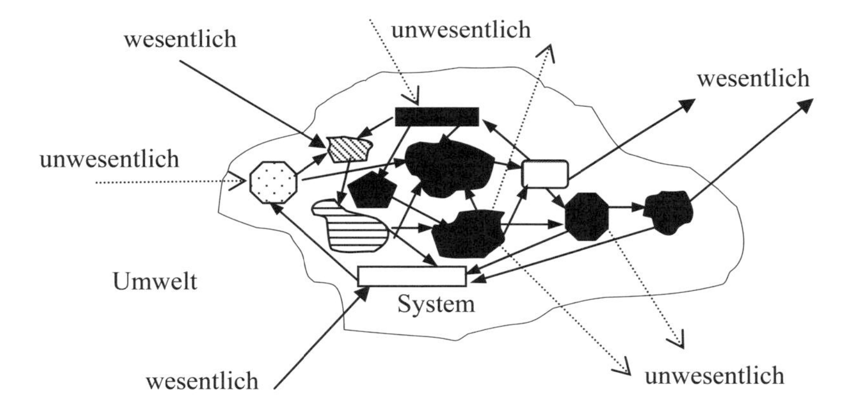

Abb. 1.1 *Konkretes System*

> *System*
> *Unter einem System ist die Gesamtheit von Objekten (Elementen) zu verstehen, die sich in einem ganzheitlichen Zusammenhang befinden. Durch ihre Wechselbeziehungen untereinander grenzen sie sich gegenüber ihrer Umgebung ab. Die Kopplungen der einzelnen Objekte untereinander sind wesentlich stärker, als die Kopplungen bzw. Wechselwirkungen zur Umwelt.*

---

[2] Gewöhnlich auch als Computer bezeichnet.

[3] Siehe Seite 3.

Anlage
Die Gesamtheit der maschinellen und anderen Ausrüstungen eines Betriebes, die zur Produktion oder Fertigung (Produktions- oder Fertigungsanlage), zur Energieerzeugung (Kraftanlage), zu Förder- oder Transportzwecken (Förder- oder Transportanlage) u. a. erforderlich sind, werden als Anlage bezeichnet.

Technologischer Prozess
Ein technologischer oder auch technischer Prozess ist ein sich über eine gewisse Zeit erstreckender strukturverändernder Vorgang, bei dem Stoffe, Energien oder Informationen transportiert bzw. umgeformt werden. Ein Prozess läuft in einem konkreten System ab.

Die Simulation ermöglicht es, den in einem bereits vorhandenen bzw. noch zu entwerfenden System ablaufenden technologischen Prozess zu untersuchen. Sie kann dabei unabhängig von dem Gefahrenpotenzial des technologischen Prozesses, seinen materiellen Werten sowie den Geschwindigkeiten des Prozessablaufs durchgeführt werden. Die bei der Simulation gewonnenen Kenntnisse, auf den real existierenden Prozess übertragen, dienen dazu ihn so zu entwerfen, dass er die an ihn gestellten Forderungen erfüllt.

Simulation
Die Simulation eines Systems, gleichgültig welcher Art, erfordert sein physikalisches, technisches oder abstraktes bzw. mathematisches Modell. Die Simulation mit Hilfe eines abstrakten bzw. mathematischen Modells setzt die Analyse des Systems voraus!

Ohne Systemanalyse, kein mathematisches Modell! Ohne mathematisches Modell, keine Computersimulation!

Analyse
Sie beinhaltet die Zerlegung eines Systems in seine Einzelteile bzw. Übertragungsglieder mit dem Ziel, die Wirkungswege der auf das System wirkenden oder im System herrschenden Signale aufzudecken und in ihrem Einfluss auf die Übertragungsglieder im Sinne des statischen und dynamischen Verhaltens des Gesamtsystems möglichst mathematisch zu beschreiben. Der Wirkungszusammenhang lässt sich anschaulich in Signalflussplänen darstellen.

Die hier behandelten Systeme lassen sich durch nichtlineare und lineare bzw. linearisierte mathematische Modelle beschreiben. Vielfach dient das geschaffene mathematische Modell dem Ziel, das dynamische Verhalten des betrachteten Systems – Regelstrecke – durch eine noch zu schaffende Regeleinrichtung – Regler – im Sinne der Automatisierung gezielt zu beeinflussen.

Die Synthese bzw. der Entwurf geeigneter Regler ist Gegenstand der Regelungstechnik. Sie beruht auf dem Prinzip der Rückkopplung. Die einfachste Struktur einer Regelung ist der in Abb. 1.2 dargestellte einschleifige Regelkreis.

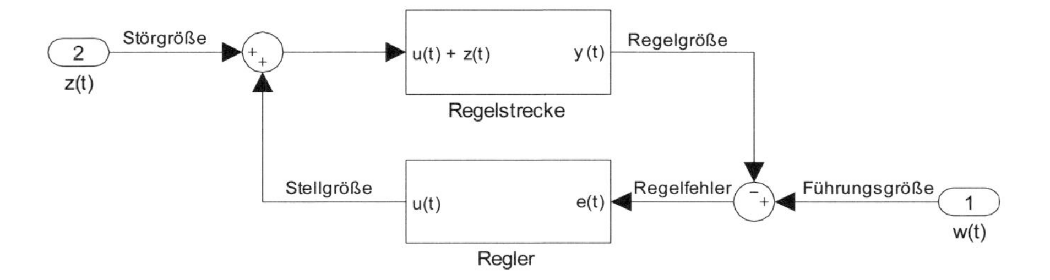

Abb. 1.2 *Der einschleifige Regelkreis, als einfachste Form einer Regelung mit Störung am Streckeneingang*

Der einschleifige Regelkreis besteht aus der Regelstrecke mit der zu regelnden Größe $y(t)$, die ständig gemessen und mit der Führungsgröße $w(t)$ – Sollwert – verglichen wird. Der aus dem Vergleich resultierende Regelfehler $e(t) = w(t) - y(t)$ wird im Regler entsprechend dessen Charakteristik zur Stellgröße $u(t)$ verarbeitet. Mit der Stellgröße ist die Regelstrecke so zu beeinflussen, dass die als Folge einer Störgröße $z(t)$ hervorgerufene Abweichung der Regelgröße kompensiert wird. Voraussetzung für eine Kompensation der Störung ist die Umkehr des Signalvorzeichens im Regelkreis – negative Rückführung.

Die Regelungstechnik gehört neben der Steuerungs- und Nachrichtentechnik, der Physiologie, der Mengenlehre und der mathematischen Logik zu den Wurzeln der Automatisierungstechnik, wobei diese die Mittel und Methoden zur Verfügung stellt, die für die Automatisierung von Prozessen aller Art notwendig sind.

> *Automatisierung*
> *Automatisierung ist das Ersetzen formalisierbarer geistiger Arbeit des Menschen durch technische Mittel zur zielgerichteten Beeinflussung von Prozessen.*

Der Begriff „Automatisierung“ ist im hier verwendeten Sinne zu Beginn des 20. Jh. im deutschen Sprachgebrauch aufgetaucht, so z. B. schreibt Beck im Jahre 1924 in [Beck-1924] u. a. „Für kleinere Kraftwerke gewinnt auch die A u t o m a t i s i e r u n g immer mehr Eingang; so hat die Hydroelectric Power Commission of Ontario den Bau von zwei automatischen Kraftwerken mit je drei Einheiten von 2.000 kVA in Angriff genommen, welche von einem dritten in 6,5 bzw. 10 km Entfernung befindlichen Kraftwerk aus gesteuert werden sollen.“.
In den USA wahren die Auswirkungen des Einsatzes von automatischen Maschinen schon länger in der Diskussion, etwa seit den späten Achtzigerjahren des 19. Jahrhunderts so Ernest F. Lloyd in [Lloyd-1919]. In seinem Artikel „The American Automatic Tool“ führt er u. a. aus:

> *„Machinery may be roughly divided into two main groups, the first comprising machines whose principal purpose is to strengthen the arm of the worker, the second comprising those whose purpose is to supplant the worker or reduce his function to a minimum. All machines falling within the second group may be termed automatic tools.“*

Maschinenanlagen können etwa in zwei Hauptgruppen eingeteilt werden. Die erste beinhaltet Maschinen, deren prinzipieller Zweck es ist, den Arm des Arbeiters zu stärken, zu der zweiten gehören diejenigen, deren Zweck es ist, den Arbeiter zu ersetzen oder seinen Einfluss auf ein Minimum zu reduzieren. Alle Maschinen welche in die zweite Gruppe fallen, können „automatic tools" genannt werden.

Arthur Pound zitiert in „The Iron Man in Industry" [Pound-1922] die Ausführungen von E. F. Lloyd über die zwei Hauptgruppen von Maschinenanlagen in einer etwas veränderten und erweiterten Form. Aus „Machinery" wird „Machine-tools" und die Bezeichnung 'automatic tools' für die zweite Hauptgruppe von Maschinen taucht, aus nicht nachvollziehbaren Gründen, nicht mehr auf. Weiterhin wird in dem Zitat der Arm des Arbeiters nicht nur *gestärkt* sondern auch *verlängert* und *sein Willen als die wesentlichste Arbeitsfunktion* bleibt erhalten.

Pound führt einen Auslegerkran als Beispiel für die erste Maschinenart an. Für dessen Bedienung der Kranführer seine Muskeln und seinen Geist in gleicher Weise einsetzen muss, wie seine Vorfahren es taten, um ihre einfachen Hebel zu bewegen. Die erste Maschinenart entspricht der weiter unten angeführten Definition der Mechanisierung.

Die primäre Aufgabe der Maschinen der zweiten Gruppe ist, die Arbeit selbst auszuführen, wofür ihr Mechanismus erdacht ist. Somit ist es nicht erforderlich, dass der Bediener die einzelnen Schritte des Arbeitsablaufes kennt. Seine Aufgabe besteht lediglich in der Zuführung des Rohmaterials und dem Abtransport der fertigen Produkte. Die zweite Maschinenart entspricht der o. a. Definition der Automatisierung.

Arthur Pound schreibt, dass es selbstverständlich ist, dass der Grad der selbsttätig funktionierenden (automatischen) Maschinen nicht bei allen gleich hoch ist.

In der deutschen Ausgabe von Pounds Buch [Pound/Witte-1925] übersetzt die Bearbeiterin Irene M. Witte den Begriff „Machine-tools" mit „Werkzeugmaschine", was wohl in diesem Zusammenhang den Bereich der automatischen Maschinen stark einschränkt.

Schon zum Beginn der Zwanzigerjahre des letzten Jahrhunderts war in den USA klar, das sich die Gesellschaft in Richtung einer vollständigen Automatisierung entwickelt. Dazu ein Auszug aus dem III. Kapitel – Mind and Machine – von [Pound/Witte-1925] Seite 39/40, im Original Seite 37:

Das Bestreben des stets auf Neuerungen bedachten Menschen, sich satt zu essen, sich zu kleiden und seine anderen Bedürfnisse mit der geringsten Anstrengung zu befriedigen, hat im Laufe der Jahrhunderte in durchaus folgerichtiger Entwicklung die automatische Maschine hervorgebracht, die zuerst mit Widerstreben, dann aber in großen Mengen für die Produktion der notwendigen Erzeugnisse eingeführt wurde. Unsere Generation befindet sich auf dem Wege zur vollständigen Automatisierung – its way to a complete automatization[4] *–, d. h. zu einer so vollständigen, wie sie die menschliche Natur überhaupt ertragen kann.*

[4] vom Verfasser nach dem Original eingefügt

1931 schreibt K. Piche in „Die Automatisierung von Wasserkraftwerken“ [Piche-1931] „wie sich in Österreich der Gedanke, elektrische Wasserkraftanlagen aus wirtschaftlichen Erwägungen zu automatisieren, entwickelt hat und auch durchzusetzen beginnt.“ Er führt u. a. aus, dass „Mit der Steigerung der Ansprüche an Qualität der erzeugten und gelieferten Energie ...“ selbsttätig wirkende Regulatoren bzw. Regler für die verschiedensten Aufgaben im Kraftwerksbetrieb auf der mechanischen und elektrischen Seite „gebaut und deren Konstruktion verfeinert und schrittweise zur heutigen Vollkommenheit gebracht“ wurden. Was im Sinne der obigen Definition für die Automatisierung besonders relevant ist, beschreibt er wie folgt:

> *So wurde das Erfassen und Abwehren einer Störungsart nach der anderen dem Bedienungspersonal abgenommen und Apparaten übertragen und so immer ein weiterer Schritt zur A u t o m a t i s i e r u n g gemacht, ohne daß man vorläufig daran dachte, auf das Bedienungspersonal ganz zu verzichten.*

Weitere Aussagen zu diesem Thema finden sich u. a. über die Automatisierung des Fernsprechnetzes in [Vossische Zeitung-1932] und in [Dolezalek-1938] zur Automatisierung der Mengenfertigung. Kuhnert wurde mit der Dissertation zum Thema „Der Prozess der Automatisierung und Mechanisierung und seine Einwirkung auf den schaffenden Menschen“ [Kuhnert-1935] promoviert.

Nach [Nevins/Hill u. a.-1962] hat Harder[5] 1947 bei der Ford Motor Company, bei der er bis Mai 1962 tätig war, ein „Automation Department“ eingerichtet, hierbei verwendete er den Begriff „automation“, das englischsprachige Äquivalent zur deutschen Automatisierung.

D. S. Harder arbeitete in der Autoindustrie, u. a. bei der Yello Taxi Cab Company, der Chevrolet Company und der General Motors Corporation, ehe er zur Ford Motor Company wechselte.

Zu etwa der gleichen Zeit wie D. S. Harder, führte John Theurer Diebold[6] an der Harvard Business School ebenfalls das Wort „automation“ ein. Siehe auch [Diebold-1956].

In der Folge beschäftigten sich mehrere Autoren mit der Definition der Begriffe „Mechanisierung“ und „Automatisierung“, so z. B. [Kindler[7]-1957], [Roeper-1958] und sehr ausführlich Kortum in [Kortum-1961] und [Kortum-1962].

Materialien zur Beurteilung der ökonomischen und sozialen Folgen der Automation sind in [Pollock-1964] enthalten, wobei grundlegende Begriffe der Automatisierung z. T. nicht, ihrer Bedeutung entsprechend, auseinander gehalten werden.

In der Soziologie und Sozialpolitik taucht dieser Begriff schon im Jahre 1908 bei Max Weber[8] [Weber, Max-1908] auf. Er formuliert in Hinsicht auf eine Verbesserung der Kräfteöko-

---

5 Harder, Delmar S. *19.3.1892 Delhi, NY (USA) †September 1973 (USA), ab 1912 Ingenieur im Automobilbau

6 Diebold, John Theurer *8.6.1926 Weehawken, NJ †26.12.2005 Bedford Hills, NY (USA), Computervisionär

7 Kindler, Heinrich *29.11.1909 Breslau †23.02.1985 Dresden, Prof. für Regelungstechnik

8 Weber, Max *21.4.1864 Erfurt †14.7.1920 München, Nationalökonom, Sozialwissenschaftler

nomie eines Leistungsträgers: „»Körperlicher« und »geistiger« Arbeit gemeinsam ist in dieser Hinsicht vor allem der Vorgang der »Mechanisierung«, »Automatisierung[9]« möglichst vieler, anfänglich in allen ihren Einzelheiten durch gesondert bewußtwerdenden Willensimpuls und unter konstanter Inanspruchnahme der Aufmerksamkeit vollzogenen Bestandteile der Leistung.", so dass „»Uebung« von Arbeitsleistungen stets wesentlich auch eine »Automatisierung« von ursprünglich im Bewußtsein artikulierten Willensimpulsen ist".
Neben dieser psychophysischen[10] Automatisierung, spricht Weber noch von der „maschinellen Automatisierung", welche im Zusammenhang mit der Arbeitszeitreduktion in den einzelnen Industrien steht, wobei er u. a. ausführt: „Namentlich das vielumstrittene Problem, inwieweit die zunehmende A u t o m a t i s i e r u n g des Arbeitsprozesses und die damit verbundene Ausschaltung des Einflusses der Leistung der Arbeiter auf das Maß der Intensität der Motoren- und Maschinenausnützung dem Satz: kurze Arbeitszeit = hohe Arbeitsintensität, Schranken setzt, entbehrt noch einer zugleich streng unbefangenen Erörterung ...". Auch über den Vorgang der Mechanisierung im Zusammenhang mit körperlicher und geistiger Arbeit spricht Weber noch von der Rhythmisierung der Arbeit als Mittel der Mechanisierung.

Kurt Tucholsky[11] verwendet in seinem Beitrag „Der Bahnhofsvorsteher" [Tucholsky-1924] den Begriff „Automatisierung des Betriebes", worunter er eine immer wiederkehrende Tätigkeit versteht, so dass der Tätige die damit im Zusammenhang stehenden Eindrücke nicht mehr wahrnimmt, d. h. er wird zur Maschine. Für den Tätigen werden die Eindrücke zum Klipp-Klapp eines Automaten. Er sagt „Ich glaube, dass man sich mit der Automatisierung des Betriebes die besten Eindrücke verdirbt."! Die hier gemeinte Automatisierung entspricht der o. a. „psychophysischen" Automatisierung Webers. In seinem Beitrag „Berlin und die Provinz" [Tucholsky-1928] schreibt er „Eine Mechanisierung, eine Automatisierung des Lebens hat eingesetzt ..." geht aber nicht weiter auf diese Begriffe ein.

Der Große Duden [Duden-1929] führt „Automatisierung" erstmals in seiner 10. Auflage von 1929 auf.

Die Vorstufe auf dem Weg zur Automatisierung ist die Mechanisierung.

> *Mechanisierung*
> *Die Mechanisierung beinhaltet die Übergabe schwerer körperlicher, gesundheitsschädlicher und zeitraubender Arbeiten des Menschen an Maschinen, welche die Befehle für die Ausführung ihrer Operationen vom bedienenden Menschen erhalten.*

Die Mittel und Methoden zur Lösung technischer Probleme im Sinne einer Automatisierung gehen im Wesentlichen auf die weitgehend allgemeingültigen Methoden und Betrachtungsweisen der *Kybernetik* zurück.

---

9 Sie könnte als „psychophysische" Automatisierung bezeichnet werden.

10 psychophysisch → Psychophysik: Wissenschaft von den Wechselbeziehungen des Physischen und des Psychischen, von den Beziehungen zwischen Reizen und ihrer Empfindung [Duden-1989]

11 Tucholsky, Kurt *9.1.1890 Berlin †21.12.1935 Hindås (Göteborg), Schriftsteller

Die Kybernetik ist aus der Tatsache entstanden, dass bei den verschiedensten Wissenschaftsdisziplinen, wie z. B. der Mathematik, Technik, Biologie, Psychologie, Soziologie, Ökonomie, immer wieder analoge Probleme und Gesetzmäßigkeiten auftreten, die eine übergeordnete Wissenschaft vermuten lassen. Für diese übergeordnete Wissenschaft prägten Norbert Wiener[12] und Vertreter aus seinem wissenschaftlichen Umfeld den Begriff „Cybernetics" bzw. Kybernetik, was in Wieners 1948 erstmalig erschienenem Buch „Cybernetics or Control and Communication in the Animal and the Machine", in Deutsch „Kybernetik – Regelung und Nachrichtenübertragung in Lebewesen und Maschine" [Wiener-1968], anschaulich beschrieben ist.

Die Kybernetik hat sich trotz oder wegen ihres integrierenden Charakters zwischen den einzelnen Wissensgebieten nicht als eine selbständige, übergeordnete Disziplin durchsetzen können, da der notwendige Wissensumfang für die *Kybernetiker* viel zu umfangreich sein würde. Die in der Blütezeit der Kybernetik als ihre modernste und leistungsfähigste Errungenschaft postulierten universell programmierbaren Analog- und Digitalrechner [Peschel-1972], die den Menschen von routinemäßiger geistiger Arbeit befreien, sind Gegenstand der Informatik, einer selbständigen Wissenschaft, ohne die eine Automatisierung heute nicht mehr denkbar ist.

Kybernetik
Die Kybernetik stellt eine allgemeine Systemtheorie dar. Ihr Anwendungsbereich ist die gesamte objektive Realität, in der Begriffe wie System, Information, Signal, wesentliche und unwesentliche Kopplungen sowie Einflussgrößen auftreten.

Zur Konkretisierung des oben definierten Systems werden nachfolgend die Kopplungen zwischen den Objekten eines Systems sowie zwischen dem System und der Umwelt beschrieben.

Wesentliche und unwesentliche Kopplungen
Für die Modellbildung wesentliche Kopplungen sind die Informationen, die von Signalen getragen, von einem Objekt oder System zum anderen gelangen und zum Kontrollieren, Lenken und Leiten der Prozesse genutzt werden können.

Kopplungen, welche den Austausch von Energien und Stoffen realisieren, werden für die Modellbildung als unwesentlich betrachtet.

Für die Information als wesentliche Kopplung soll nachfolgende kurze Definition gelten:

Information
Eine Information ist eine Mitteilung über das Eintreten eines Ereignisses. Durch sie wird Ungewissheit über dieses Ereignis beim Empfänger der Information beseitigt. Der Informationsgehalt ist umso höher, je unbestimmter das Ereignis vorherzusehen war. Jede physikalische Größe kann in der Form eines Signals als Träger von Informationen dienen.

---

[12] Wiener, Norbert *26.11.1894 Columbia (USA) †18.3.1964 Stockholm, Mathematiker, Kybernetiker

Der Verlauf eines Parameters bestimmt den Inhalt einer Information. Die für die Übertragung einer Information notwendigen Merkmale eines Signals, d. h. seine Werte oder sein Werteverlauf, heißen Informationsparameter.

Ein Signal muss mittels technischer Einrichtungen erfasst, verarbeitet, genutzt und übertragen sowie gespeichert werden können, so dass die in ihm enthaltenen Informationen in eindeutiger Weise reproduzierbar sind.

Die Signale lassen sich in Nutz- und Störsignale unterteilen. Im Sinne der Automatisierung wird ein Nutzsignal entweder am Eingang eines Systems zum Steuern des Prozesses verwendet, oder es verlässt als gesteuertes Signal das System über den Ausgang.

Störsignale sind von weit reichender Bedeutung, denn sie beeinflussen in negativer Weise den zielgerichteten Ablauf eines Prozesses, so dass in ihrer Beseitigung vielfach der Grund für eine Automatisierung liegt. Sie werden im Allgemeinen als Störungen oder Störgrößen bezeichnet.

Gründe die eine Automatisierung notwendig machen, sind neben der Beseitigung von Störungen, das Betreiben von Prozessen, die auf Grund der großen Änderungsgeschwindigkeiten ihrer Systemgrößen vom Menschen alleine nicht beherrscht werden können oder von denen eine Gefahr für Leben und Gesundheit der Bedienenden ausgeht.

Das Ziel der Automatisierung von Prozessen ist es, sie mit einem Höchstmaß an Wirtschaftlichkeit, Sicherheit und Zuverlässigkeit betreiben zu können sowie den Menschen weitgehend von Routinearbeiten zu entlasten.

Der Kompliziertheitsgrad und die in den Automatisierungsobjekten (Abb. 1.3), gespeicherten Energien sowie Sachwerte steigen bei Weiterentwicklungen überproportional an. Dies bedeutet, dass die Prozesse immer komplexer werden und ihr Gefahrenpotenzial für Mensch und Umwelt steigt. Damit wird der mit der Bedienung und Betreuung dieser Systeme beauftragte Personenkreis vor Aufgaben gestellt, die nur mit den Mitteln und Methoden der Automatisierungstechnik bewältigt werden können.

Die Kategorien Stoff, Energie, Information und Störung entsprechend Abb. 1.3 sind die Basis für die Betrachtungen an einem Prozess, der zu automatisieren ist.

Automatisierungstechnik
Ihre Aufgabe ist es, die vorliegenden allgemeingültigen Methoden und Gesetzmäßigkeiten der Automatisierung in die Praxis zu überführen, so dass sich gut handhabbare Verfahren für die Analyse bestehender Automatisierungsobjekte ebenso wie für die Synthese von Automatisierungssystemen ergeben.

Synthese
Sie beinhaltet den Entwurf der Automatisierungsanlage mit dem Ziel das gewünschte statische und dynamische Verhalten – Stabilität, Einschwingverhalten, Genauigkeit, Sicherheit, Wirtschaftlichkeit usw. – des Gesamtsystems unter Beachtung der auftretenden bzw. zu erwartenden Störungen zu erreichen.

Neben der Unmöglichkeit einer Gesamtoptimierung wird oft die Chance vergeben, einem Automatisierungsobjekt schon während der Phasen des Entwurfs und der Konstruktion ein günstiges automatisierungstechnisches Verhalten zu geben. Da vielfach der Automatisierungstechniker oder speziell der Regelungstechniker erst mit dem Entwurf beauftragt wird, wenn der Prozess bereits in seiner Grundkonzeption vorliegt, bleibt ihm nur noch die Möglichkeit vorgegebene Strukturen zu analysieren und daran den Regler bzw. den Regelalgorithmus anzupassen, was keinesfalls optimal sein wird.

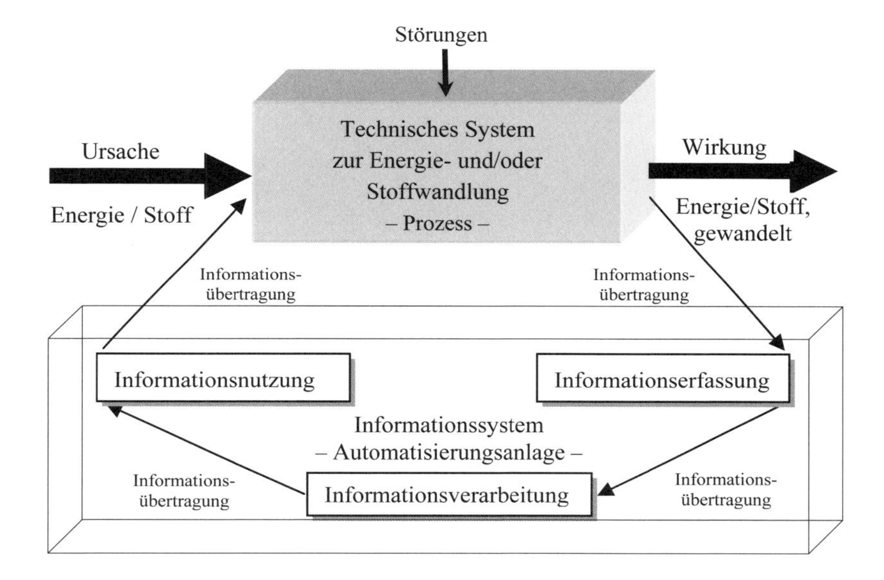

Abb. 1.3 Wechselwirkungen zwischen einem System zur Energie- und/oder Stoffwandlung und einem System zur Informationswandlung

Die nachfolgenden Kapitel sollen Hinweise und Anregungen geben, wie über die Analyse[13] dynamischer Systeme [Oppelt[14]-1964], [Reinisch[15]-1979] u. a. zum Zwecke der Modellbildung und dem Einsatz der Regelungstheorie[16] im Zusammenhang mit der leistungsfähigen Software MATLAB[17] und Simulink[18] die Voraussetzungen für eine fundierte Synthese des Informationssystems bzw. der Automatisierungsanlage entsprechend Abb. 1.3 geschaffen werden können.

---

13 Auch als theoretische Prozessanalyse bezeichnet.

14 Oppelt, Winfried *5.6.1912 Hanau †1.10.1999 Baldham/München, Prof. für Regelungstechnik in Darmstadt

15 Reinisch, Karl *21.08.1921 Dresden †24.01.2007 Ilmenau, Prof. für Regelungstechnik

16 Schmidt, Hermann *9.12.1894 Hanau †31.5.1968 Berlin, wurde am 25.11.1944 an die TH Berlin-Charlottenburg auf den ersten Lehrstuhl für Regelungstechnik in Deutschland berufen, Physiker, Mathematiker, Regelungstechniker [Jäger-1996] [Fasol-2001].

17 MATLAB® ist ein eingetragenes Warenzeichen der Firma „The MathWorks“.

18 Simulink® ist ein eingetragenes Warenzeichen der Firma „The MathWorks“.

2 Einführung in MATLAB

MATLAB ist eine leistungsfähige Software zur numerischen Lösung und graphischen Darstellung von wissenschaftlich-technischen Aufgabenstellungen. Der Name MATLAB steht für MATrix LABoratory. Eine Vielzahl mathematischer Funktionen bilden die Grundlage, die mittels leistungsfähiger Bausteine, wie z. B. der *Control System Toolbox* und ihrer vielen Erweiterungen sowie den Toolboxen *System Identification*, *Signal Processing*, *Fuzzy Logic*, *Neuronal Network* und die über die MuPAD[19] symbolic engine betriebene *Symbolic Math Toolbox* usw., fachspezifisch ergänzt wird.

MATLAB ist ein interaktives Programm, mit dem es neben der Vielzahl gelieferter M-functions möglich ist, eigene, mit Hilfe des *M-file*-Editors geschriebene *functions*, zu nutzen.
Die nachfolgenden Ausführungen erheben keinesfalls den Anspruch, alle Kommandos bzw. M-functions, die MATLAB beinhaltet, zu behandeln. Hierfür wird auf die Hilfefunktionen „*help name*" bzw. „*doc name*" und auf den *Function Browser* unter *Help* im *Command Window* verwiesen. Aus der zwischenzeitlich zahlreichen und vorwiegend anwendungsorientierten Literatur seien hier stellvertretend genannt: [Angermann u. a.-2007], [Benker-2003], [Glattfelder/Schaufelberger-1997], [Gramlich/Werner-2000], [Löwe-2001], [Paul-2004], [Pietruszka-2005], [Scherf-2003], [Schott-2004], [Schweizer-2008], [Überhuber u. a.- 2004].

Die in diesem Buch verwendete Software bezieht sich auf MATLAB Version 7.7 (R2008b) , Simulink Version 7.2 (R2008b), Control System Toolbox Version 8.2 (R2008b), und auf die Symbolic Math Toolbox Version 5.1 (R2008b).

Direkte Aufzeichnungen von MATLAB-Routinen in Microsoft[20] Word 2002/2003 und 2007 unter Microsoft Windows XP Home Edition können mit dem dafür vorgesehenen MATLAB Notebook erfolgen.

---

[19] MuPAD ist ein Computeralgebra System (CAS) der Firma SciFace Software GmbH und Co. KG, jetzt Bestandteil von „The MathWorks". Es ist ein Programm mit dem sich mathematische Problemstellungen bearbeiten lassen.

[20] Microsoft® ist ein eingetragenes Warenzeichen der Firma „Microsoft Corporation".

2.1 Eingaben

Bei der Verwendung von MATLAB zur Lösung numerischer und graphischer Aufgabenstellungen können sowohl die Daten als auch die Anweisungen direkt über die Tastatur oder indirekt über eine Skript-Datei – *script* – bzw. Funktions-Datei – *function* – eingegeben werden.

2.1.1 Direkte Eingabe

Jede direkte Eingabe – Anweisung – im MATLAB Command Window beginnt hinter dem Prompt „>>“ und wird durch Betätigen der Return-Taste „↵“ abgeschlossen, was zu ihrer Verarbeitung führt.

2.1.2 Der MATLAB-Editor

Die direkte Eingabe ist für kürzere Kommandofolgen geeignet. Längere oder immer wiederkehrende Folgen werden besser mit Hilfe von M-Dateien über einen Editor eingegeben.

Der MATLAB-Editor wird zum Schreiben von Skript-Dateien und zum Schreiben von anwenderspezifischen *functions* genutzt. Die „Namen“ der scripts und functions sind mit der Extension „*.m*“ versehen. Sie werden folglich auch als *M-Dateien* bzw. *M-files* bezeichnet.

Der MATLAB-Editor dient neben dem Schreiben von M-files auch ihrer Editierung und Fehlerbeseitigung. Kommentare, Schlüsselwörter, numerische Befehlsfolgen und „strings“ werden in unterschiedlichen Schriftfarben übersichtlich dargestellt. Die Abarbeitung der Befehlsfolgen erfolgt zeilenweise. Eine über eine Zeile hinausgehende Befehlsfolge kann durch „ … “ getrennt werden, so dass der in der nächsten Zeile befindliche Teil als zugehörig zum vorhergehenden Teil interpretiert wird. Für die Speicherung dieser M-functions empfiehlt es sich ein eigenes Verzeichnis einzurichten, welches nicht im MATLAB-Verzeichnis angesiedelt sein muss. Unter MATLAB ist im Current Directory nur der Path, unter dem sich das eigene Verzeichnis befindet, einzutragen.

2.1.3 Indirekte Eingabe über Skript-Dateien

Soll bei verschiedenen MATLAB-Sitzungen mit gleichen Beispielen bzw. Werten gerechnet werden, so bietet es sich an, die dazu notwendigen Daten und gegebenenfalls Berechnungen in einer Skript-Datei abzulegen. Wird diese unter Command Window nach dem Prompt durch Eingabe „Name“ und Betätigen der Return-Taste gestartet, so stehen die einmal eingegebenen notwendigen Daten und gegebenenfalls Berechnungen zur Verfügung.

Die indirekte Eingabe erfolgt über eine Skript-Datei in der die Variablenzuweisungen und die durchzuführenden Rechenoperationen aufgeführt werden. Dies geschieht mit Hilfe des MATLAB-Editors.

Beispiel 2.1
Zur Berechnung eines Zylindervolumens über die indirekte Eingabe ist ein M-file gesucht.

Lösung:[21]

```
% Beispiel 2.1
%    Berechnung des Volumens eines Zylinders
% mit dem Durchmesser d = 1 m und der Höhe h = 1 m.
% Vereinbarung der Werte
    d = 1;
    h = 1;
% Kreisfläche
    A = pi*d^2/4;
% Volumen
    V = A*h;
disp('            ')
disp('****************************************************')
disp('              Lösung zum Beispiel 2.01')
disp('            Das Volumen eines Zylinders'),
fprintf(...
'  mit dem Durchmesser d = %d m und der Höhe h = %d m\n',...
    d,h)
fprintf('              beträgt V = %f m³!\n',V)
% Ende des Beispiels 2.1
****************************************************
            Lösung zum Beispiel 2.01
          Das Volumen eines Zylinders
  mit dem Durchmesser d = 1 m und der Höhe h = 1 m
            beträgt V = 0.785398 m³!
```

2.1.4 Indirekte Eingabe über Funktionsdateien

Mit einer Funktionsdatei definiert ein Anwender seine Funktion. Dieser Funktion werden in einer Argumentliste Werte zur Berechnung neuer Werte übergeben, die die Funktion an die aufrufende Prozedur, welche auch das Command Window sein kann, zurückgibt. Die Funktionsdatei hat folgenden festen Aufbau:

```
function [1. Wert, ..., n-ter Wert] = Funktionsname (Argumentliste)
% Kommentar
Anweisungen
```

Die Funktionsdatei wird aufgerufen mit:

```
[1.Wert, …, n-ter Wert] = Funktionsname (Argumentliste)
```

Mit dem Aufruf:

```
help Funktionsname
```

wird der „Kommentar" ausgegeben, falls vorhanden.

---

21 Published with MATLAB® 7.7, siehe im Editor \ ... \Beispiel2_01.m: → File → Publish Beispiel2_01.m → Edit → markieren → Copy

2.1.5 Kommandos im Zusammenhang mit function

nargin, nargout	Anzahl der Eingabe- bzw. Ausgabeparameter
persistent var1 var2 ...	Definiert in einer Funktion lokale Variable, die bei ihrem wiederholten Aufruf mit dem vorher festgelegten oder berechneten Wert belegt sind, siehe Beispiel 3.7.
isempty ('name')	Testet, ob eine Variable „empty", also leer ist.

Beispiel 2.2
Es sind die Summe der Zahlen von 1 bis *n* und die ausgeführte Anzahl der Rechenschritte in Form einer *function* [S, k] = *summe*(*n*) gesucht. Es gilt: n = 100.

Lösung:[22]

```
function [S, k] = summe(n)
% Berechnet die Summe der Zahlen von 1 bis n und gibt die
% Anzahl der Rechenschritte aus. Entspricht Beispiel 2.2.
%
% Vereinbarung der Variablen
    i = 1;
    A(i) = 1;
    naus = nargout;
if nargin < 1, naus = 3; n = 0; end
% Berechnungen
for i = 2:(n+1)
    A(i)= A(i-1)+i;
end
switch naus
    case 1
        if n > 1
            S = A(i-1);
        else
            S = A(1);
        end
    case 2
        if n > 1
            k = i-1;
            S = A(k);
        else
            k = n;
            S = A(n);
        end
    case 3
        error('Es fehlt die einzugebende Variable ''n''!')
end
disp('             ')
disp('****************************************************')
disp('             Lösung zum Beispiel 2.2')
% Ende der Funktion summe
****************************************************
             Lösung zum Beispiel 2.2
S =
        5050
k =
   100
```

[22] Published with MATLAB® 7.7, siehe im Editor \ ... \summe.m: → File → Publish Configuration for summe.m → Edit Publish Configurations for summe.m ... → MATLAB expression: [S,k] = summe(100) → Publish → markieren → Copy

2.2 Kommandos, Operationen, Werte, Funktionen

Nachfolgend werden auf den Inhalt dieses Buches zugeschnittene, nützliche Kommandos, Operationen, Werte und Funktionen aufgeführt.

2.2.1 Nützliche Kommandos

% Text	Leitet einen Kommentar ein.
Anweisung ...	Die Anweisung wird in der nächsten Zeile fortgesetzt.
cd C:\matlab\eig	Wahl des Verzeichnis „eig“ in C:\MATLAB.
clear	Löscht alle Variablen aus dem Arbeitsspeicher.
clear name	Löscht die Variable „name“ aus dem Arbeitsspeicher.
delete datei	Löscht den file „datei“ aus dem aktuellen Verzeichnis.
diary datei	Alle folgenden Ein- und Ausgaben im Command Window werden in die Datei „datei“ geschrieben. Extension: z. B. .txt, .doc oder .m.
diary off	Beendet das Schreiben und schließt die aktuelle Datei. Durch Entfernen der Ergebnisse und Ersetzen der Extension „.txt“ bzw. „.doc“ durch „.m“ entsteht ein lauffähiger M-file.
diary on	Öffnet die zuletzt geschlossene Datei und schreibt weiter in sie.
dir / ls	Listet den Inhalt des aktuellen Verzeichnisses auf.
disp ('Text')	Gibt den 'Text' aus.
echo on bzw. off	Ausgabe im Command Window bzw. ihre Verhinderung.
format „Zahlenformat“	Legt das auszugebende „Zahlenformat“ fest.
format compact	Unterdrückt die Leerzeile bei der Ausgabe.
fprintf ('Text % x.yf\n', Wert)	Gibt 'Text' und einen oder mehrere numerische Werte aus. „x“: Länge des Feldes, „y“: Stellenzahl, „f“: Format
fzero(fun,x0)	Berechnet von „fun“ im Bereich von „x0“ die Nullstelle.
help „function"	Gibt den zur „function“ gehörenden Text aus.
load Daten.mat	Lädt die in Daten.mat gespeicherten Variablen in den Arbeitsspeicher.
save Daten.mat	Speichert alle im Arbeitsspeicher hinterlegten Variablen in Daten.mat.
save Daten.mat a b	Speichert die Variablen „a“ und „b“ in Daten.mat.
type „name“	Zeigt den Inhalt der Datei „name.m“ an.
Variable;	Das Semikolon verhindert die Ausgabe des Inhaltes von Variable.
what „Verzeichnis“	Gibt die im „Verzeichnis“ befindlichen Files an.
which „name“	Pfad und Verzeichnis, für die Datei „name.m“.
who	Liste mit den aktuellen Variablen im Arbeitsspeicher.
whos	Ausgabe einer erweiterten Variablenliste.

2.2.2 Grundoperationen mit den Variablen a und b

Operation	Command Window	
	Eingabe	Ausgabe
Zuweisung	>> a = 4; b = 5;	
Addition	>> s = a + b	s = 9
Subtraktion	>> d = a - b	d = -1
Multiplikation	>> m = a * b	m = 20
Division von rechts	>> r = a / b	r = 0.8000
Division von links	>> l = a \ b	l = 1.2500
Potenz	>> p = a^b	p = 1024
Quadratwurzel	>> w2 = sqrt(p)	w2 = 32
n-te Wurzel	>> wn = nthroot (s,a)	wn = 1.7321

2.2.3 Spezielle Werte und Variable, Cell Arrays

Beschreibung	Command Window	
	Eingabe	Ausgabe
ans: ist keine Ergebnisvariable angegeben, so wird das Resultat „ans“ zugewiesen	>> a + b	ans = 9
inf: ∞, infiniti	>> d0 = a/0	Warning: Divide by zero. d0 = Inf
i, j: imaginäre Einheit	>> i	ans = 0 + 1.0000i
NaN: Not-a-Number	>> nn = Inf/Inf	nn = NaN
pi: π	>> format long, fl = pi	fl = 3.14159265358979
{ }: Cell Array	>> A{1}=[1 4 3;0 5 8;7 2 9]; >> A{2}= 'cell array'; >> celldisp (A)	A{1} = 1 4 3 0 5 8 7 2 9 A{2} = cell array

2.2.4 Auswahl häufig benötigter Funktionen

Funktion	Command Window	
	Eingabe	Ausgabe
Binominalkoeffizient: $\binom{n}{k} = \frac{n!}{(n-k)!\,k!}$ nchoosek(n,k)	>> nchoosek(4,2)	ans = 6
E-Funktion e^x: exp(x)	>> e1 = exp(1)	e1 = 2.7183
Fakultät n!: factorial(n)	>> factorial(4)	ans = 24
Logarithmus, dekadischer, lg (x): log10(x)	>> lg1 = log10(e1)	lg1 = 0.4343
Logarithmus, natürlicher, ln(x): log(x)	>> lg = log(e1)	lg = 1
Zahl, rundet +Zahlen ab, –Zahlen auf fix(x)	>> fip = fix(e1) >> fim = fix(-e1)	fip = 2 fim = -2
Zahl, rundet ab zur nächsten ganzen floor(x)	>> fp = floor(e1) >> fm = floor(-e1)	fp = 2 fm = -3
Zahl, rundet zur nächsten ganzen round(x)	>> rp = round(e1) >> rm = round(-e1)	rp = 3 rm = -3

2.2.5 Operationen mit komplexen Zahlen

Funktion	Command Window	
	Eingabe	Ausgabe
komplexe Zahl: z	>> z = a + b*i	z = 4.0000 + 5.0000i
absoluter Wert von z, |z|: abs(z)	>> Z = abs(z)	Z = 6.4031
Winkel von z im Bogenmaß, arg(z): angle(z)	>> phi = angle(z)	phi = 0.8961
Winkel von z in Grad	>> phi_g = phi*180/pi	phi_g = 51.3402
konjugiertkomplexe Zahl zu z conj(z)	>> zc = conj(z)	zc = 4.0000 - 5.0000i
imaginärer Teil von z imag(z)	>> zi = imag(z)	zi = 5
realer Teil von z real(z)	>> zr = real(z)	zr = 4

2.2.6 Trigonometrische Funktionen

Zur Erläuterung der nachfolgend aufgeführten trigonometrischen Funktionen für Winkel beliebiger Größe, d. h. auch > 90°, wird das kartesische Koordinatensystem verwendet.

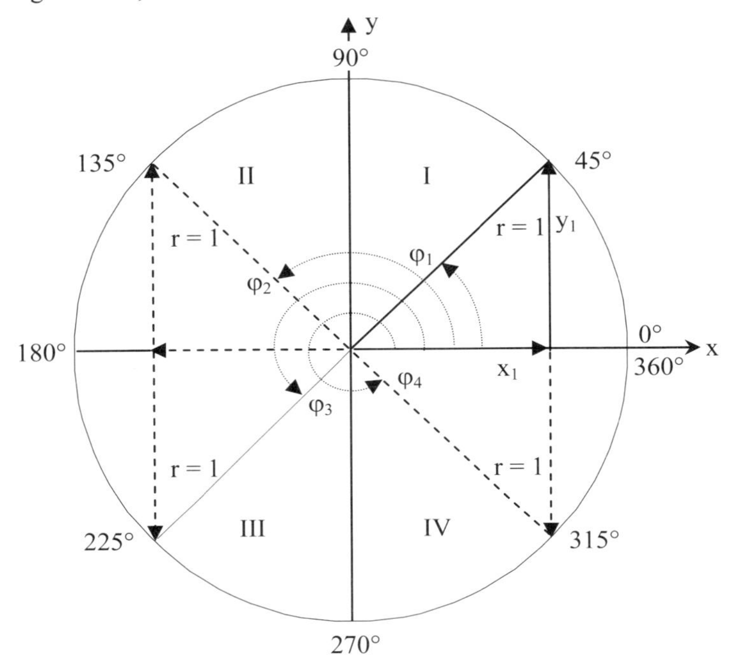

Abb. 2.1 Definition der trigonometrischen Funktionen am Einheitskreis [KE-Mathe-1977]

Sein Drehsinn ist dem Uhrzeigersinn entgegengesetzt gerichtet, welcher als der mathematisch positive – Linkssystem – bezeichnet wird. Durchläuft der freie Schenkel eines Winkels φ alle vier in Abb. 2.1 dargestellten Quadranten, so verändert sich seine Größe von 0° bis 360° bzw. im Bogenmaß von 0 bis 2π. Der freie Schenkel, er entspricht dem Radius des Einheitskreises r, bildet die Hypotenuse eines rechtwinkligen Dreiecks mit dem unveränderlichen Wert +1. Die Ankathete x sowie die Gegenkathete y verändern dagegen Länge und Vorzeichen beim Durchlauf. Mit den Definitionen der vier trigonometrischen Funktionen:

$$\sin\varphi = \frac{y}{r} \qquad \cos\varphi = \frac{x}{r} \qquad \tan\varphi = \frac{y}{x} \qquad \cot\varphi = \frac{x}{y} \tag{2.1}$$

ergeben sich die Vorzeichen der Funktionswerte in den vier Quadranten:

Funktion	Quadrant I	II	III	IV
sin φ	+	+	–	–
cos φ	+	–	–	+
tan φ	+	–	+	–
cot φ	+	–	+	–

MATLAB stellt dazu folgende Funktionen bereit, wobei die Eingabe der Winkel im Bogenmaß oder in Grad möglich ist:

Trigonometrische MATLAB-Funktionen	
Winkel phi in rad	Winkel Phi in Grad
w = sin (phi)	w = sind (Phi)
w = cos (phi)	w = cosd (Phi)
w = tan (phi)	w = tand (Phi)
w = cot (phi)	w = cotd (Phi)

Die trigonometrischen Funktionen sind periodisch:

$$\left.\begin{aligned} \sin(\varphi^\circ + n\cdot 360^\circ) &= \sin(\widehat{\varphi} + n\cdot 2\pi) = \sin\varphi \\ \cos(\varphi^\circ + n\cdot 360^\circ) &= \cos(\widehat{\varphi} + n\cdot 2\pi) = \cos\varphi \\ \tan(\varphi^\circ + n\cdot 180^\circ) &= \tan(\widehat{\varphi} + n\cdot \pi) = \tan\varphi \\ \cot(\varphi^\circ + n\cdot 180^\circ) &= \cot(\widehat{\varphi} + n\cdot \pi) = \cot\varphi \end{aligned}\right\} \quad n = 0, \pm 1, \pm 2, \ldots \qquad (2.2)$$

d. h. die Sinus- und Kosinusfunktion wiederholen sich nach dem Durchlaufen aller vier, dagegen die Tangens- und Kotangensfunktion schon nach dem Durchlauf von 2 Quadranten. Die trigonometrischen Funktionen ordnen jedem beliebigen Winkel φ eindeutig einen Funktionswert zu. Vielfach tritt aber der Fall auf, dass für einen gegebenen Funktionswert der Winkel zu bestimmen ist. Hierfür werden die Umkehr- oder Arkusfunktionen verwendet.

Umkehr- bzw. Arkusfunktionen in MATLAB	
Ergebnis: Winkel in rad	Ergebnis: Winkel in Grad
phi = asin (w)	Phi = asind (w)
phi = acos (w)	Phi = acosd (w)
phi = atan (w)	Phi = atand (w)
phi = acot (w)	Phi = acotd (w)

So beschreibt z. B. $\varphi = \arcsin(\mathrm{w})$ den Bogen – Arkus – dessen Sinus den Wert w hat. Durch Spiegelung an der Winkelhalbierenden des I. Quadranten, siehe Abb. 2.1, ergeben sich die Verläufe der Arkusfunktionen aus denen der trigonometrischen, d. h. für Bereiche, in denen die Funktionen monoton verlaufen und alle Funktionswerte annehmen – Monotonie-Intervalle – sind die trigonometrischen Funktionen umkehrbar.

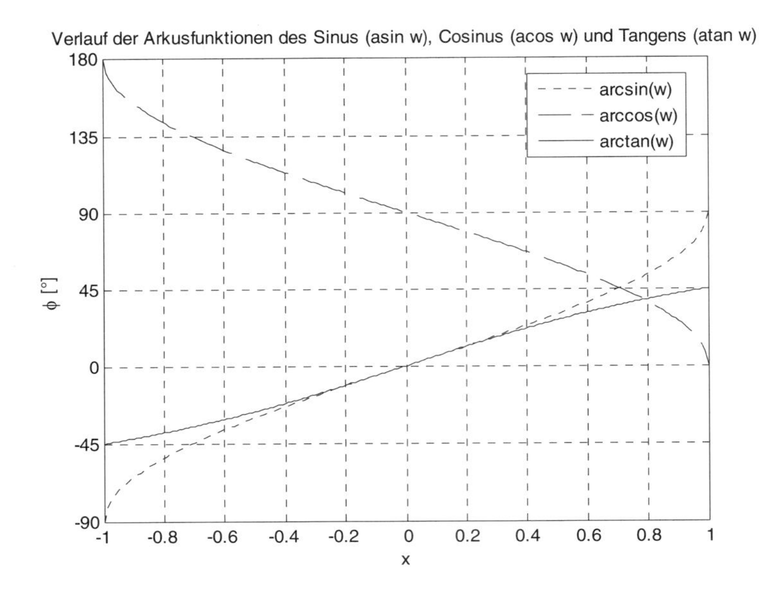

Abb. 2.2 *Verlauf der Arkusfunktionen, berechnet mit den M-functions asin(w), acos(w) und atan(w)*

Für die Monotonie-Intervalle ergeben sich verschiedene Wertevorräte der Arkusfunktionen mit den Hauptwerten:

$$\begin{array}{ccccc} -\frac{1}{2}\pi & \leq & Arc\sin w & \leq & +\frac{1}{2}\pi \\ 0 & \leq & Arc\cos w & \leq & +\pi \\ -\frac{1}{2}\pi & < & Arc\tan w & < & +\frac{1}{2}\pi \\ 0 & < & Arc\cot w & < & +\pi \end{array} \qquad (2.3)$$

MATLAB hat für den häufig auftretenden Fall einer Umkehrfunktion des Tangens eine weitere Arkustangensfunktion geschaffen, die wie folgt definiert ist:

phi = atan2 (Y,X) (2.4)

Die Argumente Y und X in der Gleichung (2.4) entsprechen den Katheten y und x in der Abb. 2.1. Die Funktion liefert für Werte, welche in den Quadranten I und II liegen, die Winkel $0 \leq \varphi \leq +\pi$ im Bogenmaß, d. h. $0° \leq \Phi \leq +180°$. Für Werte welche in den Quadranten III und IV liegen, die Winkel $0 \leq -\varphi \leq -\pi$, d. h. $0° \leq -\Phi \leq -180°$ für $180° < \Phi \leq 360°$.

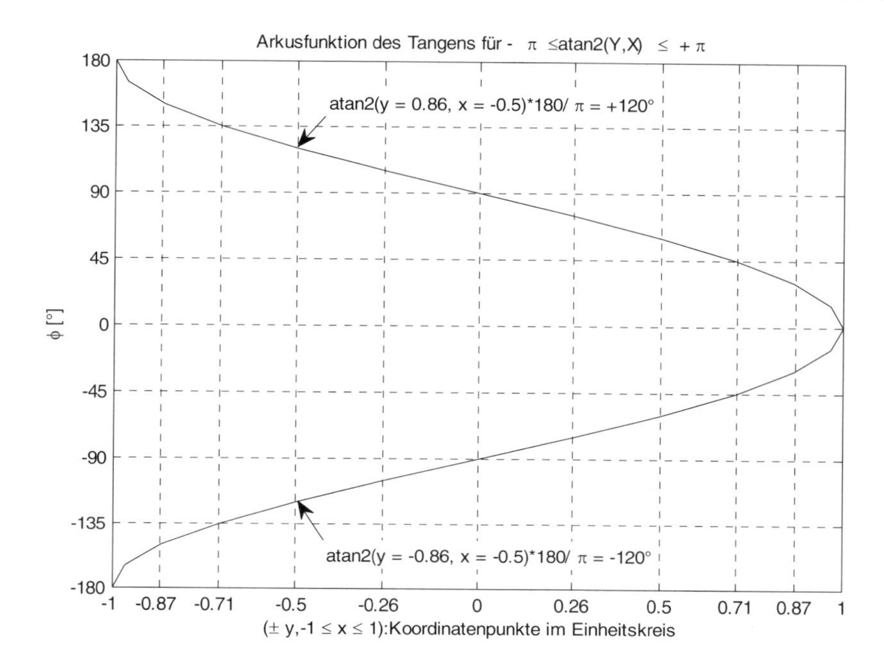

Abb. 2.3 *Verlauf der mit der M-function atan2(Y,X) berechneten Winkel* $-180° \leq \varphi \leq +180°$

Skript zur Darstellung und Berechnung der trigonometrischen Funktionen

```
% Skript zu den Abb. 2.2 und Abb. 2.3
% Berechnung und Darstellung der trigonometrischen
% Funktionen.

% Figur 1 - Sinus- und Cosinus-Funktionen
phi = 0:1:360;
wc = cosd(phi); ws = sind(phi);
figure(1), plot(phi,ws,'-.',phi,wc,'--'), grid
% Größe der Figur 1
set(1,'PaperPosition',[0.6345    6.3452    18.0    13.5])
a = gca;
set(a,'XTickLabel',{0 45 90 135 180 225 270 315 360})
set(a,'xlim',[0 360])
set(a,'XTick',[0 45 90 135 180 225 270 315 360])
xlabel('\phi [°]'), ylabel('w')
title('Verlauf der Sinus- und Cosinusfunktion')
legend('sin(\phi)','cos(\phi)','Location','best')

% Abb. 2.2
% Figur 2 - Arkusfunktionen des Sinus, Cosinus und Tangens
x = -1:0.01:1;
Phis = asind(x); Phic = acosd(x); Phit = atand(x);
figure(2)
% Größe der Figur 2
set(2,'PaperPosition',[0.6345    6.3452    18.0    13.5])
plot(x,Phis,':k',x,Phic,'--k',x,Phit,'k'), grid
```

```
b = gca;
set(b,'YTickLabel',{-90 -45 0 45 90 135 180})
set(b,'ylim',[-90 180])
set(b,'YTick',[-90 -45 0 45 90 135 180])
ylabel('\phi [°]'), xlabel('x')
title(...
['Verlauf der Arkusfunktionen des Sinus (asin w), ',...
    'Cosinus (acos w) und Tangens (atan w)'])
legend('arcsin(w)','arccos(w)','arctan(w)','Location','best')
% Speichern als Abb2_02.emf
print -f2 -dmeta -r300 Abb2_02

% Abb. 2.3
% Figur 3 - atan2(Y,X)
Phi = -180:15:0; Y = sind(Phi); X = cosd(Phi);
k0 = 0.26; k1 = 0.5; k2 = 0.71; k3 = 0.87;
figure(3)
% Größe der Figur 3
set(3,'PaperPosition',[0.6345    6.3452   18.0   13.5])
plot(X,atan2(Y,X)*180/pi,'k',-X,atan2(abs(Y),-X)*180/pi,'k')
grid
c = gca; f = gcf;
set(c,'ylim',[-180 180])
Phi1 = -180:45:180;
set(c,'YTick',Phi1), set(c,'xlim',[-1 1])
set(c,'XTick',[-1 -k3 -k2 -k1 -k0 0 k0 k1 k2 k3 1])
title(...
    ['Arkusfunktion des Tangens für - \pi  \leq',...
    'atan2(Y,X)  \leq  + \pi'])
ylabel('\phi [°]')
xlabel(['(\pm y,-1 \leq x \leq 1):',...
    'Koordinatenpunkte im Einheitskreis '])
annotation(f,'textarrow',[0.3563 0.3235],[0.8443 0.7912],...
    'TextEdgeColor','none',...
    'TextColor',[0 0 0],...
    'TextBackgroundColor',[1 1 1],...
    'String',{'atan2(y = 0.86, x = -0.5)*180/\pi = +120°'});
annotation(f,'textarrow',[0.3563 0.3268],[0.1795 0.2473],...
    'TextEdgeColor','none',...
    'TextColor',[0 0 0],...
    'TextBackgroundColor',[1 1 1],...
    'String',{'atan2(y = -0.86, x = -0.5)*180/\pi = -120°'});
% Speichern als Abb2_03.emf
print -f3 -dmeta -r300 Abb2_03

% Berechnungen
Phi = [45 135 225 315];
Yb = [0 0.71 1  0.71  0 -0 -0.71 -1 -0.71 0];
Xb = [1 0.71 0 -0.71 -1 -1 -0.71  0  0.71 1];
F = [Phi; sind(Phi); cosd(Phi); tand(Phi); cotd(Phi)];
P = [Phi;asind(F(2,:));acosd(F(3,:)); atand(F(4,:));...
    atand(F(5,:))];
T = atan2(Yb,Xb)*180/pi;
disp('                  Die Funktionswerte für')
disp('        sind(Phi), cosd(Phi), tand(Phi) und cotd(Phi)')
fprintf('     Phi %4.0f° %6.0f° %6.0f° %6.0f°\n', F(1,:))
fprintf('     sin %+4.4f %+4.4f %+4.4f %+4.4f\n', F(2,:))
fprintf('     cos %+4.4f %+4.4f %+4.4f %+4.4f\n', F(3,:))
fprintf('     tan %+4.4f %+4.4f %+4.4f %+4.4f\n', F(4,:))
fprintf('     cot %+4.4f %+4.4f %+4.4f %+4.4f\n', F(5,:))
```

```
disp(' ')
disp('                    Die Funktionswerte für')
disp('          asind(w), acosd(w), atand(w) und acotd(w)')
fprintf(['Ausgangswerte:     Phi', ...
    '   %4.0f° %4.0f° %4.0f° %4.0f°\n'], P(1,:))
fprintf(['Berechnete Werte:',...
    ' asind %+5.0f %+5.0f %+5.0f %+5.0f\n'], P(2,:))
fprintf(['                 ',...
    ' acosd %+5.0f %+5.0f %+5.0f %+5.0f\n'], P(3,:))
fprintf(['                 ',...
    ' atand %+5.0f %+5.0f %+5.0f %+5.0f\n'], P(4,:))
fprintf(['                 '...
    ' acotd %+5.0f %+5.0f %+5.0f %+5.0f\n'], P(5,:))
disp(' ')
Q = [1 1 1 2 2 3 3 4 4 4];
Qstr = str2mat('I I I II II III III IV IV IV');
disp(' Die mit atan2(Y,X) berechneten Funktionswerte')
disp(' -------------------------------------------')
fprintf('     \t(Y,X)\t\t atan2(Y,X)\t Quadrant\n')
disp(' -------------------------------------------')
fprintf('      (%5g,%5g)\t %5g°\t\t\t%d\n',[Yb;Xb;T;Q])
% Ende des Skript Abb2_02_03.m
```

2.3 Matrizen

Die Matrix[23, 24] ist ein rechteckiges Zahlenschema von m Zeilen und n Spalten. Die Zahlen, aus denen sich die Matrizen zusammensetzen, werden ihre *Elemente* genannt. Die Elemente können reelle oder komplexe Zahlen sein:

$$\mathbf{A} = \begin{bmatrix} a_{11} & a_{12} & \dots & a_{1n} \\ a_{21} & a_{22} & \dots & a_{2n} \\ \vdots & \vdots & \ddots & \vdots \\ a_{m1} & a_{m2} & \dots & a_{mn} \end{bmatrix} \tag{2.5}$$

Der erste Index i des Elements a_{ij} gibt die Zeile und der zweite Index j die Spalte an, in der dieses Element steht. Ist die Anzahl der Zeilen m gleich der Anzahl der Spalten n, so liegt eine quadratische Matrix vom Typ (n,n) vor.

In MATLAB wird zwischen Klein- und Großschreibung der Buchstaben unterschieden, so dass es sich anbietet, für Matrizen große und für Vektoren kleine Buchstaben zu verwenden.

[23] Sylvester, James Joseph *3.9.1814 London †15.3.1897 London, Mathematiker. Der Begriff „Matrix" wurde 1850 von ihm eingeführt. [Dietrich/Stahl-1963]

[24] Cayley, Arthur *16.8.1821 Richmond, England †26.1.1885 Cambridge, Jurist und Mathematiker; verfasste 1858 die Theorie der Matrizen [Wußing u. a.-1992].

2.3.1 Matrizen und die Eingabe ihrer Elemente

Der allgemeinste Datentyp unter MATLAB ist eine Matrix vom Typ (m,n). Sie stellt ein zweidimensionales Feld – Array – dar. Für die Eingabe der Elemente der Matrix **A** im Command Window sind zwei Vorgehensweisen möglich:

1. Die Elemente werden hintereinander aufgeführt und durch ein Leerzeichen oder Komma getrennt. Der letzte Koeffizient einer Zeile wird mit einem *Semikolon* abgeschlossen. Vor dem ersten Element der ersten Zeile öffnet eine eckige Klammer, welche nach dem letzten Element der letzten Zeile schließt, hier entfällt das Semikolon für den Zeilenschluss:

$$\mathbf{A} \;=\; [a_{11} \quad a_{12} \quad \ldots \quad a_{1n}; \quad \ldots \quad ; \quad a_{m1} \quad a_{m2} \quad \ldots \quad a_{mn}] \tag{2.6}$$

2. Die Elemente werden hintereinander aufgeführt und durch ein Leerzeichen oder Komma getrennt. Nach dem letzten Koeffizienten jeder Zeile wird die Return-Taste ↵ betätigt. Vor dem ersten Element öffnet eine eckige Klammer, welche nach dem letzten Element geschlossen wird:

$$\begin{array}{lllll} \mathbf{A} \;=\; [a_{11} & a_{12} & \cdots & a_{1n} & \hookleftarrow \\ \quad\;\ldots & \ldots & \cdots & \ldots & \hookleftarrow \\ \quad\; a_{m1} & a_{m2} & \cdots & a_{mn}] & \end{array} \tag{2.7}$$

Beispiel 2.3

$$\mathbf{A} = \begin{bmatrix} 1 & 2 & 3 \\ 4 & 5 & 6 \\ 7 & 8 & 9 \\ 0 & 11 & 12 \end{bmatrix}$$

Die Matrix A ist nach den beiden Möglichkeiten von MATLAB für die Eingabe von Matrizen, wie durch die Gleichungen (2.6) und (2.7) beschrieben, einzugeben.

Lösung:

Die Matrix **A** ist vom Typ (4,3) ≙ (m = 4 Zeilen, n = 3 Spalten).

<table>
<tr><th colspan="2">Eingabe im Command Window</th></tr>
<tr><td>1. Möglichkeit
>> A = [1 2 3;4 5 6;7 8 9;0 11 12]</td><td>2. Möglichkeit
>> A = [1 2 3
4 5 6
7 8 9
0 11 12]</td></tr>
<tr><th colspan="2">Ausgabe im Command Window</th></tr>
<tr><td colspan="2">A =
1 2 3
4 5 6
7 8 9
0 11 12</td></tr>
</table>

Ist in einer Matrix mindestens ein Element eine Dezimalzahl, so werden alle Elemente in Dezimalform ausgegeben!

Beispiel 2.4
Die Matrix $\mathbf{A}_d$ = [11 12 13;14 15 16;17 18 19;10 1,1 –2] ist entsprechend Gleichung (2.6) unter Beachtung des Wechsels zwischen Dezimalkomma und Dezimalpunkt einzugeben.

Lösung:

```
>> Ad = [11 12 13;14 15 16;17 18 19;10 1.1 -2]
Ad =
  11.0000  12.0000  13.0000
  14.0000  15.0000  16.0000
  17.0000  18.0000  19.0000
  10.0000   1.1000  -2.0000
```

2.3.2 Eigenschaften einer Matrix

Der Typ einer Matrix

Matrizen sind durch ihren Typ (m,n), d. h. die Anzahl der Zeilen m und die Anzahl der Spalten n, gekennzeichnet. Die M-function zur Bestimmung des Typs einer Matrix lautet:

[mA,nA] = size(A) (2.8)

Beispiel 2.5
Gesucht sind die Anzahl der Zeilen und Spalten, d. h. der Typ (m,n), der Matrix **A**.

Lösung:

```
>> [mA,nA] = size(A)
mA =
    4
nA =
    3
```

Die Matrix **A** ist vom Typ (4,3), d. h. sie besteht aus 4 Zeilen und 3 Spalten.

Quadratische Matrizen

Quadratische Matrizen sind vom Typ (n,n) bzw. *n-ter* Ordnung. Sie haben bei der Beschreibung von linearen dynamischen Systemen im Zustandsraum, als *Systemmatrizen*, eine fundamentale Bedeutung. Mit der Systemmatrix **A** sind die Begriffe *charakteristisches Polynom*, *Eigenwert* und *Eigenvektor* verbunden.

Ausführliche Betrachtungen zu diesem Thema werden im Kapitel 8.3 angestellt.

Beispiel 2.6
Aus der Matrix **A** ist durch Streichen der dritten Zeile sowie der vierten und fünften Spalte eine quadratische Matrix **A***q* zu bilden.

Lösung:

```
>> Aq = A([1:2 4],1:3)
Aq =
    1    2    3
    4    5    6
    0   11   12
```

Die mögliche Anzahl quadratischer Untermatrizen einer Matrix

Die Anzahl u der quadratischen Untermatrizen vom Typ (r,r) einer Matrix vom Typ (m,n) berechnet sich mit Hilfe des *Binominalkoeffizienten*:

$$\binom{n}{k} = \frac{n!}{(n-k)!\,k!} \tag{2.9}$$

aus dem Produkt der *Kombinationen ohne Wiederholung* der m Zeilen und der n Spalten:

$$u = \binom{m}{r}\binom{n}{r} = \frac{m!\,n!}{(m-r)!\,(n-r)!\,(r!)^2} \tag{2.10}$$

Mit der M-function *nchoosek* berechnet sich die Anzahl u der quadratischen Untermatrizen:

u = nchoosek(m,r) * nchoosek(n,r) (2.11)

Die Determinante einer quadratischen Matrix

Einer quadratischen Matrix vom Typ (n,n) kann eine Zahl zugeordnet werden, die ihre *Determinante* D_A heißt und aus den Elementen der Matrix **A** wie folgt gebildet wird:

$$D_A = \det \mathbf{A} = |\mathbf{A}| = \begin{vmatrix} a_{11} & a_{12} & \cdots & a_{1n} \\ a_{21} & a_{22} & \cdots & a_{2n} \\ \vdots & \vdots & \ddots & \vdots \\ a_{m1} & a_{m2} & \cdots & a_{mn} \end{vmatrix} = a_{1j}A_{1j} + a_{2j}A_{2j} + \cdots + a_{nj}A_{nj} \tag{2.12}$$

mit:

$$A_{kl} = (-1)^{k+l}\, D_{kl} \tag{2.13}$$

wobei D_{kl} diejenige Determinante $(n-1)$*-ter* Ordnung ist, die durch Streichen der *k-ten* Zeile und der *l-ten* Spalte aus D hervorgeht. Mit der M-function:

d = det(A) (2.14)

wird der Wert der Determinante einer quadratischen Matrix berechnet.

Singuläre und nichtsinguläre quadratische Matrizen

Eine quadratische Matrix heißt *singulär*, wenn der Wert ihrer Determinante gleich null ist:

$$|\mathbf{A}| = 0 \tag{2.15}$$

Für diesen Fall kann die Inverse der Matrix nicht gebildet werden. Ist dagegen:

$$|\mathbf{A}| \neq 0 \tag{2.16}$$

dann heißt die quadratische Matrix *nichtsingulär* und ihre Inverse existiert.

Der Rang einer Matrix

Der Rang einer Matrix vom Typ (m,n) ist die Ordnungszahl derjenigen quadratischen Untermatrix höchster Ordnung, deren Determinante ungleich null ist. Er genügt folgender Ungleichung:

$$r(\mathbf{A}) \leq min(m,n) \tag{2.17}$$

und berechnet sich mit Hilfe der M-function:

$$\text{r} = \text{rank(A)} \tag{2.18}$$

Beispiel 2.7

Gesucht sind der Typ, der Rang und die Anzahl der quadratischen Untermatrizen vom Typ (r,r) der Matrix **M** = [1 –2 –3 0;2 3 8 7;–1 1 1 –1][25] sowie der Wert der Determinante der Untermatrizen M(1:3,1:3) und M(1:2,1:2).

Lösung:

```
>> M = [1 -2 -3 0;2 3 8 7;-1 1 1 -1]
M =
   1  -2  -3   0
   2   3   8   7
  -1   1   1  -1
```

```
>> [mM, nM] = size(M), rM = rank(M)
mM =
   3
nM =
   4
rM =
   2
```

```
>> dM3 = det(M(1:3,1:3)), dM2 = det(M(1:2,1:2))
dM3 =
   0
dM2 =
   7
>> uM = nchoosek(mM,rM)*nchoosek(nM,rM)
uM =
   18
```

Die Matrix **M** besitzt $m = 3$ Zeilen und $n = 4$ Spalten, d. h. sie ist rechteckig vom Typ (3,4). Ihr Rang ist $r = 2$. Dies bedeutet, dass keine von den 4 möglichen quadratischen Untermatri-

[25] nach [Bronstein/Semendjajew-1991]

zen vom Typ (3,3) eine von null verschiedene Determinante besitzt, da alle vier Untermatrizen singulär sind. Von den 18 Untermatrizen des Typs (2,2) hat mindestens eine Untermatrix eine von null verschiedene Determinante, d. h. sie ist nichtsingulär. Der Wert der Untermatrix **M**(1:3,1:3) vom Typ (3,3), beträgt, wie zu erwarten war, null, d. h., sie ist singulär. Der Wert der Untermatrix **M**(1:2,1:2) vom Typ (2,2), beträgt sieben, somit ist sie nichtsingulär.

Die Transponierte einer Matrix

Durch das Transponieren einer Matrix **A** ergibt sich eine neue Matrix $\mathbf{A}_t$ deren Zeilen den Spalten und deren Spalten den Zeilen der Matrix **A** entsprechen. Die M-function dazu lautet:

At = A' (2.19)

Folgende Regeln gelten für transponierte Matrizen:

$$\left(\mathbf{A}^T\right)^T = \mathbf{A}; \quad \left(\mathbf{A}+\mathbf{B}\right)^T = \mathbf{A}^T + \mathbf{B}^T; \quad \left(\mathbf{A}\,\mathbf{B}\right)^T = \mathbf{B}^T\mathbf{A}^T \tag{2.20}$$

Beispiel 2.8
Gesucht ist die transponierte Matrix $\mathbf{A}_t$ der Matrix **A**.

Lösung:

```
>> At = A'
At =
   1   4   7   0
   2   5   8  11
   3   6   9  12
```

Die Inverse einer quadratischen nichtsingulären Matrix

Jede quadratische Matrix **A** besitzt eine inverse Matrix $\mathbf{A}^{-1}$, wenn **A** eine von null verschiedene Determinante besitzt. Die Inverse $\mathbf{A}^{-1}$ einer quadratischen Matrix **A** hat die Eigenschaft:

$$\mathbf{A}\,\mathbf{A}^{-1} = \mathbf{I} \tag{2.21}$$

I, siehe Kapitel 2.3.3. Folgende Regeln gelten für inverse Matrizen:

$$\left(\mathbf{A}^{-1}\right)^{-1} = \mathbf{A}; \quad \left(\mathbf{A}^{-1}\right)^T = \left(\mathbf{A}^T\right)^{-1}; \quad \left(\mathbf{A}\,\mathbf{B}\right)^{-1} = \mathbf{B}^{-1}\mathbf{A}^{-1} \tag{2.22}$$

Beispiel 2.9
Gesucht sind: die Inverse $\mathbf{A}_{iq}$ von $\mathbf{A}_q$, $I_{Aq} = \mathbf{A}_q \cdot \mathbf{A}_{iq}$ und der Wert der Determinante DA_q.

Lösung:

```
>> Aiq = inv(Aq)
Aiq =
  -0.2000   0.3000  -0.1000
  -1.6000   0.4000   0.2000
   1.4667  -0.3667  -0.1000
```

```
>> IAq = Aq * Aiq, DAq = det(Aq)
IAq =
   1.0000   0        -0.0000
   0        1.0000   -0.0000
   0        0         1.0000
DAq =
   30
```

Das negative Vorzeichen der Elemente $I_{Aq}(1,3)$ und $I_{Aq}(2,3)$ der Matrix I_{Aq} bedeutet, dass diese Werte nicht exakt null sind. Sie ermitteln sich wie folgt:

```
>> IAq(1,3)          >> IAq(2,3)
ans =                ans =
 -5.5511e-017         -1.1102e-016
```

Die Werte der Diagonalelemente einer Matrix

Die M-function *diag* gibt die Werte der Diagonalelemente einer Matrix aus oder bildet aus einer vorgegebenen Zahlenfolge eine Diagonalmatrix:

d = diag(A), D = diag([di, dj, ...]) (2.23)

Die Spur einer Matrix

Unter der Spur einer Matrix wird die Summe ihrer Haupt-Diagonalelemente verstanden, sie berechnet sich mit der M-function:

sp = trace (A) (2.24)

Beispiel 2.10

Gesucht sind die Elemente der Hauptdiagonalen der Matrix $\mathbf{A}_q$ und ihre Spur.

Lösung:

```
>> dAq = diag(Aq)      >> spAq = trace(Aq)
dAq =                  spAq =
   1                      18
   5
   12
```

2.3.3 Spezielle Matrizen

Beschreibung	M-function	Beispiel
Nullmatrix vom Typ (*m,n*) Alle ihre Elemente haben den Wert null, z. B. vom Typ (2,4).	N = zeros(m,n)	>> N = zeros(2,4) N = 0 0 0 0 0 0 0 0
Quadratische Nullmatrix vom Typ (n,n), z. B. vom Typ (3,3)	Nq = zeros(n)	>> Nq = zeros(3) Nq = 0 0 0 0 0 0 0 0 0
Einsmatrix vom Typ (m,n) Alle ihre Elemente haben den Wert eins, z. B. eine vom Typ (3,4).	E = ones(m,n)	>> E = ones(3,4) E = 1 1 1 1 1 1 1 1 1 1 1 1
Quadratische Einsmatrix vom Typ (n,n), z. B. vom Typ (2,2).	Eq = ones(m,n)	>> Eq = ones(2) Eq = 1 1 1 1

Einheitsmatrix vom Typ (n,n) Sie ist quadratisch. Alle Elemente ihrer Hauptdiagonalen haben den Wert eins, die übrigen Elemente sind null, z. B. eine I-Matrix vom Typ (3,3).	I = eye(n)	>> I = eye(3) I = 1 0 0 0 1 0 0 0 1
Leermatrix Sie enthält kein Element.	L = [ ]	Beispiel, siehe Kapitel 2.3.4

2.3.4 Operationen mit einer Matrix [26]

Beschreibung	Beispiel im Command Window	
	Eingabe	Ausgabe
Verändern des Wertes eines Matrixelementes aij: A(i,j) = Wert **A**v wird aus **A** gebildet, in dem z. B. dem Element **A**v(4,1) ein neuer Wert zugewiesen wird.	>> Av = A; Av(4,1) = 10	Av = 1 2 3 4 5 6 7 8 9 10 11 12
Ausgabe eines Matrixelements: aij = **A**(i,j): Element i. Zeile, j. Spalte	>> a23 = A(2,3)	a23 = 6
Untermatrix von **A**: **Au** = **A**(k:m,:). „k:m": die k. bis m. Zeile aber „:": alle Spalten davon werden **Au** zugewiesen.	>> Au = A(3:4,:)	Au = 7 8 9 0 11 12
Erweitern einer Matrix: **Ae = A, Ae**(mA+k,nA+l) = a **A**e wird aus **A** gebildet, dann wird **A**e um k Zeilen und l Spalten durch das Element mit dem Wert a erweitert.	>> Ae = A; k = 1; l = 2; Ae(mA+k,nA+l) = 6	Ae = 1 2 3 0 0 4 5 6 0 0 7 8 9 0 0 0 11 12 0 0 0 0 0 0 6
Potenzieren einer quadratischen Matrix **A**q mit p = 2: **A**q2 = **A**^p	>> Aq2 = Aq^2	Aq2 = 9 45 51 24 99 114 44 187 210
Neue Matrix **A**n aus **A:** **A**n = **A**([g:i, k:m],[h:j, l:n]) indem von dieser die Zeilen 1, 2, 4 und 5 sowie die Spalten 1 bis 3 und 5 übernommen werden.	>> An = Ae([1:2, 4:5], [1:3, 5])	An = 1 2 3 0 4 5 6 0 0 11 12 0 0 0 0 6
Linksdrehung einer Matrix um 90°: **A**l90 = rot90(**A**)	>> Al90 = rot90(A)	Al90 = 3 6 9 12 2 5 8 11 1 4 7 0
Reduzieren einer Matrix durch Leermatrizen oder -zeilen: **A**(:,l:n) = [ ]; **A**(k:m,:) = [ ]. **A**e entsteht aus **A**r, danach Streichen der 3. Zeile und 4. Spalte.	>> Ar = Ae; Ar(3,:) = []; Ar(:,4) = []	Ar = 1 2 3 0 4 5 6 0 0 11 12 0 0 0 0 6

[26] Ausführliche Behandlung der Matrizenrechnung in [Gantmacher-1958] und [Gantmacher-1959]

Vertauschen der Spalten einer Matrix von links nach rechts: **A**splr = fliplr(**A**)	>> Asplr = fliplr(A)	Asplr = 3 2 1 6 5 4 9 8 7 12 11 0
Vertauschen der Zeilen einer Matrix von oben nach unten: **A**zou = flipud(**A**)	>> Azou = flipud(A)	Azou = 0 11 12 7 8 9 4 5 6 1 2 3

2.3.5 Operationen mit Matrizen

Nachfolgend werden die Operationen mit *zwei* Matrizen aufgezeigt. Diese Operationen setzen einen bestimmten Typ der Matrizen voraus. So müssen bei der Addition, Subtraktion und Division von rechts und links die Matrizen vom gleichen Typ sein.

Matrixoperationen

Beschreibung	Command Window	
	Eingabe	Ausgabe
Addition „+“ Bedingung: mA = mB, nA = nB	>> B = [1 -1 1;2 5 -1;4 0 2;-1 2 1]; >> A + B	ans = 2 1 4 6 10 5 11 8 11 -1 13 13
Subtraktion „-“ Bedingung: mA = mB, nA = nB	>> A - B	ans = 0 3 2 2 0 7 3 8 7 1 9 11
Multiplikation „*“ Bedingung: nA = mB → Typ (mA,nB)	>> C = [1 3 0;2 0 1;2 1 1]; >> A * C	ans = 11 6 5 26 18 11 41 30 17 46 12 23
Division rechts „/“ Bedingung: mA = mB, nA = nB	>> A / B	ans = 0 -0.1739 0.6957 1.4348 0 -0.0435 1.6739 2.6087 0 0.0870 2.6522 3.7826 0 -0.6522 2.1087 7.1304
Division links „\“ Bedingung: mA = mB, nA = nB	>> A \ B	ans = 0.6333 0.0333 0.0667 -0.6000 -0.4000 0.2000 0.4667 0.5333 -0.1000
Multiplikation mit einem Skalar. Jedes Element der Matrix wird mit dem Skalar multipliziert.	>> 3 * A	ans = 3 6 9 12 15 18 21 24 27 0 33 36

Bei der Multiplikation muss dagegen die Anzahl der Spalten der ersten Matrix mit der Anzahl der Zeilen der zweiten Matrix übereinstimmen.

Matrixoperationen – Element mit Element

Operationen „Element mit Element“ zweier Matrizen sind dadurch gekennzeichnet, dass vor dem Operationszeichen noch ein Punkt „ . “ steht.
Lediglich die Addition und die Subtraktion zweier Matrizen gleichen Typs unterscheiden sich nicht von den weiter oben aufgeführten, so dass sie nicht nochmals angegeben werden.
Bedingung für die nachfolgenden Operationen sind, dass für die Zeilenzahlen $m_A = m_B$ und die Spaltenzahlen $n_A = n_B$ gelten muss.

Beschreibung	Command Window	
	Eingabe	Ausgabe
elementeweise Multiplikation „ .* “	>> A .* B	ans = 1 -2 3 8 25 -6 28 0 18 0 22 12
elementeweise Division rechts „ ./ “	>> A ./ B	Warning: Divide by zero. ans = 1.0000 -2.0000 3.0000 2.0000 1.0000 -6.0000 1.7500 Inf 4.5000 0 5.5000 12.0000
elementeweise Division links „ .\ “	>> A .\ B	Warning: Divide by zero. ans = 1.0000 -0.5000 0.3333 0.5000 1.0000 -0.1667 0.5714 0 0.2222 -Inf 0.1818 0.0833
elementeweises Potenzieren „ .^ “	>> A.^2	ans = 1 4 9 16 25 36 49 64 81 0 121 144

2.3.6 Bilden erweiterter Matrizen

Neben den üblichen Operationen mit Matrizen gibt es einige Anweisungen in MATLAB mit denen aus vorhandenen Matrizen neue Matrizen zusammengesetzt werden können.

Stapeln von Matrizen

Haben die Matrizen **A** – Typ (m_A,n) – und **B** – Typ (m_B,n) – die gleiche Anzahl von Spalten n, dann lassen sie sich zu einer erweiterten Matrix:

$$\mathbf{AB}_s = \begin{bmatrix} \leftarrow & \mathbf{A} & \rightarrow \\ \hdashline \leftarrow & \mathbf{B} & \rightarrow \end{bmatrix} \tag{2.25}$$

vom Typ $(m_A + m_B,n)$ zusammenfassen.

Mit MATLAB geschieht dies wie folgt:

ABs = [A;B] (2.26)

Beispiel 2.11

Eine neue Matrix ist durch Stapeln der Matrizen **A** und **B** mit der MATLAB-Operation nach Gleichung (2.26) zu bilden.

Lösung:

```
>> ABs = [A;B]
ABs =
     1     2     3
     4     5     6
     7     8     9
     0    11    12
     1    -1     1
     2     5    -1
     4     0     2
    -1     2     1
```

Aneinanderreihen von Matrizen

Stimmen die Anzahl der Zeilen m der Matrix **A** vom Typ (m,n_A) und der Matrix **B** vom Typ (m,n_B) überein, dann wird unter MATLAB mit:

ABr = [A,B] (2.27)

die neue erweiterte Matrix vom Typ (m,n_A+n_B) gebildet:

$$\mathbf{AB}_r = \left[\begin{array}{c:c} \uparrow & \uparrow \\ \mathbf{A} & \mathbf{B} \\ \downarrow & \downarrow \end{array}\right] \tag{2.28}$$

Beispiel 2.12

Es ist durch Aneinanderreihen der beiden Matrizen **A** und **B** mit der Gleichung (2.27) eine neue Matrix zu bilden.

Lösung:

```
>> ABr = [A B]
ABr =
     1     2     3     1    -1     1
     4     5     6     2     5    -1
     7     8     9     4     0     2
     0    11    12    -1     2     1
```

Zerlegen einer quadratischen Matrix und ihre Inversion

Ist **M** eine quadratische Matrix der Ordnung n, so kann sie wie folgt zerlegt werden:

$$\mathbf{M} = \left[\begin{array}{c|c} \mathbf{A} & \mathbf{B} \\ \hline \mathbf{C} & \mathbf{D} \end{array}\right] \tag{2.29}$$

wobei **A** eine quadratische Matrix der Ordnung m, **D** eine quadratische Matrix der Ordnung $p = n - m$ sowie **B** und **C** im Allgemeinen rechteckige Matrizen sind, so berechnet sich ihre inverse Matrix:

$$\mathbf{M}^{-1} = \left[\begin{array}{c|c} \mathbf{P} & \mathbf{Q} \\ \hline \mathbf{R} & \mathbf{S} \end{array}\right] \tag{2.30}$$

aus den Teilmatrizen wie folgt:

$$\begin{array}{ll} \mathbf{S} = \left(\mathbf{D} - \mathbf{C}\mathbf{A}^{-1}\mathbf{B}\right)^{-1} & \mathbf{Q} = -\mathbf{A}^{-1}\mathbf{B}\mathbf{S} \\ \mathbf{R} = -\mathbf{S}\mathbf{C}\mathbf{A}^{-1} & \mathbf{P} = \mathbf{A}^{-1} - \mathbf{A}^{-1}\mathbf{B}\mathbf{R} = \mathbf{A}^{-1}\left(\mathbf{I} - \mathbf{B}\mathbf{R}\right) \end{array} \tag{2.31}$$

Für den Wert der Determinante d von **M** gilt:

$$d(\mathbf{M}) = det(\mathbf{A}) \cdot det\left(\mathbf{D} - \mathbf{C}\mathbf{A}^{-1}\mathbf{B}\right) = det(\mathbf{D}) \cdot det\left(\mathbf{A} - \mathbf{B}\mathbf{D}^{-1}\mathbf{C}\right) \tag{2.32}$$

Beispiel 2.13

Für die nachfolgend gegebene Matrix **M**, welche entsprechend Gleichung (2.29) zerlegt wurde, ist die inverse Matrix nach Gleichung (2.30) mit Hilfe der Gleichungen (2.31) zu berechnen. Das Ergebnis ist mit der entsprechenden M-function zu überprüfen.

$$\mathbf{M} = \left[\begin{array}{ccc|cc} 1 & 0 & 0 & 1 & -1 \\ 0 & 1 & -2 & 3 & -3 \\ 0 & 0 & -1 & 2 & -2 \\ \hline 1 & -1 & 1 & 0 & 1 \\ 1 & -1 & 1 & -1 & 2 \end{array}\right]$$

Lösung:

```
>> A = [1 0 0;0 1 -2;0 0 -1]
A =
    1   0   0
    0   1  -2
    0   0  -1
>> C = [1 -1 1;1 -1 1]
C =
    1  -1   1
    1  -1   1
>> P = A^-1-A^-1*B*R
P =
    1   0   0
    0   1  -2
    0   0  -1
```

```
>> B = [1 -1;3 -3;2 -2]
B =
    1  -1
    3  -3
    2  -2
>> D = [0 1;-1 2]
D =
    0   1
   -1   2
>> Q = -A^-1*B*S
Q =
   -1   1
    1  -1
    2  -2
```

```
>> R = -S*C*A^-1
R =
   -1   1  -1
   -1   1  -1
>> Minv = [P Q;R S]
Minv =
    1   0   0  -1   1
    0   1  -2   1  -1
    0   0  -1   2  -2
   -1   1  -1   2  -1
   -1   1  -1   1   0
```

```
>> S =(D-C*A^-1*B)^-1
S =
    2  -1
    1   0
>> M^-1
ans =
    1   0   0  -1   1
    0   1  -2   1  -1
    0   0  -1   2  -2
   -1   1  -1   2  -1
   -1   1  -1   1   0
```

2.4 Vektoren

2.4.1 Skalar und Vektor

Die in der Anwendung der mathematischen Wissenschaften vorkommenden Begriffe, wie z. B. Masse, Temperatur, Volumen, Energie, Potenzial und Arbeit, die durch einen einzigen Zahlenwert eindeutig bestimmt sind, werden als Skalare bezeichnet. Daneben treten so genannte Vektoren auf, wie z. B. Geschwindigkeit, Beschleunigung, Kraft, Drehmoment, Impuls und Feldstärke, die neben ihrem Zahlenwert noch durch die Angabe der Richtung in der sie wirken, eindeutig beschrieben sind.

Geometrisch stellt ein Vektor eine Strecke im Raum von bestimmter Länge und Richtung sowie einem bestimmten Richtungssinn dar. Ein Vektor verändert sich, wenn seine Länge, seine Richtung oder sein Richtungssinn geändert wird. Er hat einen Anfangspunkt und einen Endpunkt[27].

Ein Vektor ist in MATLAB eine Liste von Zahlen.

2.4.2 Vektoren und die Eingabe ihrer Elemente

Matrizen vom Typ (1,1) sind Skalare, also Zahlen. Matrizen vom Typ (1,n), d. h. mit einer Zeile, oder vom Typ (m,1), d. h. mit einer Spalte, werden in MATLAB als *Vektoren* bezeichnet. Die nachfolgend angegebene Matrix:

$$\mathbf{a} = \begin{bmatrix} a_1 & a_2 & \dots & a_n \end{bmatrix} \tag{2.33}$$

ist vom Typ (1,n) und heißt *Zeilenvektor* bzw. einfach *Zeile*. Matrizen, wie in Gleichung (2.34) angegeben, sind vom Typ (m,1) und werden als *Spaltenvektoren* oder einfach *Vektoren* bezeichnet:

[27] Rothe, Rudolf *15.10.1873 Berlin †26.1.1942 Berlin, Mathematiker, siehe auch [Rothe-1960]

$$\mathbf{b} = \begin{bmatrix} b_1 \\ b_2 \\ \vdots \\ b_n \end{bmatrix} \tag{2.34}$$

Bei der Eingabe von Vektoren sind die Hinweise für die Eingabe von Matrizen zu beachten, d. h. bei *Zeilen*, wie in Gleichung (2.33), sind die einzelnen Elemente durch Leerzeichen oder Kommata getrennt einzugeben. Bei Spaltenvektoren, wie der in der Gleichung (2.34) aufgeführte Vektor **b**, sind die Elemente durch Semikolons zu trennen:

$$\mathbf{b} = [b_1;\ \ b_2;\ \ \cdots;\ \ b_n] \tag{2.35}$$

Spaltenvektoren können aber auch als transponierte Zeilenvektoren eingegeben werden, dann müssen die Semikolons entfallen, dafür ist nach der schließenden Klammer ein Hochkomma als Zeichen für das Transponieren zu setzen:

$$\mathbf{b} = [b_1\ \ b_2\ \ \cdots\ \ b_n]' \tag{2.36}$$

2.4.3 Operationen mit Vektoren

Für die Addition und Subtraktion zweier Vektoren sowie die Multiplikation eines Vektors mit einem Skalar gilt das im Kapitel 2.3.5 gesagte. Gleiches gilt für die Multiplikation eines Zeilenvektors vom Typ $(1,k)$ mit einem Spaltenvektor vom Typ $(k,1)$. Für die Multiplikation zweier Vektoren existieren dagegen zwei grundsätzlich unterschiedliche Arten, dies sind das *innere Produkt* – Skalarprodukt – und das *äußere Produkt* – Vektorprodukt. Hierbei sind noch die Beträge der Vektoren und der Winkel zwischen ihnen von Bedeutung.

Betrag eines Vektors

Der Betrag, die Länge bzw. die Norm eines Vektors $\mathbf{a} = [a_1\ a_2\ a_3\ \ldots\ a_n]$ berechnet sich zu:

$$|\mathbf{a}| = a = \sqrt{a_1^2 + a_2^2 + a_3^2 + \cdots + a_n^2} \tag{2.37}$$

und die M-function:

$$\mathrm{a} = \mathrm{norm}(\mathbf{a}) \tag{2.38}$$

Abstand zwischen zwei Punkten im dreidimensionalen Raum

Für den Vektor **v** zwischen den Punkten $P_1(x_1,y_1,z_1)$ und $P_2(x_2,y_2,z_2)$:

$$\mathbf{v} = \overrightarrow{P_1P_2} = \mathbf{v}_2 - \mathbf{v}_1 \tag{2.39}$$

berechnet sich der Abstand zu:

$$\overline{P_1P_2} = \sqrt{(x_2 - x_1)^2 + (y_2 - y_1)^2 + (z_2 - z_1)^2} \tag{2.40}$$

Beispiel 2.14
Eine häufig zu lösende Aufgabe ist die Zerlegung eines Vektors in vorgegebene Richtungen. An der in Abb. 2.4 dargestellten Tragkonstruktion aus drei an der Wand gelenkig gelagerten Stäben s_1, s_2, s_3 hängt eine Masse $m = 9{,}1774$ kg mit dem Betrag des Vektors der Gewichtskraft $G = 90$ N.

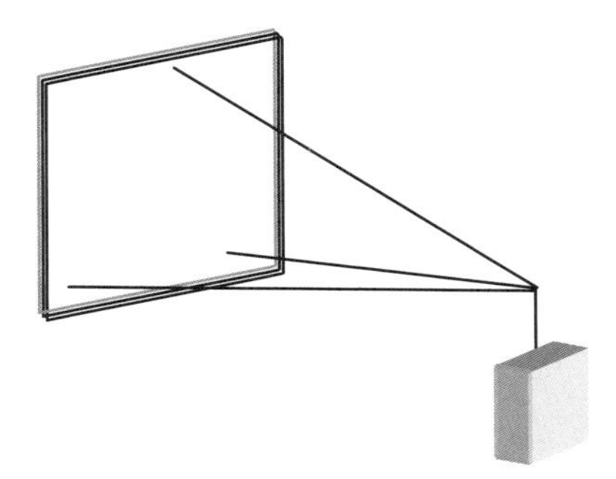

Abb. 2.4 Tragkonstruktion zur Aufnahme einer Masse

Es ist der Vektor $\mathbf{g}_v$ der Gewichtskraft G in die in den Stäben auftretenden Reaktionskräfte, beschrieben durch die Vektoren $\mathbf{f}_1$, $\mathbf{f}_2$, $\mathbf{f}_3$, zu zerlegen. Daraus sind die Beträge F_1, F_2 und F_3 der Reaktionskräfte zu ermitteln.
Lösungshinweise:
Die Vektoren $\mathbf{f}_i$ der Reaktionskräfte wirken parallel zu den Vektoren $\mathbf{s}_i$ der Stabachsen. Es sind die im Abb. 2.5 dargestellten geometrischen Zusammenhänge zu verwenden.

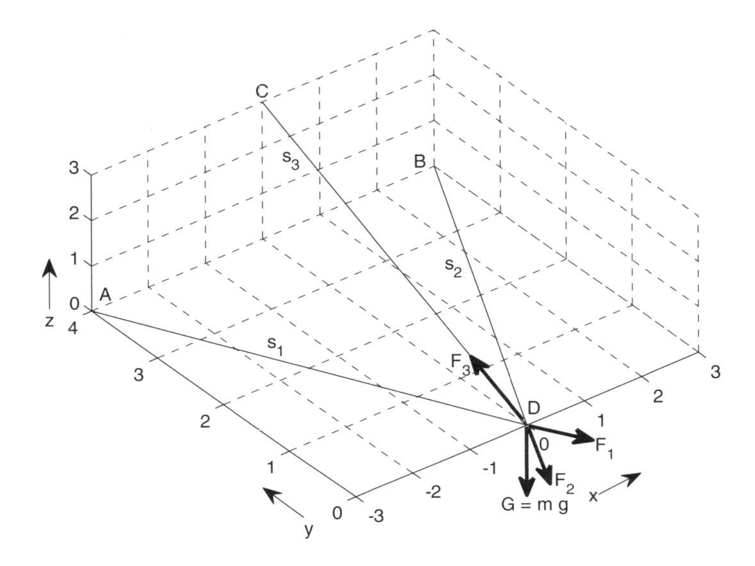

Abb. 2.5 Geometrische Verhältnisse an einer Tragkonstruktion nach Abb. 2.4

Lösung:

```
% Beispiel 2.14
% Skript zum Erzeugen des 3D-Bildes Abb. 2.5
% Normalisierte Koordinaten - normalized coordinates -
% dienen zum Festlegen der Position einer 'annotation'
% innerhalb einer Abbildung, wobei immer gilt:
% der Punkt(0,0) ist die Ecke unten links und der Punkt(1,1)
% ist die Ecke oben rechts des Abbildungsfensters, unab-
% hängig von der Größe der Abbildung.
% get(gcf,'Units')--> pixels
% get(0,'ScreenSize')--> 1          1      1024        768
% 1024 pixels: Breite der Figur
%  768 pixels: Höhe der Figur
% Gibt Position und Maße der Graphik in der Figur aus
% get(gca,'Position')--> 0.1300   0.1100   0.7750   0.8150
% 0,130 cm: Abstand der Graphik vom linken Rand der Figur
% 0,110 cm: Abstand der Graphik vom unteren Rand der Figur
% 0,775: auf 1 bezogene Breite der Graphik
% 0,815: auf 1 bezogene Höhe der Graphik
% Gibt die Position und die Maße der Figur auf der Seite aus
% get(gcf,'PaperPosition')
% 0.6345    6.3452   20.3046   15.2284
% 0.6345 cm: Abstand der Figur vom linken Seitenrand
% 6.3452 cm: Abstand der Figur vom unteren Seitenrand
% 20.3046 cm: Breite der Figur
% 15.2284 cm: Höhe der Figur

axis([-3 3 0 4 0 3]); hold on; view(-37.5,60);
plot3([-3 0],[4 0],[0 0],'k',[3 0],[4 0],[0 0],'k',...
[0 0],[4 0],[3 0],'k'), grid
% annotations
text(-1.5,2.5,0,...
    's_1','VerticalAlignment','middle',...
    'HorizontalAlignment','center')
text(1.75,2.5,0,...
    's_2','VerticalAlignment','middle',...
    'HorizontalAlignment','right')
text(0.5,4,1.5,...
    's_3','VerticalAlignment','middle',...
    'HorizontalAlignment','center')
text(-2.75,4,0.25,...
    'A','VerticalAlignment','middle',...
    'HorizontalAlignment','center')
text(2.75,4,0.25,...
    'B','VerticalAlignment','middle',...
    'HorizontalAlignment','center')
text(0,4,3.25,...
    'C','VerticalAlignment','middle',...
    'HorizontalAlignment','center')
text(0.35,0.2,0,...
    'D','VerticalAlignment','middle',...
    'HorizontalAlignment','center')
text(-0.9,-0.9,-0.35,...
    'G = m g','VerticalAlignment','middle',...
    'HorizontalAlignment','center')
text(0.5,-0.75,0,...
    'F_1','VerticalAlignment','middle',...
    'HorizontalAlignment','center')
```

```
text(-0.5,-1,0,...
    'F_2','VerticalAlignment','middle',...
    'HorizontalAlignment','center')
text(0.1,1.25,0,...
    'F_3','VerticalAlignment','middle',...
    'HorizontalAlignment','left')
annotation('arrow',...
  [0.6857 0.6857],[0.2318 0.11],...
  'LineWidth',2,...
  'HeadWidth',10);
annotation('arrow',...
  [0.688 0.7153],[0.2307 0.1307],...
  'LineWidth',2,...
  'HeadWidth',10);
annotation('arrow',...
  [0.6888 0.7699],[0.2333 0.2086],...
  'LineWidth',2,...
  'HeadWidth',10);
annotation('arrow',...
  [0.6804 0.6143],[0.2452 0.3548],...
  'LineWidth',2,...
  'HeadLength',10);
annotation('textarrow',...
  [0.7768 0.8304],[0.1119 0.15],...
  'String',{'x'});
annotation('textarrow',...
  [0.4 0.3482],[0.07381 0.1262],...
  'String',{'y'});
annotation('textarrow',...
  [0.07679 0.07679],[0.4405 0.5286],...
  'String',{'z'});
% Speichern als Abb2_05.emf
print -f1 -dmeta -r300 Abb2_05
% Ende des Beispiels 2.14
```

Für die Summe der am Schnittpunkt D (0,0,0) auftretenden Kraftvektoren gilt:

$$\mathbf{f}_1 + \mathbf{f}_2 + \mathbf{f}_3 + \mathbf{g}_v = 0$$

Der Vektor der Gewichtskraft wirkt nur in der z-Achse und das in negativer Richtung:

$$\mathbf{g}_v = \begin{bmatrix} 0 \\ 0 \\ -G \end{bmatrix} = \begin{bmatrix} 0 \\ 0 \\ -90 \end{bmatrix}$$

Die Kraft F_1 wird als Druckkraft angenommen, so dass ihr Vektor von A (–3,4,0) nach D (0,0,0) parallel zur Stabachse s_1 wirkt:

$$\mathbf{s}_1 = \overrightarrow{AD} = D(0;4;0) - A(3;0;0) = \begin{bmatrix} 0 \\ 4 \\ 0 \end{bmatrix} - \begin{bmatrix} 3 \\ 0 \\ 0 \end{bmatrix} = \begin{bmatrix} -3 \\ 4 \\ 0 \end{bmatrix}$$

Die Proportionalität zwischen Stab- und Kraftvektor wird durch den Faktor p_1 ausgedrückt:

$$\mathbf{f}_1 = p_1\,\mathbf{s}_1 = p_1\begin{bmatrix}-3\\4\\0\end{bmatrix}$$

Entsprechendes gilt für die zwei anderen Kräfte. F_2 wird ebenfalls als Druckkraft angesetzt:

$$\mathbf{f}_2 = p_2\,\mathbf{s}_2 = p_2\,\overrightarrow{BD} = p_2\left(\begin{bmatrix}0\\4\\0\end{bmatrix}-\begin{bmatrix}-3\\0\\0\end{bmatrix}\right) = p_2\begin{bmatrix}3\\4\\0\end{bmatrix}$$

Dagegen wird F_3, der Erfahrung entsprechend, als Zugkraft angenommen:

$$\mathbf{f}_3 = p_3\,\mathbf{s}_3 = p_3\,\overrightarrow{DC} = p_3\left(\begin{bmatrix}0\\0\\3\end{bmatrix}-\begin{bmatrix}0\\4\\0\end{bmatrix}\right) = p_3\begin{bmatrix}0\\-4\\3\end{bmatrix}$$

Die Gleichungen für $\mathbf{g}_v$, $\mathbf{f}_1$, $\mathbf{f}_2$ und $\mathbf{f}_3$ in die Ausgangsgleichung eingesetzt:

$$p_1\begin{bmatrix}-3\\4\\0\end{bmatrix} + p_2\begin{bmatrix}3\\4\\0\end{bmatrix} + p_3\begin{bmatrix}0\\-4\\3\end{bmatrix} + \begin{bmatrix}0\\0\\-90\end{bmatrix} = \begin{bmatrix}0\\0\\0\end{bmatrix}$$

ergibt nach einigen Umformungen folgendes Vektor-Matrix-Gleichungssystem:

$$\mathbf{S}\,\mathbf{p} = \begin{bmatrix}\mathbf{s}_1 & \mathbf{s}_2 & \mathbf{s}_3\end{bmatrix}\mathbf{p} = -\mathbf{g}_v \quad\Rightarrow\quad \begin{bmatrix}-3 & 3 & 0\\4 & 4 & -4\\0 & 0 & 3\end{bmatrix}\begin{bmatrix}p_1\\p_2\\p_3\end{bmatrix} = \begin{bmatrix}0\\0\\90\end{bmatrix}$$

```
>> s1 = [-3 4 0]';
>> s2 = [3 4 0]';
>> s3 = [0 -4 3]';
```

```
>> S = [s1 s2 s3], gv = [0;0;-90];
S =
  -3   3   0
   4   4  -4
   0   0   3
```

```
>> p = S^(-1)*(-gv)
p =
   15
   15
   30
```

```
>> p = S\(-gv)
p =
   15
   15
   30
```

Mit den Proportionalitätsfaktoren, welche sowohl mit der M-function *inv*, als auch mit der M-function „Division links" berechnet wurden, ergeben sich die drei Kraftvektoren zu:

```
>> f1 = p(1)*S(:,1)
f1 =
-45
 60
  0
```

```
>> f2 = p(2)*S(:,2)
f2 =
45
60
 0
```

```
>> f3 = p(3)*S(:,3)
f3 =
   0
-120
  90
```

Damit ist der Gewichtsvektor $\mathbf{g}_v$ in die drei Kraftvektoren $\mathbf{f}_1$, $\mathbf{f}_2$, $\mathbf{f}_3$ zerlegt. Sie wirken parallel zu den durch die drei Stäbe vorgegebenen Richtungen. Mit der M-function *norm* nach Gleichung (2.38) werden nun noch die Beträge F_1, F_2 und F_3 der Kraftvektoren bestimmt:

```
>> F1 = norm(f1)        >> F2 = norm(f2)        >> F3 = norm(f3)
F1 =                    F2 =                    F3 =
   75                      75                      150
```

$$F_1 = |\mathbf{f}_1| = 75\,\text{N}; \quad F_2 = |\mathbf{f}_2| = 75\,\text{N}; \quad F_3 = |\mathbf{f}_3| = 150\,\text{N}$$

Kontrolle mit der Ausgangsgleichung:

```
>> [f1 + f2 + f3 + gv]'          ans =
                                    0   0   0
```

Skalarprodukt

Das skalare Produkt **ab** der Vektoren **a** und **b** ergibt eine Zahl. Sie berechnet sich wie folgt:

$$\mathbf{ab} = |\mathbf{a}||\mathbf{b}|\cos(\varphi) \quad \text{mit} \quad 0 \le \varphi \le \pi \tag{2.41}$$

Hierbei ist φ der von den Vektoren **a** und **b** eingeschlossene Winkel.

Das Skalarprodukt zweier Vektoren im dreidimensionalen Raum ergibt sich aus:

$$\mathbf{ab} = a_1\,b_1 + a_2\,b_2 + a_3\,b_3 \tag{2.42}$$

Mit der M-function *dot* ermittelt sich das skalare Produkt zweier Vektoren zu:

ab = dot(a,b) (2.43)

Beispiel für das Auftreten eines skalaren Produkts: Das Produkt aus einer längs eines Weges s aufgebrachten konstanten Kraft F ist als Arbeit A definiert. Die Kraft und der Weg sind Vektoren, deren Richtungen übereinstimmen müssen. In den nicht seltenen Fällen, dass diese Richtungen nicht übereinstimmen, ist der Kraftvektor **f** in eine Komponente mit der Wirkungsrichtung des Weges, der Längskraft $\mathbf{f}_s$, und einer Normalkraft $\mathbf{f}_n$, sie ist die Komponente senkrecht zur Wegrichtung, zu zerlegen. Für den Längskraftvektor gilt:

$$\mathbf{f}_s = \mathbf{f}\cos(\varphi) \tag{2.44}$$

Hierbei ist φ der von dem Kraftvektor mit dem Wegvektor gebildete Winkel. Nur der Längskraftvektor liefert einen Beitrag zur Arbeit, somit folgt:

$$A = \mathbf{f}_s\,\mathbf{s} = \mathbf{f}\,\mathbf{s}\cos(\varphi) \quad [\text{Nm}] \tag{2.45}$$

Die Gleichung (2.45) ist das skalare Produkt aus den Vektoren des Weges und der Kraft.

Winkel zwischen zwei Vektoren

Aus der Gleichung (2.41) folgt durch Umstellen der Winkel zwischen zwei Vektoren:

$$\varphi = arc\cos\left(\frac{\mathbf{ab}}{|\mathbf{a}||\mathbf{b}|}\right) \tag{2.46}$$

und mit der M-function *acos* im Bogenmaß:

phi = acos(dot(a,b)/norm(a)/norm(b)) (2.47)

bzw. mit der M-function *acosd* in Grad:

Phi = acosd(dot(a,b)/norm(a)/norm(b)) (2.48)

Beispiel 2.15
Für die Vektoren **a** = [3 4 0] und **b** = [–3 4 0] sind die Beträge, der Wert des Skalarproduktes mit den Gleichungen (2.42) und (2.43) sowie der Winkel zwischen den beiden Vektoren in Grad mit der Gleichung (2.48) gesucht.

Lösung:

```
>> a = [3 4 0], b = [-3 4 0]
a =
   3   4   0
b =
  -3   4   0
>> ab = a(1)*b(1) + a(2)*b(2) + a(3)*b(3)
ab =
   7
>> Phi = acosd(dot(a,b)/an/bn)
Phi =
  73.7398
```

```
>> an = norm(a), bn = norm(b)
an =
   5
bn =
   5
>> ab = dot(a,b)
ab =
   7
```

Vektorprodukt

Aus dem vektoriellen Produkt **a** × **b** der beiden Vektoren **a** und **b** entsteht ein neuer, senkrecht auf den beiden Vektoren stehender Vektor, dessen Betrag dem Flächeninhalt des von den beiden Vektoren gebildeten Parallelogramms entspricht. Die drei Vektoren bilden ein Rechtssystem. Das Vektorprodukt berechnet sich wie folgt:

$$\mathbf{a}\times\mathbf{b} = |\mathbf{a}||\mathbf{b}|\sin(\varphi) \qquad (2.49)$$

Auch hier ist, wie bei dem Skalarprodukt, φ der von **a** und **b** eingeschlossene Winkel. Das Vektorprodukt zweier Vektoren im dreidimensionalen Raum berechnet sich wie folgt:

$$\mathbf{a}\times\mathbf{b} = \begin{vmatrix} x & y & z \\ a_1 & a_2 & a_3 \\ b_1 & b_2 & b_3 \end{vmatrix} = \begin{vmatrix} a_2 & a_3 \\ b_2 & b_3 \end{vmatrix} x + \begin{vmatrix} a_1 & a_3 \\ b_1 & b_3 \end{vmatrix} y + \begin{vmatrix} a_1 & a_2 \\ b_1 & b_2 \end{vmatrix} z \qquad (2.50)$$

Die M-function *cross* berechnet das Vektorprodukt der Vektoren **a** und **b** vom Typ (3,1):

axb = cross(a,b) (2.51)

Beispiel für das Auftreten eines vektoriellen Produkts: An einem Körper, welcher mittels einer Drehachse gelagert ist, greift über einen Hebelarm **r** eine Kraft F so an, dass der Körper eine Drehung ausführt. Ursache dafür ist das auf den Körper wirkende Moment. Die Vektoren Hebelarm **r** und Kraft **f** schließen den Winkel φ ein. Von dem Hebelarm **r** kommt nur der Anteil zur Wirkung, der rechtwinklig von dem Kraftvektor zum Drehpunkt zeigt:

$$\mathbf{r}_n = |\mathbf{r}|\sin(\varphi) \tag{2.52}$$

so dass die Kraft als Tangentialkraft wirkt. Daraus ergibt sich für den Vektor des Moments:

$$\mathbf{m} = |\mathbf{f}||\mathbf{r}|\sin(\varphi) = F\,R\sin(\varphi) \tag{2.53}$$

Beispiel 2.16
Der Vektor **r** des Hebelarms *R* beginnt im Drehpunkt $P_0(0,0,0)$ und endet in $P_1(-3,4,0)$. Der Vektor **f** der Kraft *F* beginnt am Endpunkt des Hebelarmvektors und endet in $P_2(3,4,0)$. Aus den gegebenen Koordinaten sind die Vektoren des Hebelarms und der Kraft sowie Ihre Beträge zu bestimmen. Mit Hilfe des Vektorprodukts m = f × r ist der Vektor des Moments mit den Gleichungen (2.50) und (2.51) zu berechnen. Das Ergebnis ist grafisch darzustellen. Der Betrag des Moments *M* [Nm] ist zu bestimmen und mit dem Produkt aus den Beträgen der Vektoren des Hebelarms *R* [m] und der Kraft *F* [N] zu vergleichen.

Lösung:

```
% Beispiel 2.16
% Skript zum Erzeugen des 3D-Bildes Abb. 2.6
% Drehpunkt
P0 = [0 0 0];
% Koordinatenpunkte
P1 = [-3 4 0]; P2 = [3 4 0];
% Vektor des Hebelarms
r = P1 - P0;
% Vektor der Kraft
f = P2 - P1;
% Hebelarm in [m]
R = norm(r);
% Kraft in [N]
F = norm(f);
% Vektor des Moments
m = [det([f(2) f(3);r(2) r(3)]) det([f(1) f(3);...
    r(1) r(3)]) det([f(1) f(2);r(1) r(2)])];
fxr = cross(f,r);
% Moment in [Nm]
M = norm(m);
% Produkt der Beträge in [Nm]
FR = F*R;
% Winkel zwischen dem Hebelarm und der Kraft
phi_m = acos(dot(r,f)/R/F);
% Vektor der Normalkomponente des Hebelarms
rN = r*sin(phi_m);
% Betrag der Normalkomponente in [m]
RN = norm(r*sin(phi_m));
% Bild 2.3
axes('ZTick',[0 6 12 18 24]), hold on
axis([-3 3 0 5 0 24])
view(-37.5,60); box('on');
% plot3([0 0],[0 0],[0 24],'b')
text('FontWeight','bold','HorizontalAlignment',...
    'center','Position',[-2.5,3.75,0],'String','r')
text('FontWeight','bold','HorizontalAlignment',...
    'right','Position',[2.5 4.6 0],'String','f')
text('FontWeight','bold','HorizontalAlignment',...
    'left','Position',[0.15 0 21],'String','m = f x r');
```

```
text(0.5,0.25,0,...
    'P_0','VerticalAlignment','middle',...
    'HorizontalAlignment','center')
text(-2.75,4.25,0.75,...
    'P_1','VerticalAlignment','middle',...
    'HorizontalAlignment','center')
text(2.8,5.1,2.5,...
    'P_2','VerticalAlignment','middle',...
    'HorizontalAlignment','center')
annotation('arrow',[0.6839 0.1982],[0.2357 0.3714],...
    'Color',[0 0 0]);
annotation('arrow',[0.1946 0.5714],[0.369 0.6881],...
    'Color',[0 0 0]);
annotation('arrow',[0.6857 0.6857],[0.2357 0.4691],...
    'Color',[0 0 0]);
% Speichern als Abb2_06.emf
print -f1 -dmeta -r300
% Ende des Beispiels 2.16
```

Das Produkt der Beträge der Vektoren des Hebelarms und der Kraft liefert $F_R = 30$ Nm, da aber nur die Normalkomponente des Hebelarms R_N einen Beitrag zum Betrag des Moments liefert, ergibt sich:

$$M = F\,R_N = 24\,\mathrm{Nm}$$

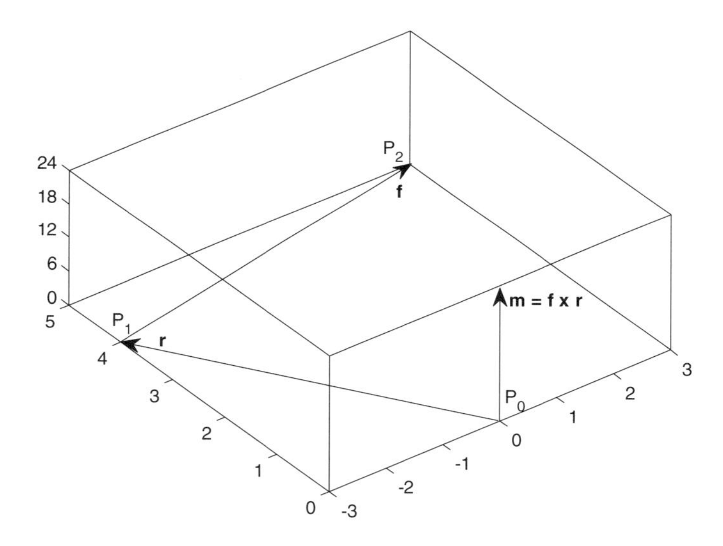

Abb. 2.6 *Das Moment als Kreuzprodukt aus Kraft- und Hebelarmvektor*

2.4.4 Operationen mit Vektoren – Element mit Element

Operationen *Element mit Element* zweier Vektoren sind dadurch gekennzeichnet, dass vor dem Operationszeichen noch ein Punkt steht. Lediglich die Addition und die sind dadurch gekennzeichnet, dass vor dem Operationszeichen noch ein Punkt steht. Lediglich die Addition und die Subtraktion zweier Vektoren gleichen Typs unterscheiden sich nicht von den aus der Mathematik bekannten Operationen. Unter Beachtung des Zusammenhangs Matrix ↔ Vektor entsprechen die Operationen Element mit Element den in Kapitel 2.3.5 beschriebenen, so dass sie hier nicht nochmals aufgeführt werden.

Beispiel 2.17
Für das gegebene System sind die Matrix **C** sowie der Ergebnisvektor **c** aufzustellen:

$$\begin{array}{rcrcrcl} 10x_1 & + & 6x_2 & - & x_3 & = & 19 \\ 3x_1 & + & 9x_2 & + & 2x_3 & = & 27 \\ x_1 & - & 4x_2 & + & 8x_3 & = & 17 \end{array} \triangleq \mathbf{C\,x} = \mathbf{c}$$

Die Unbekannten des Vektors **x** sind mit den M-functions *inv* und „Division links“ zu lösen.

Lösung:

```
>> C = [10 6 -1;3 9 2;1 -4 8]
C =
   10   6  -1
    3   9   2
    1  -4   8
>> x = C^(-1)*c
x =
   1.0000
   2.0000
   3.0000
```

```
>> c = [19;27;17]
c =
   19
   27
   17
>> x = C\c
x =
   1
   2
   3
```

2.5 Polynome

2.5.1 Eingabe von Polynomen

Polynome, ein wesentlicher Bestandteil bei der Beschreibung des dynamischen Verhaltens im Frequenzbereich, werden in MATLAB als Zeilenvektoren eingegeben. Das Polynom:

$$a_5\,s^5 + a_4\,s^4 + a_2\,s^2 + a_1\,s \tag{2.54}$$

lautet in seiner vollständigen Darstellung:

$$a_5\,s^5 + a_4\,s^4 - 0\,s^3 + a_2\,s^2 + a_1\,s + 0 \tag{2.55}$$

und so muss es auch in MATLAB eingegeben werden.

Jeder Koeffizient eines Polynoms n-ter Ordnung von a_0 bis a_n, auch der mit dem Wert null, muss in einem Zeilenvektor, mit dem Koeffizienten der höchsten Potenz a_n beginnend nach rechts hin bis a_0 fallend, eingegeben werden.

Beispiel 2.18
Das nachfolgende Polynom ist im Command Window einzugeben:

$$p = 5s^5 - 3s^4 + s^2 + 2s$$

Lösung:

```
>> p = [5 -3 0 1 2 0]
p =
    5  -3   0   1   2   0
```

MATLAB ermittelt aus der Anzahl der Koeffizienten den Grad des Polynoms und geht davon aus, dass der am weitesten links stehende Koeffizient zu der Variablen mit der höchsten Potenz gehört.

2.5.2 Der Grad eines Polynoms

Der Grad eines Polynoms bestimmt sich in MATLAB wie folgt:

n = length(p) – 1 (2.56)

Beispiel 2.19
Der Grad des Polynoms p aus dem Beispiel 2.18 ist zu bestimmen.

Lösung:

```
>> n = length(p) - 1
n =
    5
```

Der Grad des Polynoms p beträgt $n = 5$.

2.5.3 Operationen mit Polynomen

Multiplikation von Polynomen mit der M-function conv:

Die Multiplikation von zwei Polynomen p_1 und p_2 geschieht mit:

p = conv(p1,p2) (2.57)

Beispiel 2.20
Das Produkt der beiden Polynome ist mit der Funktion nach Gleichung (2.57) zu bestimmen.

$$p = 5s^5 - 3s^4 + s^2 + 2s$$

Lösung:

```
>> p1 = [5 0 -3 1 6]
p1 =
   5   0  -3   1   6
```

```
>> p2 = [1 5 6]
p2 =
   1   5   6
```

```
>> pm = conv(p1,p2)
pm =
   5  25  27  -14  -7  36  36
```

Die Lösung ergibt das nachfolgende Polynom 6. Grades:

$$p_m = 5s^6 + 25s^5 + 27s^4 - 14s^3 - 7s^2 + 36s + 36$$

Division von Polynomen

Die Division von zwei Polynomen geschieht mit der M-function *deconv*:

$$[q,r] = \text{deconv}(p1,p2) \qquad (2.58)$$

Beispiel 2.21
Das Polynom p_m aus Beispiel 2.20 ist mit dem Polynom:

$$p_3 = s^2 + 5s + 4$$

mit der M-function nach Gleichung (2.58) zu dividieren.

Lösung:

```
>> p3 = [1 5 4]
p3 =
   1   5   4
```

```
>> [q,r] = deconv(pm,p3)
q =
   5   0   7  -49  210
r =
   0   0   0   0   0  -818  -804
```

Das Ergebnis:

$$\frac{p_m}{p_3} = q + \frac{r}{p_3} \quad \Rightarrow \quad \begin{cases} q = 5s^4 + 7s^2 - 49s + 210 \\ r = -818s - 804 \end{cases}$$

zeigt, dass die Division neben dem Quotienten q noch einen Rest r liefert. Der Rest r hätte den Wert null, wenn p_3 vollständig in p_m enthalten wäre!

Addition und Subtraktion von Polynomen

Voraussetzung für die Addition und Subtraktion zweier Polynome ist ihr gleicher Grad. Ist ein Polynom von kleinerem Grad, so ist dieses Polynom nach links mit so viel Nullen aufzufüllen, bis die Grad-Differenz ausgeglichen ist. Eine Funktion existiert unter MATLAB dafür nicht. Es ist der Additions- bzw. Subtraktionsoperator zu verwenden. Es gilt folglich:

$$p_a = p_1 + p_2! \qquad p_s = p_1 - p_2! \tag{2.59}$$

Beispiel 2.22
Es ist das Polynom 4. Grades p_1 mit dem Polynom 2. Grades p_2 zu addieren.

Lösung:
Das Polynom p_2 ist nach links mit zwei Nullen aufzufüllen:

$$p_a = p_1 + \left[0\,s^4 + 0\,s^3 + p_2 \right]$$

```
>> pa = p1+[zeros(1,length(p1)-length(p2)) p2]
pa =
   5   0  -2   6   12
```

was zu folgendem Ergebnis führt:

$$p_a = 5\,s^4 + 0\,s^3 - 2\,s^2 + 6\,s + 12$$

Nullstellen bzw. Wurzeln eines Polynoms

Die M-function *roots* berechnet die Nullstellen bzw. Wurzeln eines Polynoms p:

$$\text{Nu} = \text{roots(p)} \tag{2.60}$$

Die Nullstellen sind die Lösungen des Polynoms für $p = 0$, sie werden in der komplexen bzw. Gauß'[28]schen Zahlenebene dargestellt. Nullstellen spielen bei der Beschreibung des dynamischen Verhaltens, im Zusammenhang mit der Beurteilung der Stabilität eines Systems, ein wesentliche Rolle. Bei den in einem späteren Kapitel behandelten Übertragungsfunktionen, einer gebrochenrationalen Funktion, ergeben sich die Nullstellen aus dem Zählerpolynom und die Pole aus dem Nennerpolynom. Bei den Systemmatrizen sind es die Eigenwerte.

Beispiel 2.23
Es sind die Nullstellen des Polynoms p_2 mit der M-function *roots* zu berechnen.

Lösung:

```
>> Nu2 = roots(p2)                  -3.0000
Nu2 =                               -2.0000
```

[28] Gauß, Carl Friedrich *30.4.1777 Braunschweig †3.2.1855 Göttingen, Mathematiker

Berechnung des zu seinen Nullstellen gehörenden Polynoms

Die M-function *poly* berechnet aus den Nullstellen das dazugehörende Polynom:

p = poly(Nu) (2.61)

Beispiel 2.24

Gesucht ist mit Hilfe der M-function *poly* das zu den Nullstellen *Nup* = [-1+2i -1-2i -4] gehörende Polynom p_{Nu}. Das Ergebnis ist mit der M-function *roots* zu überprüfen.

Lösung:

```
>> Nup = [-1+2i -1-2i -4]
Nup =
  -1.0000 + 2.0000i  -1.0000 - 2.0000i  -4.0000
```

```
>> pNu = poly(Nup)
pNu =
     1     6    13    20
```

Es ergibt sich folgendes Polynom:

$$p_{Nu} = p^3 + 6\,p^2 + 13\,p + 20$$

mit den bekannten Nullstellen:

```
>> Nup = roots(pNu)
Nup =
  -4.0000
  -1.0000 + 2.0000i
  -1.0000 -  2.0000i
```

Wert eines Polynoms an einer vorgegebenen Stelle

Die M-function *polyval* berechnet den Wert des Polynoms *p* an der Stelle *x*:

Px = polyval(p,x) (2.62)

Beispiel 2.25

Es ist der Wert des Polynoms p_{Nu} aus Beispiel 2.24 an der Stelle $x = -4$ zu berechnen.

Lösung:

```
>> P_4 = polyval(pNu,-4)
P_4 =
     0
```

Da bei $x = -4$ eine Nullstelle des Polynoms p_{Nu} liegt, muss der Funktionswert an dieser Stelle gleich null sein.

Ableitung eines Polynoms

Die M-function *polyder* berechnet die Ableitung eines Polynoms p:

dp = polyder(p) (2.63)

Weiterhin kann mit ihr die Ableitung des Produktpolynoms aus p_1 und p_2 berechnet werden:

dpm = polyder(p1,p2) (2.64)

Beispiel 2.26

Aus dem Produktpolynom von p_1 mit p_2 ist mit der M-function nach Gleichung (2.64) die Ableitung zu bilden. Das Ergebnis ist zu überprüfen, in dem die erste Ableitung des Polynoms p_m, siehe Beispiel 2.20, nach p in Handrechnung durchzuführen ist.

Lösung:

```
>> dpm = polyder(p1,p2)          dpm =
                                   30   125   108   -42   -14   36
```

Ermittlung der ersten Ableitung des Polynoms p_m nach p in Handrechnung:

$$\frac{dp_m}{dp} = \frac{d\left(5s^6 + 25s^5 + 27s^4 - 14s^3 - 7s^2 + 36s + 36\right)}{dp}$$

$$\frac{dp_m}{dp} = 30p^5 + 125p^4 + 108p^3 - 42p^2 - 14p + 36$$

Wie zu erwarten, stimmen die Ergebnisse überein.

2.6 Graphische Darstellungen

In der Mehrzahl der Fälle sollen die gewonnenen Ergebnisse graphisch dargestellt werden, was auch einem Hauptanliegen von MATLAB entspricht. Aus der Vielzahl der Möglichkeiten werden nachfolgend einige Funktionen, die im Zusammenhang mit der graphischen Darstellung von zweidimensionalen Objekten – 2-D-Graphiken – und dreidimensionalen Objekten – 3-D-Graphiken – stehen, behandelt. Zur Klarstellung des Sprachgebrauchs wird vereinbart, dass die Ergebnisse einer mathematischen Untersuchung oder einer Simulation Graphen sind, die in Figuren – in MATLAB figure – dargestellt werden. Dies bedeutet, dass das Bild in dem sich die Graphik samt allen Beschriftungen befindet, als Figur bezeichnet wird.

M-function	Beschreibung
annotation('Typ','Position')	Fügt „Anmerkungen“, wie Pfeile 'arrow', Text-Pfeile 'textarrow' usw. in eine Figur ein. 'Position' entspricht den „normalisierten Koordinaten“, um Positionen innerhalb der Abbildung zu spezifizieren. In den normalisierten Koordinaten sind immer der Punkt (0,0) die linke untere und der Punkt (1,1) die rechte obere Ecke des Abbildungsfensters, unabhängig von der Größe der Abbildung.
axis(... [xmin xmax ymin ymax zmin zmax])	Legt die Bereiche der 3 Achsen bei einer 3-D- bzw. der 2 Achsen bei einer 2-D-Graphik fest.
axis equal axis square axis tight	Erzeugt gleich lange Achseneinheiten. Stellt die Achsenboxflächen quadratisch dar. Die Achsen werden durch die Daten der Graphik begrenzt.
ezplot('f(x)',[xmin xmax]) ezplot('f(x,y)',... [xmin xmax ymin ymax])	Stellt explizite Funktionen als 2-D-Graphiken im vorgegebenen Bereich dar. Ohne Angabe der Grenzen wird im Bereich [-2π bis $+2\pi$] dargestellt. Die Funktion erscheint im 'Titel'.
figure(k)	Erzeugt die *k-te* Figur.
fplot('f(x)',[x_{min} x_{max}], tol, S)	Stellt explizite Funktionen als 2-D-Graphiken im vorgegebenen Bereich dar. Der Parameter *tol* gibt die Toleranzgrenze für die Auswertung an. Für *S* gilt das unter *plot* gesagte.
a = gca	An *a* wird die Nummer (der Achse) des aktuellen Subplots übergeben.
f = gcf	An *f* wird die Nummer der aktuellen Figur übergeben.
get(gca) bzw. get(a,'Eigenschaft')	Gibt den Wert der bestimmten Eigenschaft für den aktuellen Subplot aus.
get(gcf) bzw. get(f,'Eigenschaft')	Liefert die Eigenschaften bzw. den Wert der aktuellen Figur.
linspace(xa, xe, n)	Erzeugt einen Vektor mit *n* Elementen zwischen x_a = Anfangs- und x_e = Endpunkt. Wird *n* nicht angegeben, werden 100 Punkte berechnet.
logspace(a, e, n)	Erzeugt einen Vektor mit logarithmischen Elementen auf der Basis 10. Der Vektor beginnt mit 10^a und endet bei 10^e. Die Größe *n* legt die Anzahl der Elemente fest. Bei fehlendem *n* werden 50 Werte berechnet.

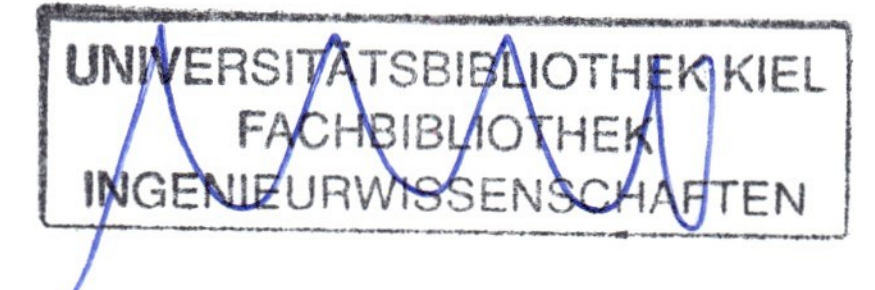

plot(x, y, S)	Erzeugt eine 2-D Graphik, wobei *x* und *y* Vektoren vom gleichen Typ sein müssen. Mit *S* werden die Art und die Farbe der Linie angegeben. Entfällt *S*, dann wird der Graph als Volllinie farbig dargestellt. Die Funktion ermöglicht es, gleichzeitig mehrere Kurven darzustellen und diese unterschiedlich zu kennzeichnen.
plot3(x, y, z, S)	Erzeugt eine 3-D Graphik, wobei *x, y* und *z* Vektoren vom gleichen Typ sein müssen. Für *S* gilt das unter *plot* gesagte.
plotyy(x_1, y_1, x_2, y_2)	Stellt 2 Graphiken mit unterschiedlicher Einteilung der Ordinaten in einer Figur dar. Die Werte von y_1 werden links und die von y_2 rechts angetragen.
semilogx (x, y)	Erzeugt die halblogarithmische Darstellung der *x*-Achse auf der Basis 10 einer Funktion, wie z. B. die Darstellung der Amplitude |F| in *dB* über dem Logarithmus der Frequenz ω, wie es im Bode-Diagramm geschieht.
semilogy (x, y)	Erzeugt die halblogarithmische Darstellung der *y*-Achse auf der Basis 10 einer Funktion.
set(a,'Eigenschaft',{Wert}) set(f,'Eigenschaft',{Wert})	Legt für den aktuellen Subplot oder die aktuelle Figur den Wert oder die Werte der benannten Eigenschaft fest.
subplot(m, n, k)	Stellt den *k*. Subplot bzw. die *k*. Grafik von (*m* × *n*) Graphiken in einer Figur dar. Die Figur hat *m* Zeilen und *n* Graphiken pro Zeile. Bei bereits vorhandener Figur weist sie auf den *i*. Subplot.
text(x, y, z,'Text')	Fügt den 'Text' in die Graphik an den entsprechenden Koordinaten *x*, *y* und *z* bei 3-D-Graphiken sowie *x* und *y* bei 2-D-Graphiken ein.
title('Text')	Bezeichnung des Graphen oberhalb der Figur.
xlabel('Text'), ylabel('Text'), zlabel('Text')	Beschriftet mit 'Text' die entsprechende Achse.
view([Azimut Elevation])	Stellt den Azimut: horizontaler Winkel und die Elevation: vertikaler Winkel für die Betrachtungsposition einer Graphik ein.
[hw,vw] = view	Gibt den horizontalen und den vertikalen Betrachtungswinkel der aktuellen Graphik aus.

Mathematische Symbole und griechische Buchstaben zur Verwendung in Figuren, siehe "Text Properties" unter *help* → „Adding Text Annotations to Graphs“ ↵ → „Mathematical Symbols, Greek Letters, and TEX Characters“. Sinnvoll ist es Eigenschaften der Figuren mit: *Edit* → *Properties* … zu bearbeiten, z. B. Axes Properties: *Property Editor Axes* → *X Axis* → *Ticks* …, siehe u. a. Beispiel 2.28.

Beispiel 2.27
Die Verläufe der beiden Funktionen:

$$L(\omega) = -20\lg\sqrt{4+\omega^2} \quad \text{und} \quad \varphi(\omega) = -\arctan(\omega T)$$

sind als zwei getrennte Graphiken in einer Figur untereinander über dem $lg(\omega)$ in den Grenzen von 10^{-2} bis 10^2 darzustellen. Die y-Achse für die Funktion $L(\omega)$ soll folgende Einteilung [–40 –30 –20 –10 0] erhalten. Für die Funktion $\varphi(\omega)$ soll die y-Achse in [–90 –45 0] eingeteilt werden. Die Beschriftungen der y-Achse mit |L| [dB[29]] und Φ [°] sind horizontal und links vom Nullpunkt darzustellen. Die x-Achsen sind mit $lg(\omega)$ und die Titel mit *Amplitudengang* $L(\omega)$ bzw. *Phasengang* $\varphi(\omega)$ zu beschriften.

Lösung:

```
% Beispiel 2.27
% Stellt die Abb. 2.7 dar.
% Frequenzen
w =logspace(-2,2);
% Zeitkonstante
T = 2;
%
% 1. Bild von 2 Bildern
subplot(2,1,1)
% Amplitudenwerte
L = -20*log10(sqrt(4 + w.^2));
% Darstellung des Amplitudenganges
semilogx(w, L,'k'),grid
% Festlegen der Einteilung der y-Achse
set(gca,'ytick',[-40 -30 -20 -10 0])
% Titel des 1. Bildes
title('Amplitudengang L(\omega)')
% Achsenbezeichnungen
xlabel('lg \omega')
text(3e-3, 0, '|L| [dB]')
%
```

[29] Zu dB = Dezibel, siehe Fußnote [73]

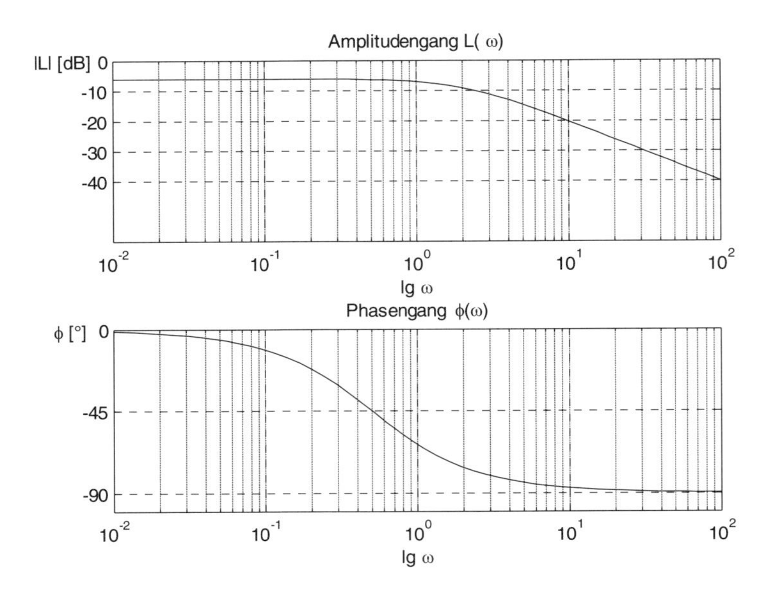

Abb. 2.7 *Graphische Darstellung der Lösung nach Beispiel 2.27*

```
% 2. Bild von 2 Bildern
subplot(2,1,2)
% Phasenwerte in [°]
phi = -atand(w*T);
% Darstellung des Phasenganges
semilogx(w, phi,'k'),grid
% Festlegen der Einteilung der y-Achse
set(gca,'ytick',[-90 -45 0])
% Titel des 2. Bildes
title('Phasengang \phi(\omega)')
% Achsenbezeichnungen
xlabel('lg \omega')
text(4e-3, 0, '\phi [°]')
% Speichern als Abb2_07.emf
print -f1 -dmeta -r300
% Ende des Beispiels 2.27
```

Beispiel 2.28

Es sind die Achseneinteilungen 'XTick' und 'YTick' sowie die 'Position' und Größe – in der Position enthalten – der beiden Grafiken in Abb. 2.7 zu ermitteln. Vorher ist die Maßeinheit 'units' in der Figur auf 'centimeter' zu setzen.

Lösung:

```
% Beispiel 2.28
% Die Lösung dieser Aufgabe setzt voraus, dass Abb. 2.7
% geöffnet ist, d. h. Beispiel 2.27 muss gelöst sein!
%
% Zeilenvorschub und Überschrift
disp('                ')
disp('                Lösungen zum Beispiel 2.28')
```

```
% der 1. Subplot wird zum aktuellen Subplot
subplot(2,1,1)
a1 = gca;
fprintf('Die Nummer des 1. Subplots: %6.4f\n',a1)
% der 2. Subplot wird zum aktuellen Subplot
subplot(2,1,2);
a2 = gca;
fprintf('Die Nummer des 2. Subplots: %6.4f\n',a2)
fprintf('Die Nummer der aktuellen Figur: %d\n',gcf)
% Setzt die Maßeinheit der aktuellen Figur auf 'cm'
set(gcf,'units','centimeter')
disp(['Abstand [cm] von links  von unten    Breite   ',...
    '    Höhe  '])
% Gibt die Position und Größe des 1. Subplots aus
Sub1 = get(a1,'Position');
fprintf('Sub1:        %10.4f %10.4f %10.4f %10.4f\n',Sub1)
% Gibt die Position und Größe des 2. Subplots aus
Sub2 = get(a2,'Position');
fprintf('Sub2:        %10.4f %10.4f %10.4f %10.4f\n',Sub2)
%  Einteilung der Achsen
disp('      Einteilung der beiden x-Achsen, Frequenz [1/s]')
X12 = get(a1,'XTick');
fprintf('X12 = %1.4f %1.4f %1.4f %1.4f %1.4f\n',X12)
disp('      Einteilung der y-Achsen')
Y1  = get(a1,'YTick');
fprintf('  L(w): %4d %4d %4d %4d %4d ',Y1), disp('[dB]')
Y2  = get(a2,'YTick');
fprintf('Phi(w): %4d° %4d° %3d° \n',Y2)
% Ende des Beispiels 2.28
```

Lösungen zum Beispiel 2.28

```
Die Nummer des 1. Subplots: 170.0022
Die Nummer des 2. Subplots: 175.0022
Die Nummer der aktuellen Figur: 1
Abstand [cm] von links  von unten   Breite   Höhe
Sub1:            0.1300    0.6033   0.7750   0.3119
Sub2:            0.1300    0.1295   0.7750   0.3119
    Einteilung der beiden x-Achsen, Frequenz [1/s]
X12 = 0.0100 0.1000 1.0000 10.0000 100.0000
    Einteilung der y-Achsen
  L(w):  -40  -30  -20  -10   0 [dB]
Phi(w):  -90°  -45°   0°
```

2.7 Function Handles

Eigenschaft von function_handle (@):
Mit function_handle (@) lassen sich mathematische Zusammenhänge von Funktionen beschreiben, ansprechen und auswerten.
Syntax:

hand = @functions

hand = @(Argumente) anonymous functions

Beschreibung:
Function_handle ist ein Standard Datentyp von MATLAB. In diesem Sinne kann er wie alle anderen Datentypen behandelt und verwendet werden.

Beispiel 2.29
Gegeben ist die Funktion:

$$\varphi(\omega) = -T_t\,\omega - \arctan(T\,\omega)\text{, mit } T_t = 0{,}5 \text{ s und } T = 0{,}15 \text{ s.}$$

Gesucht ist die Frequenz ω, für die der Winkel $\varphi = -\pi$ wird. Dafür ist die Formel für $\varphi(\omega)$ nach ω umzuformen und als *function_handle* unter MATLAB einzugeben. Für die Lösung ist die M-function fzero(fun,x0) zu verwenden. Mit Wf = functions(W) ist der Typ von W zu ermitteln. Für die gefundene Frequenz ist der Winkel in Bogenmaß und Grad zu berechnen.

Lösung:

Die gegebene Winkelbeziehung für $\varphi = -\pi$ umgeformt und null gesetzt:

$$\omega - \frac{1}{T_t}\left[\pi - \arctan(T\,\omega)\right] = 0$$

liefert die *anonymous functions* für die Darstellung unter MATLAB, mit ω als Parameter:

```
>> W = @(w) (w-1/Tt*(pi-atan(T*w)))
W =
   @(w)(w-1/Tt*(pi-atan(T*w)))
>> Tt = 0.5; T = 0.15; x0 = [0 5];
```

```
>> w_pi = fzero(W,x0)
w_pi =
   4.9968
```

Für $\varphi = -\pi$ ergibt sich eine Frequenz $\omega = 4{,}9968\ s^{-1}$.

```
>> Wf = functions(W)
Wf =
    function: '@(w)(w-1/Tt*(pi-atan(T*w)))'
        type: 'anonymous'
        file: ''
   workspace: {[1x1 struct]}
```

Der Typ des *function_handle* ist, wie erwartet, *anonymous*!

```
>> phi = -Tt*w_pi-atan(T*w_pi)
phi =
  -3.1416
```

```
>> Phi = -Tt*w_pi*180/pi-atand(T*w_pi)
Phi =
 -180.0000
```

Die Winkelbedingung wird mit $-\pi$ bzw. $-180°$ erfüllt. Siehe auch Beispiel 3.4!

3 Einführung in Simulink

Wesentlich erweitert wurde MATLAB durch Simulink, ein Software-Paket für die Modellbildung, Simulation und Analyse linearer und nichtlinearer sowie zeitkontinuierlicher und zeitdiskreter Systeme.

Die Elemente des nachzubildenden Systems werden als Blöcke, die mittels Linien als Elemente des Informationsflusses untereinander verkoppelt werden können, dargestellt. Damit ist es möglich, wie mit einem Bleistift auf Papier – hier mit der Maus auf dem Bildschirm, die gewünschten mathematischen Modelle graphisch darzustellen. Aus einer sehr umfangreichen Bibliothek können für die Modellbildung die erforderlichen Funktionsblöcke ausgewählt und über Linien, entsprechend dem Informationsfluss, miteinander verbunden werden.

Die bei einer Simulation zwischen den einzelnen Blöcken ausgetauschten Daten können, für MATLAB typisch, vom Typ Skalar, Vektor oder Matrix sein, d. h. es wird zwischen eindimensionalen – 1-D – und zweidimensionalen – 2-D – Arrays bzw. Signalen unterschieden.
Simulink ist ein interaktives Programm, das es neben der Vielzahl der gelieferten Funktionen erlaubt, eigene vom Anwender mit Hilfe des M-file-Editors geschriebene Funktionen zu nutzen. Die eigenen Funktionen laufen unter der Bezeichnung „User-Defined Functions" wie z. B. die *S-function*.
Die Mehrzahl der Simulink-Operationen ist selbsterklärend und besonders für Anwender, die mit der Konstruktion von Signalflussplänen vertraut sind, sehr schnell zu erlernen. Nachfolgend werden einige grundsätzliche Eigenschaften von Simulink beschrieben.

Für eine Vielzahl von Anwendungsgebieten existieren Toolboxen mit aussagefähigen Modellblöcken. Die Modelle können beschriftet und farbig gestaltet werden.

3.1 Der Funktionsblock

Der Funktionsblock befindet sich in der Unterbibliothek *User-Defined Functions*. Er ist dadurch gekennzeichnet, dass er mit einem oder mehreren Signalen – Eingangsvektor – belegt werden kann und dass ein Signal oder mehrere Signale – Ausgangsvektor – ihn verlassen:

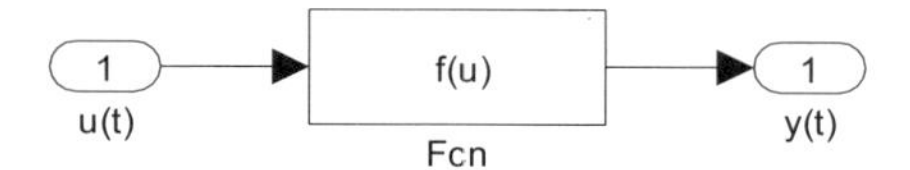

Abb. 3.1 *Funktionsblock*

Für das Ausgangssignal gilt:

$$y(t) = f\left[u(t)\right] \tag{3.1}$$

bzw. für lineare Systeme im Frequenzbereich:

$$Y(s) = F\left[U(s)\right] \tag{3.2}$$

3.2 Eingabe- und Ausgabeblöcke

3.2.1 Übergabe von Daten der Eingangssignale an das Modell

Die Blöcke mit den Eingangssignalen für die Modellierung sind in der Unterbibliothek *Sources* zu finden. Die *Sources*-Blöcke sind dadurch gekennzeichnet, dass sie nur über einen Ausgangsvektor verfügen. Hier können die Signale aus dafür vorgesehenen Blöcken:

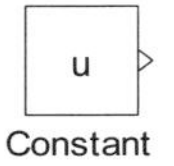

Abb. 3.2 *Allgemeiner Eingangsblock, z. B. Vorgabe einer konstanten Größe*

im Modellfenster erzeugt oder die notwendigen Daten aus einem file **.mat* bzw. von der *Workspace* bezogen werden:

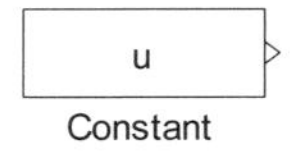

Abb. 3.3 *Übernahme der Daten aus einem file* *.mat *oder von der Workspace*

Zu beachten sind die Anordnung der zu übergebenden Werte als Zeit- und Datenvektor bzw. nur als Datenvektor. Die Anordnung ist den Beschreibungen in den Fenstern der *Source Block Parameters* für die Blöcke *From File* bzw. *From Workspace* zu entnehmen.

Eine weitere Möglichkeit das Modell im Simulations-Fenster mit den notwendigen Eingangswerten von der Workspace aus zu versorgen, ist der Block *In*:

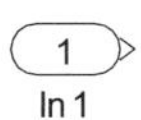

Abb. 3.4 *Eingabeblock für Daten von der Workspace*

Voraussetzung dafür ist, dass neben dem Vorhandensein der Daten in der Workspace, im Modellfenster unter *Simulation* → *Configuration Parameters* → *Data Import/Export* im Fenster *Load from Workspace* das Feld *Input* aktiviert ist und dahinter die entsprechenden Bezeichnungen der Datenvektoren – Spaltenvektoren – eingetragen sind. Auch können Vektoren mit den Anfangszuständen vorgegeben und damit eingegeben werden.

3.2.2 Ergebnisdarstellung und Ausgabe der Simulationsdaten

Die Ergebnisse der Simulation lassen sich direkt im Modellfenster graphisch mit Hilfe des *Data Viewers* darstellen, z. B. durch:

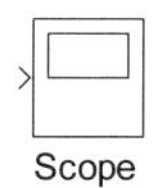

Abb. 3.5 *Block zur graphischen Darstellung der Simulationsergebnisse*

oder indirekt als Datensatz einem file **.mat* übergeben bzw. an den *Workspace* ausgegeben werden. Die dazu erforderlichen Blöcke *To File* und *To Workspace* sind in der Unterbibliothek *Sinks* enthalten. Sie verfügen nur über einen Eingangsvektor:

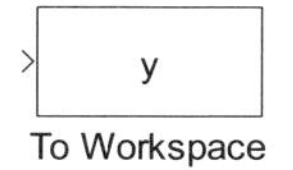

Abb. 3.6 *Ausgabeblock für Daten an einen file* *.mat *oder an den Workspace*

Auch die Ausgabe von Daten an den Workspace kann über einen Block, genannt *Out*

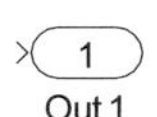

Abb. 3.7 *Ausgabeblock für Daten an den Workspace*

erfolgen. Voraussetzung ist, dass im Modellfenster unter *Simulation* → *Configuration Parameters* → *Data Import/Export* im Fenster *Save to Workspace* die Felder *Time* und *Output* aktiviert und dahinter die entsprechenden Bezeichnungen der Datenvektoren, in die die Daten geschrieben werden sollen, eingetragen sind. Neben dem Vektor für die Zeit t – *Time*, den Vektoren für die Ausgangsdaten – *Output* – $y_1, \ldots, y_r$ und den Vektoren für die Zustände – *States* – $x_1, \ldots, x_n$ kann auch ein Vektor mit den Endwerten der Zustände – *Final states* – $x_{a1}, \ldots, x_{an}$ mit ausgegeben werden. Die Vektoren ergeben sich aus den für jeden Rechen- bzw. Zeitschritt ermittelten Werten.

Das Datenformat kann eingestellt werden als Array in Form von Spaltenvektoren

$$\begin{cases} t_a = [t_1;\cdots;t_k] & x_a = [x_{a1};\cdots;x_{an}] \\ y_1 = [y_{11};\cdots;y_{1k}] & x_1 = [x_{11};\cdots;x_{1k}] \\ \vdots & \vdots \\ y_r = [y_{m1};\cdots;y_{mk}] & x_n = [x_{n1};\cdots;x_{nk}] \end{cases} \tag{3.3}$$

bzw. als Struktur mit

$$\begin{cases} t_a = [t_{a1};\cdots;t_{an}] & \\ y_1 = \begin{cases} \text{time}:[\ ] \\ \text{signals}:[1\times 1 \text{ struct}] \end{cases} & x_a = \begin{cases} \text{time}:[\ ] \\ \text{signals}:[1\times m \text{ struct}] \end{cases} \\ \vdots & x = \begin{cases} \text{time}:[\ ] \\ \text{signals}:[1\times m \text{ struct}] \end{cases} \\ y_r = \begin{cases} \text{time}:[\ ] \\ \text{signals}:[1\times 1 \text{ struct}] \end{cases} & m: \text{Anzahl der Systeme} \end{cases} \tag{3.4}$$

Der Eintrag „*time*: [ ]“ bedeutet, dass es sich um einen Leervektor bzw. eine Leermatrix, also eine Emptymatrix handelt.

Wird als Format für den Ausgang *Structure with time* gewählt, so wird in Gleichung (3.4) an Stelle der Emptymatrix „*time*: [ ]“, „*time*: [$k \times 1$ double]“ ausgegeben, wenn k die Anzahl der Rechenschritte bedeutet.

Bei dem Format *Array* ergeben sich die Werte durch den Aufruf des Funktionsnamens im Command Window. Erfolgte dagegen die Ausgabe mit dem Format *Structure* bzw. S*tructure with time*, so kann wie folgt auf die Daten zugegriffen werden, z. B.

bei y_1 mit *signals*: [1 × 1 struct]:
y1.time
y1.signals.values
und bei x mit *signals*: [1 × m struct] auf das *i-te* von m Systemen:
x.time
x.signals(i).values

Neben dem Feld *values* gibt es noch die Felder *dimensions*, *label*, *blockName* und *inReferencedModel*.

3.3 Signalverbindungen – Informationsaustausch

Die Informationen bzw. Daten werden als Signale über die Signalleitungen zwischen den einzelnen Funktionsblöcken ausgetauscht. Die Darstellung der Signalleitungen erfolgt in der einfachsten Form durch eine gerichtete Linie. Mit Hilfe des Summiergliedes *Sum* können mehrere Signale – Skalare oder Vektoren – vorzeichengerecht addiert werden:

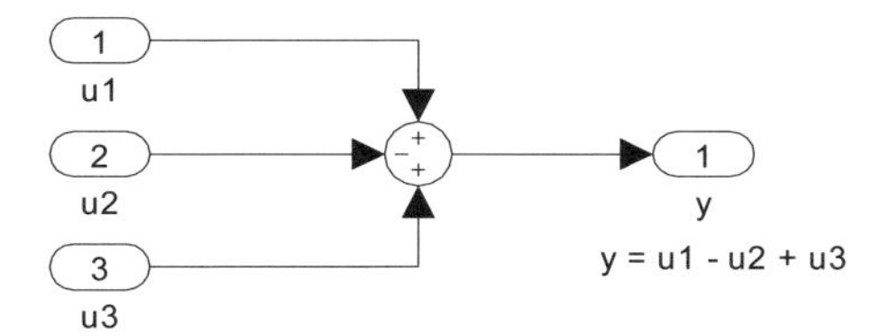

Abb. 3.8 *Vorzeichengerechte Summation von Signalen*

Signalverzweigungen sind, wie in Signalflussplänen, durch einen Punkt gekennzeichnet, von dem die Signale, welche gleich dem zufließenden Signal sind, abführen. Einen besonderen Block gibt es dafür nicht.

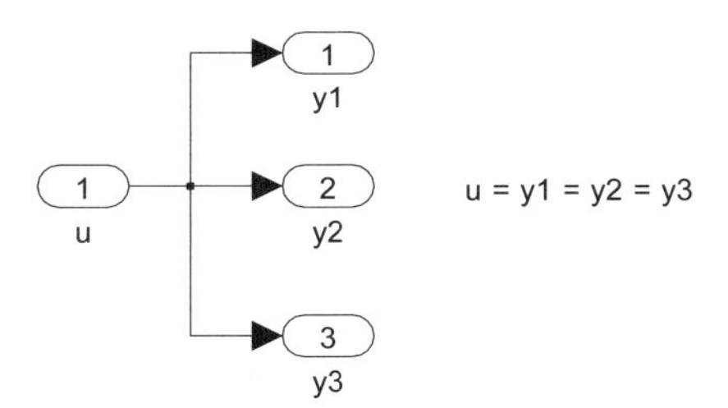

Abb. 3.9 *Signalverzweigung*

Mit dem *Mux*-Block werden mehrere Signale, deren Anzahl unter *Number of inputs* in den *Function Block Parameters* eingetragen wird, zu einem virtuellen[30] Signal zusammengefasst bzw. gebündelt, was der übersichtlicheren Darstellung in einem Simulink-Signalflussplan dient. Dieses virtuelle Signal kann dann einem Funktions- oder Ausgabe-Block zur Verarbeitung bzw. dem *Demux*-Block zwecks Zerlegung in seine Bestandteile übergeben werden. Die Anzahl der Ausgänge muss in *Number of outputs* in die *Function Block Parameters* eingetragen werden. Mit Hilfe eines *Demux*-Blockes kann ein virtuelles Signal in mehrere virtuelle Signale, die Teil des Gesamtsignals sind, zerlegt werden.

[30] virtuell: scheinbar, nur gedacht

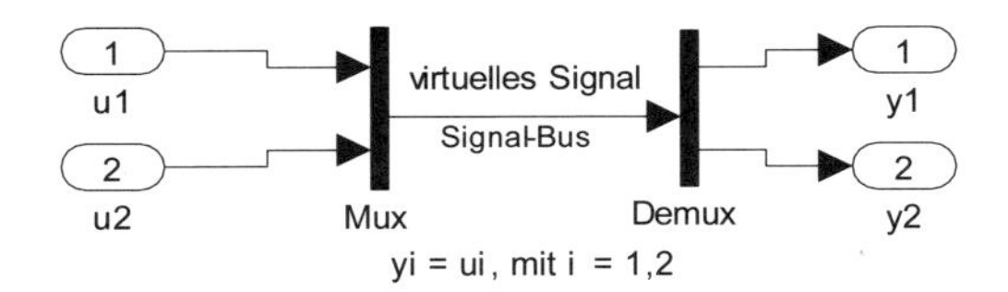

Abb. 3.10 Mux *zum Bilden eines Signalbusses und Demux zum Zerlegen in die Einzelsignale*

Steht z. B. an einem *Demux*-Block ein aus n Einzelsignalen gebildetes virtuelles Signal an, dann wird dieses in seine n Einzelsignale zerlegt, indem unter *Number of outputs* in die *Function Block Parameters* der Wert n eingetragen wird. Sollen dagegen am Ausgang m virtuelle Signale ausgegeben werden, so ist das Eingangssignal entsprechend auf die m Ausgangssignale aufzuteilen und dafür folgendes unter *Number of outputs* in die *Function Block Parameters* einzutragen:

$$\begin{bmatrix} n_1 & n_2 & \cdots & n_{m-1} & n_m \end{bmatrix} \tag{3.5}$$

Hierbei muss gelten:

$$\sum_{i=1}^{m} n_i = n \tag{3.6}$$

Beispiel 3.1

Das einem *Demux*-Block zugeführte virtuelle Signal besteht aus 9 Signalen. Am Ausgang sollen die Signale 1 bis 3, 4 und 5, 6 sowie 7 bis 9, als 4 virtuelle Teilsignale ausgegeben werden. Was ist unter *Number of outputs* in die *Function Block Parameters* einzutragen?

Lösung:

Number of outputs: $\begin{bmatrix} 3 & 2 & 1 & 3 \end{bmatrix}$

Zwei weitere Blöcke, die ebenso wie die soeben behandelten, der Vereinfachung und übersichtlicheren Darstellung in den Simulink-Signalflussplänen dienen, sind der *Bus Creator*-Block und der *Bus Selector*-Block, die nachfolgend kurz behandelt werden.

Mit dem *Bus Creator*-Block werden mehrere Signale, Einzelsignale oder bereits zu einem Bus zusammengefasste Signale, zu einem Bus, ähnlich wie bei dem *Mux*-Block, gebündelt, d. h. zu einer Gruppe von Signalen zusammengefasst und durch eine einzelne Linie im Signalflussplan dargestellt. Die Anzahl der zu einem Bus zu bündelnden Signale ist unter *Number of inputs* in die *Function Block Parameters* einzutragen. Über den Schalter *Find* in dem Fenster *Signals in bus* in den *Function Block Parameters* wird, nach dem Anklicken des betreffenden Signals, die Quelle dieses Signals im Signalflussplan farbig gekennzeichnet.

Um das Bussignal wieder zu zerlegen, ist es an einen *Bus Selector*-Block anzuschließen.
Der *Bus Selector*-Block stellt eine vom Anwender festgelegte Teilmenge seiner Eingangssignale an seinem Ausgang bereit. Die ausgewählten Einzelsignale können einzeln oder als

ein neues Bussignal – *Output as bus* – ausgegeben werden. Diese beiden Blöcke sind durch ihre Variabilität sehr leistungsfähig.

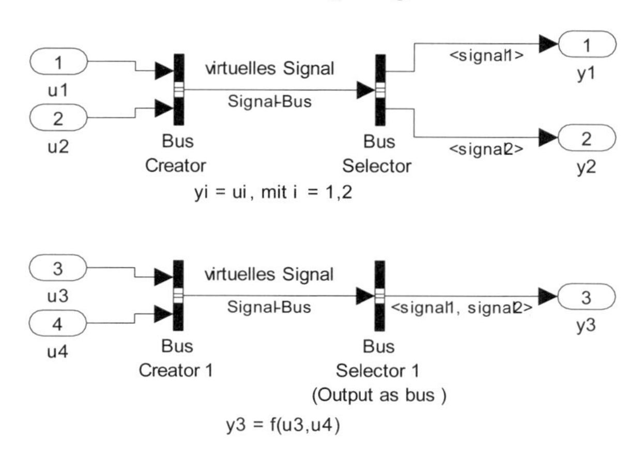

Abb. 3.11 Bus Creator *zur Bündelung und* Bus Selector *zur Zerlegung von Signalen*

Zu bemerken ist noch, dass beim Anklicken einer Signallinie im Signalflussplan mit der rechten Maustaste ein Fenster geöffnet wird, mit dem es u. a. möglich ist, über *Highlight To Source* den Verlauf zur Quelle bzw. mit *Highlight To Destination* den Verlauf zum Ziel des Signals farbig darzustellen.

3.4 Algebraische Schleifen – Algebraic Loops

3.4.1 Systeme mit proportionalem sprungfähigem Verhalten

Es gibt Systeme, deren Einganssignale direkt auf den Ausgang durchgeschaltet werden. Dies sind zum einen Systeme mit einem statischen Übertragungsverhalten, d. h. deren Ausgangssignal wird ohne Zeitverzögerung vom Eingangssignal bestimmt. Zum Anderen sind es die sprungfähigen Systeme, die dadurch gekennzeichnet sind, dass in Differenzialgleichungen, die ihr dynamisches Verhalten beschreiben, die Ordnung der höchsten zeitlichen Ableitung des Eingangssignals gleich der Ordnung der höchsten zeitlichen Ableitung des Ausgangssignals ist. Im Zeitbereich, bei der Beschreibung durch Vektor-Matrix-Differenzialgleichungen ist in diesem Fall die Durchgangsmatrix $\mathbf{D} \neq \mathbf{0}$. Im Frequenzbereich, bei linearen Systemen, ist der Grad des Zählerpolynoms gleich dem Grad des Nennerpolynoms.

Unter Simulink werden Blöcke mit diesem Verhalten, als Blöcke mit *direct feedthrough*-Verhalten bezeichnet. Es sind, neben den oben genannten sprungfähigen Systemen, die mathematischen Funktionsblöcke, der *Gain-*, *Product-* und *Sum*-Block sowie die direkte Verbindung zwischen dem Ausgang eines *Integrator*-Blocks mit seinem Anfangswert-Eingang.

3.4.2 Algebraische Schleifen

Befindet sich in einem Signalflussplan eine Rückführung, deren Vorwärts- und Rückwärtszweig nur aus einem oder mehreren dieser *direct feedthrough*-Blöcke aufgebaut ist, so erscheint bei der Simulation im Command Window folgende Meldung – *Warning: Block diagram 'Name' contains* 1 *algebraic loop(s).*

Durch eine Rückführung wird bekanntlich das Ausgangssignal des Vorwärtszweiges über den Rückführzweig auf den Eingang des Vorwärtszweiges zurückgeführt. Da zwischen dem Eingangssignal und dem Ausgangssignal des Vorwärtszweiges und des Rückführzweiges keine Zeitverzögerung auftritt, gilt während eines Rechenschrittes:

Eingangssignal gleich Ausgangssignal gleich Eingangssignal
oder
Ursache gleich Wirkung gleich Ursache!

Diese Konstruktion stellt eine *algebraische Schleife* bzw. einen *algebraic loop* dar. Die algebraische Schleife ist entweder durch Umgestaltung des Signalflussplanes aufzulösen oder durch Einfügen des *Algebraic Constraint*-Blockes zu unterbrechen und zu lösen.

3.4.3 Auflösen einer algebraischen Schleife

Grundsätzlich sind für das Auflösen von algebraischen Schleifen innerhalb eines Signalflussplanes für ein dynamisches System die Regeln zur Vereinfachung bzw. zur Umformung von Signalflussplänen zu verwenden. Es sollen dazu einige Hinweise gegeben werden.

Befinden sich im Vorwärts- und Rückführzweig einer Rückführung nur statische Übertragungsglieder, z. B. je ein *Gain*-Block, so kann diese algebraische Schleife wie folgt aufgelöst werden, wenn K_v der Verstärkungsfaktor im Vorwärtszweig und K_r der Verstärkungsfaktor im Rückführzweig ist :

$$K_{res} = \frac{K_v}{1 \pm K_v\,K_r} \quad \text{mit} \begin{cases} +: \text{Gegenkopplung} \\ -: \text{Mitkopplung} \end{cases} \tag{3.7}$$

Beispiel 3.2
Simulink gibt bei der Simulation des folgenden Signalflussplans mit den Daten:

```
% Beispiel 3.2
% Die Daten gelten auch für Beispiel 3.3
% Daten der Kondensatoren und Widerstände der algebraischen
% Schleife nach Abb 3.12
    C1 = 100e-006;  % 100 Mikrofarad = 0,0001 As/V
    C2 = 50e-006;   % 50 Mikrofarad = 0,00005 As/V
    R = 1e003;      % 1 Kiloohm = 1.000 V/A
    R1 = 2.5e003;   % 2,5 Kiloohm = 2.500 V/A
    R2 = 4e003;     % 4 Kiloohm = 4.000 V/A
% Speichern als Abb3_12.emf und Abb3_13.emf
print -sAbb3_12 -dmeta -r300 Abb3_12
print -sAbb3_13 -dmeta -r300 Abb3_13
% Ende des Beispiels 3.2
```

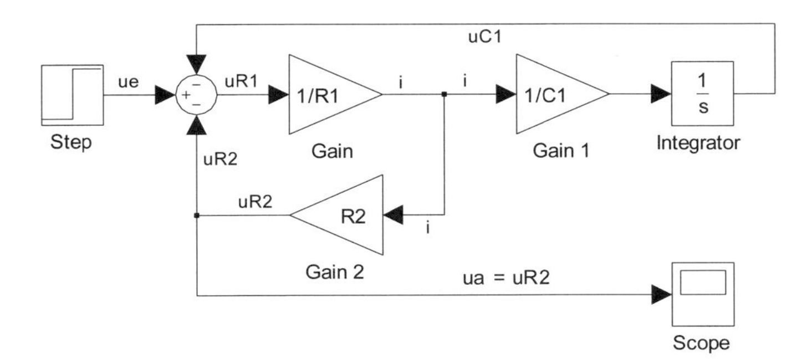

Abb. 3.12 *System 1. Ordnung mit einer algebraischen Schleife*

im Command Window folgendes aus:

Warning: Block diagram 'Abb3_12' contains 1 algebraic loop(s). ...
Found algebraic loop containing:
'Abb3_12/Gain'
'Abb3_12/Gain2'
'Abb3_12/Sum' (algebraic variable)

Gesucht ist die resultierende Funktion, mit der die algebraische Schleife aufgelöst wird.

Lösung:

Die algebraische Schleife ist eine Gegenkopplung mit je einem *Gain*-Block im Vorwärts- und Rückführzweig, so dass sich mit Gleichung (3.7) für den Verstärkungsfaktor des resultierenden *Gain*-Blocks ergibt:

$$R_{res} = \frac{1}{R_1 + R_2} \tag{3.8}$$

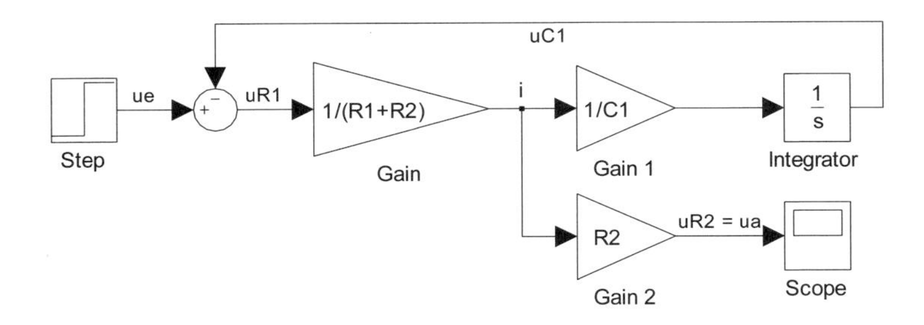

Abb. 3.13 *System 1. Ordnung nach Abb. 3.12 ohne algebraische Schleife*

Besteht dagegen die algebraische Schleife im Vorwärtszweig aus dem sprungfähigen System mit der Übertragungsfunktion:

$$G_v(s) = \frac{Z_v(s)}{N_v(s)} \quad \text{mit} \quad m_v = n_v \tag{3.9}$$

und im Rückführzweig auch aus einem sprungfähigen System mit der Übertragungsfunktion:

$$G_r(s) = \frac{Z_r(s)}{N_r(s)} \quad \text{mit} \quad m_r = n_r \tag{3.10}$$

so gilt für das Ersatzsystem, welches die algebraische Schleife auflöst:

$$G_{ges}(s) = \frac{Z_v(s)N_r(s)}{N_v(s)N_r(s) \pm Z_v(s)Z_r(s)} \quad \text{mit} \quad \begin{cases} +\text{: Gegenkopplung} \\ -\text{: Mitkopplung} \end{cases} \tag{3.11}$$

In dem Fall, dass eine der Übertragungsfunktionen eine Konstante ist, werden der entsprechende Zähler gleich der Konstanten und der Nenner eins gesetzt. Das mit Gleichung (3.7) dargestellte Ergebnis folgt aus Gleichung (3.11) für *Gain*-Blöcke im Vorwärts- und Rückführzweig.

Ein nicht selten auftretender Fall ist, dass neben der algebraischen Schleife ein Parallelzweig verläuft, der mindestens ein Übertragungsglied mit Zeitverhalten enthält. Hierfür ergibt sich mit der Übertragungsfunktion des Rückführzweiges:

$$\begin{aligned} G_r(s) &= K_{r1} + G_{r2}(s) &&= K_{r1} + \frac{Z_{r2}(s)}{N_{r2}(s)} \\ G_r(s) &= \frac{K_{r1}N_{r2}(s) + Z_{r2}(s)}{N_{r2}(s)} &&= \frac{Z_r(s)}{N_r(s)} \end{aligned} \tag{3.12}$$

die resultierende Übertragungsfunktion der algebraischen Schleife mit Gleichung (3.11) zu:

$$G_{res}(s) = \frac{K_v N_{r2}(s)}{N_{r2}(s) + K_v\left[K_{r1}N_{r2}(s) + Z_{r2}(s)\right]} \tag{3.13}$$

Beispiel 3.3

Simulink gibt bei der Simulation des Signalflussplans in Abb. 3.14, Daten siehe Beispiel 3.2, im Command Window folgendes aus:

```
Warning: Block diagram 'Abb3_14' contains 1 algebraic loop(s). ...
Found algebraic loop containing:
 'Abb3_14/Gain'
 'Abb3_14/Gain3'
 'Abb3_14/Sum2'
 'Abb3_14/Sum' (algebraic variable)
```

Gesucht ist die resultierende Funktion, mit der die algebraische Schleife aufgelöst wird.

Lösung:

Die einzelnen Blockinhalte des Signalflussplanes nach Abb. 3.14 in die Gleichung (3.12) eingesetzt, liefern die Übertragungsfunktion der algebraischen Schleife und des dazu parallelen Zweiges:

$$G_r(s) = \frac{R_2\, C_2\, s + 1}{C_2\, s}$$

Die mit der Gleichung dargestellte Übertragungsfunktion des Rückführzweiges beschreibt ein sprungfähiges System 1. Ordnung ohne Ausgleich.

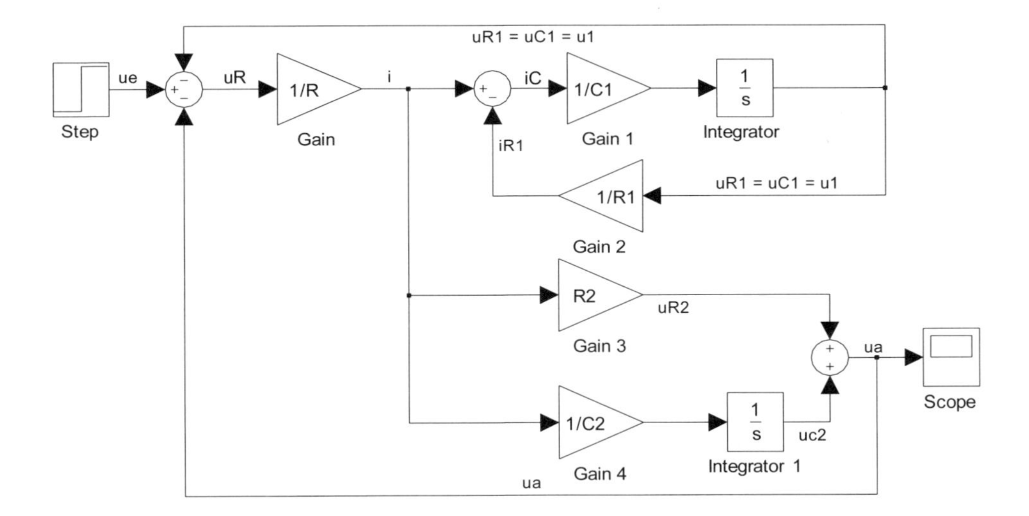

Abb. 3.14 *Signalflussplan eines Systems 2. Ordnung mit einer algebraischen Schleife*

Die resultierende Übertragungsfunktion der algebraischen Schleife ergibt sich mit der Gleichung (3.13) zu:

$$G_{res}(s) = \frac{C_2\, s}{C_2\left(R + R_2\right)s + 1}$$

Das mit dieser Gleichung berechnete Übertragungsglied der resultierenden algebraischen Schleife ist ein *D*-Glied mit Verzögerung 1. Ordnung, also ein sprungfähiges System. Sein Signalflussplan ist in Abb. 3.15 gezeigt, d. h. es ist ein System ohne algebraische Schleife.

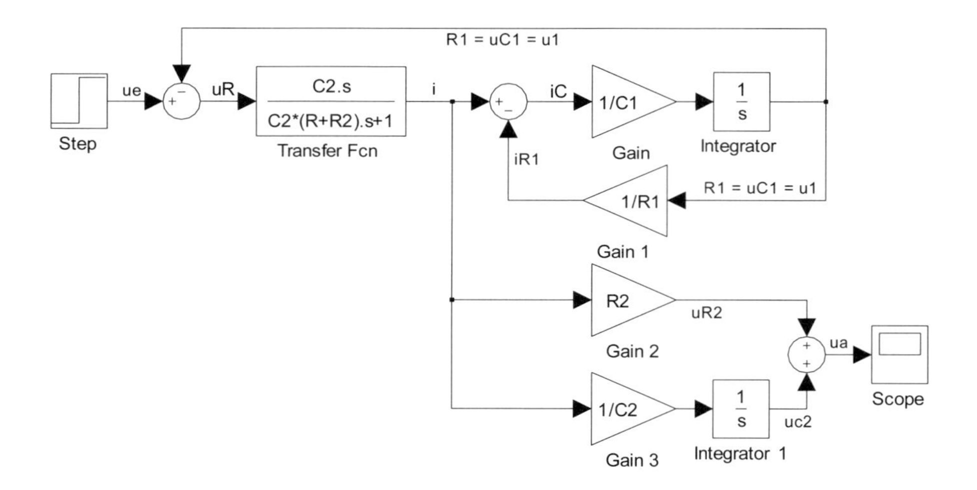

Abb. 3.15 *Auflösen der algebraischen Schleife des Systems nach Abb. 3.14*

3.4.4 Einfügen eines Algebraic Constraint-Blockes

Für Funktionen, die sich nicht explizit nach der abhängigen Veränderlichen darstellen lassen, bietet der *Algebraic Constraint*-Block ein geeignetes Mittel, den Wert der numerischen Lösung zu bestimmen. Der für die Darstellung einer impliziten Funktion aufzustellende Signalflussplan wird mindestens eine algebraische Schleife enthalten, die durch Einfügen eines *Algebraic Constraint*-Blockes aufgelöst und damit ihrer Lösung zugeführt werden kann.

Als Voraussetzung für den Einsatz des *Algebraic Constraint*-Blockes muss die Funktion der gesuchten Veränderlichen so umgestellt werden, dass der Eingang des Blockes mit dem Wert null belegt ist. Über den Parameter *Initial guess* – vermuteter Anfangswert – der *Function Block Parameters* besteht die Möglichkeit, einen geeigneten Startwert für die Berechnung festzulegen.

Beispiel 3.4
Für ein PT_1-Glied mit Totzeit lautet der Frequenzgang:

$$F_{PTt}(j\omega) = \frac{V}{1+T\,j\omega} e^{-T_t\,j\omega} = V \frac{\cos(T_t\,\omega) - j\sin(T_t\,\omega)}{1+T\,j\omega}$$

Die Aufspaltung des komplexen Frequenzganges liefert für den Betrag:

$$|F_{PTt}(j\omega)| = F_{PTt}(\omega) = \frac{V}{\sqrt{1+(T\,\omega)^2}}$$

und die Phase:

$$\varphi(\omega) = -T_t\,\omega - \arctan(T\,\omega)$$

Gesucht sind die stationäre Verstärkung V und die dazugehörende Frequenz ω, für den Fall, dass die Ortskurve des Frequenzganges den Punkt $(Re;Im) = (-1;0j)$ durchläuft, was einem Betrag von $|F| = 1$ und einer Phase von $\varphi = -180°$ entspricht.

Es sollen gelten:

- die Verzögerungszeitkonstante $T = 0{,}15$ s und
- die Totzeit $T_t = 0{,}5$ s.

Diese Werte sind in einen *M-file* zu schreiben und in den Workspace einzugeben!

Lösung:

Aus Gleichung für die Phase folgt die Funktion für die Frequenz ω bei $\varphi = -180°$:

$$\omega = \frac{1}{T_t}\left[\pi - \arctan\left(T\,\omega\right)\right]$$

und mit der Beziehung für den Betrag ergibt sich die Berechnungsgleichung für die Verstärkung bei der Frequenz ω für $|F| = 1$:

$$V = \sqrt{1 + \left(T\,\omega\right)^2}$$

Die Darstellung der Gleichung zur Berechnung der Frequenz ω in Simulink ergibt eine algebraische Schleife, zu deren Auflösung die Möglichkeit des *Algebraic Constraint*-Blockes genutzt wird. Dazu ist diese Gleichung wie folgt umzustellen:

$$\omega - \frac{1}{T_t}\left[\pi - \arctan\left(T\,\omega\right)\right] = 0$$

Diese Gleichung bildet das Eingangssignal für den *Algebraic Constraint*-Block. Die Ausgangsgleichung für die Frequenz ω dient zur Kontrolle des Winkels.

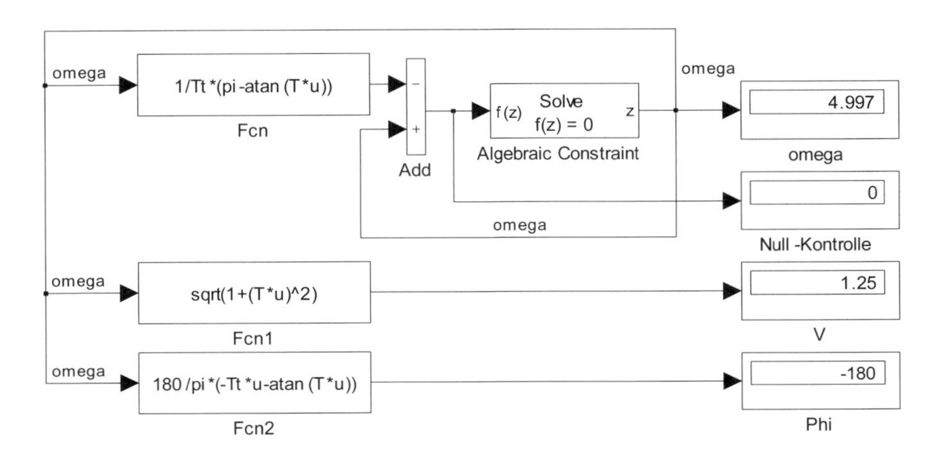

Abb. 3.16 *Schnittfrequenz und kritische Verstärkung für ein Verzögerungsglied 1. Ord., berechnet mit einem* Algebraic Constraint-*Block*

```
% Beispiel 3.4
% Totzeit
Tt = 0.5;     % [s]
% Verzögerungszeitkonstante
T = 0.15;    % [s]
% Start der Simulation
set_param('Abb3_16','SimulationCommand','start')
pause(2)
% Speichern als Abb3_16.emf
print -sAbb3_16 -dmeta -r300 Abb3_16
% Ende des Beispiels 3.4
```

Einstellungen:
Algebraic Constraint: *Initial guess*: 0; Simulation → Configuration → Parameters → Type: *Variable step*; Solver: *discrete;* Max step size: 0,2 s.

Wie aus der Abb. 3.16 hervorgeht, beträgt die für $\Phi = -180°$ gesuchte stationäre Verstärkung $V = 1{,}25$ bei einer Schnittfrequenz von $\omega = 4{,}997\ \mathrm{s}^{-1}$. Siehe auch Beispiel 2.29 und 8.7!

3.5 S-Functions

Eine *S-Function* ist die Beschreibung eines Simulink-Blockes in einer Programmiersprache. Als Programmiersprachen können MATLAB, C, C++, Ada oder Fortran zum Einsatz kommen. Der zu einem *S-Functions*-Block gehörende M-file wird bei jedem Simulationsschritt zeilenweise interpretiert.

Die in den anderen Programmiersprachen geschriebenen *S-Functions* werden unter MATLAB als so genannte MEX-files – MATLAB Executable Files – kompiliert. Die MEX-files liegen beim Start der Simulation als direkt ausführbarer Code vor, was z. T. zu wesentlich kürzeren Rechenzeiten gegenüber aller Simulink *S-Functions* führt.

Die in einem *S-Functions*-Block eingebettete Routine stellt dem Anwender eine Möglichkeit zur Verfügung, mathematische Modelle in komplexer Form in einem eigenen Block darzustellen. Grundlage aller M-*S-Functions* ist der *M-file sfuntmpl*, zu finden unter Command Window: >> *sfundemos* → *S-Function Examples* → *M-files* → *Level*-1 *M-files* → *Level*-1 *M-file S-Function Template*. Nachfolgend dazu ein Beispiel.

Beispiel 3.5
Das mathematische Modell des im Kapitel 5.2 behandelten Antriebs – *function antrieb* – mit seiner Vektor-Matrix-Differenzialgleichung:

$$\frac{d}{dt}\begin{bmatrix} v(t) \\ i_a(t) \end{bmatrix} = \begin{bmatrix} a_{A11} & a_{A12} \\ a_{A21} & a_{A22} \end{bmatrix}\begin{bmatrix} v(t) \\ i_a(t) \end{bmatrix} + \begin{bmatrix} b_{A11} & b_{A12} & 0 \\ 0 & 0 & b_{A23} \end{bmatrix}\begin{bmatrix} F(t) \\ M_R \\ u_a(t) \end{bmatrix}$$

$$\dot{\mathbf{x}}(t) = \mathbf{A}\,\mathbf{x}(t) + \mathbf{B}\,\mathbf{u}(t)$$

und seiner Vektor-Matrix-Ausgangsgleichung:

$$\begin{bmatrix} v(t) \\ i_a(t) \\ n(t) \\ M(t) \end{bmatrix} = \begin{bmatrix} 1 & 0 \\ 0 & 1 \\ c_{A31} & 0 \\ c_{A41} & c_{A42} \end{bmatrix} \begin{bmatrix} v(t) \\ i_a(t) \end{bmatrix} + \begin{bmatrix} 0 & 0 & 0 \\ 0 & 0 & 0 \\ 0 & 0 & 0 \\ 0 & -1 & 0 \end{bmatrix} \begin{bmatrix} F(t) \\ M_R \\ u_a(t) \end{bmatrix}$$

$$\mathbf{y}_A(t) = \mathbf{C}_A \, \mathbf{x}_A(t) + \mathbf{D}_A \, \mathbf{u}_A(t)$$

ist durch einen *S-Function*-Block aus den *User-Defined* functions unter Simulink zu beschreiben. Die S-function, mit Namen *antrieb_sf* ist auf der Grundlage der M-function *sfuntmpl* zu erstellen.
Lösungshinweis:
Die Anwendung der nachfolgenden *function* erfolgt in der Lösung zum Beispiel 3.6.

Lösung:

```
function [y,x0,str,ts] = antrieb_sf(~,x,u,flag,A,B,C,D)
% Die S-Function antrieb_sf ist Lösung von Beispiel 3.5.
%  Die allgemeine Form einer M-File S-function Syntax ist:
%       [SYS,X0,STR,TS] = SFUNC(T,X,U,FLAG,P1,...,Pn)
%
% Mit der S-Function antrieb_sf werden das Differenzial-
% gleichungssystem des Antriebs (permanent erregter
% Gleichstrom-Scheibenläufer-Motor, Seilscheibe und Umlenk-
% rollen) für jeden der n Tastschritte berechnet.
% t: aktuelle Zeit
% x: Vektor der in der S-Function auftretenden Zustände
% des Motors
% u: Eingangsvektor, d. h. dieser Vektor enthält die für die
% Berechnung der Systemgrößen pro Tastschritt notwendigen
% Variablen, hier handelt es sich um die Steuer- und
% Störgröße.
% flag: ganzzahliger Wert, mit dem über eine "switch
% Function" die S-Functions Routinen für jede Simulations-
% ebene gesteuert werden.
% Die Matrizen A,B,C des Systems werden als Parameter
% der "Function Block Parameters: S-Function" unter
% "S-Function parameters" übergeben.
%
%                  ___________________
%                 |                   |
%        u ---->|      Antrieb      |----> y
%                 |___________________|
%
%
%       S-Function-Block für Abb3_20dl
%
% y:     Ausgangsvektor, d. h. dieser Vektor enthält die im
%        gegenwärtigen Rechenschritt berechneten Werte der
%        Ausgabegrößen des Motors.
% x0:    Anfangswertvektor
% str:   für zukünftige Anwendungen reserviert, d. h. es ist
%        eine empty matrix
% ts:    es ist eine zweispaltige Matrix [Rechenzeit offset],
%        wenn die S-Function für jeden Rechenschritt ablaufen
%        soll, wie hier der Fall, gilt ts = [0 0]
%
```

```
%       Das lineare System
% Vektor-Matrix-Differenzialgleichung
%       x' = A*x + bz*[F;MF] + bu*ua
%       mit B = [bz bu] und u = [F;MF;ua]
%       x' = A*x + B*u
% Vektor-Matrix-Ausgabegleichung
%       y  = C*x + D*u
switch flag,

  %%%%%%%%%%%%%%%%%%
  % Initialization %
  %%%%%%%%%%%%%%%%%%
  case 0,
    [y,x0,str,ts] = mdlInitializeSizes;
  %%%%%%%%%%%%%%%
  % Derivatives %
  %%%%%%%%%%%%%%%
  case 1,
    % Berechnet die Ableitung
    y = mdlDerivatives(x,u,A,B);

  %%%%%%%%%%
  % Update %
  %%%%%%%%%%
  case 2,
    y = []; % nicht verwendet
  %%%%%%%%%%%
  % Outputs %
  %%%%%%%%%%%
  case 3,
    % Berechnet die Ausgabewerte
    y = mdlOutputs(x,u,C,D);
  %%%%%%%%%%%%%%%%%%%%%%%
  % GetTimeOfNextVarHit %
  %%%%%%%%%%%%%%%%%%%%%%%
  case 4,
    y = []; % nicht verwendet

  %%%%%%%%%%%%%
  % Terminate %
  %%%%%%%%%%%%%
  case 9,
    y = []; % nicht verwendet

  %%%%%%%%%%%%%%%%%%%%
  % Unexpected flags %
  %%%%%%%%%%%%%%%%%%%%
  otherwise
    error(['Unhandled flag = ',num2str(flag)]);
end
end
% end antrieb_sf
%
%=============================================================
% mdlInitializeSizes
% Return the sizes, initial conditions, and sample times
% for the S-function.
%=============================================================
function [y,x0,str,ts] = mdlInitializeSizes
sizes = simsizes;
```

```
                            % Einzugebende Werte, je nach
                            % Systemart
sizes.NumContStates   = 2;  % Anzahl der kontinuierlichen
                            % Zustände: Geschwindigkeit v(t)
                            % eines Seilpunktes auf der Seil-
                            % scheibe und der Ankerstrom ia(t)
sizes.NumDiscStates   = 0;  % Anzahl der diskreten Zustände
sizes.NumOutputs      = 4;  % Anzahl der Ausgänge:
                            % die 2 Zustandsgrößen,
                            % die Drehzahl n(t) und
                            % das Moment M(t) des Motors
sizes.NumInputs       = 3;  % Anzahl der Eingänge: die Zug-
                            % kraft F(t) am Seil sowie das
                            % konstante Reibungsdrehmoment MF
                            % als Störgröße und die Anker-
                            % spannung ua(t) als Steuergröße
sizes.DirFeedthrough = 1;   % Durchgangsmatrix
sizes.NumSampleTimes = 1;
y = simsizes(sizes);
x0  = zeros (2,1); % Anfangsbedingungen x1(0) = x2(0) = 0
str = [];          % empty matrix - Leermatrix
ts  = [0 0]; % [Rechenzeit offset]
end
% end mdlInitializeSizes
%
%============================================================
% mdlDerivatives
% Return the derivatives for the continuous states.
%============================================================
%
function y = mdlDerivatives(x,u,A,B)
y = A*x + B*u;
end
% end mdlDerivatives
%
%============================================================
% mdlOutputs
% Return the block outputs.
%============================================================
%
function y = mdlOutputs(x,u,C,D)
y = C*x + D*u;
end
% End of mdlOutputs.
```

3.6 Maskieren von Systemen

Das Maskieren von Systemen bietet die Möglichkeit eigene Blöcke, z. B. den mit der S-Function nach Beispiel 3.5 gebildeten, zu gestalten. Dazu sind folgende Schritte erforderlich: Unter Simulink ist in einem leerem Fenster aus dem *Simulink Library Browser* unter *User-Defined Functions* ein *S-Function*-Block zu übertragen. Der Block ist zu markieren. Unter Edit ist die Zeile *S-Function Parameters* ... anzuklicken, es öffnet sich das Fenster *Function Block Parameters: S-Function*.

Hier sind folgende Eintragungen vorzunehmen:

- *S-function name*: Name der zu maskierenden S-Function
- *S-function parameters*: Parameter des durch die S-Function beschriebenen Systems.
  Die zu maskierende S-Function und das dazugehörende System müssen so abgelegt sein, dass sie sich im Current Directory *befinden.*

Im nächsten Schritt ist ebenfalls unter *Edit* die Zeile *Mask S-Function ...* anzuklicken, es öffnet sich der *Mask editor* – im Falle bereits editierter *S-Function*-Blöcke lautet die Zeile *Edit Mask ...* –.

Hier sind folgende Eintragungen vorzunehmen:

- *Icon → Drawing commands:* Gestalten bzw. Beschriften des Blocks,
- *Parameters → Add → Dialog Parameters → Prompt:* Angabe der zum Benutzen des Blockes erforderlichen Parameter,
- *Parameters → Dialog Parameters → Variable:* Variablennamen,
- *Parameters → Dialog Parameters → Dialog callback*: Quelle der Systemwerte,
- *Documentation → Mask type*: Kurztitel,
- *Documentation → Mask description*: Funktionsbeschreibung,
- *Documentation → Mask help*: Hinweise zur Hilfe für den maskierten Block.

Beispiel 3.6
Der im Beispiel 3.5 durch die S-Function *antrieb_sf* beschriebene Block für den Antrieb mit der Function ZA = *antrieb* ist zu maskieren. Zuvor muss sichergestellt sein, dass sich die Function *antrieb_sf* und *antrieb* im *Current Directory* befinden.

Im Fenster S-Function Parameters, siehe weiter oben, sind einzutragen:

- *S-function name*: antrieb_sf. Siehe Abb. 3.17.
- *S-function parameters*: ZA.a, ZA.b, ZA.c, ZA.d. Siehe Abb. 3.17.

Im *Mask Editor* sind einzutragen:

- *Icon → Drawing Command*: Antrieb (Gleichstrom-Scheibenläufer-Motor, Seilscheibe und Umlenkrollen). Siehe Abb. 3.18.
- *Parameters → Dialog parameters → Prompt*: Systemmatrix, Eingangsmatrix, Ausgangsmatrix. Siehe Abb. 3.19.
- *Parameters → Dialog parameters → Variable*: A, B, C, D. Siehe Abb. 3.19.
- *Parameters → Dialog parameters → Dialog callback*: ZA = antrieb. Siehe Abb. 3.19.
- *Documentation → Mask type*: Antrieb (Gleichstrom-Scheibenläufer-Motor, Seilscheibe und Umlenkrollen). Siehe Abb. 3.20.
- *Documentation → Mask description*: Der Block löst die Vektor-Matrix-Differenzial-Gleichung für $u_a(t)$ als Steuergröße und die Seilzugkraft $F(t)$ sowie ein konstantes Reibungsdrehmoment M_R als Störgröße und gibt die Seilgeschwindigkeit $v(t)$, den Ankerstrom $i_a(t)$, die Drehzahl $n(t)$ und das Moment $M(t)$ aus. Siehe Abb. 3.20.
- *Documentation → Mask help*: Es sind die Systemmatrix ZA.a, die Eingangsmatrix ZA.b, die Ausgangsmatrix ZA.c und die Durchgangsmatrix ZA.d einzutragen. Siehe Abb. 3.20.

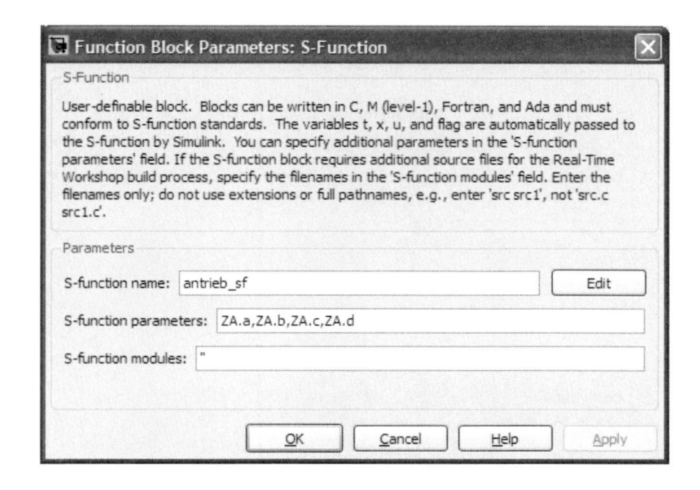

Abb. 3.17 *Function Block Parameters: S-Function „antrieb_sf" sowie „ZA.a", „ZA.b", „ZA.c"*

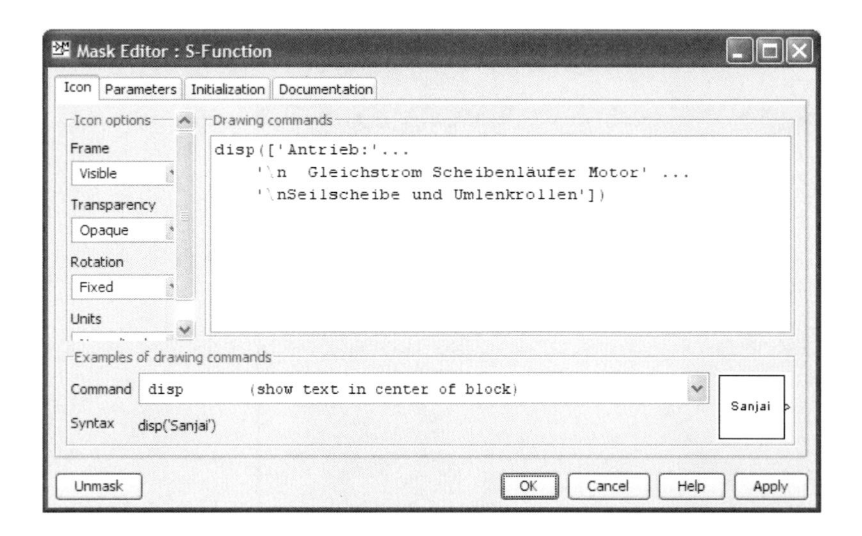

Abb. 3.18 *Icon-Fenster des Mask-Editors für die S-Function „antrieb_sf"*

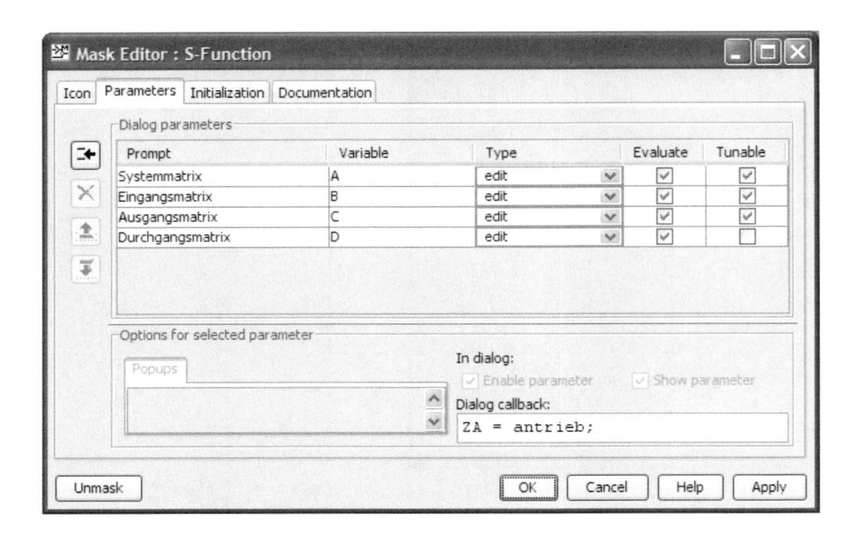

Abb. 3.19 Mask-Editor: Parameters „A“, „B“, „C“, „D“ und Dialog callback: „ZA = antrieb;“

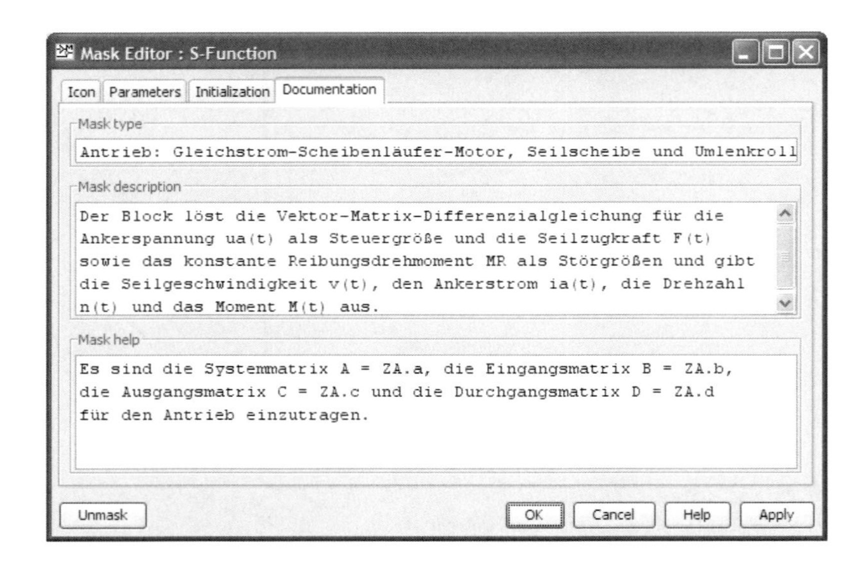

Abb. 3.20 Documentation des Mask-Editors für die S-Function „antrieb_sf“

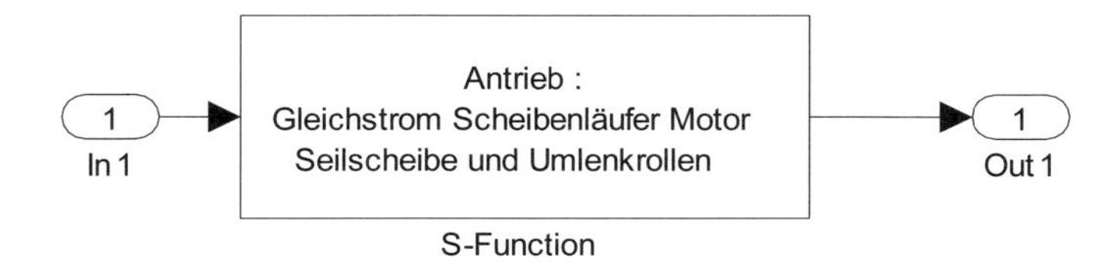

Abb. 3.21 *Maske des Blockes „Antrieb: Gleichstrom-Scheibenläufer-Motor, Seilscheibe und Umlenkrollen"*

Eigenschaften von Masken bzw. Simulinkbildern werden: mit get_param(gcb,'Parameter') gefunden und mit set_param(gcb,'Parameter',Wert) gesetzt. Siehe help → Help Navigator „Mask Parameters".

Einige im Zusammenhang mit dem Beispiel 3.6 stehende Parameter:

gcb	der aktuelle Simulinkblock
get_param(gcb,'ObjectParameters')	Parameter des aktuellen Simulinkblocks
gcs	der aktuelle Signalflussplan unter Simulink
'MaskDisplay'	Icon: sichtbare Beschreibung des S-Function-Blocks
'DialogParameters'	Parameter: Prompt: 'Variablenname' Type: 'string' Enum: {} Attributes: {'read-write'}
'MaskCallbacks'	Dialog callback: Aufruf einer Variablen bzw. Funktion, z. B. sind im Beispiel 3.6 unter Parameter drei Variable angegeben, dafür sind die Callbacks für A: 'ZA = antrieb;', für B und C: ' ' zu setzen: >> set_param(gcb,'MaskCallbacks',['ZA = antrieb;';{''};{''}])
'Masktype'	Documentation: Mask type
'MaskDescription'	Documentation: Mask description
'Maskhelp'	Documentation: Mask help

3.7 Embedded MATLAB Functions

Der *Embedded MATLAB Function*-Block kann für komplizierte Rechenabläufe, wie z. B. die Berechnung der dynamischen Nichtlinearitäten eines nichtlinearen Differenzialgleichungs-Systems, die bei jedem Simulationsschritt auszuführen sind, genutzt werden.

Beispiel 3.7
Für das System Stab-Wagen, siehe Kapitel 5.1, wird folgende nichtlineare Matrix-Differenzialgleichung (5.38) angegeben:

$$\frac{d}{dt}\begin{bmatrix}\varphi(t)\\ \omega(t)\\ s(t)\\ v(t)\end{bmatrix} = \begin{bmatrix}0 & 1 & 0 & 0\\ 0 & 0 & 0 & 0\\ 0 & 0 & 0 & 1\\ 0 & 0 & 0 & 0\end{bmatrix}\begin{bmatrix}\varphi(t)\\ \omega(t)\\ s(t)\\ v(t)\end{bmatrix} + \begin{bmatrix}0\\ 0\\ 0\\ 0\end{bmatrix}F(t)$$

$$+\begin{bmatrix}0 & \cdots & 0 & 0 & \cdots & 0\\ b_{v21} & \cdots & b_{v25} & 0 & \cdots & 0\\ 0 & \cdots & 0 & 0 & \cdots & 0\\ 0 & \cdots & 0 & b_{v46} & \cdots & b_{v410}\end{bmatrix}\begin{bmatrix}v_1(t)\\ \vdots\\ v_5(t)\\ v_6(t)\\ \vdots\\ v_{10}(t)\end{bmatrix}$$

Die in der oben gegebenen Gleichung enthaltenen Nichtlinearitäten und die dazugehörenden Koeffizienten haben folgenden Aufbau, siehe Gleichung (5.39):

$$\begin{aligned}
v_1(t) &= \sin(2\varphi(t))\omega^2(t)N(t) & b_{v21} &= -\tfrac{3}{2}m_2\\
v_2(t) &= \cos\varphi(t)v(t)N(t) & b_{v22} &= 3\tfrac{d}{l}\\
v_3(t) &= \omega(t)N(t) & b_{v23} &= -3\tfrac{\delta(m_1+m_2)}{l^2 m_2}\\
v_4(t) &= \sin\varphi(t)N(t) & b_{v24} &= 3\tfrac{g_n(m_1+m_2)}{l}\\
v_5(t) &= \cos\varphi(t)F(t)N(t) & b_{v25} &= -3\tfrac{1}{l}\\
v_6(t) &= \sin\varphi(t)\omega^2(t)N(t) & b_{v46} &= 4\,l\,m_2\\
v_7(t) &= \cos\varphi(t)\omega(t)N(t) & b_{v47} &= 3\tfrac{\delta}{l}\\
v_8(t) &= \sin(2\varphi(t))N(t) & b_{v48} &= -\tfrac{3}{2}g_n\,m_2\\
v_9(t) &= v(t)N(t) & b_{v49} &= -4d\\
v_{10}(t) &= F(t)N(t) & b_{v410} &= 4
\end{aligned}$$

Mit dem gemeinsamen Nenner entsprechend Gleichung (5.40):

$$N(t) = \frac{1}{4(m_1+m_2)-3m_2\cos^2\varphi(t)}$$

Die Vektor-Matrix-Ausgangsgleichung (5.41):

$$\begin{bmatrix}\phi(t)\\ s(t)\end{bmatrix} = \begin{bmatrix}180/\pi & 0 & 0 & 0\\ 0 & 0 & 1 & 0\end{bmatrix}\begin{bmatrix}\varphi(t)\\ \omega(t)\\ s(t)\\ v(t)\end{bmatrix}$$

Gesucht sind der Signalflussplan der Differenzial- und Ausgangsgleichung einschließlich des *Embedded MATLAB Function*-Blocks für die Nichtlinearitäten:

function [*vi*, *n*] = *nl_f*(u1,u2,u3)

mit den Eingangsvektoren: $\boldsymbol{u}_1 = \mathbf{K} = [m_1; m_2]$, $\boldsymbol{u}_2 = [\varphi, \omega, v]$ und $u_3 = [F]$ sowie die Anzahl der Durchläufe n des Funktionsblockes bei der Simulation.

Die zeitlichen Verläufe des Winkels und des Weges sind für eine Simulationszeit (Stop time) von 20 s graphisch darzustellen, dazu ist der M-file *Beispiel*3_07 zu schreiben.

Für die Simulation sollen gelten: $F(t) = 0$ und der Anfangsvektor $\mathbf{X}_0 = [\pi/1000; 0; 0; 0]$, d. h. der Winkel des auf dem Wagen stehenden Stabes zur Senkrechten beträgt zur Startzeit $\pi/1000$. Wenn der Stab senkrecht nach unten hängt, hat der Winkel einen Betrag von π.

Lösung:

```
function [An,Bv,Cn,F,K,Kx,X0] = stawa_nl
% Entspricht dem Beispiel 3.7.
% Liefert die Daten für die Simulation des nichtlinearen
% Modells Stab-Wagen mit dem Signalflussplan nach Abb. 3.22.

% Technische Daten für den Stab und den Wagen
    gn = 9.80665;         % Normalfallbeschleunigung in [m/s²]
    l  = 0.75;            % Abstand des Stabschwerpunktes vom
                          % Drehpunkt in [m]
    m1 = 0.7985;          % Masse des Wagens in [kg]
    m2 = 0.306;           % Masse des Stabes in [kg]
    delta = 0.1;          % Dämpfungskoeffizient der Drehbe-
                          % wegung des Stabes in [kg m/s]
    d = 0.1;              % Dämpfungskoeffizient der Fahrbe-
                          % wegung des Wagens in [kg/s]
% Nichtlineare Systemmatrix
    An = [0 1 0 0;zeros (1,4);zeros(1,3) 1;zeros(1,4)];
% Virtuelle Eingangsmatrix der Nichtlinearitäten
    bv21 = -3/2*m2; bv22 = 3*d/l;
    bv23 = -3*delta/l^2/m2*(m1+m2); bv24 = 3*gn/l*(m1+m2);
    bv25 = -3/l; bv46 = 4*l*m2; bv47 = 3*delta/l;
    bv48 = -3/2*gn*m2; bv49 = -4*d; bv410= 4;
    Bv = [zeros(1,10); bv21 bv22 bv23 bv24 bv25...
          zeros(1,5);zeros(1,10); zeros(1,5) bv46 bv47...
          bv48 bv49 bv410];
% Nichtlineare Ausgabematrix
    Cn = zeros(2,4); Cn(1,1) = 180/pi; Cn(2,3) = 1;
% Vektor der Anfangswerte der Zustandsgrößen
    X0 = [pi*1e-3; 0; 0; 0];
% Koppelvektor
    Kx = [1 zeros(1,3); 0 1 0 0; zeros(1,3) 1];
% Vektor der Konstanten
    K = [m1; m2];
```

```
% Seilkraft
    F = 0;
end
% Ende der function stawa_nl;
```

Wird der *Embedded Function*-Block in Abb. 3.22 geöffnet, so erscheint der *MATLAB Embedded Editor*, in diesen ist die nachfolgende function einzutragen!

```
function [vi,n] = stawa_nlsf(u1,u2,u3)
% Mit diesem Embedded Function-Block werden die zehn Nicht-
% linearitäten des Systems Stab-Wagen für jeden der n Simu-
% lations-Schritte berechnet.
% Es müssen der Winkel, die Winkelgeschwindigkeit des
% Stabes, die Geschwindigkeit des Wagens sowie die Seilzug-
% kraft bereitgestellt und die Zählvariable k durch
% "persistent" deklariert werden.

% Zählen der Anzahl der Durchläufe während der Simulation
persistent k          % Deklaration der Zähl-Variablen k
if(isempty(k))        % Prüfen ob k leer ist
    k = 0;
end
% Daraus ergibt sich für den Eingangsvektor:
% u = [u1, u2]
% Die Konstanten, Zuweisung der Größen aus u1.
    m1  = u1(1); m2  = u1(2);
% Die Zustandsgrößen, Zuweisung der Größen aus u2.
    phi = u2(1); w = u2(2); v = u2(3);
% Die Seilkraft, Zuweisung der Größe aus u3.
    F = u3;                   % [N]
% Berechnung der Zusammenfassungen aller Nichtlinearitäten
    N = 1/(4*(m1+m2)-3*m2*cos(phi)^2);
% Berechnung der Nichtlinearitäten
    v1 = sin(2*phi)*w^2; v2 = cos(phi)*v;
    v3 = w; v4 = sin(phi); v5 = cos(phi)*F; v6 = sin(phi)*w^2;
    v7 = cos(phi)*w; v8 = sin(2*phi); v9 = v; v10= F;
% Zuweisung der Nichtlinearitäten zum Ausgangsvektor
% Multiplikation mit dem Nenner
    vi = N*[v1; v2; v3; v4; v5; v6; v7; v8; v9; v10];
% Ausgabevariable n mit k belegen
    n = k; k = k + 1;
% Ende der Funktion stawa_nlsf
```

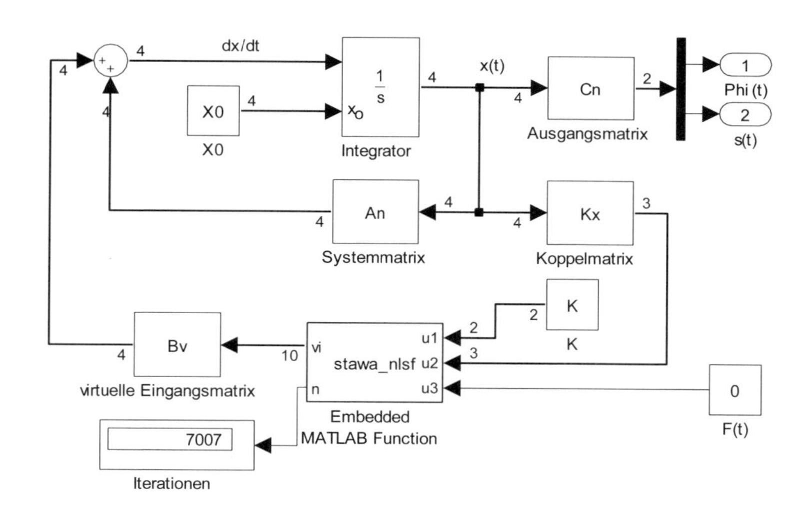

Abb. 3.22 Signalflussplan des nichtlinearen Systems Stab-Wagen mit Block zur Berechnung der Nichtlinearitäten

```
% Beispiel 3.7 zur graphischen Darstellung des Winkels und
% des Weges als Anfangsantwort des nichtlinearen Systems
% Stab-Wagen nach Abb. 3.22 in der freien Bewegung.
% Ausgabewerte der Simulation des Simulink-Signalflussplans
% "Abb3_22dl".
% Configuration Parameters --> Data Import/Export -->
% Save to workspace
% Time: t
% Output: Phi, s
% Configuration Parameters --> Data Import/Export -->
% Save options
% Format: Array
%           Datenbereitstellung
% nichtlineares System Stab-Wagen
[An,Bv,Cn,F,K,Kx,X0] = stawa_nl;
%           Start der Simulation
% set_param('Abb3_22','SimulationCommand','start')
[t,x,y] = sim('Abb3_22');
%           Zuweisen der Simulationsergebnisse
% Winkel
Phi = y(:,1);
% Weg
s = y(:,2);
%           Grafische Darstellung
figure(1)
% Winkel
[AX,H1,H2] = plotyy(t,Phi,t,s,'plot');
xlabel('t [s]')
y1L = get(AX(1),'Ylabel');
set(y1L,'String',...
    'Winkel \Phi(t)  [°], mit \Phi(0) = 0,18°')
set(y1L,'Color',[0 0 0])
set(AX(1),'YTick', [0 45 90 135 180 225 270])
set(AX(1),'YColor', [0 0 0])
```

```
set(H1,'Color',[0 0 0])
% Weg
y2L = get(AX(2),'Ylabel');
set(y2L,'String','Weg s(t) [m], mit s(0) = 0 m')
set(y2L,'Color',[0 0 0])
set(AX(2),'YTick', [-6 -5 -4 -3 -2 -1 0])
set(AX(2),'YColor', [0 0 0])
set(H2,'Color',[0 0 0])
set(H2,'LineStyle',':')
title('Freie Bewegung des nichtlinearen Systems Stab-Wagen')
% Nulllinien
annotation(gcf,'line',[0.1321 0.9054],[0.599 0.599],...
    'LineStyle',':');
annotation(gcf,'line',[0.1321 0.9054],[0.38 0.38],...
    'LineStyle',':');
legend('Winkel \Phi(t)','Weg s(t)','Location','best')
% Speichern als Abb3_23.emf
print -f1 -dmeta -r300 Abb3_23
% Löschen der Variablen in der Workspace
clear('An','AX','Bv','Cn','F','H1','H2','K','Kx',...
    'Phi','s','t','x','X0','y','y1L','y2L')
% Ende des Beispiels3_07
```

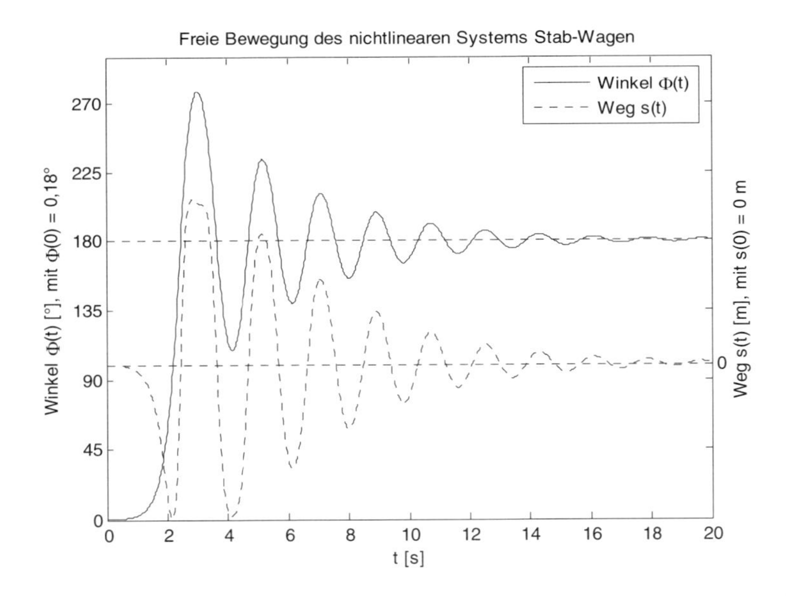

Abb. 3.23 *Freie Bewegung des nichtlinearen Systems Stab-Wagen*

4 Modellbildung

4.1 Das mathematische Modell

Soll zur Simulation ein Computer verwendet werden, wie es Gegenstand dieses Buches ist, so muss das Modell ein mathematisches bzw. ein abstraktes sein, welches nachfolgende Bestandteile und Eigenschaften aufweist.

4.1.1 Variable

Jedes System wird durch eine gewisse Menge unabhängiger und abhängiger Variablen geprägt.

Unabhängige Variable

Sie sind Eingangsgrößen, die unabhängig von dem im System ablaufenden Prozess sind, sie lassen sich untergliedern in:

- Steuergrößen
  frei wählbare Größen, mit denen das System gesteuert werden kann.
- Störgrößen
  nicht frei wählbare Größen, die auf das System einen ungewollten, also störenden Einfluss ausüben.

Jede Anlage besitzt eine bestimmte Anzahl von unabhängigen Variablen, oft auch als Freiheitsgrade bezeichnet, die bei beliebiger Wahl ihrer Werte innerhalb bestimmter Grenzen stets eine Anlage ergeben, die die an sie gestellte Leistungsanforderung erbringt.

Abhängige Variable

- Zustandsgrößen
  dies sind Größen, die das innere Verhalten eines Systems, also seinen Zustand, widerspiegeln.
- Ausgangsgrößen
  sie stehen im funktionellen Zusammenhang zu den Eingangs- und Zustandsgrößen.

Konstruktive und technologische Größen

Sie sind die Grundlage für die konstruktive und technologische Auslegung einer Anlage und fließen gewöhnlich in die konstanten Koeffizienten der hier betrachteten Modelle ein.

4.1.2 Gleichungen

Das Abbild der Wirkungsweise des Systems wird durch eine Gesamtheit von Gleichungen bzw. sonstigen funktionellen Zusammenhängen der einzelnen Variablen untereinander beschrieben. Die Gleichungen umfassen den Bereich der gewöhnlichen und partiellen Differenzial- und Differenzengleichungen. Sie können sowohl lineares als auch nichtlineares Verhalten aufweisen und auch mit Totzeitgliedern behaftet sein. Ihre numerische Lösung mit MATLAB bzw. unter Simulink wird im Abschnitt 4.1.9 behandelt.

4.1.3 Nebenbedingungen

Nebenbedingungen beschreiben den zulässigen Bereich der für das einwandfreie Arbeiten des Systems zuständigen Variablen.

4.1.4 Arten der Simulation mit mathematischen Modellen

- Deterministische Simulation
  Alle das Verhalten eines mathematischen Modells bestimmenden Größen sind bekannt bzw. berechenbar.
- Stochastische Simulation
  Neben den bekannten und/oder berechenbaren Modellgrößen werden noch stochastische, also zufällig gewählte, Werte verwendet.

4.1.5 Mathematische Modelle und Systeme

Das Aufstellen mathematischer Modelle ist im Allgemeinen ein recht komplizierter Prozess und sollte durch ein Team von Vertretern verschiedener Ingenieur- und Wissenschafts-Disziplinen erfolgen. Mathematische Modelle von technischen Prozessen lassen sich nach dem mit ihrer Aufgabenstellung verfolgten Ziel in Auslegungs- und Betriebsmodelle einteilen.

Auslegungsmodelle
Sie beinhalten die konstruktive und technologische Auslegung von Anlagen eines Prozesses. Sie sind nicht Gegenstand dieses Buches.

Betriebsmodelle
Sie sind zur Erfüllung einer Vielzahl von Aufgaben notwendig, so z. B. zur statischen und/oder dynamischen Optimierung der Fahrweise, zur optimalen Wahl der Struktur und Einstellparameter der Automatisierungsanlage sowie zur Bestimmung des optimalen Steuergesetzes.

Automatisierungsanlage
Sie ist die technische Realisierung des Automatisierungssystems und stellt im Grunde genommen ein Hilfssystem für das Automatisierungsobjekt bzw. die technologische Anlage dar. Sie entsteht aus dem entworfenen Automatisierungssystem durch Projektierung und dient der Realisierung bestimmter Automatisierungsfunktionen.

Automatisierungssystem
Die Gesamtheit der technischen Mittel, die der Informationserfassung, Informationsverarbeitung und Informationsnutzung sowie der Informationsübertragung dienen, bildet das Automatisierungssystem. Siehe Abb. 1.3 „Wechselwirkungen zwischen einem System zur Energie- und/oder Stoffwandlung und einem System zur Informationswandlung".

Konkrete und abstrakte Systeme
Eine Anlage in der ein technischer Prozess abläuft wird ganz allgemein als ein konkretes System bezeichnet und das dazugehörende mathematische Modell der oben angeführten Art ist dann das abstrakte System.

4.1.6 Mathematisches Modell zweier konkreter linearer Systeme

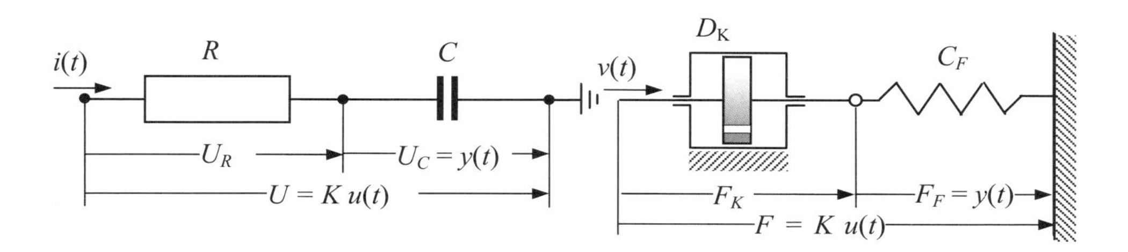

Abb. 4.1 *Zwei konkrete Systeme: Widerstand-Kondensator und Dämpfungskolben-Feder*

Dem elektrischen System wird bei spannungslosem Kondensator eine Spannung U, dem mechanischen System wird bei entspannter Feder die Kraft F aufgeschaltet.

Gesucht sind die Gleichungen, die die zeitliche Veränderung der Ausgangsgröße – Kondensatorspannung U_C bzw. Federkraft F_F – in Abhängigkeit von der Eingangsgröße – Spannung U bzw. Kraft F – beschreiben.

Mathematische Modelle der beiden konkreten linearen Systeme

Die Eingangsspannung bzw. die aufgegebene Kraft entspricht folgenden Teilspannungen bzw. Teilkräften:

$$U = U_R + U_C \qquad\qquad F = F_K + F_F \tag{4.1}$$

Der Strom bzw. die Geschwindigkeit berechnen sich aus der Kondensatorspannung bzw. der Federkraft:

$$U_C = \frac{1}{C}\int_0^t i(\tau)\,d\tau \qquad F_F = \frac{1}{C_F}\int_0^t v(\tau)\,d\tau$$

$$\Rightarrow \qquad \Rightarrow \tag{4.2}$$

$$i(t) = C\frac{dU_C}{dt} \qquad v(t) = C_F\frac{dF_F}{dt}$$

Mit dem Strom bzw. der Geschwindigkeit ergeben sich die Spannung über dem Widerstand bzw. die der Geschwindigkeit proportionale Kraft des Dämpfungskolbens:

$$\begin{aligned} U_R &= R\,i(t) & F_K &= D_K\,v(t) \\ &= RC\frac{dU_C}{dt} & &= D_K C_F\frac{dF_F}{dt} \end{aligned} \tag{4.3}$$

Die Gleichungen (4.3) in (4.1) eingesetzt und entsprechend umgeformt liefert:

$$RC\frac{dU_C}{dt} + U_C = U \qquad D_K C_F\frac{dF_F}{dt} + F_F = F \tag{4.4}$$

Abstraktes System – mathematisches Modell der linearen Systeme

Die in (4.4) dargestellten Gleichungen werden mit nachfolgenden Beziehungen wie folgt umgeschrieben.

$$U = V\,u(t) \qquad F = V\,u(t) \tag{4.5}$$

$$U_C = y(t) \qquad F_F = y(t) \tag{4.6}$$

Mit den Zeitkonstanten:

$$T = RC \quad \left[\frac{\mathrm{V}}{\mathrm{A}}\frac{\mathrm{As}}{\mathrm{V}} = \mathrm{s}\right] \qquad T = D_K\,C_F \quad \left[\frac{\mathrm{Ns}}{\mathrm{m}}\frac{\mathrm{m}}{\mathrm{N}} = \mathrm{s}\right] \tag{4.7}$$

ergibt sich für die beiden *konkreten* Systeme, ein und dasselbe *abstrakte* System in Form einer gewöhnlichen linearen Differenzialgleichung 1. Ordnung mit konstanten Koeffizienten und einer Störfunktion:

$$T\frac{dy(t)}{dt} + y(t) = V\,u(t) \tag{4.8}$$

Abstraktes System – Lösung der linearen Differenzialgleichung 1. Ordnung

Die analytische Lösung der in Gleichung (4.8) angeführten Differenzialgleichung lautet, aufgeteilt in die Anteile aus der *freien Bewegung* und aus der *erzwungenen Bewegung*:

$$y(t) = y_f(t) + y_e(t) \tag{4.9}$$

- Freie Bewegung
  Die Störfunktion, bzw. hier die Steuerfunktion, wird zunächst gleich null gesetzt, d. h. $u(t) = 0$:

$$T\,\dot{y}_f(t) + y_f(t) = 0 \tag{4.10}$$

Mit dem Ansatz für die freie Bewegung:

$$y_f(t) = C\,e^{pt} \tag{4.11}$$

und damit für die 1. Ableitung:

$$\dot{y}_f(t) = p\,C\,e^{pt} \tag{4.12}$$

ergibt sich für die Gleichung (4.10):

$$T\,p\,C\,e^{pt} + C\,e^{pt} = 0 \tag{4.13}$$

Nach der Division der Gleichung (4.13) mit $C\,e^{p\,t}$ folgt für den Operator p:

$$p = -\frac{1}{T} \tag{4.14}$$

Der Wert des Operators aus Gleichung (4.14) in Gleichung (4.11) eingesetzt, liefert die Lösung für den Anteil der freien Bewegung bis auf die Konstante C:

$$y_f(t) = C\,e^{-\frac{t}{T}} \tag{4.15}$$

- Erzwungene Bewegung
  Da die Eingangsgröße $u(t)$ – Störfunktion – eine Zeitfunktion ist, wird die Konstante C in der Lösung der freien Bewegung durch eine Zeitfunktion $C(t)$ ersetzt und die entsprechend ergänzte Gleichung (4.15) als Ansatz für die erzwungene Bewegung gewählt:

$$y_e(t) = C(t)\,e^{-\frac{t}{T}} \tag{4.16}$$

Woraus für die 1. Ableitung folgt:

$$\dot{y}_e(t) = \dot{C}(t)\,e^{-\frac{t}{T}} - \frac{1}{T}C(t)\,e^{-\frac{t}{T}} \tag{4.17}$$

Die Gleichungen (4.16) und (4.17) in die Differenzialgleichung (4.8) eingesetzt:

$$T\,\dot{C}(t)\,e^{-\frac{t}{T}} - C(t)\,e^{-\frac{t}{T}} + C(t)\,e^{-\frac{t}{T}} = V\,u(t) \quad \Rightarrow \quad \dot{C}(t) = \frac{V}{T}e^{\frac{t}{T}}\,u(t) \tag{4.18}$$

ergibt die gesuchte Zeitfunktion $C(t)$ durch Integration der unteren Gleichung von (4.18):

$$C(t) = \frac{V}{T}\int_0^t e^{\frac{\tau}{T}}\,u(\tau)\,d\tau \tag{4.19}$$

Die Gleichung (4.19) in die Gleichung (4.16) eingesetzt, liefert die allgemeine Lösung für die erzwungene Bewegung:

$$y_e(t) = \frac{V}{T}\int_0^t e^{-\frac{1}{T}(t-\tau)}\,u(\tau)\,d\tau \tag{4.20}$$

Gesamtbewegung in allgemeiner Form

Die Gesamtbewegung ergibt sich aus der Summe der mit den Gleichungen (4.15) und (4.20) ermittelten Terme für die Teilbewegungen:

$$y(t) = C e^{-\frac{t}{T}} + \frac{V}{T}\int_0^t e^{-\frac{1}{T}(t-\tau)} u(\tau)\,d\tau \tag{4.21}$$

In der Gleichung (4.21) ist noch die Konstante C zu bestimmen. Da diese Gleichung zu jeder Zeit gilt, wird die Konstante C für $t = 0$ aus der Anfangsbedingung für $y(0)$ berechnet:

$$y(0) = C e^0 \quad \Rightarrow \quad C = y(0) \tag{4.22}$$

Mit der Gleichung (4.22) ergibt sich die Gesamtbewegung in allgemeiner Form:

$$y(t) = y(0) e^{-\frac{t}{T}} + \frac{V}{T}\int_0^t e^{-\frac{1}{T}(t-\tau)} u(\tau)\,d\tau \tag{4.23}$$

Symbolische Lösung mit der M-function dsolve

Eigenschaft von *dsolve*:
Löst symbolisch lineare und nichtlineare Differenzialgleichungen.
Syntax:

y = dsolve('Dgl','AB','v')

Beschreibung:
Dgl: zu lösende Differenzialgleichung
AB: Anfangsbedingung
v: unabhängige Variable, bei 'default' ist es die Zeit t

Beispiel 4.1

Die mit Gleichung (4.8) gegebene lineare Differenzialgleichung ist symbolisch mit der M-function *dsolve* für den Anfangswert $y(0) = Y_0$ und der Störfunktion $u(t)$ zu lösen. Dafür ist der M-file zu schreiben.

Lösung:[31]

```
% Beispiel 4.1
% Löst symbolisch die lineare Differenzialgleichung 1. Ord.
% entsprechend Gleichung (4.8) mit einer Anfangsbedingung.
disp('              ')
disp('*************************************************')
disp('            Lösung zum Beispiel 4.1')
disp('              ')
y = dsolve('T*Dy + y = K*u(t)','y(0) = Y0','t');
disp('y ='), pretty(y)
% Ende des Beispiels 4.1
```

[31] Published with MATLAB® 7.7, siehe Editor: → file → Publish Beispiel4_01.m → Edit → markieren → Copy

```
**************************************************
          Lösung zum Beispiel 4.1
y =
                 t        / x \
                 / K exp| - | u(x)
     /   t \   |        \ T /                  /   t \
  exp| - - |   |    --------------- dx + Y0 exp| - - |
     \   T / /           T                     \   T /
                 0
```

Die Lösung stimmt erwartungsgemäß mit der Gleichung (4.23) überein.

4.1.7 Signalflussplan eines abstrakten linearen Systems 1. Ordnung

Zur numerischen Lösung des abstakten Systems einer gewöhnlichen linearen Differenzialgleichung 1. Ordnung mit konstanten Koeffizienten und einer Störfunktion nach Gleichung (4.8) durch Simulation wird diese Gleichung wie folgt umgeformt und durch einen Signalflussplan dargestellt:

$$\frac{dy(t)}{dt} = -\frac{1}{T}y(t) + \frac{V}{T}u(t) \text{ mit } y(0) = Y_0 \quad (4.24)$$

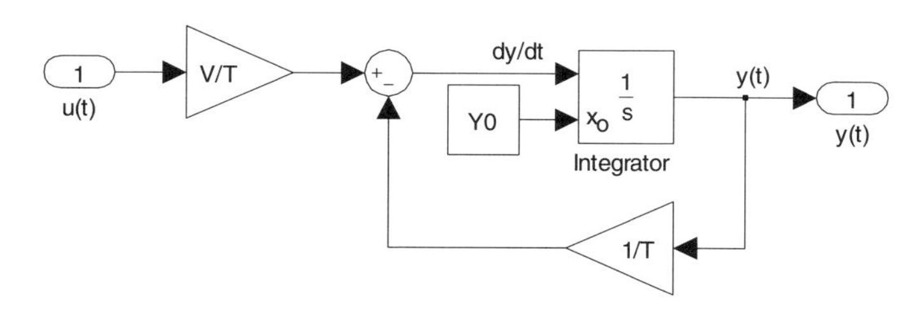

Abb. 4.2 *Signalflussplan des abstrakten Systems – gewöhnliche lineare Differenzialgleichung 1. Ordnung –*

4.1.8 Mathematisches Modell eines konkreten nichtlinearen Systems

Aufgabenstellung

Für die zeitliche Veränderung des Flüssigkeitsstandes $h(t)$ [m] im Behälter, in Abhängigkeit vom zufließenden Volumenstrom $\dot{V}_e$ [m³/s], ist das mathematische Modell gesucht.

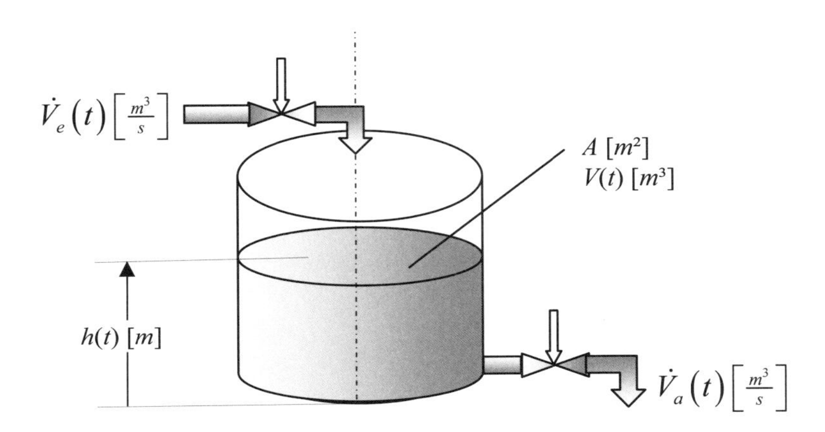

Abb. 4.3 *Füllstand eines Flüssigkeitsbehälters*

Modellbildung

Für die Volumenströme von Flüssigkeiten durch Ventile gilt allgemein:

$$\dot{V}(t) = \frac{K_V\left[\frac{\mathrm{m}^3}{\mathrm{h}}\right]}{10\left[\frac{\mathrm{m}}{\mathrm{s}}\right]3600\left[\frac{\mathrm{s}}{\mathrm{h}}\right]}\sqrt{\frac{\Delta p\left[\frac{\mathrm{N}}{\mathrm{m}^2} = \frac{\mathrm{kg\,m}}{\mathrm{s}^2}\frac{1}{\mathrm{m}^2}\right]}{\rho\left[\frac{\mathrm{kg}}{\mathrm{m}^3}\right]}\left[\frac{\mathrm{m}^2}{\mathrm{s}^2}\right]} \qquad \left[\frac{\mathrm{m}^3}{\mathrm{s}}\right] \tag{4.25}$$

Die Änderung des Volumens im Behälter ergibt sich aus der Differenz zwischen dem Zu- und dem Abfluss unter Berücksichtigung einer konstanten Flüssigkeitsoberfläche A in $[m^2]$:

$$\frac{dV(t)}{dt} = A\frac{dh(t)}{dt} = \dot{V}_e(t) - \dot{V}_a(t) \tag{4.26}$$

Der Differenzdruck für das Ventil am Ablauf des Behälters berechnet sich aus dem Druck vor dem Ventil minus dem Druck nach dem Ventil. Der Druck vor dem Ventil ergibt sich aus dem Druck, welchen die Flüssigkeitssäule im Behälter erzeugt:

$$\rho g h(t) \qquad \left[\frac{\mathrm{kg}}{\mathrm{m}^3}\frac{\mathrm{m}}{\mathrm{s}^2}\mathrm{m} = \frac{\mathrm{N}}{\mathrm{m}^2} = \mathrm{Pa}\right] \tag{4.27}$$

Da der Ablauf des Behälters gegen die Atmosphäre erfolgt, gilt für die Druckdifferenz über dem Auslaufventil:

$$\Delta p = \rho g h(t) - 0 = \rho g h(t) \qquad [\text{Pa}] \tag{4.28}$$

was zu folgender Beziehung für den ausfließenden Volumenstrom führt:

$$\dot{V}_a(t) = \frac{K_V \sqrt{9{,}81}}{36000} \sqrt{h(t)} = K_a \sqrt{h(t)} \qquad \left[\tfrac{\text{m}^3}{\text{s}}\right] \text{ mit } K_a \left[\tfrac{\text{m}^2}{\text{s}} \sqrt{\text{m}}\right] \tag{4.29}$$

Differenzialgleichung des Füllstandes

Der ausfließende Volumenstrom ist eine nichtlineare Funktion des Flüssigkeitsstandes $h(t)$ im Behälter. Nach Einsetzen der Gleichung (4.29) in die Gleichung (4.26) folgt:

$$A \frac{dh(t)}{dt} + K_a \sqrt{h(t)} = \dot{V}_e(t) \tag{4.30}$$

Die Gleichung (4.30) für die zeitliche Änderung des Füllstandes im Behälter ist eine nichtlineare inhomogene Differenzialgleichung 1. Ordnung mit konstanten Koeffizienten.

Signalflussplan des nichtlinearen Systems

Zur Darstellung und Lösung der nichtlinearen Differenzialgleichung 1. Ordnung nach Gleichung (4.30), ist diese wieder so umzuformen, dass nur die 1. Ableitung links des Gleichheitszeichens steht:

$$\frac{dh(t)}{dt} = -\frac{K_a}{A} \sqrt{h(t)} + \frac{1}{A} \dot{V}_e(t) \tag{4.31}$$

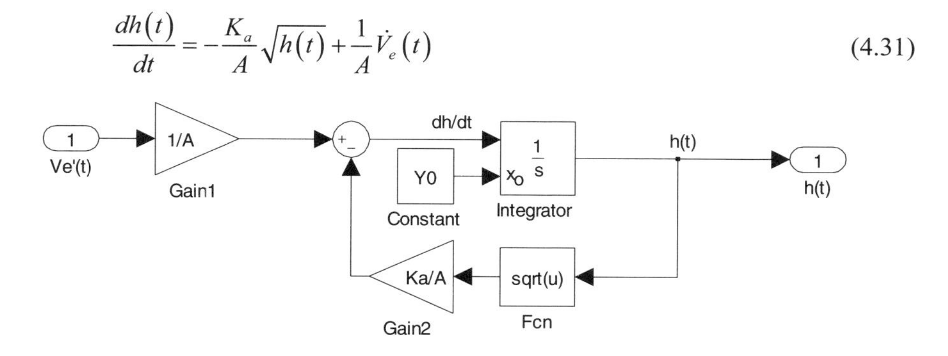

Abb. 4.4 *Signalflussplan des Behälterfüllstandes, ein nichtlineares System 1. Ordnung*

4.1.9 Die numerische Lösung der Modellgleichungen

Neben der Möglichkeit Differenzialgleichungen analytisch bzw. symbolisch zu lösen, wie oben geschehen, ist der Hauptgegenstand dieses Buches der Einsatz von MATLAB und Simulink zur numerischen Lösung von Differenzialgleichungen.

Die numerische Lösung einer Differenzialgleichung liefert für einen Satz von Zeitpunkten $[t_0, t_1, \ldots, t_e]$ den dazugehörenden Satz von Funktionswerten $[y_0, y_1, \ldots, y_e]$. Werden die Funktionswerte über den Zeitpunkten als Graph aufgetragen, so stellt dieser eine Approximation des analytischen Kurvenverlaufes mit einer mehr oder weniger hohen Genauigkeit dar.

Die in Abschnitt 4.1.2 aufgeführten Gleichungen mit ihren Bezeichnungen unter MATLAB:

- Gewöhnliche Differenzialgleichungen (ODEs),
- Partielle Differenzialgleichungen (PDEs),
- Differenzialgleichung (DDEs) mit nach rechts, um τ verschobenen Zeitfunktionen, wo τ die Totzeit (*delays* resp. *lags*) darstellt,

werden noch um die Gruppe der:

- Differenzial-Algebraischen-Gleichung (DAEs)

erweitert.

Bei der Lösung für die ODEs bietet MATLAB noch Verfahren für *nichtsteife* (*nonstiff*) und *steife* (*stiff*) Differenzialgleichungen an. Eine Differenzialgleichung wird als *steif* charakterisiert, wenn die das System beschreibenden Koeffizienten um mehrere Zehnerpotenzen auseinander liegen. Dies führt bei der numerischen Lösung zu dem Umstand, dass bei automatischer Schrittweitenberechnung, wie z. B. bei dem von *Fehlberg*[32] zur verbesserten Fehlerabschätzung erweiterten *Runge*[33]*-Kutta*[34]*-Verfahren*, die Schrittweite immer kleiner gewählt wird, so dass die Berechnung der Funktionswerte scheinbar zum Stehen kommt, sich also keine brauchbaren Werten mehr ergeben.

Gewöhnliche lineare Differenzialgleichungs-Systeme gelten als *steif*, wenn die Absolutbeträge der Realteile des größten und kleinsten Eigenwertes um mehrere Zehnerpotenzen auseinander liegen. MATLAB stellt für Anfangswertprobleme nichtsteifer ODEs die M-functions (solver) *ode*45, *ode*23 und *ode*113; steifer ODEs die solver *ode*15s, *ode*23s und *ode*23tb; von DAEs, wenn sie steif sind den solver *ode*15s und bei mäßig steifen den solver *ode*23t zur Verfügung. Für eine Differenzialgleichung (DDEs) mit konstanter Totzeit τ kommt für Anfangswertprobleme der solver *dde*23 zum Einsatz. Zum Beginn einer Simulation wird solver *ode*45 empfohlen, er beruht auf dem Verfahren nach *Runge-Kutta-Fehlberg*.

Neben den Anfangswert-Problemen, bei denen die Anfangswerte vorgegeben sind, können mit dem solver *bvp*4*c* Lösungen für ODEs gefunden werden, die an den zwei Grenzpunkten eines Intervalls im Variabilitätsbereich der unabhängigen Variablen gegebene Bedingungen erfüllen, so genannte Randwertaufgaben.

Mit dem solver *pdepe* lassen sich, in Abhängigkeit vom Kompliziertheitsgrad, Anfangswert- und Randwert-Probleme von Systemen, die als parabolische oder elliptische partielle Differenzialgleichungen (PDEs) mit einer Zustandsvariablen und der Zeit vorliegen, lösen.

---

[32] Fehlberg, Erwin *8.9.1911 Berlin †Nov. 1990 Alabama, Mathematiker, Flugingenieur, Mitarbeiter der NASA

[33] Runge, Carl David Tolmé *30.8.1856 Bremen †3.1.1927 Göttingen, Mathematiker

[34] Kutta, Wilhelm *3.11.1867 Pitschen/O.-Schl. †25.12.1944 Fürstenfeldbruck, Mathematiker

Der allgemeine Aufruf der M-functions *solver* lautet:

Eigenschaft von *solver*:
Liefert die numerische Lösung gewöhnlicher Differenzialgleichungen bei vorgegebenen Anfangswerten.
Syntax:

[*t*,*y*] = solver(Dgl, Zeitbereich, AW, {Optionen}, {p1, p2,...})

Beschreibung:

t:	Zeitvektor (n,1)
y:	Ergebnismatrix (n,m), m Anzahl der abhängigen Variablen
solver:	die *ode*...-Funktionen
Dgl:	zu lösende Differenzialgleichung
Zeitbereich:	Anfangswert und Endwert [ta te]
AW:	Vektor der Anfangswerte
Optionen:	wahlweise, siehe im Command Window „odeset“
p1, p2,...	wahlweise, wenn ja, dann bei fehlenden Optionen eine Leermatrix [] als Platzhalter

Beispiel 4.2
Die nichtlineare Differenzialgleichung (4.31) ist mit dem solver *ode*45 für folgende Bedingungen zu lösen:

- Zeitbereich: t_e = 0 s bis t_a = 6000 s
- Anfangsbedingung: h(0) = 0 m
- Parameter: A = 0,4418 m², $K_a = 8{,}7003\ 10^{-4}\ m^{5/2}s^{-1}$, $V_e = 10^{-3}\ m^3s^{-1}$

Das Ergebnis ist graphisch darzustellen.

Lösung:

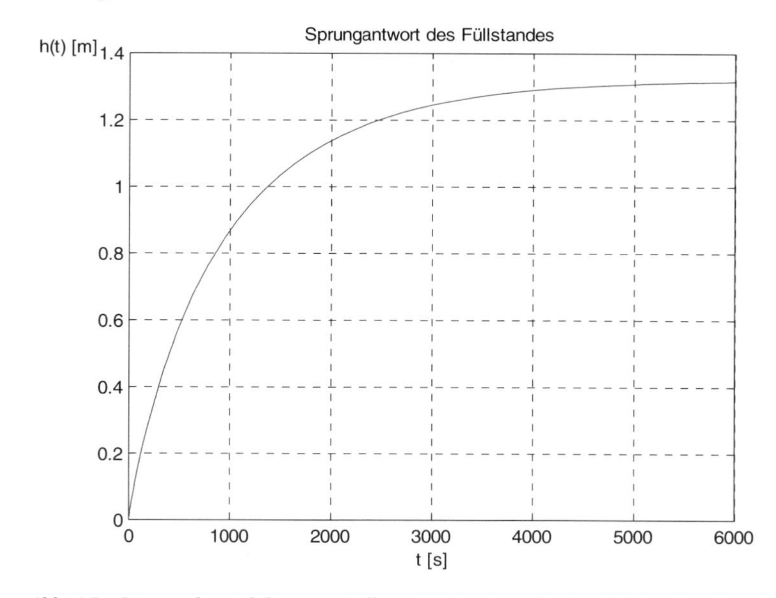

Abb. 4.5 Lösung der nichtlinearen Differenzialgleichung für den Füllstand in einem Behälter – Beispiel 4.2

```
% Beispiel 4.2
% Die Lösung dieses Beispiels setzt eine Funktion voraus,
% die wie folgt lautet:
% function [dh,ta] = dgl_fst(t,h,A,Ka,Ve)
% Die Funktion dgl_fls dient zur Berechnung der
% 1. Ableitung dh/dt des Füllstandes h(t).
% dh = (-Ka*sqrt(h) + Ve)/A;
% ta = t;
% Ende der Funktion dgl_fst
% Die Funktion dgl_fst muss unter einem der aktuellen Pfade
% abgelegt sein!
% Die zu übergebenden Parameter
KV = 10; Ka = KV*sqrt(9.81)/3.6e4;
d = 0.75; A = pi*d^2/4; Ve = 1e-3;
% Aufruf der Lösungsfunktion ode45
[t,h] = ode45(@dgl_fst,[0 6000],0,[],A,Ka,Ve);
% Graphische Darstellung des Ergebnisses
plot(t,h), grid, xlabel('t [s]'), text(-900,1.42,'h(t) [m]')
title('Sprungantwort des Füllstandes')
% Ende des Beispiels 4.2
```

4.2 Prozessanalyse

4.2.1 Methoden der Prozessanalyse

Beim Aufstellen mathematischer Modelle ist zwischen theoretischen und experimentellen Methoden zu unterscheiden. Hier sollen nur Aussagen zur theoretischen Prozessanalyse gemacht werden, da sie im weiteren Verlauf für die Analyse der zu simulierenden Systeme herangezogen wird.

Für die experimentelle Prozessanalyse, vielfach als Systemidentifikation bezeichnet, existiert unter MATLAB ein äußerst leistungsfähiges Instrument mit der *System Identification Toolbox*.

Ausgangspunkt der theoretischen Prozessanalyse sind sämtliche Gesetzmäßigkeiten der Naturwissenschaften und der technischen Disziplinen, die auf die konkreten Systeme angewendet werden.

Im Allgemeinen liegen der Prozessanalyse die Erhaltungssätze der Masse, der Energie und des Impulses zugrunde. Hierzu nachfolgend einige Ausführungen.

4.2.2 Ablauf der Prozessanalyse

- Zerlegung des Gesamtsystems in Teilsysteme bzw. Teilprozesse – Dekomposition
  Grundlage der Zerlegung ist die Dominanz bestimmter Formen der Energie oder des Massentransports.
  Die Teilsysteme entsprechen dann einem bestimmten Prozesstyp, der durch seine Zustandsgrößen beschreibbar ist. Die Beschreibung erfolgt durch die den Teilprozess charakterisierenden Bilanzgleichungen.

- Zerlegung der Teilsysteme in Bilanzräume
  Von der Zerlegung des Prozesses und der Abgrenzung der Bilanzräume hängen die weiteren Ergebnisse der Analyse ab.
  Die Zerlegung und die Abgrenzung sind deshalb sehr sorgfältig durchzuführen. Sie können u. U. außerordentliche Schwierigkeiten bereiten und müssen nach der Überprüfung des Modells eventuell neu durchdacht werden.
- Aufstellen der Bilanzgleichungen
  Unter Zuhilfenahme der Erhaltungssätze der Masse und der Energie, nötigenfalls auch des Impulses, siehe weiter oben. Es ist darauf zu achten, dass die sich ergebenden Zustandsgrößen nach Möglichkeit gemessen werden können.
- Ermittlung von Kopplungs- und Ergänzungsgleichungen
- Darstellen der Modelle der Teilsysteme und daraus das Modell des Gesamtsystems in geeigneter Form, d. h. geeignet für die Simulation mit dem Rechner, wie z. B. die Darstellung im Zustandsraum, siehe weiter unten.
- Überführung des gewöhnlich nichtlinearen Modells nach seiner Simulation in ein lineares Modell.

4.3 Erhaltungssatz der Masse

4.3.1 Massenbilanz

In einem abgeschlossenen System, welches als Speicher bezeichnet werden soll, gilt das *Gesetz von der Erhaltung der Masse*:

Masse kann weder geschaffen noch vernichtet werden.
Die Gesamtmasse bleibt unverändert.

$$m = \sum_{i=1}^{n} m_i = const. \tag{4.32}$$

mit m als der gespeicherten Gesamtmasse.

Für ein nicht abgeschlossenes System, wie es gewöhnlich vorliegt, ergibt sich für die zeitliche Änderung der Masse, die Massenbilanzgleichung:

$$\frac{dm(t)}{dt} = \sum_{i=1}^{n} M_{e_i}(t) - \sum_{j=1}^{m} M_{a_j}(t) \qquad \left[\frac{\text{kg}}{\text{s}}\right] \tag{4.33}$$

Die zeitliche Änderung der gespeicherten Masse eines offenen Systems ist gleich dem zufließenden Gesamtmassenstrom vermindert um den abfließenden Gesamtmassenstrom.

4.3.2 Energie-Masse-Beziehung

Für ein physikalisches System gilt nach der Energie-Masse-Relation von *Einstein*[35]:

$$E = m c^2 \qquad \left[\mathrm{kg}\left(\tfrac{\mathrm{m}}{\mathrm{s}}\right)^2 = \mathrm{Nm} = \mathrm{J}\right] \tag{4.34}$$

dass zu jeder Energie E oder Energieänderung ΔE eine proportionale Masse m oder Massenänderung Δm und umgekehrt gehört. Der Proportionalitätsfaktor ist das Quadrat der Lichtgeschwindigkeit c.

4.4 Erhaltungssatz der Energie – Energiebilanz

Energie ist die Fähigkeit eines physikalischen oder technischen Systems Arbeit[36] zu verrichten. Für die verschiedenen Formen der Energie, wie z. B. der mechanischen, elektrischen, chemischen, thermischen usw., gilt der *Satz der Erhaltung der Energie*:

Energie kann weder gewonnen werden noch verloren gehen, was bedeutet, dass in einem energetisch abgeschlossenen System die Summe aller Energien konstant ist.

$$E = \sum_{i=1}^{n} E_i = const. \tag{4.35}$$

Bei der hier betrachteten Analyse von Systemen wird nicht die Umwandlung von Masse in Energie, wie sie bei Kernspaltungsprozessen auftritt, behandelt.

Die gesamte Energie eines offenen Systems kann sich nur durch Energiezufuhr oder Energieabfuhr über die Systemgrenzen ändern.

Energiebilanzgleichung:

$$\frac{dE(t)}{dt} = \sum_{i=1}^{n} E_{e_i}(t) - \sum_{j=1}^{m} E_{a_j}(t) \tag{4.36}$$

Innerhalb des Systems können sich nur die einzelnen Energieformen ineinander umwandeln. Erscheinungsformen der Energie sind die potenzielle Energie, die kinetische Energie, die Wärmeenergie und die Dissipation[37] der Energie.

Die Dissipation der Energie ist der pro Zeiteinheit in Wärme umgesetzte und für das System verloren gegangene Energieanteil.

---

[35] Einstein, Albert *14.3.1879 Ulm †18.4.1955 Princeton (USA), Physiker

[36] Coriolis, Gaspard Gustave de *21.5.1792 Paris †19.9.1843 Paris, Physiker und Ingenieur, auf ihn gehen die Begriffe "kinetische Energie" und "mechanische Arbeit" zurück.

[37] Dissipation: Verschwendung, Zerstreuung

Nachfolgend werden zu den einzelnen Energieformen Aussagen im Zusammenhang mit der Prozessanalyse gemacht.

Im Weiteren interessiert der Zusammenhang zwischen der Energie, als Fähigkeit eines Körpers Arbeit zu verrichten, und der Arbeit sowie der Leistung, der pro Zeit ausgeführten Arbeit. Zwischen der Arbeit $W(t)$ und der Leistung $P(t)$ gilt folgender Zusammenhang:

$$W(t) = \int_0^t P(\tau)\,d\tau \quad [\mathrm{J}]^{38} \tag{4.37}$$

Bei mechanischen Systemen gilt für die Translation:

$$W(t) = \int_0^t F(t)v(t)\,d\tau = \int_0^{s_1} F(t)\,ds \tag{4.38}$$

und die Rotation:

$$W(t) = \int_0^t M(\tau)\omega(\tau)\,d\tau = \int_0^{\varphi_t} M(t)\,d\varphi \tag{4.39}$$

Bei elektrischen Systemen gilt:

$$W(t) = \int_0^t u(\tau)i(\tau)\,d\tau \tag{4.40}$$

---

[38] Joule, James Prescott *24.12.1818 Salford/Manchester 11.10.1889 Sale/London, Physiker, nach ihm benannte physikalische Einheit der Arbeit, Energie und Wärmemenge

4.4.1 Potenzielle Energie

Die potenzielle Energie *V*(*t*) ergibt sich aus der Arbeit *W*(*t*), die zur Veränderung der charakteristischen Größe, wie z. B. Weg, Winkel, Ladung, eines Systems aufgebracht werden muss.

System	Spezifische Größen	Arbeit *W*(*t*) in [Nm = J]	Potenzielle Energie *V*(*t*) in [J]
Masse: m $[\mathrm{kg}]$	Kraft *F*(*t*) [N], um die Masse *m* auf die Höhe *h* [m] zu heben: $F(t) = g\,m$	$\int_0^h F(t)\,ds$ = $g\,m\int_0^h ds$	$g\,m\,h(t)$
Kondensator: Kapazität C $\left[\frac{\mathrm{A\,s}}{\mathrm{V}} = \mathrm{F}\right]$	Ladungserhöhung [As]: $dQ = C\,du = i(t)\,dt$ $\Rightarrow$ $i(t) = C\frac{du}{dt}$ Strom [A]	$\int_0^t u(\tau)\,i(\tau)\,d\tau$ = $C\int_0^{u_C} u(t)\,du$	$\frac{1}{2}C\,u_C^2(t)$ elektrostatische Energie
Feder: Federkonstante der Schraubenfeder C_F $\left[\frac{\mathrm{m}}{\mathrm{N}}\right]$	Längenänderung [m]: $ds = C_F\,dF$ $\Rightarrow$ $F(t) = \frac{1}{C_F}s(t)$ Federkraft [N]	$\int_0^{s_F} F(t)\,ds$ = $\frac{1}{C_F}\int_0^{s_F} s(t)\,ds$	$\frac{1}{2C_F}s_F^2(t)$
Torsionsstab: Torsionsfederkonstante bzw. Drehsteifigkeit der torsionsbeanspruchten Feder C_t $\left[\frac{1}{\mathrm{Nm}}\right]$	Drehwinkeländerung [rad]: $d\varphi_t = C_t\,dM_t$ $\Rightarrow$ $M_t(t) = \frac{1}{C_t}\varphi_t$ Torsionsmoment [Nm]	$\int_0^{\varphi_t} M_t(t)\,d\varphi$ = $\frac{1}{C_t}\int_0^{\varphi_t}\varphi(t)\,d\varphi$	$\frac{1}{2C_t}\varphi_t^2(t)$

4.4.2 Kinetische Energie

Die kinetische Energie $T(t)$ ergibt sich aus der Arbeit $W(t)$, die zum Bewegen eines Systems, wie z. B. Masse, Strom, aufgebracht werden muss.

System	Spezifische Größen	Arbeit $W(t)$ in [Nm = J]	Kinetische Energie $T(t)$ in [J]
Masse: m $[\text{kg}]$ reibungsfrei geradlinig bewegt – Translation –	Kraft $F(t)$ [N], die aufzubringen ist, um die Masse zu bewegen: $F(t) = m\ddot{s}(t) = m\frac{dv(t)}{dt}$ Geschwindigkeit v [m/s]	$m\int_0^{v_m} v(\tau)\frac{dv}{d\tau}d\tau$ = $m\int_0^{v_m} v(t)\,dv$	$\frac{1}{2}m\,v_m^2(t)$
Masse: Massenträgheitsmoment J $[\text{kg}\,\text{m}^2]$ reibungsfrei drehend – Rotation –	Drehmoment [Nm], das aufzubringen ist, um die Masse zu drehen: $M_d(t) = J\frac{d\omega(t)}{dt}$ Winkelgeschwindigkeit ω [rad/s]	$\int_0^{t} J\,\omega(\tau)\frac{d\omega}{d\tau}d\tau$ = $J\int_0^{\omega_S}\omega(t)\,d\omega$	$\frac{1}{2}J\,\omega_S^2(t)$
Spule: Induktivität L $\left[\frac{\text{Vs}}{\text{A}} = \text{H}\right]$	Spannung [V], die aufzubringen ist, den Strom $i(t)$ durch die Spule fließen zu lassen: $u_L(t) = L\frac{di(t)}{dt}$ Stromfluss di/dt [A/s]	$L\int_0^{i_L} i(\tau)\frac{di}{d\tau}d\tau$ = $L\int_0^{i_L} i(t)\,di$	$\frac{1}{2}L\,i_L^2(t)$ elektromagnetische Energie

4.4.3 Dissipation der Energie

Dissipation der Energie ist der in einem System pro Zeiteinheit in Wärme umgesetzte Energieanteil, der dem System verloren geht.

System	Spezifische Größen	momentane Leistung $P(t)$ in [W]	Dissipation der Energie $D(t)$ in [W]
Kolben: Dämpfungskonstante D_K $\left[\frac{\text{Ns}}{\text{m}}\right]$ geschwindigkeitsgedämpft – Translation –	Kraft $F(t)$ [N], die den gedämpften Kolben bewegt: $F(t) = D_K\,v(t)$ Geschwindigkeit $v(t)$ [m/s]	$F(t)v(t)$	$D_K\,v^2(t)$

Scheibe: Torsions-Dämpfungskonstante D_t $[\mathrm{Nms}]$ geschwindigkeits-gedämpft – Rotation –	Drehmoment [Nm], das die gedämpfte Scheibe dreht: $M_d(t) = D_t\,\omega(t)$ Winkelgeschwindigkeit ω [rad/s]	$M_d(t)\,\omega_S(t)$	$D_t\,\omega_S^2(t)$
Ohmscher Widerstand: R $\left[\frac{\mathrm{V}}{\mathrm{A}} = \Omega\right]$	Spannung [V], die den Strom $i(t)$ durch den Widerstand fließen lässt $u_R(t) = R\,i(t)$ Strom $i(t)$ [A]	$u(t)\,i(t)$	$R\,i^2(t)$

4.4.4 Lagrange'sche Bewegungsgleichung 2. Art

Für die gesuchte Beschreibung des dynamischen Verhaltens eines mechanischen Systems stehen das nach d'Alembert[39] benannte *Prinzip* oder die Bewegungsgleichungen nach Lagrange[40] zur Verfügung, so wie es für elektrische Netzwerke die *Kirchhoff*[41]*schen Gesetze* und für thermische Systeme die Gesetze der Thermodynamik sind.

Hier soll zunächst auf die *Lagrange'schen Bewegungsgleichungen* 2. *Art mit verallgemeinerten Koordinaten* zur mathematischen Beschreibung des dynamischen Verhaltens eingegangen werden. Sie dienen in der Mechanik zur Ermittlung der Bewegungsgleichungen eines Systems zwischen zwei Punkten.

Für die Herleitung und eine Vielzahl von Anwendungsfällen der nachfolgend angegebenen allgemeinen Gleichung (4.41) wird auf die umfangreiche Literatur verwiesen, siehe z. B. [Veltmann-1876], [Föppl-1910], [Hort-1922], [Weber-1941], [Rüdiger/Kneschke_III-1964], [Kneschke-1960], [Kulikowski/Wunsch-1973] und [Muschik u. a.-1980]. Als vermutlich erste Anwendung zur Lösung eines technischen Problems mit Lagrange'schen Bewegungsgleichungen ist die Arbeit von Veltmann[42] [Veltmann-1876] anzusehen.

---

[39] d'Alembert, Jean Rond *16.11.1717 Paris †29.10.1783 Paris, Philosoph, Mathematiker

[40] Lagrange, Joseph Louis de *25.1.1736 Turin †10.4.1813 Paris, Mathematiker und Physiker

[41] Kirchhoff, Gustav Robert *12.3.1824 Königsberg (Pr.) †17.10.1887 Berlin, Physiker

[42] Veltmann, Wilhelm *29.12.1832 Bathey bei Hagen, †6.3.1902 ebenda, Prof. der Mathematiker in Bonn. Ihm gelang unter Zuhilfenahme der Lagrange'schen Bewegungsgleichungen 2. Art der Nachweis, warum sich der 765 kg schwere Klöppel der 1875 im Dom zu Köln aufgehängten 26.250 kg schweren Kaiserglocke nicht relativ zur Glocke bewegte, sondern stets in der Mittellinie derselben verharrte, so dass die Glocke beim Läuten keinen Ton abgab. 1918 wurde die Glocke eingeschmolzen!

Die Bewegungsgleichungen

Der allgemeine Gleichungsansatz, welcher auf dem Prinzip der Erhaltung der Energie beruht, geht vom Vermögen der einzelnen Bauglieder eines Systems aus, Energie zu speichern:

$$\frac{d}{dt}\left(\frac{\partial T}{\partial \dot{q}_i}\right)-\frac{\partial T}{\partial q_i}+\frac{\partial V}{\partial q_i}+\frac{1}{2}\frac{\partial D}{\partial \dot{q}_i}=F_i \qquad (4.41)$$

Es bedeuten:

T [J]:	kinetische Energie
V [J]:	potenzielle Energie
D [W = J/s]:	Dissipation der Energie. Dieser Anteil ist nach Weber[43] [Weber-1941] auf den Vorschlag von Rayleigh[44] in die Lagrange'schen Bewegungsgleichungen eingeführt worden, siehe auch [Kulikowski/Wunsch-1973].
F_i:	Eine Kraft, die am System auf die verallgemeinerte Koordinate wirkt oder ein Potenzial, z. B. die Gewichtskraft
q_i:	verallgemeinerte Koordinate
$\dot{q}_i = dq/dt$:	verallgemeinerte Geschwindigkeit

Verallgemeinerte Koordinaten

Welche Größen als verallgemeinerte Koordinaten $q_i(t)$ zu wählen sind, ist nicht eindeutig:

- Mechanische Systeme
  Weg s oder Winkel φ. Siehe Kapitel 4.4.1.
- Elektrische Systeme
  Die elektrische Ladung[45] $q(t)$ als verallgemeinerte Koordinate am Kondensator mit der Kapazität C und der Spannung $u_C(t)$, siehe Kapitel 4.4.1:

$$q(t)=C\,u_C(t) \qquad \left[\tfrac{\text{As}}{\text{V}}\text{V}=\text{As}\right] \qquad (4.42)$$

Verallgemeinerte Geschwindigkeiten

- Mechanische Systeme
  Die Ableitung des Weges oder des Winkels nach der Zeit als verallgemeinerte Geschwindigkeit $v(t)$ oder verallgemeinerte Winkelgeschwindigkeit $\omega(t)$, siehe Kapitel 4.4.2:

$$\frac{ds(t)}{dt}=v(t) \text{ oder } \frac{d\varphi(t)}{dt}=\omega(t) \qquad (4.43)$$

---

43 Weber, Moritz *18.7.1871 Leipzig †10.6.1951 Neuendettelsau, Prof. für Mechanik des Schiff- und Schiffsmaschinenbaus an der TH Berlin, Ähnlichkeitslehre, Modellwissenschaften.
Siehe "Weberzahl" in [Vauck/Müller-1974].

44 Rayleigh, John William Strutt, 3. Baron *12.11.1842 Langford Grove (England) †30.6.1919 Witham, Physiker

45 Franklin, Benjamin *17.1.1706 Boston †17.4.1790 Philadelphia, Naturforscher und Staatsmann. Die elektrische Ladung wurde von ihm eingeführt.

- Elektrische Systeme
  Die Ableitung der elektrischen Ladung nach der Zeit, der Strom, als verallgemeinerte Geschwindigkeit, siehe Kapitel 4.4.2.:

$$\frac{dq(t)}{dt} = C\frac{du(t)}{dt} = i(t) \quad \left[\tfrac{\mathrm{As}}{\mathrm{s}} = \mathrm{A}\right] \tag{4.44}$$

4.4.5 Wärmeenergie

Wärme ist die Energie, die in einem Körper in Form von Brown'[46]scher Molekularbewegung gespeichert ist. Die Atome bzw. Moleküle in einem Körper bewegen sich ungeordnet mit der der Temperatur des Körpers oder Gases entsprechenden Energie. Damit ist die Wärme[47, 48] eine spezielle Form der Bewegungsenergie und somit eine kinetische Energie. Die Wärmeenergie wird durch unterschiedliche Temperaturen übertragen.

Innere Energie – thermodynamisches System

Die einem System durch seine Lage innewohnende potenzielle Energie sowie die durch translatorische oder rotatorische Bewegung seines Schwerpunktes hervorgerufene kinetische Energie sind Bestandteile der *äußeren Energie*. Neben dieser, dem System durch seinen äußeren Zustand hervorgerufenen Energie, weisen thermodynamische Systeme noch eine *innere Energie* U [J] auf.

Ein thermodynamisches System kann ein fester Körper bzw. eine ruhende inkompressible ideal vermischte Flüssigkeit in festen Grenzen sein. Die Energie eines thermodynamischen Systems ergibt sich somit aus der Summe der kinetischen, potenziellen und inneren Energie:

$$E = T + V + U \tag{4.45}$$

So wie die äußere Energie vom äußeren Zustand eines Systems abhängt, ist bei einem thermodynamischen System die innere Energie von den inneren thermodynamischen Zustandsgrößen *Druck* p_i, *Temperatur* T_i und *Volumen* V_i abhängig. Die innere Energie U eines thermodynamischen Systems kann nur durch Energieaustausch mit der Umgebung, d. h. durch Zufuhr bzw. Abfuhr von Wärme, als Wärmeübergang bezeichnet, und durch Leistung von Arbeit – Volumenänderungsarbeit – geändert werden:

$$\Delta U = \Delta Q_{12} + \Delta W_{12} \quad \text{bzw.} \quad \frac{dU}{dt} = \frac{dQ_{12}}{dt} + \frac{dW_{12}}{dt} \tag{4.46}$$

---

[46] Brown, Robert *21.12.1773 Montrose (Schottland) †10.6.1858 London, Botaniker

[47] Mayer, Julius Robert *25.11.1814 Heilbronn †20.3.1878 ebenda, Arzt und Physiker, 1842

[48] Joule, James Prescott, 1843, siehe Fußnote 38

Energieänderung durch Wärmeübergang

Die einem thermodynamischen System zugeführte bzw. von ihm abgeführte Wärmemenge, welche bei einer konstanten Masse m und einer konstanten spezifischen Wärme c_p die Temperaturänderung von T_{i1} nach T_{i2} hervorruft, berechnet sich zu:

$$Q_{12} = c_p\, m \int_{T_{i1}}^{T_{i2}} dT = c_p\, m\left(T_{i2} - T_{i1}\right) \qquad \left[\tfrac{\mathrm{J}}{\mathrm{kg\,K}}\,\mathrm{kg\,K} = \mathrm{J}\right] \tag{4.47}$$

Volumenänderungsarbeit

Die Arbeit, die bei der Änderung des Volumens von V_{i1} auf V_{i2} eines thermodynamischen Systems verrichtet wird, heißt *Volumenänderungsarbeit*. Sie berechnet sich zu:

$$W_{12} = -\int_{V_{i1}}^{V_{i2}} p_i\, dV_i \qquad [\mathrm{J}] \tag{4.48}$$

Enthalpie

In einem offenen System mit festen Systemgrenzen tritt neben dem Wärmeübergang und der Volumenänderungsarbeit noch ein Stoffübergang durch zu- bzw. abfließende Massenströme auf. In diesen Fällen ist es üblich, anstelle der inneren Energie U die Enthalpie zu verwenden.

Die Enthalpie ist bei einem offenen System mit festen Systemgrenzen die Summe aus der inneren Energie U und der Strömungsenergie bzw. Verdrängungsarbeit pV.

Es gilt:

$$H = U + p_i\, V_i \qquad [\mathrm{J}] \tag{4.49}$$

Zwischen einem thermodynamischen System – Anlage der Verfahrenstechnik – und der Umgebung bestehen über die Enthalpie H folgende Wechselwirkungen durch:

- stoffgekoppelte Enthalpiezufuhr dH_e/dt über den eintretenden Massenstrom M_e,
- stoffgekoppelte Enthalpieabfuhr dH_a/dt über den austretenden Massenstrom M_a,
- stofflose Wärmezufuhr P_e, z. B. über eine Heizung,
- stofflose Wärmeabfuhr P_a über die Grenzen der Anlage an die Umgebung,
- Leistung Technischer Arbeit in der Anlage.

Damit ergibt sich die zeitliche Änderung der Enthalpie aus o. a. Komponenten:

$$\frac{dH}{dt} = \dot{H}_e - \dot{H}_a + P_e - P_a + V_i \frac{dp}{dt} \qquad \left[\tfrac{\mathrm{J}}{\mathrm{s}} = \mathrm{W}\right] \tag{4.50}$$

Enthalpieanteile

- Stoffgekoppelte Enthalpiezufuhr durch einen eintretenden Massenstrom M_e

$$\dot{H}_e = c_{pW}\, M_e\, T_{ie} \qquad \left[\tfrac{\mathrm{J}}{\mathrm{kg\,K}}\tfrac{\mathrm{kg}}{\mathrm{s}}\,\mathrm{K} = \tfrac{\mathrm{J}}{\mathrm{s}} = \mathrm{W}\right] \tag{4.51}$$

- Stoffgekoppelte Enthalpieabfuhr durch einen austretenden Massenstrom M_a

$$\dot{H}_a = c_{pW}\, M_a\, T_i \qquad [\mathrm{W}] \tag{4.52}$$

Wärmeanteile

- Stofflose Wärmezufuhr, z. B. über eine Heizung

$$P_e = U_e I_e = \frac{1}{R_e} U_e^2 \qquad [\mathrm{V\,A = W}] \tag{4.53}$$

mit dem ohmschen Widerstand der Heizung R_e.

- Stofflose Wärmeabfuhr über die Grenzen der Anlage an die Umgebung

$$P_a = A_O\, k\left(T_i - T_{iu}\right) \qquad \left[\mathrm{m^2 \tfrac{W}{K\,m^2} K = W}\right] \tag{4.54}$$

Der Wärmedurchgangskoeffizient k [W/(K m^2)] beschreibt den Übergang der Wärme vom Systeminneren zur Systeminnenwand mit dem Wärmeübergangskoeffizienten α_i, die Leitung der Wärme durch die Wand mit der Wärmeleitfähigkeit λ und den Übergang der Wärme von der Wand zur Umgebung mit dem Wärmeübergangskoeffizienten α_a.

Technische Arbeit

Allgemein gilt für die Technische Arbeit folgende Beziehung:

$$W_t = \int_{p_2}^{p_1} V_i\, dp \qquad [\mathrm{J}] \tag{4.55}$$

Sie ist positiv bei Arbeitsaufwand und negativ bei Arbeitsaufnahme.

Für ein eingeschlossenes gasförmiges Medium ergibt sich aus der Arbeit zum Einfüllen eines Volumens V_{i1} die Füll- oder Verdrängungsarbeit, aus dem Verändern des Volumens von V_{i1} nach V_{i2} die Volumenänderungsarbeit und aus dem Ausschieben des Volumens V_{i2} die Ausschubarbeit.

- Verdrängungsarbeit
  Beim Einströmen eines gasförmigen Mediums vom Volumen V_{i1} in das thermodynamische System verdrängt dieses das in ihm befindliche Medium um das Volumen V_{i1} mit dem Druck p_{i1} und gibt dabei ohne Zustandsänderung an das im Inneren befindliche Medium die Verdrängungsarbeit ab:

$$W_{p_{i1}V_{i1}} = p_{i1} V_{i1} \qquad \left[\mathrm{\tfrac{N}{m^2} m^3 = J}\right] \tag{4.56}$$

- Volumenänderungsarbeit
  Die Volumenänderungsarbeit W_{12} ist aufzuwenden, um das Volumen von V_{i1} nach V_{i2} zu verändern, siehe hierzu Gleichung (4.48).
- Ausschubarbeit
  Um das durch die Veränderung des Volumens von V_{i1} auf V_{i2} veränderte Volumen im Inneren des thermodynamischen Systems bei einem Druck p_{i2} abführen zu können, ist die Ausschubarbeit:

$$W_{p_{i2}V_{i2}} = p_{i2} V_{i2} \tag{4.57}$$

aufzubringen.

Mit den drei Bestandteilen der Gleichungen (4.48) sowie (4.56) und (4.57) ergibt sich für die Technische Arbeit:

$$W_t = -p_{i1} V_{i1} + \int_{V_{i1}}^{V_{i2}} p_i\, dV_i + p_{i2} V_{i2} \tag{4.58}$$

4.5 Erhaltungssatz des Impulses – Impulsbilanz

„Die Änderung der Bewegung ist der Einwirkung der bewegenden Kraft proportional und geschieht nach der Richtung derjenigen geraden Linie, nach welcher jene Kraft wirkt." [Rühlmann-1885]. Dies ist das zweite von drei Grundgesetzen der Bewegungs- oder Erfahrungsaxiome die Isaac Newton[49] in seinem 1687 erschienenen Werk „Philosophiae naturalis principia mathematica" veröffentlichte. D. h., Kraft erzeugt Bewegung, und beides sind Größen, die nach den Regeln der Vektorrechnung addiert und multipliziert werden müssen.

Für die vollständige Beschreibung eines konkreten technischen Systems ist somit auch die als Impuls bezeichnete mechanische Bewegungsgröße zu berücksichtigen:

$$I(t) = m v(t) \qquad \left[\tfrac{\mathrm{kg\,m}}{\mathrm{s}} = \mathrm{N\,s}\right] \tag{4.59}$$

Es gilt:

In einem abgeschlossenen System, d. h. die Elemente des Systems unterliegen keinen Kräften von außerhalb des Systems, ist die Vektorsumme aller Impulse konstant.

$$I(t) = \sum_{i=1}^{n} m_i\, v_i(t) = const. \tag{4.60}$$

Die Ableitung von Gleichung (4.60) nach der Zeit liefert die Impulsbilanzgleichung:

$$\frac{d}{dt}\sum_{i=1}^{n} I_i(t) = \frac{d}{dt}\sum_{i=1}^{n} m_i\, v_i(t) = \sum_{i=1}^{n} K_i(t) \qquad \left[\mathrm{kg}\tfrac{\mathrm{m}}{\mathrm{s}^2} = \mathrm{N}\right] \tag{4.61}$$

d. h. die zeitliche Ableitung eines Impulses ist eine Kraft. Die Impulsbilanz hat besonders bei rasch verlaufenden Strömungsvorgängen eine Bedeutung, d. h. wenn im System große und schnelle Druckänderungen auftreten. Eine Untersuchung des Verhaltens eines Systems, das durch Massenbilanz, Energiebilanz und Impulsbilanz beschrieben wird, ist jedoch außerordentlich kompliziert, so dass meistens versucht wird, das Aufstellen der Impulsbilanz zu umgehen oder Näherungen zu verwenden [Brack-1972].

4.6 Beschreibung im Zustandsraum

4.6.1 Grundlagen zur Beschreibung konkreter Systeme

Die Umwelt, in der wir leben, wird durch eine große Anzahl physikalisch-chemischer Größen, die untereinander in Wechselbeziehungen stehen, geprägt. Aufgabe im Zusammenhang

---

[49] Newton, Isaac 25.12.1642[J. K.] (Julianischer Kalender) / 4.1.1643[G. K.] (Gregorianischer Kalender) Woolsthorpe (bei Grantham) †20.3.1727[J. K.] / 31.3.1727[G. K.] Kensington (heute zu London), Physiker, Mathematiker und Astronom

mit der Modellbildung ist es, aus der Vielzahl von Möglichkeiten zur Beschreibung von Teilen dieser Umwelt diejenige auszuwählen, die für den Gegenstand der Aufgabe, d. h. ein System – Maschine, Anlage oder Prozess – zu simulieren bzw. zu automatisieren, am besten geeignet ist.

Zur Beschreibung eines konkreten Systems stehen zwei wichtige Kategorien von Einwirkungen der Umwelt auf das System und umgekehrt zur Verfügung.

Es sind dies die Begriffe *wesentlich* und *unwesentlich*, mit denen die Kopplungen zwischen dem zu automatisierenden System und der Umwelt beurteilt werden. Siehe Abb. 1.1.

Grundlage für die Existenz konkreter Systeme sind die wesentlich zahlreicheren und stärkeren Kopplungen der Elemente eines Verbandes untereinander, im Gegensatz zu der Anzahl und Intensität der Kopplungen des Verbandes mit der Umwelt, sowie die Abgrenzung des Verbandes zu seiner Umgebung.

Die Kopplungen erfolgen über den Austausch von *Stoffen* und/oder *Energien*, verbunden mit einem Austausch von *Informationen*.

Für die mathematische Beschreibung eines dynamischen Systems liefern die stofflich-energetischen Zusammenhänge einen Satz von Gleichungen.

Der *Informationsaustausch* erfolgt über Signale, die sich in Nutz- und Störsignale unterteilen. Wird der beschriebene Zusammenhang unter dem angestrebten Steuerungsaspekt betrachtet, so ergeben sich die Begriffe *steuerbare* und *nichtsteuerbare Eingangsgrößen*, wobei die letzteren als *Störgrößen* bezeichnet werden.

Neben den *Eingangs-* und *Ausgangsgrößen* eines dynamischen Systems, die dessen Beziehungen zur Umwelt angeben, wird dieses aber auch durch Größen beschrieben, die sein inneres Verhalten, also seinen *Zustand*, widerspiegeln. Diese Größen werden folglich als *Zustandsgrößen* bezeichnet. Ihre wohl erste Verwendung geht auf Ljapunow[50] bei der Behandlung des allgemeinen Problems der Stabilität der Bewegung im Jahre 1892 zurück.

4.6.2 Allgemeine Aussagen zur Zustandsraumbeschreibung

Die Beschreibung der Bewegung eines Systems, z. B. eines Körperverbandes oder eines Maschinenteils, liefert einen Satz von Differenzialgleichungen und algebraischen Gleichungen. Die Variablen der Differenzialgleichungen dieser mechanischen Systeme sind die Ortskoordinaten – Wege oder Winkel – sowie ihre Ableitungen nach der Zeit, auch als Geschwindigkeitskoordinaten bezeichnet. Die Koordinaten geben für einen bestimmten Zeitpunkt die Lage des betrachteten Systems im Raum an. Sie beschreiben also den *Zustand* des Systems in Abhängigkeit von der Zeit und von den äußeren Einwirkungen auf das System, was zu dem Namen *Beschreibung im Zustandsraum* geführt hat.

---

[50] Ljapunow, Alexandr Michajlowitsch *6.6.1857 Jaroslawl, Russland †3.11.1918 Odessa, ebd., Mathematiker

Die Zustandsgrößen werden ebenso wie die Eingangs- und Ausgangsgrößen zu einem Vektor, dem *Zustandsvektor*, zusammengefasst. Die Differenzialgleichungen liefern die Zustandsgleichungen.

Entsprechendes gilt für Zustandsgrößen anderer physikalischer Systeme, wie in der
- Verfahrenstechnik: Druck, Temperatur, Konzentration, Masse sowie Mengen- bzw. Volumenstrom;
- Elektrotechnik: Spannung, elektrische Ladung, Strom und Drehzahl.

Die Beschreibung von Systemen im Zustandsraum hat ihren Ursprung in der Mechanik. Bedeutung für die Simulation hat sie durch das Aufkommen des Digitalrechners bekommen, für den sie durch die Verwendung der Vektor-Matrix-Darstellung *besonders geeignet ist.*

Die Beschreibung von Systemen im Zustandsraum stellt eine wesentliche Erweiterung der Methoden zur Beschreibung dynamischer Systeme dar. Auf der Grundlage der Beschreibung im Zustandsraum, im Zusammenhang mit immer leistungsfähigeren Rechnern, wurde eine breite Palette von Verfahren für die Synthese, Analyse und Simulation von Systemen entwickelt und praktisch eingesetzt. Einen wesentlichen Beitrag dazu liefern MATLAB und Simulink mit ihren umfangreichen Werkzeugen – Tools.

4.6.3 Geometrische Deutung der Zustandsraumbeschreibung

Mit Hilfe der Abb. 4.6 wird die geometrische Deutung der Beschreibung im Zustandsraum anhand der Steuerung eines Massenpunktes auf einer Trajektorie in einem dreidimensionalen Raum dargestellt [Burmeister-1984] .

Der Zustandsvektor $\mathbf{x}(t)$ entspricht den drei Koordinaten des Massenpunktes auf der Bahn. Seine momentane Richtung wird durch die Tangentenrichtung im entsprechenden Bahnpunkt angezeigt. Mit Hilfe einer Steuerung, repräsentiert durch den Steuervektor $\mathbf{u}(t)$, wird für jede Zeit t die Tangentenrichtung der Trajektorie festgelegt und somit eine Entscheidung über ihren weiteren Verlauf getroffen. Die Steuerung eines dynamischen Systems ist ein kontinuierlicher Entscheidungsprozess.

Das System wird durch die Zustandsgleichung:

$$\dot{\boldsymbol{x}}(t) = \boldsymbol{f}\left[\boldsymbol{x}(t), \boldsymbol{u}(t), t\right] \tag{4.62}$$

in allgemeiner Form beschrieben.
Das zwischen $0 \le t \le T$ dargestellte Kurvenstück entspricht dem Verlauf des Zustandsvektors im Zustandsraum. Das Kurvenstück wird als Trajektorie oder Zustandsbahn bezeichnet. Die zu jedem Zeitpunkt gültigen Koordinaten der Trajektorie werden durch den Zustandsvektor angegeben:

$$\boldsymbol{x}(t) = \begin{bmatrix} x_1(t) \\ x_2(t) \\ x_3(t) \end{bmatrix} \tag{4.63}$$

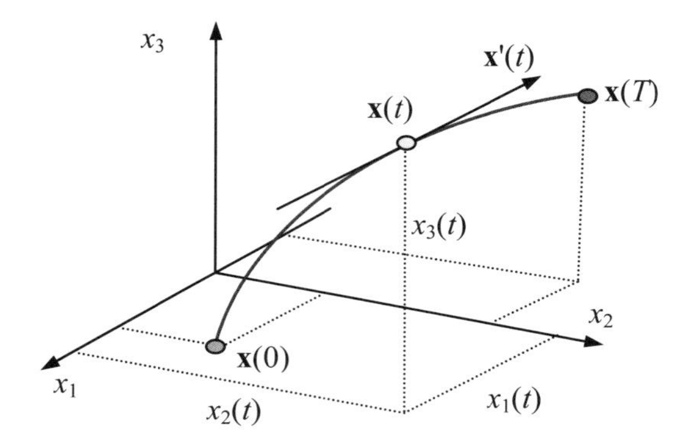

Abb. 4.6 *Steuerung eines Massenpunktes auf einer Trajektorie in einem 3-dimensionalen Raum – Darstellung des Zustandsgedankens –*

Die zeitliche Ableitung des Ortsvektors $\mathbf{x}(t)$ ist der Geschwindigkeitsvektor:

$$\dot{\mathbf{x}}(t) = \frac{d\mathbf{x}(t)}{dt} = \begin{bmatrix} \dot{x}_1(t) \\ \dot{x}_2(t) \\ \dot{x}_3(t) \end{bmatrix} \tag{4.64}$$

4.6.4 Das Zustandsmodell

Für ein System, das durch eine Differenzialgleichung n-ter Ordnung:

$$y^{(n)} = F\left(y, \dot{y}, \ldots, y^{(n-1)}; u, t\right) \tag{4.65}$$

beschrieben wird, welche

- nach der höchsten vorkommenden Ableitung auflösbar ist und
- keine Ableitungen der Eingangsgrößen enthält,

können die n *Phasenvariablen* als Zustandsgrößen eingeführt werden:

$$y = x_1, \quad \dot{y} = x_2, \quad \ddot{y} = x_3, \quad \ldots \quad y^{(n-1)} = x_n \tag{4.66}$$

Damit ergibt sich ein System von n Differenzialgleichungen 1. Ordnung:

$$\begin{aligned} \dot{x}_1 &= x_2 \\ \dot{x}_2 &= x_3 \\ &\vdots \\ \dot{x}_{n-1} &= x_n \\ \dot{x}_n &= f\left(x_1, x_2, \ldots, x_n; u\right) \\ y &= x_1 \end{aligned} \tag{4.67}$$

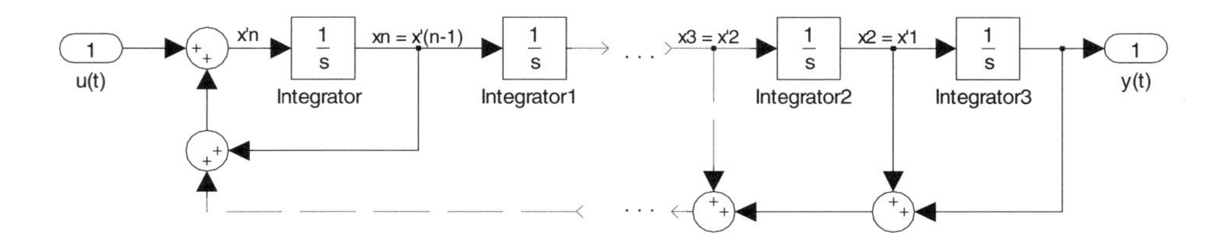

Abb. 4.7 Signalflussbild des Differenzialgleichungssystems nach Gleichung (4.67)

Aus der Theorie der Differenzialgleichung ist bekannt, dass bei Vorgabe dieser Werte an der Stelle $t = t_0$ die Lösung eindeutig bestimmt ist [Burmeister-1984].

4.6.5 Zustandsgrößen

Die Wahl der Zustandsgrößen ist keinesfalls eindeutig, d. h. ein und dasselbe System kann durch verschiedene Sätze von Zustandsgrößen beschrieben werden. Dies hängt unter anderem von der bei der theoretischen Prozessanalyse gewählten Methode ab. So kann z. B. ein mechanisches System mit Hilfe des *Prinzips von d'Alembert*, des *Impulssatzes* oder des *Erhaltungssatzes der Energie* beschrieben werden. Entsprechendes gilt für elektrische Systeme, je nachdem, ob Ströme, Spannungen oder Ladungen bzw. nur eine Art davon als Zustandsgrößen gewählt werden. Dies alles liefert aber gewöhnlich physikalische Zustandsgrößen. Dagegen ergeben die Phasenvariablen bei Systemen deren Ordnung größer als zwei ist, ab der dritten Phasenvariablen, mathematische Zustandsgrößen, da sie physikalisch nicht mehr direkt interpretiert werden können. Entsprechendes trifft für die später noch zu behandelnden Normalformen zu.

In der Praxis treten meist keine Differenzialgleichungen höherer Ordnung auf, sondern vielmehr Systeme von Differenzialgleichungen 1. und 2. Ordnung.

G. Doetsch[51] [Doetsch-1989] bemerkt dazu:

> *Wenn in einem physikalischen System mehrere Zeitfunktionen vorkommen, die mehrere Differentialgleichungen erfüllen, in denen jeweils alle oder einige dieser Funktionen auftreten (simultane Differentialgleichungen), so wird in der Technik häufig für eine bestimmte, besonders interessierende von diesen Funktionen durch Elimination eine einzige Differentialgleichung abgeleitet, die im allgemeinen von höherer Ordnung als die ursprünglichen Gleichungen ist und für die sich dann die heikle Frage nach den Anfangswerten der höheren Ableitungen stellt.*

[51] Doetsch, Gustav Heinrich Adolf *29.11.1892 Köln †9.6.1977 Freiburg i. B., Mathematiker

Die M-functions *ode...* gehen davon aus, dass für die numerische Lösung von gewöhnlichen Differenzialgleichungen, egal ob linear oder nichtlinear, diese als eine Differenzialgleichung bzw. als ein Satz von Differenzialgleichungen erster Ordnung vorliegen, die allgemein wie folgt angegeben werden können.

4.6.6 Systemgleichungen nichtlinearer dynamischer Systeme

Die mittels der *Theoretischen Prozessanalyse* gefundenen Systemgleichungen – Differenzial- und Koppelgleichungen – sind gewöhnlich nichtlinear. Das nichtlineare Verhalten resultiert aus Termen dieser Gleichungen, die aus nichtlinearen Verknüpfungen der Systemvariablen, also der Eingangs- und Zustandsgrößen, bestehen. Diese Terme werden als dynamische Nichtlinearitäten bezeichnet. Weiterhin liegt ein nichtlineares System vor, wenn es mindestens ein Übertragungsglied mit einer nichtlinear statischen Kennlinie enthält.

Nichtlinear zeitvariantes System

Tritt in den Systemgleichungen die Zeit explizit auf, bzw. unterliegen die Systemkoeffizienten zeitlichen Änderungen, so handelt es sich um ein nichtlinear zeitvariantes System. Es besteht aus nichtlinearen Funktionen, die Sätze nichtlinearer Differenzial- und nichtlinearer Ausgangsgleichungen sowie die Zeit enthalten:

$$\begin{aligned}\dot{\mathbf{x}}(t) &= \mathbf{f}(\mathbf{x},\mathbf{u},\mathbf{z},t)\\ \mathbf{y}(t) &= \mathbf{g}(\mathbf{x},\mathbf{u},\mathbf{z},t)\end{aligned} \tag{4.68}$$

Nichtlinear zeitinvariantes System

Bei nichtlinear zeitinvarianten Systemen fehlt in den Funktionen der Differenzial- und Ausgangsgleichungen die Zeit:

$$\begin{aligned}\dot{\mathbf{x}}(t) &= \mathbf{f}(\mathbf{x},\mathbf{u},\mathbf{z})\\ \mathbf{y}(t) &= \mathbf{g}(\mathbf{x},\mathbf{u},\mathbf{z})\end{aligned} \tag{4.69}$$

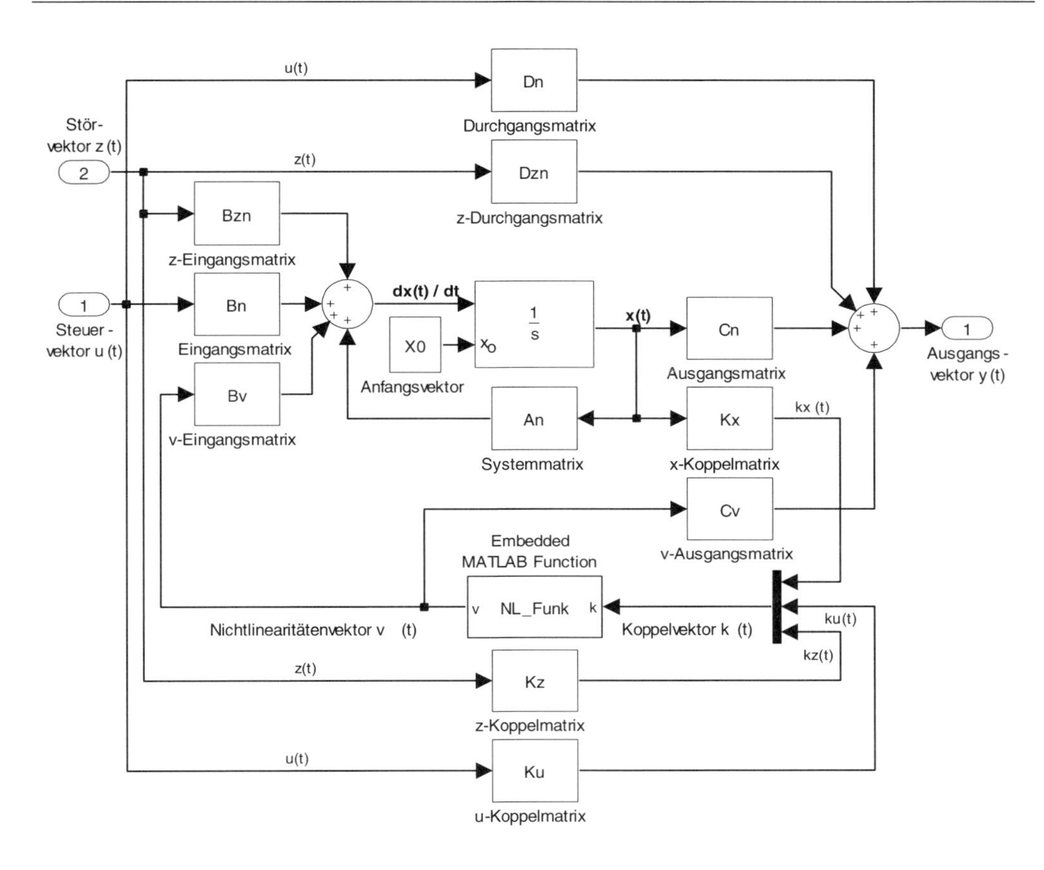

Abb. 4.8 *Vektor-Matrix-Signalflussplan eines nichtlinearen Mehrgrößensystems, aufgespalten in einen linearen und einen nichtlinearen Anteil*

Das durch die Gleichungen (4.69) beschriebene nichtlineare zeitinvariante System lässt sich in Anlehnung an [Scheel-1968], wie in Abb. 4.8 gezeigt, darstellen.

Kernstücke dieses Modells zur Nachbildung eines nichtlinearen zeitinvarianten Systems sind neben dem Block zur Integration der nichtlinearen Zustands-Differenzialgleichungen die Matrizen, der Koppelvektor $\mathbf{k}(t)$, der nichtlineare Funktionsbildner sowie der Nichtlinearitätenvektor $\mathbf{v}(t)$.

Aus dem Vektor-Matrix-Signalflussplan, Abb. 4.8, ergeben sich nachfolgende Gleichungen. Die Vektor-Matrix-Differenzialgleichung:

$$\dot{\mathbf{x}}(t) = \mathbf{A}_n\, \mathbf{x}(t) + \mathbf{B}_n\, \mathbf{u}(t) + \mathbf{B}_{zn}\, \mathbf{z}(t) + \mathbf{B}_v\, \mathbf{v}(t) \qquad \mathbf{x}(t=0) = \mathbf{X}_0 \tag{4.70}$$

Die Vektor-Matrix-Ausgangsgleichung:

$$\mathbf{y}(t) = \mathbf{C}_n\, \mathbf{x}(t) + \mathbf{D}_n\, \mathbf{u}(t) + \mathbf{D}_{zn}\, \mathbf{z}(t) + \mathbf{C}_v\, \mathbf{v}(t) \tag{4.71}$$

Der Nichtlinearitätenvektor $\mathbf{v}(t)$:

Der in den Gleichungen (4.70) und (4.71) auftretende Nichtlinearitätenvektor $\mathbf{v}(t)$ besteht aus Funktionen, die durch nichtlineare Verknüpfungen der Zustands-, Steuer- und Störgrößen gebildet sind.

Die für die nichtlinearen Funktionen benötigten Teilvektoren werden für:

- die Zustände $\mathbf{x}_i(t)$, mit Hilfe der x-Koppelmatrix $\mathbf{K}_x$ und des Zustandsvektors $\mathbf{x}(t)$ in:

$$\mathbf{k}_x(t) = \mathbf{K}_x\, \mathbf{x}(t) \tag{4.72}$$

die Steuergrößen $\mathbf{u}_j(t)$, mit Hilfe der u-Koppelmatrix $\mathbf{K}_u$ und des Steuervektors $\mathbf{u}(t)$ in:

$$\mathbf{k}_u(t) = \mathbf{K}_u\, \mathbf{u}(t) \tag{4.73}$$

- Störgrößen $\mathbf{z}_k(t)$ werden mit Hilfe der z-Koppelmatrix $\mathbf{K}_z$ und des Störvektors $\mathbf{z}(t)$ in:

$$\mathbf{k}_z(t) = \mathbf{K}_z\, \mathbf{z}(t) \tag{4.74}$$

abgebildet und zum Koppelvektor $\mathbf{k}(t)$ wie folgt zusammengefasst:

$$\mathbf{k}(t) = \left[\mathbf{k}_x(t) \mid \mathbf{k}_u(t) \mid \mathbf{k}_z(t)\right]' \tag{4.75}$$

Der Koppelvektor $\mathbf{k}(t)$ wird dann dem im Kapitel 3.7 beschriebenen *Embedded MATLAB Function*-Block zum Bilden der einzelnen Nichtlinearitäten, die im Nichtlinearitätenvektor $\mathbf{v}(t)$ zusammengefasst sind, übergeben:

$$\mathbf{v} = v\left[\mathbf{K}_x\, \mathbf{x}(t), \quad \mathbf{K}_u\, \mathbf{u}(t), \quad \mathbf{K}_z \mathbf{z}(t)\right] \tag{4.76}$$

4.7 Linearisierung nichtlinearer zeitinvarianter Systeme

4.7.1 Ableitung der Matrizen des linearisierten Systems

Die oben beschriebenen nichtlinearen Systemgleichungen können vielfach um einen stationären Punkt – Arbeitspunkt – mit genügender Genauigkeit linearisiert werden, wodurch die umfangreichen Methoden der linearen Theorie auch auf diese Systeme angewendet werden können. Voraussetzung für die Gültigkeit der Linearisierung nichtlinearer Systeme um einen stationären Punkt ist, dass im untersuchten dynamischen Vorgang die Abweichungen der Variablen von den stationären Werten stets hinreichend klein sind.

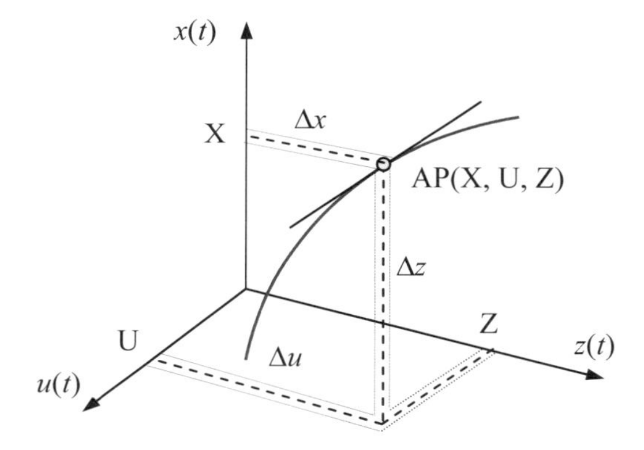

Abb. 4.9 *Linearisierung einer nichtlinearen Kennlinie um einen Arbeitspunkt*

Diese Forderung dürfte bei automatisierten Systemen durch das Grundprinzip der Regelungstechnik „*Kleine Abweichungen vom Arbeitspunkt sind zugelassen*!“ erfüllt sein.

Die nichtlineare Vektorfunktion **f** der Vektor-Matrix-Differenzialgleichung (4.68) lässt sich für einen Arbeitspunkt:

$$\mathbf{AP} = AP\left(\mathbf{x}_{AP} = \mathbf{X},\quad \mathbf{u}_{AP} = \mathbf{U},\quad \mathbf{z}_{AP} = \mathbf{Z}\right) \tag{4.77}$$

wie folgt schreiben:

$$\dot{\mathbf{x}}(t) = \mathbf{f}\left[\mathbf{x}(t), \mathbf{u}(t), \mathbf{z}(t)\right] = \mathbf{f}\left[\mathbf{X} + \Delta\mathbf{x}(t), \mathbf{U} + \Delta\mathbf{u}(t), \mathbf{Z} + \Delta\mathbf{z}(t)\right] \tag{4.78}$$

Die Vektoren $\Delta\mathbf{x}(t)$, $\Delta\mathbf{u}(t)$ und $\Delta\mathbf{z}(t)$ beinhalten die zeitlichen Abweichungen der Zustands-, Steuer- und Störgrößen vom Arbeitspunkt (**X**, **U**, **Z**). Da es sich hierbei um Abweichungsvariable handelt, werden sie mit dem Δ-Vorsatz versehen, worauf später, im Sinne der besseren Schreibweise, so auch unter MATLAB, verzichtet wird. Entsprechend kann für die nichtlineare Vektorfunktion **g** die Vektor-Matrix-Ausgabegleichung (4.68) geschrieben werden:

$$\mathbf{y}(t) = \mathbf{g}\left[\mathbf{x}(t), \mathbf{u}(t), \mathbf{z}(t)\right] = \mathbf{g}\left[\mathbf{X} + \Delta\mathbf{x}(t), \mathbf{U} + \Delta\mathbf{u}(t), \mathbf{Z} + \Delta\mathbf{z}(t)\right] \tag{4.79}$$

4.7.2 Nichtlineare Vektorfunktion f der Differenzialgleichung

Unter der Voraussetzung, dass die Vektorfunktion **f** stetig differenzierbar ist, kann Gleichung (4.78), wie folgt, in einer nach dem linearen Glied abgebrochenen Taylor'schen[52] Reihe entwickelt werden, siehe auch Gregory[53]:

$$\dot{\mathbf{x}}(t) \approx \mathbf{f}(\mathbf{X},\mathbf{U},\mathbf{Z}) + \left.\frac{\partial \mathbf{f}}{\partial \mathbf{x}}\right|_{AP} \Delta\mathbf{x}(t) + \left.\frac{\partial \mathbf{f}}{\partial \mathbf{u}}\right|_{AP} \Delta\mathbf{u}(t) + \left.\frac{\partial \mathbf{f}}{\partial \mathbf{z}}\right|_{AP} \Delta\mathbf{z}(t) \tag{4.80}$$

Der Abbruch nach dem linearen Glied, d. h. die Vernachlässigung der Terme höherer Ordnung, ist gerechtfertigt, da von genügend kleinen Abweichungen vom Arbeitspunkt ausgegangen werden kann. Die drei letzten Terme der Gleichung (4.80) entsprechen der zeitlichen Änderung der Abweichung des Zustandsvektors vom Arbeitspunkt:

$$\Delta\dot{\mathbf{x}}(t) = \left.\frac{\partial \mathbf{f}}{\partial \mathbf{x}}\right|_{AP} \Delta\mathbf{x}(t) + \left.\frac{\partial \mathbf{f}}{\partial \mathbf{u}}\right|_{AP} \Delta\mathbf{u}(t) + \left.\frac{\partial \mathbf{f}}{\partial \mathbf{z}}\right|_{AP} \Delta\mathbf{z}(t) \tag{4.81}$$

Diesen Vorgang auf die Gleichung (4.70) angewendet, liefert:

$$\begin{aligned}\dot{\mathbf{x}}(t) \approx\ & \mathbf{f}(\mathbf{X},\mathbf{U},\mathbf{Z}) + \left(\mathbf{A}_n + \mathbf{B}_v \left.\frac{\partial \mathbf{v}}{\partial \mathbf{x}}\right|_{AP}\right)\Delta\mathbf{x}(t) \\ & + \left(\mathbf{B}_n + \mathbf{B}_v \left.\frac{\partial \mathbf{v}}{\partial \mathbf{u}}\right|_{AP}\right)\Delta\mathbf{u}(t) + \left(\mathbf{B}_{zn} + \mathbf{B}_v \left.\frac{\partial \mathbf{v}}{\partial \mathbf{z}}\right|_{AP}\right)\Delta\mathbf{z}(t)\end{aligned} \tag{4.82}$$

Die letzten drei Terme der Gleichung (4.82) entsprechen der Gleichung (4.81). Die partiellen Ableitungen der aus l nichtlinearen Funktionen bestehenden nichtlinearen Vektorfunktion **v** nach den Vektoren der Zustands-, Steuer- und Störgrößen, addiert mit den bereits vorhandenen Matrizen, ergeben die Systemmatrix **A**, die Steuermatrix **B** und die Störmatrix $\mathbf{B}_z$. Die Matrizen $\mathbf{A}_n$, $\mathbf{B}_n$ und $\mathbf{B}_{zn}$ weisen eine große Anzahl von Nullelementen auf.

4.7.3 Nichtlineare Vektorfunktion g der Ausgangsgleichung

Bei der nichtlinearen Vektorfunktion **g** der Ausgangsgleichung ist die Vorgehensweise zur Linearisierung, wie für die nichtlineare Vektorfunktion **f** der Differenzialgleichung beschrieben. Somit ergibt sich für die Gleichung (4.79):

$$\mathbf{y}(t) \approx \mathbf{g}(\mathbf{X},\mathbf{U},\mathbf{Z}) + \left.\frac{\partial \mathbf{g}}{\partial \mathbf{x}}\right|_{AP} \Delta\mathbf{x}(t) + \left.\frac{\partial \mathbf{g}}{\partial \mathbf{u}}\right|_{AP} \Delta\mathbf{u}(t) + \left.\frac{\partial \mathbf{g}}{\partial \mathbf{z}}\right|_{AP} \Delta\mathbf{z}(t) \tag{4.83}$$

---

[52] Taylor, Brook *18.8.1685 Edmonton, England †29.12.1731 London, Mathematiker

[53] Gregory, James *11.1638 Drumoak, Schottland †10.1675 Edinburgh, Mathematiker, ihm war nach [Lexikon-NW-2000] die nach Taylor benannte Reihe schon bekannt.

und damit für die Gleichung (4.71):

$$\mathbf{y}(t) \approx \mathbf{g}(\mathbf{X},\mathbf{U},\mathbf{Z}) + \left(\mathbf{C}_n + \mathbf{C}_v \left.\frac{\partial \mathbf{v}}{\partial \mathbf{x}}\right|_{AP}\right)\Delta\mathbf{x}(t) + \left(\mathbf{D}_n + \mathbf{C}_v \left.\frac{\partial \mathbf{v}}{\partial \mathbf{u}}\right|_{AP}\right)\Delta\mathbf{u}(t) + \left(\mathbf{D}_{zn} + \mathbf{C}_v \left.\frac{\partial \mathbf{v}}{\partial \mathbf{z}}\right|_{AP}\right)\Delta\mathbf{z}(t) \tag{4.84}$$

4.7.4 Systemmatrix A

Die Systemmatrix **A** ist eine Jacobi[54]-Matrix, sie wird aus den n Zustandsgrößen und l Nichtlinearitäten nach Gleichung (4.82) mit Hilfe der nichtlinearen Eingangsmatrix $\mathbf{B}_v$ gebildet:

$$\mathbf{A} = \mathbf{A}_n + \mathbf{B}_v \left.\frac{\partial \mathbf{v}}{\partial \mathbf{x}}\right|_{AP} = \begin{bmatrix} a_{n11} & \cdots & a_{n1n} \\ a_{n21} & \cdots & a_{n2n} \\ \vdots & \ddots & \vdots \\ a_{nn1} & \cdots & a_{nnn} \end{bmatrix} + \begin{bmatrix} b_{v11} & \cdots & b_{v1l} \\ b_{v21} & \cdots & b_{v2l} \\ \vdots & \ddots & \vdots \\ b_{vn1} & \cdots & b_{vnl} \end{bmatrix} \left. \begin{bmatrix} \frac{\partial v_1}{\partial x_1} & \cdots & \frac{\partial v_1}{\partial x_n} \\ \frac{\partial v_2}{\partial x_1} & \cdots & \frac{\partial v_2}{\partial x_n} \\ \vdots & \ddots & \vdots \\ \frac{\partial v_l}{\partial x_1} & \cdots & \frac{\partial v_l}{\partial x_n} \end{bmatrix} \right|_{AP}$$

$$\mathbf{A} = \begin{bmatrix} a_{11} & a_{12} & \cdots & a_{1n} \\ a_{21} & a_{22} & \cdots & a_{2n} \\ \vdots & \vdots & \ddots & \vdots \\ a_{n1} & a_{n2} & \cdots & a_{nn} \end{bmatrix} \tag{4.85}$$

4.7.5 Steuermatrix B

Die Steuermatrix **B** wird nach Gleichung (4.85) aus den m Steuergrößen und l Nichtlinearitäten entsprechend Gleichung (4.82) mit Hilfe der nichtlinearen Eingangsmatrix $\mathbf{B}_v$ gebildet:

$$\mathbf{B} = \mathbf{B}_n + \mathbf{B}_v \left.\frac{\partial \mathbf{v}}{\partial \mathbf{u}}\right|_{AP} = \begin{bmatrix} b_{n11} & \cdots & b_{n1m} \\ b_{n21} & \cdots & b_{n2m} \\ \vdots & \ddots & \vdots \\ b_{nn1} & \cdots & b_{nnm} \end{bmatrix} + \begin{bmatrix} b_{v11} & \cdots & b_{v1l} \\ b_{v21} & \cdots & b_{v2l} \\ \vdots & \ddots & \vdots \\ b_{vn1} & \cdots & b_{vnl} \end{bmatrix} \left. \begin{bmatrix} \frac{\partial v_1}{\partial u_1} & \cdots & \frac{\partial v_1}{\partial u_m} \\ \frac{\partial v_2}{\partial u_1} & \cdots & \frac{\partial v_2}{\partial u_m} \\ \vdots & \ddots & \vdots \\ \frac{\partial v_l}{\partial u_1} & \cdots & \frac{\partial v_l}{\partial u_m} \end{bmatrix} \right|_{AP}$$

---

[54] Jacobi, Carl Gustav Jacob *10.12.1801 Potsdam †18.2.1851 Berlin, Mathematiker

$$\mathbf{B} = \begin{bmatrix} b_{11} & b_{12} & \cdots & b_{1m} \\ b_{21} & b_{22} & \cdots & b_{2m} \\ \vdots & \vdots & \ddots & \vdots \\ b_{n1} & b_{n2} & \cdots & b_{nm} \end{bmatrix} \tag{4.86}$$

4.7.6 Störmatrix B_z

Die Störmatrix wird nach Gleichung (4.86) aus den k Störgrößen und l Nichtlinearitäten auf der Grundlage von Gleichung (4.82) mit Hilfe der nichtlinearen Eingangsmatrix $\mathbf{B}_v$ gebildet:

$$\mathbf{B}_z = \mathbf{B}_{zn} + \mathbf{B}_v \left.\frac{\partial \mathbf{v}}{\partial \mathbf{z}}\right|_{AP} = \begin{bmatrix} b_{zn11} & \cdots & b_{zn1k} \\ b_{zn21} & \cdots & b_{zn2k} \\ \vdots & \ddots & \vdots \\ b_{znn1} & \cdots & b_{znnk} \end{bmatrix} + \begin{bmatrix} b_{v11} & \cdots & b_{v1l} \\ b_{v21} & \cdots & b_{v2l} \\ \vdots & \ddots & \vdots \\ b_{vn1} & \cdots & b_{vnl} \end{bmatrix} \left.\begin{bmatrix} \frac{\partial v_1}{\partial z_1} & \cdots & \frac{\partial v_1}{\partial z_k} \\ \frac{\partial v_2}{\partial z_1} & \cdots & \frac{\partial v_2}{\partial z_k} \\ \vdots & \ddots & \vdots \\ \frac{\partial v_l}{\partial z_1} & \cdots & \frac{\partial v_l}{\partial z_k} \end{bmatrix}\right|_{AP}$$

$$\mathbf{B}_z = \begin{bmatrix} b_{z11} & b_{z12} & \cdots & b_{z1k} \\ b_{z21} & b_{z22} & \cdots & b_{z2k} \\ \vdots & \vdots & \ddots & \vdots \\ b_{zn1} & b_{zn2} & \cdots & b_{znk} \end{bmatrix} \tag{4.87}$$

4.7.7 Ausgangsmatrix C

Die Ausgangsmatrix wird auf der Grundlage der Gleichung (4.84) für die r Ausgangsgrößen aus den n Zustandsgrößen und l Nichtlinearitäten mit Hilfe der nichtlinearen Ausgangsmatrix $\mathbf{C}_v$ wie folgt gebildet:

$$\mathbf{C} = \mathbf{C}_n + \mathbf{C}_v \left.\frac{\partial \mathbf{v}}{\partial \mathbf{x}}\right|_{AP} = \begin{bmatrix} c_{n11} & \cdots & c_{n1n} \\ \vdots & \ddots & \vdots \\ c_{nr1} & \cdots & c_{nrn} \end{bmatrix} + \begin{bmatrix} c_{v11} & \cdots & c_{v1l} \\ \vdots & \ddots & \vdots \\ c_{vr1} & \cdots & c_{vrl} \end{bmatrix} \left.\begin{bmatrix} \frac{\partial v_1}{\partial x_1} & \cdots & \frac{\partial v_1}{\partial x_n} \\ \frac{\partial v_2}{\partial x_1} & \cdots & \frac{\partial v_2}{\partial x_n} \\ \vdots & \ddots & \vdots \\ \frac{\partial v_l}{\partial x_1} & \cdots & \frac{\partial v_l}{\partial x_n} \end{bmatrix}\right|_{AP}$$

$$\mathbf{C} = \begin{bmatrix} c_{11} & c_{12} & \cdots & c_{1n} \\ \vdots & \vdots & \ddots & \vdots \\ c_{r1} & c_{r2} & \cdots & c_{rn} \end{bmatrix} \tag{4.88}$$

4.7.8 Durchgangsmatrix D der Steuergrößen

Entsprechend Gleichung (4.88) wird die Matrix **D** aus den m Eingangsgrößen und l Nichtlinearitäten aus der nichtlinearen Ausgangsmatrix $\mathbf{C}_v$ mit Gleichung (4.84) für die r Ausgangsgrößen gebildet:

$$\mathbf{D} = \mathbf{D}_n + \mathbf{C}_v \left.\frac{\partial \mathbf{v}}{\partial \mathbf{u}}\right|_{AP} = \begin{bmatrix} d_{n11} & \cdots & d_{n1m} \\ \vdots & \ddots & \vdots \\ d_{nr1} & \cdots & d_{nrm} \end{bmatrix} + \begin{bmatrix} c_{v11} & \cdots & c_{v1l} \\ \vdots & \ddots & \vdots \\ c_{vr1} & \cdots & c_{vrl} \end{bmatrix} \left. \begin{bmatrix} \frac{\partial v_1}{\partial u_1} & \cdots & \frac{\partial v_1}{\partial u_m} \\ \frac{\partial v_2}{\partial u_1} & \cdots & \frac{\partial v_2}{\partial u_m} \\ \vdots & \ddots & \vdots \\ \frac{\partial v_l}{\partial u_1} & \cdots & \frac{\partial v_l}{\partial u_m} \end{bmatrix} \right|_{AP}$$

$$\mathbf{D} = \begin{bmatrix} d_{11} & d_{12} & \cdots & d_{1m} \\ \vdots & \vdots & \ddots & \vdots \\ d_{r1} & d_{r2} & \cdots & d_{rm} \end{bmatrix} \tag{4.89}$$

4.7.9 Durchgangsmatrix D_z der Störgrößen

Die Durchgangsmatrix $\mathbf{D}_z$ der Störgrößen wird auf der Grundlage der Gleichung (4.84) für die r Ausgangsgrößen aus den k Störgrößen und l Nichtlinearitäten mit Hilfe der nichtlinearen Ausgangsmatrix $\mathbf{C}_v$ wie folgt gebildet:

$$\mathbf{D}_z = \mathbf{D}_{zn} + \mathbf{C}_v \left.\frac{\partial \mathbf{v}}{\partial \mathbf{z}}\right|_{AP} = \begin{bmatrix} d_{zn11} & \cdots & d_{zn1k} \\ \vdots & \ddots & \vdots \\ d_{znr1} & \cdots & d_{znrk} \end{bmatrix} + \begin{bmatrix} c_{v11} & \cdots & c_{v1l} \\ \vdots & \ddots & \vdots \\ c_{vr1} & \cdots & c_{vrl} \end{bmatrix} \left. \begin{bmatrix} \frac{\partial v_1}{\partial z_1} & \cdots & \frac{\partial v_1}{\partial z_k} \\ \frac{\partial v_2}{\partial z_1} & \cdots & \frac{\partial v_2}{\partial z_k} \\ \vdots & \ddots & \vdots \\ \frac{\partial v_l}{\partial z_1} & \cdots & \frac{\partial v_l}{\partial z_k} \end{bmatrix} \right|_{AP}$$

$$\mathbf{D}_z = \begin{bmatrix} d_{z11} & d_{z12} & \cdots & d_{z1k} \\ \vdots & \vdots & \ddots & \vdots \\ d_{zr1} & d_{zr2} & \cdots & d_{zrk} \end{bmatrix} \tag{4.90}$$

4.8 Standardform linearer, zeitinvarianter Systeme

4.8.1 Mehrgrößensysteme

Die Zustandsgleichung eines linearen, zeitinvarianten Mehrgrößensystems, wie sie sich aus der Prozessanalyse eines linearen Mehrgrößensystems ergeben bzw. wie sie, unter Beachtung der in dem vorhergehenden Abschnitt 4.7 gemachten Aussagen, aus einem nichtlinearen Mehrgrößensystem abgeleitet werden können, lassen sich allgemein wie folgt schreiben.

Zur Beachtung!

Die Eingangs-, Zustands- und Ausgangs-Größen linearisierter Modelle sind Abweichungsvariable. Im Sinne einer einfacheren Darstellung bzw. Schreibweise ist es üblich, den Δ-Vorsatz, der die Größen als Abweichungsvariable kennzeichnet, entfallen zu lassen.

4.8.2 Die linearen Systemgleichungen

Die Vektor-Matrix-Differenzialgleichung:

$$\dot{\mathbf{x}}(t) = \mathbf{A}\,\mathbf{x}(t) + \mathbf{B}\,\mathbf{u}(t) + \mathbf{B}_z\,\mathbf{z}(t) \qquad \mathbf{x}(t=0) = \mathbf{X}_0 \tag{4.91}$$

Die Vektor-Matrix-Ausgangsgleichung:

$$\mathbf{y}(t) = \mathbf{C}\,\mathbf{x}(t) + \mathbf{D}\,\mathbf{u}(t) \tag{4.92}$$

Es bedeuten:

dx(t)/dt:	(n,1) Spaltenvektor der ersten Ableitung der n Zustandsgrößen
x(t):	(n,1) Spaltenvektor der n Zustandsgrößen mit dem
x(0):	(n,1) Vektor der Anfangswerte
u(t):	(m,1) Spaltenvektor der m Steuergrößen
z(t):	(k,1) Spaltenvektor der k Störgrößen
y(t):	(r,1) Spaltenvektor der r Ausgangsgrößen
A:	(n,n) System oder Zustandsmatrix
B:	(n,m) Eingangs- oder Steuermatrix
B_z:	(n,k) Störmatrix
C:	(r,n) Ausgangs- oder Beobachtungsmatrix
D:	(r,m) Durchgangsmatrix
ss(A,B,C,D)	M-function für die Bildung eines Zustandsmodells

Die Gleichungen (4.91) und (4.92) lassen sich als Vektor-Matrix-Signalflussplan darstellen:

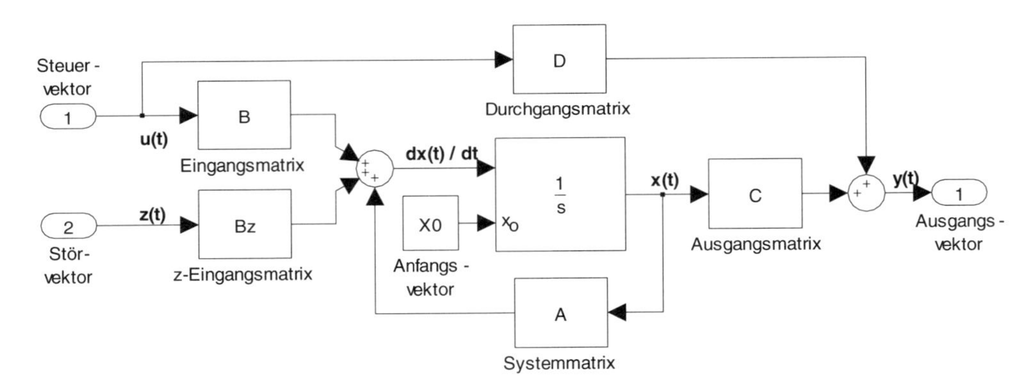

Abb. 4.10 *Vektor-Matrix-Signalflussplan eines linearen zeitinvarianten Mehrgrößensystems*

4.8.3 Eingrößensysteme

Bei einem linearen, zeitinvarianten Übertragungsglied mit einem Eingang und einem Ausgang verändern sich die Systemmatrizen wie folgt:

$\mathbf{B}$	$\rightarrow$	$\mathbf{b}$:	$(n,1)$ - Spaltenvektor
$\mathbf{B}_z$	$\rightarrow$	$\mathbf{b}_z$:	$(n,1)$ - Spaltenvektor
$\mathbf{C}$	$\rightarrow$	$\mathbf{c}'$:	$(1,n)$ - Zeilenvektor
$\mathbf{D}$	$\rightarrow$	$\mathbf{d}$:	Skalar

Damit ergeben sich aus den Gleichungen (4.91) und (4.92) die Zustandsgleichungen für ein Eingrößensystem:

$$\dot{\mathbf{x}}(t) = \mathbf{A}\,\mathbf{x}(t) + \mathbf{b}\,u(t) + \mathbf{b}_z\,z(t) \qquad \mathbf{x}(t=0) = \mathbf{X}_0 \tag{4.93}$$

$$y(t) = \mathbf{c}'\mathbf{x}(t) + \mathbf{d}\,u(t) \tag{4.94}$$

5 Systeme und ihre Modelle

In diesem Kapitel werden für verschiedene technische Systeme die dazugehörenden mathematischen Modelle abgeleitet. Diese Modelle spiegeln Klassen unterschiedlichen dynamischen Verhaltens wider. Auf sie wird immer wieder in den Beispielen zurückgegriffen.

5.1 Das System Stab-Wagen

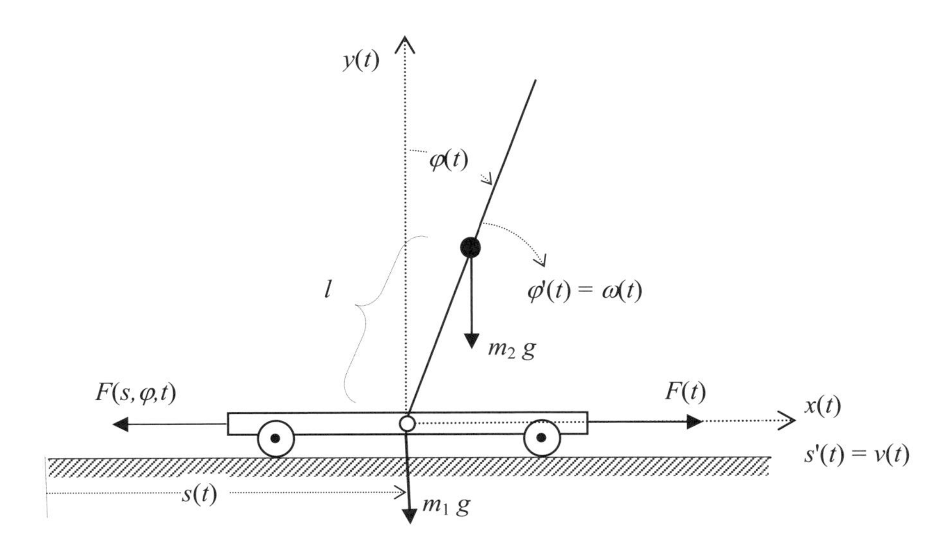

Abb. 5.1 *Prinzipskizze des Systems Stab-Wagen zur Systemanalyse*

Das System eines auf einem Wagen zu balancierenden Stabes – System Stab-Wagen – ist besonders durch sein dynamisch instabiles Verhalten gekennzeichnet. Seine Stabilisierung gelingt nicht einfach dadurch, dass die das System beschreibenden Parameter geeignet gewählt werden, denn es ist *strukturbedingt instabil.* Es kann somit nur durch eine geeignete *Rückführung* stabilisiert werden. Die an diesem System auftretenden Probleme sind so vielseitig, interessant und anspruchsvoll, dass es als besonders geeignet für die regelungstechnische Ausbildung, speziell mit MATLAB und Simulink, angesehen wird.

5.1.1 Verallgemeinerte Koordinaten des Systems Stab-Wagen

Das System soll entsprechend Abb. 5.1 aus einem spurgeführten Wagen mit der Masse m_1 bestehen, der durch eine Kraft $F(t)$ horizontal in einer Ebene so bewegt werden kann, dass der auf ihm um eine Achse drehbar angebrachte Stab mit der Masse m_2 und der Länge $L = 2l$ durch den Einfluss der Massenkräfte balanciert wird. Für das dynamische Verhalten sind der Drehwinkel $\varphi(t)$ des Stabes, der Weg $s(t)$ des Wagens und die am Wagen angreifende Kraft $F(t)$ von Bedeutung. Nachfolgend wird das System einer theoretischen Prozessanalyse mit dem Ziel unterzogen, das dynamische Verhalten durch Modellgleichungen zu beschreiben.

Schwerpunkt des Stabes

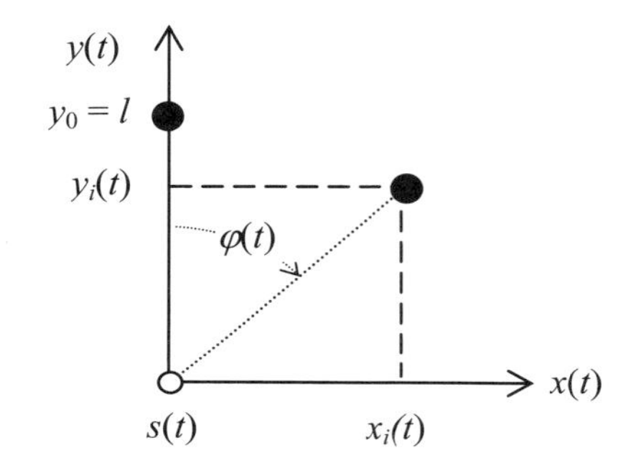

Abb. 5.2 *Skizze der Schwerpunktveränderung des Stabes*

Die in Abb. 5.2 dargestellte Skizze beschreibt die Schwerpunktveränderung des Stabes bezogen auf die beiden Koordinaten x und y. Mit ihrer Hilfe werden die Gleichungen der vom Schwerpunkt zurückgelegten Wege entlang der beiden Koordinaten abgeleitet. Die Geschwindigkeit und die Beschleunigung des Stabschwerpunktes ergeben sich aus der ersten und zweiten Ableitung des Weges nach der Zeit.

- Weg des Stabschwerpunktes entlang der Koordinate x bzw. y:

$$x(t) = s(t) + x_i(t) = s(t) + l\sin\varphi(t) \tag{5.1}$$

$$y(t) = y_0 - y_i(t) = l - l\cos\varphi(t) = l\left[1 - \cos\varphi(t)\right] \tag{5.2}$$

- Geschwindigkeit des Stabschwerpunktes entlang der Koordinate x bzw. y:

$$\dot{x}(t) = \dot{s}(t) + \dot{\varphi}(t)l\cos\varphi(t) \tag{5.3}$$

$$\dot{y}(t) = \dot{\varphi}(t)l\sin\varphi(t) \tag{5.4}$$

- Beschleunigung des Stabschwerpunktes entlang der Koordinate x bzw. y:

$$\ddot{x}(t) = \ddot{s}(t) + \ddot{\varphi}(t)l\cos\varphi(t) - \dot{\varphi}^2(t)l\sin\varphi(t) \tag{5.5}$$

$$\ddot{y}(t) = \ddot{\varphi}(t)l\sin\varphi(t) + \dot{\varphi}^2(t)l\cos\varphi(t) \tag{5.6}$$

Symbolische Berechnung der Schwerpunktkoordinaten

Die Bestimmung der Geschwindigkeit und der Beschleunigung für die x-Koordinate wird zum Vergleich mit den oben gewonnenen Ergebnissen mit der M-function *diff* aus der *Symbolic Math Toolbox* wiederholt.

```
% Berechnungen zur Gleichung 5.1
disp('              ')
disp('***************************************************')
disp('            Lösungen zur Gleichung 5.1')
disp('              ')
% Eingabe der zu differenzierenden Funktion x
% nach Gleichung (5.1)
x = ('s(t) + l*sin(phi(t))');
% v = dx/dt der Koordinate x'
v = diff(x,'t'); fprintf('v = '),pretty(v)
disp('  ')
% a = d²x/dt² der Koordinate x'
a = diff(x,'t',2); fprintf('a = '), pretty(a)
% Ende der Berechnungen zur Gleichung 5.1
```

```
***************************************************
            Lösungen zur Gleichung 5.1
v =
  diff(s(t), t) + l cos(phi(t)) diff(phi(t), t)
a =
                                2
- l sin(phi(t)) diff(phi(t), t)  + diff(s(t), t, t) +
   l cos(phi(t)) diff(phi(t), t, t)
```

Die beiden Ergebnisse stimmen mit denen der Gleichungen (5.3) und (5.5) überein.

Schwerpunkt des Wagens

- Weg

$$x(t) = s(t) \tag{5.7}$$

- Geschwindigkeit

$$\dot{x}(t) = \dot{s}(t) \tag{5.8}$$

5.1.2 System Stab-Wagen – nichtlineares Modell

Für die gesuchte Beschreibung des dynamischen Verhaltens eines mechanischen Systems wird die im Kapitel 4.4.4 behandelte Lagrange'sche Bewegungsgleichung 2. Art genutzt.

Verallgemeinerte Koordinaten

Welche Größen als verallgemeinerte Koordinaten zu wählen sind, ist wie bereits ausgeführt, nicht eindeutig bestimmt. Im vorliegenden Beispiel bietet es sich an, den Winkel des Stabes zur Senkrechten und den Weg des Wagens zu wählen:

$$q_1(t) = \varphi(t)\,[\text{rad}]; \quad q_2(t) = s(t)\,[\text{m}] \tag{5.9}$$

Kinetische Energien

- Kinetische Energie der Translation

$$T_T(t)=\tfrac{1}{2}[(m_1+m_2)\dot{s}^2(t)+2l\,m_2\,\dot{s}(t)\dot{\varphi}(t)\cos\varphi(t) \\ +l^2 m_2\,\dot{\varphi}^2(t)] \qquad [\mathrm{J}] \tag{5.10}$$

- Kinetische Energie der Rotation

$$T_R(t)=\tfrac{1}{2}J_2\,\dot{\varphi}^2(t) \qquad [\mathrm{J}] \tag{5.11}$$

- Gesamte kinetische Energie

$$T(t)=T_T(t)+T_R(t) \qquad [\mathrm{J}] \tag{5.12}$$

- Mit dem Satz von *Steiner*[55] – Huygens[56] – ergibt sich das auf den Drehpunkt des Stabes bezogene Massenträgheitsmoment:

$$J_{2_0}=J_2+l^2 m_2 \qquad \left[\mathrm{kg\,m^2}\right] \tag{5.13}$$

Für einen dünnen Stab, um den es sich bei dem Pendel handelt, mit der Masse m [kg] und der Länge L [m] berechnet sich das auf den Schwerpunkt bezogene Massenträgheitsmoment:

$$J_s=\tfrac{1}{12}m\,L^2 \tag{5.14}$$

mit den Werten des Stabes $L = 2\,l$ und $m = m_2$ folgt:

$$J_s=\tfrac{1}{12}m_2(2l)^2=\tfrac{1}{3}l^2\,m_2 \tag{5.15}$$

damit wird das auf den Drehpunkt bezogene Massenträgheitsmoment zu:

$$J_{2_0}=J_s+l^2\,m_2=\tfrac{4}{3}l^2\,m_2 \tag{5.16}$$

Damit ergibt sich für die gesamte kinetische Energie:

$$T(t)=\tfrac{1}{2}\left[(m_1+m_2)\dot{s}^2(t)+2l\,m_2\,\dot{s}(t)\dot{\varphi}(t)\cos\varphi(t)+\tfrac{4}{3}l^2\,m_2\dot{\varphi}^2(t)\right] \tag{5.17}$$

Potenzielle Energie

$$V=0 \tag{5.18}$$

Dissipation der Energie

$$D(t)=D_\varphi\left[\dot{\varphi}(t)\right]+D_s\left[\dot{s}(t)\right]=\delta\,\dot{\varphi}^2(t)+d\,\dot{s}^2(t) \qquad \left[\tfrac{\mathrm{J}}{\mathrm{s}}=\mathrm{W}\right] \tag{5.19}$$

mit den Dämpfungskoeffizienten δ [Nm] und d $\left[\frac{\mathrm{kg}}{\mathrm{s}}\right]$.

---

[55] Steiner, Jakob *18.3.1796 Utzenstorf (Kanton Bern) †1.4.1863 Bern, Mathematiker

[56] Huygens, Christiaan *14.4.1629 Den Haag †8.7.1695 ebd., Mathematiker, Physiker, Astronom und Uhrenbauer; nach [Rüdiger/Kneschke-1964] wurde dieser Zusammenhang bereits 1673 von ihm erkannt.

Potenziale

Das im Bereich der verallgemeinerten Koordinate des Winkels $\varphi(t)$ wirkende Moment der Erdanziehung:

$$y_{\varphi}(t) = g\,l\,m_2 \sin\varphi(t) \qquad \left[\tfrac{\text{kg m}}{\text{s}^2}\,\text{m} = \text{J}\right] \tag{5.20}$$

Die im Bereich der verallgemeinerten Koordinate des Weges $s(t)$ wirkende Seilkraft:

$$y_s(t) = F(t) \qquad [\text{N}] \tag{5.21}$$

Nichtlineare Differenzialgleichung des Winkels

Ableitung der Energiebilanz nach dem Winkel:

- Kinetische Energie bezogen auf den Winkel
  Partielle Ableitung der Gleichung (5.17) nach der Winkelgeschwindigkeit und der Zeit:

$$\frac{d}{dt}\left(\frac{\partial T}{\partial \dot{\varphi}}\right) = l\,m_2\,\ddot{s}(t)\cos\varphi(t) - l\,m_2\,\dot{s}(t)\dot{\varphi}(t)\sin\varphi(t) + \tfrac{4}{3}l^2\,m_2\,\ddot{\varphi}(t) \tag{5.22}$$

  Partielle Ableitung der Gleichung (5.17) nach dem Winkel:

$$\frac{\partial T(t)}{\partial \varphi} = -l\,m_2\,\dot{s}(t)\dot{\varphi}(t)\sin\varphi(t) \tag{5.23}$$

- Potenzielle Energie bezogen auf den Winkel
  Der Anteil der potenziellen Energie ist null, somit auch die Ableitung nach dem Winkel:

$$\frac{\partial V}{\partial \varphi} = 0 \tag{5.24}$$

- Dissipation der Energie bezogen auf den Winkel
  Partielle Ableitung der Gleichung (5.19) nach der Winkelgeschwindigkeit:

$$\frac{\partial D}{\partial \dot{\varphi}} = 2\delta\,\dot{\varphi}(t) \tag{5.25}$$

Aus den Gleichungen (5.20) und (5.22) bis (5.25) ergibt sich mit der Beziehung für die Gesamtenergiebilanz des Winkels:

$$\frac{d}{dt}\left(\frac{\partial T}{\partial \dot{\varphi}}\right) - \frac{\partial T}{\partial \varphi} + \frac{\partial V}{\partial \varphi} + \frac{1}{2}\frac{\partial D}{\partial \dot{\varphi}} = y_{\varphi} \tag{5.26}$$

die nichtlineare Differenzialgleichung der verallgemeinerten Koordinate Winkel:

$$\tfrac{4}{3}l^2\,m_2\,\ddot{\varphi}(t) + l\,m_2\,\ddot{s}(t)\cos\varphi(t) + \delta\,\dot{\varphi}(t) = g\,l\,m_2\,\sin\varphi(t) \tag{5.27}$$

Nichtlineare Differenzialgleichung des Weges

Ableitung der Energiebilanz nach dem Weg:

- Kinetische Energie bezogen auf den Weg
  Partielle Ableitung der Gleichung (5.17) nach der Geschwindigkeit und nach der Zeit:

$$\frac{d}{dt}\left(\frac{\partial T}{\partial \dot{s}}\right) = (m_1 + m_2)\ddot{s} - l\,m_2\,\dot{\varphi}^2\,\sin\varphi + l\,m_2\,\ddot{\varphi}\,\cos\varphi \tag{5.28}$$

Partielle Ableitung der Gleichung (5.17) nach dem Weg:

$$\frac{\partial T}{\partial s} = 0 \tag{5.29}$$

- Potenzielle Energie bezogen auf den Weg
  Der Anteil der potenziellen Energie ist null, somit auch die Ableitung:

$$\frac{\partial V}{\partial s} = 0 \tag{5.30}$$

- Dissipation der Energie bezogen auf den Weg
  Partielle Ableitung der Gleichung (5.19) nach der Geschwindigkeit:

$$\frac{\partial D}{\partial \dot{s}} = 2\,d\,\dot{s}(t) \tag{5.31}$$

Aus den Gleichungen (5.21) und (5.28) bis (5.31) ergibt sich mit der Beziehung für die Gesamtenergiebilanz des Weges:

$$\frac{d}{dt}\left(\frac{\partial T}{\partial \dot{s}}\right) - \frac{\partial T}{\partial s} + \frac{\partial V}{\partial s} + \frac{1}{2}\frac{\partial D}{\partial \dot{s}} = y_s(t) \tag{5.32}$$

die nichtlineare Differenzialgleichung für die verallgemeinerte Koordinate Weg:

$$(m_1 + m_2)\ddot{s}(t) - l\,m_2\,\dot{\varphi}^2(t)\sin\varphi(t) + l\,m_2\,\ddot{\varphi}(t)\cos\varphi(t) + d\,\dot{s}(t) = F(t) \tag{5.33}$$

5.1.3 Nichtlineare Differenzialgleichungen

Die Gleichung (5.27), die mit $(l{\cdot}m_2)$ dividiert wird, und (5.33) liefern die gesuchten nichtlinearen Differenzialgleichungen für das System Stab-Wagen:

$$\begin{aligned} &\tfrac{4}{3}\,l\,\ddot{\varphi}(t) + \ddot{s}(t)\cos\varphi(t) + \tfrac{\delta}{l\,m_2}\dot{\varphi}(t) = g\sin\varphi(t) \\ &l\,m_2\,\ddot{\varphi}(t)\cos\varphi(t) + (m_1 + m_2)\ddot{s}(t) - l\,m_2\,\dot{\varphi}^2(t)\sin\varphi(t) + d\,\dot{s}(t) = F(t) \end{aligned} \tag{5.34}$$

Es handelt sich um ein System von zwei gekoppelten nichtlinearen Differenzialgleichungen 2. Ordnung. Die in impliziter Form vorliegenden nichtlinearen Differenzialgleichungen (5.34) des Systems Stab-Wagen sind explizit nach der Beschleunigung des Winkels und des Wagens umzustellen. Das Umstellen erfolgt mit Hilfe der *Symbolic Math Toolbox* wie folgt.

```
% Berechnungen zur Gleichung 5.34
% Eingabe der Gleichungen (5.34) als symbolische
% Gleichungen G1 und G2
G1 =('4/3*l*phi2+cos(phi)*s2+delta/l/m2*phi1-g*sin(phi)');
G2 =([' (m1+m2)*s2-l*m2*sin(phi)*phi1^2', ...
     '+l*m2*cos(phi)*phi2+d*s1-F']);
disp('                 ')
disp('*************************************************')
disp('            Lösungen zur Gleichung 5.34')
disp('                 ')
disp(['       Auflösen der Gleichungen G1 und G2', ...
     ' nach ''phi2'' und ''s2'''])
L = solve(G1,G2,'phi2','s2');
```

```
disp('phi2 ='), pretty(L.phi2)
disp('               ')
disp('s2 ='), pretty(L.s2)
% Berechnen der Zähler und Nenner
[ZP2,NP2] = numden(L.phi2);
[ZS2,NS2] = numden(L.s2);
disp('               ')
disp('               Der Zähler der Winkelbeschleunigung')
disp('ZP2 ='); pretty(ZP2)
disp('               ')
disp('               Der Nenner der Winkelbeschleunigung')
disp('NP2 ='); pretty(NP2)
disp('               ')
disp('               Der Zähler der Wegbeschleunigung')
disp('ZS2 ='); pretty(ZS2)
disp('               ')
disp('               Der Nenner der Wegbeschleunigung')
disp('NS2 ='); pretty(NS2)
% Ende der Berechnungen zur Gleichung 5.34
```

```
****************************************************
              Lösungen zur Gleichung 5.34
     Auflösen der Gleichungen G1 und G2 nach 'phi2' und 's2'

              Der Zähler der Winkelbeschleunigung
     ZP2 =
           2
     3 g l m2  sin(phi) - 3 delta m2 phi1 - 3 F l m2 cos(phi) - 3 delta m1 phi1 -
        2  2    2
      3 l  m2  phi1  cos(phi) sin(phi) + 3 d l m2 s1 cos(phi) +

      3 g l m1 m2 sin(phi)

              Der Nenner der Winkelbeschleunigung
     NP2 =
        2  2         2    2  2       2
      - 3 l  m2  cos(phi)  + 4 l  m2  + 4 m1 l  m2

              Der Zähler der Wegbeschleunigung
     ZS2 =
                                     2        2
     4 F l + 3 delta phi1 cos(phi) - 4 d l s1 + 4 l  m2 phi1  sin(phi) -
      3 g l m2 cos(phi) sin(phi)

              Der Nenner der Wegbeschleunigung
     NS2 =
                   2
      - 3 l m2 cos(phi)  + 4 l m1 + 4 l m2
```

Aus der symbolischen Berechnung folgen die expliziten Gleichungen für die Winkelbeschleunigung des Stabes:

$$\begin{aligned}\ddot{\varphi}(t) \;=\; & 3\{-\delta(m_1+m_2)\dot{\varphi}(t)-l^2\,m_2^2\cos\varphi(t)\sin\varphi(t)\dot{\varphi}^2(t)\\ & +d\,l\,m_2\cos\varphi(t)\dot{s}(t)+g\,l\,m_2(m_1+m_2)\sin\varphi(t)\\ & -l\,m_2\cos\varphi(t)F(t)\}\,/\\ & l^2\,m_2\{4(m_1+m_2)-3\,m_2\cos^2\varphi(t)\}\end{aligned} \tag{5.35}$$

und die Beschleunigung des Wagens:

$$\begin{aligned}\ddot{s}(t) \;=\; & \{+4l^2 m_2\sin\varphi(t)\dot{\varphi}^2(t)+3\delta\cos\varphi(t)\dot{\varphi}(t)\\ & -3\,g\,l\,m_2\cos\varphi(t)\sin\varphi(t)-4\,d\,l\,\dot{s}(t)\\ & +4l\,F(t)\}\,/\\ & l\{4(m_1+m_2)-3\,m_2\cos^2\varphi(t)\}\end{aligned} \tag{5.36}$$

Nach dem Einführen von zehn Nichtlinearitäten und den dazugehörenden Koeffizienten ergibt sich mit:

$$\dot{\varphi}(t)=\omega(t) \text{ und } \dot{s}(t)=v(t) \tag{5.37}$$

folgende Vektor-Matrix-Differenzialgleichung:

$$\begin{aligned}\frac{d}{dt}\begin{bmatrix}\varphi(t)\\ \omega(t)\\ s(t)\\ v(t)\end{bmatrix} = & \begin{bmatrix}0&1&0&0\\0&0&0&0\\0&0&0&1\\0&0&0&0\end{bmatrix}\begin{bmatrix}\varphi(t)\\ \omega(t)\\ s(t)\\ v(t)\end{bmatrix}+\begin{bmatrix}0\\0\\0\\0\end{bmatrix}F(t)\\ & +\begin{bmatrix}0&\cdots&0&0&\cdots&0\\ b_{v21}&\cdots&b_{v25}&0&\cdots&0\\ 0&\cdots&0&0&\cdots&0\\ 0&\cdots&0&b_{v46}&\cdots&b_{v410}\end{bmatrix}\begin{bmatrix}v_1(t)\\ \vdots\\ v_5(t)\\ v_6(t)\\ \vdots\\ v_{10}(t)\end{bmatrix}\end{aligned} \tag{5.38}$$

Aufbau[57] der Nichtlinearitäten und Koeffizienten der Gleichung (5.38):

$$
\begin{aligned}
&v_1(t) = \sin(2\varphi(t))\,\omega^2(t)\,N(t) && b_{v21} = -\tfrac{3}{2} m_2 \\
&v_2(t) = \cos\varphi(t)\,v(t)\,N(t) && b_{v22} = 3\tfrac{d}{l} \\
&v_3(t) = \omega(t)\,N(t) && b_{v23} = -3\tfrac{\delta(m_1+m_2)}{l^2\,m_2} \\
&v_4(t) = \sin\varphi(t)\,N(t) && b_{v24} = 3\tfrac{g_n(m_1+m_2)}{l} \\
&v_5(t) = \cos\varphi(t)\,F(t)\,N(t) && b_{v25} = -3\tfrac{1}{l} \\
&v_6(t) = \sin\varphi(t)\,\omega^2(t)\,N(t) && b_{v46} = 4\,l\,m_2 \\
&v_7(t) = \cos\varphi(t)\,\omega(t)\,N(t) && b_{v47} = 3\tfrac{\delta}{l} \\
&v_8(t) = \sin(2\varphi(t))\,N(t) && b_{v48} = -\tfrac{3}{2} g_n\,m_2 \\
&v_9(t) = v(t)\,N(t) && b_{v49} = -4d \\
&v_{10}(t) = F(t)\,N(t) && b_{v410} = 4
\end{aligned}
\tag{5.39}
$$

mit dem gemeinsamen Nenner:

$$
N(t) = \frac{1}{4(m_1+m_2) - 3\,m_2\,cos^2\,\varphi(t)} \tag{5.40}
$$

Die *Embedded-MATLAB-Function*, einschließlich Signalflussplan und Zeitantworten der freien Bewegung des Systems Stab-Wagen für den Winkel und den Weg können dem Kapitel 3.7, Beispiel 3.7, entnommen werden.

Die Vektor-Matrix-Ausgangsgleichung hat folgenden Aufbau:

$$
\begin{bmatrix} \Phi(t) \\ s(t) \end{bmatrix} = \begin{bmatrix} 180/\pi & 0 & 0 & 0 \\ 0 & 0 & 1 & 0 \end{bmatrix} \begin{bmatrix} \varphi(t) \\ \omega(t) \\ s(t) \\ v(t) \end{bmatrix} \tag{5.41}
$$

5.1.4 System Stab-Wagen – linearisiertes Modell

Die lineare Regelungstheorie setzt voraus, dass die betrachteten Systeme linear sind und damit auch ihre Modelle bzw. bei nichtlinearen Systemen, die Modelle in linearisierter Form vorliegen. Aus diesem Grund soll das nichtlineare mathematische Modell des Systems Stab-Wagen linearisiert werden. Grundlage sind die Gleichungen (5.38) bis (5.41) und die Betrachtungen im Kapitel 4.7.
Siehe auch die in Kapitel 8.7.4 behandelte M-function *linmod* und dazu das Beispiel 8.25.

---

[57] Die Fallbeschleunigung g wird durch die Normalfallbeschleunigung g_n, siehe function *gn.m*, ersetzt.

Linearitätsbereich

Der Linearitätsbereich für den Winkel $\varphi(t)$ wird wie folgt vereinbart:

$$-\frac{\pi}{18} \leq \varphi(t) \leq +\frac{\pi}{18} \quad \hat{=} \quad -10° \leq \Phi(t) \leq 10° \tag{5.42}$$

Mit Gleichung (5.42) wird:

$$\cos(\varphi) \approx 1; \quad \sin(\varphi) \approx \varphi \tag{5.43}$$

wodurch der gemeinsame Nenner (5.40) zu einer Konstanten wird:

$$N(t) \Rightarrow N = \frac{1}{4m_1 + m_2} \tag{5.44}$$

Die Linearisierung der zehn Nichtlinearitäten in Gleichung (5.39) ist nachfolgend angegeben. Für die Nichtlinearitäten $v_1(t)$ und $v_6(t)$, ihr nichtlinearer Charakter bleibt trotz Anwendung des Linearitätsbereiches erhalten, sind die partiellen Ableitungen nach den Zustandsgrößen bzw. nach der Eingangsgröße zu bilden:

$$\begin{aligned} &\frac{\partial(\varphi\omega^2)}{\partial\varphi} = \omega_0^2; \qquad \frac{\partial(\varphi\omega^2)}{\partial\omega} = 2\varphi_0\,\omega_0; \\ &\frac{\partial(\varphi\omega^2)}{\partial s} = \frac{\partial(\varphi\omega^2)}{\partial v} = \frac{\partial(\varphi\omega^2)}{\partial F} = 0 \end{aligned} \tag{5.45}$$

Mit den Werten des Arbeitspunktes:

$$AP(\varphi_0 = 0 \quad \omega_0 = 0 \quad s_0 = 0 \quad v_0 = 0 \quad F_0 = 0) \tag{5.46}$$

wird die verbliebene Nichtlinearität in $v_1(t)$ und $v_6(t)$:

$$\varphi(t)\omega^2(t)\Big|_{AP} \approx 0 \tag{5.47}$$

Linearisierte Gleichung der Beschleunigung des Winkels

$$\begin{aligned} \frac{d\Delta\omega(t)}{dt} = \; &\frac{3}{l^2 m_2 (4m_1 + m_2)}\{g_n\, l\, m_2 (m_1 + m_2)\Delta\varphi(t) \\ &- \delta(m_1 + m_2)\Delta\omega(t) + d\, l\, m_2\, \Delta v(t) + -l\, m_2\, \Delta F(t)\} \end{aligned} \tag{5.48}$$

Linearisierte Gleichung der Beschleunigung des Weges

$$\begin{aligned} \frac{d\Delta v(t)}{dt} = \; &\frac{1}{l(4m_1 + m_2)}\{-3\,g_n\, l\, m_2\, \Delta\varphi(t) + 3\delta\,\Delta\omega(t) \\ &- 4\,d\,l\,\Delta v(t) + 4\,l\,\Delta F(t)\} \end{aligned} \tag{5.49}$$

Koeffizienten der linearisierten Gleichungen

$$
\begin{aligned}
a_{S21} &= \frac{3g_n(m_1+m_2)}{l(4m_1+m_2)} \qquad a_{S22} = -\frac{3\delta(m_1+m_2)}{l^2 m_2(4m_1+m_2)} \qquad a_{S24} = \frac{3d}{l(4m_1+m_2)}\\
b_{S21} &= -\frac{3}{l(4m_1+m_2)}\\
a_{S41} &= -\frac{3g_n m_2}{4m_1+m_2} \qquad a_{S42} = \frac{3\delta}{l(4m_1+m_2)} \qquad a_{S44} = -\frac{4d}{4m_1+m_2}\\
b_{S41} &= \frac{4}{4m_1+m_2}
\end{aligned}
\tag{5.50}
$$

Vektor-Matrix-Differenzialgleichung des linearisierten Modells

Die nachfolgend dargestellten Zustandsvariablen sind entsprechend Gleichung (5.48) und (5.49) Abweichungsvariable vom Arbeitspunkt, so dass sie eigentlich mit dem Vorsatz Δ geschrieben werden müssten, der aber vereinbarungsgemäß entfällt. Damit ergibt sich die Vektor-Matrix-Differenzialgleichung des linearisierten Modells:

$$
\begin{aligned}
\frac{d}{dt}\begin{bmatrix}\varphi(t)\\ \omega(t)\\ \hline s(t)\\ v(t)\end{bmatrix} &= \left[\begin{array}{cc|cc}0 & 1 & 0 & 0\\ a_{S21} & a_{S22} & 0 & a_{S24}\\ \hline 0 & 0 & 0 & 1\\ a_{S41} & a_{S42} & 0 & a_{S44}\end{array}\right]\begin{bmatrix}\varphi(t)\\ \omega(t)\\ \hline s(t)\\ v(t)\end{bmatrix} + \begin{bmatrix}0\\ b_{S21}\\ \hline 0\\ b_{S41}\end{bmatrix}F(t)\\
\dot{\mathbf{x}}_S(t) &= \mathbf{A}_S\,\mathbf{x}_S(t) + \mathbf{b}_S\,F(t)
\end{aligned}
\tag{5.51}
$$

Das linearisierte Modell des Systems Stab-Wagen besteht aus den zwei Teilsystemen Stab und Wagen. Sie liegen, wie aus der Systemmatrix $\mathbf{A}_S$ in Gleichung (5.51) zu ersehen, in Reihe. Die Geschwindigkeit $v(t)$ des Wagens wirkt über den Koeffizienten a_{S24} als Rückwärtskopplung auf den Stab. Der Winkel $\varphi(t)$ und die Winkelgeschwindigkeit $\omega(t)$ des Stabes wirken als Vorwärtskopplung über die Koeffizienten a_{S41} und a_{S42} auf den Wagen.

Vektor-Matrix-Differenzialgleichung des Stabes:

$$
\begin{bmatrix}\dot{\varphi}(t)\\ \dot{\omega}(t)\end{bmatrix} = \begin{bmatrix}0 & 1\\ a_{s21} & a_{s22}\end{bmatrix}\begin{bmatrix}\varphi(t)\\ \omega(t)\end{bmatrix} + \begin{bmatrix}0 & 0\\ b_{s21} & b_{s22}\end{bmatrix}\begin{bmatrix}F(t)\\ v(t)\end{bmatrix}
\tag{5.52}
$$

des Wagens:

$$
\begin{bmatrix}\dot{s}(t)\\ \dot{v}(t)\end{bmatrix} = \begin{bmatrix}0 & 1\\ 0 & a_{w22}\end{bmatrix}\begin{bmatrix}s(t)\\ v(t)\end{bmatrix} + \begin{bmatrix}0 & 0 & 0\\ b_{w21} & b_{w22} & b_{w23}\end{bmatrix}\begin{bmatrix}F(t)\\ \varphi(t)\\ \omega(t)\end{bmatrix}
\tag{5.53}
$$

Vektor-Matrix-Ausgangsgleichung des linearisierten Modells

Da am Ausgang der Winkel des Stabs zur Senkrechten in *Grad* und die dazugehörende Winkelgeschwindigkeit in *Grad/s* sowie Weg und Geschwindigkeit des Wagens interessieren, ergibt sich folgendes Gleichungssystem:

$$\begin{bmatrix} \Phi(t) \\ \Omega(t) \\ \hline s(t) \\ v(t) \end{bmatrix} = \left[\begin{array}{cc|cc} \frac{180}{\pi} & 0 & 0 & 0 \\ 0 & \frac{180}{\pi} & 0 & 0 \\ \hline 0 & 0 & 1 & 0 \\ 0 & 0 & 0 & 1 \end{array}\right] \begin{bmatrix} \varphi(t) \\ \omega(t) \\ \hline s(t) \\ v(t) \end{bmatrix} \quad \Rightarrow \quad \mathbf{y}_S(t) = \mathbf{C}_S\,\mathbf{x}_S(t) \tag{5.54}$$

Signalflussplan des linearisierten Stab-Wagen-Modells

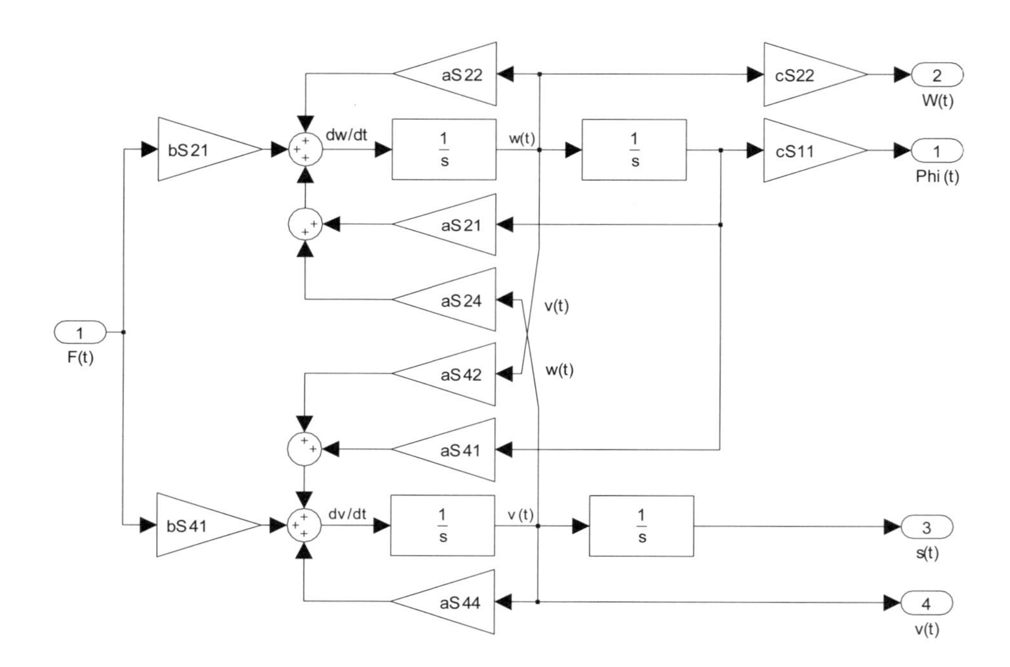

Abb. 5.3 Signalflussplan des linearisierten Stab-Wagen-Modells

Eigenwerte des Systems Stab-Wagen mit den M-functions eig und esort

Die Werte der Koeffizienten bzw. der Systemmatrizen können mit der function *stawa* ermittelt werden. Die Systemmatrizen nach den Gleichungen (5.51) bis (5.53) liefern als Eigenwerte mit der M-function *eig*:

```
>> Zs = stawa('s');
>> Pos = esort(eig(Zs.a))
Pos =
   3.2541
  -3.8041
>> ZS = stawa;
>> PoS = esort(eig(ZS.a))
PoS =
   3.2434
   0
  -0.0905
  -3.8172
```

```
>> Zw = stawa('w');
>> Pow = esort(eig(Zw.a))
Pow =
   0
  -0.1143
```

Ein Eigenwert, bzw. Pol, des Teilsystems liegt im positiven Bereich der Gauß'schen Zahlenebene. Wie sich weiter unten, bei der Behandlung der Stabilität linearer Systeme herausstellen wird, ist ein derartiges System *instabil*, genauer gesagt *strukturinstabil*, was auch die Erfahrung lehrt. Da der eine Pol des Teilsystems Wagen im Ursprung der Gauß'schen Zahlenebene, d. h. bei null liegt, ist dieses System *grenzstabil*!

Die Eigenwerte des Gesamtsystems weichen, bedingt durch die oben beschriebenen Rückführungen, von denen der Teilsysteme ab, sie wurden mit der M-function *esort* sortiert.

Function stawa zur Berechnung der Modellgleichungen

```
function ZM = stawa(System)
% Die function 'ZM = stawa(System)' berechnet für die
% nachfolgend aufgeführten linearen Systeme die Zustands-
% modelle und gibt sie unter ZM aus.
% Für 'System' ist einzugeben:
% 's' für das Teilsystem Stab
% 'w' für das Teilsystem Wagen
% Für das System Stab-Wagen entfällt (System), d. h. es ist
% zu schreiben:
% ZS = stawa
% Mit:
% "stawa" für das Sytem Stab-Wagen
% "stawa('s')" für das System Stab
% "stawa('w')" für das System Wagen
% werden lediglich die Systemmatrizen im Command Window
% dargestellt.

% Technische Daten für den Stab und den Wagen
    % Normalfallbeschleunigung in [m/s²], siehe gn
    gn = 9.80665;
    % Abstand des Stabschwerpunktes vom Drehpunkt in [m]
    l  = 0.75;
    m1 = 0.7985;         % Masse des Wagens in [kg]
```

```
    m2 = 0.306;          % Masse des Stabes in [kg]
    % Dämpfungskoeffizient der Drehbewegung des Stabes
    delta = 0.1;         % in [kg m²/s]
    % Dämpfungskoeffizient der Fahrbewegung des Wagens
    d = 0.1;             % in [kg/s]
    N = 4*m1 + m2;       % Häufig auftretender Nenner
    Z = m1 + m2;         % Häufig auftretender Zähler
    % Koeffizienten, Matrizen des Systems Stab-Wagen
        aS21 = 3*gn*Z/l/N;
        aS22 = -3*delta*Z/(l^2*m2*N);
        aS24 = 3*d/l/N;
        aS41 = -3*gn*m2/N;
        aS42 = 3*delta/l/N;
        aS44 = -4*d/N;
        bS21 = -3/l/N;
        bS41 = 4/N;
        cS11 = 180/pi;
        cS22 = cS11;
        AS = [0 1 0 0;aS21 aS22 0 aS24;...
              0 0 0 1;aS41 aS42 0 aS44];
        bS = [0 bS21 0 bS41]';
        CS = [cS11 0 0 0;0 cS22 0 0;0 0 1 0;0 0 0 1];
    % Koeffizienten und Matrizen des Stab-Modells
        as21 = aS21; as22 = aS22;
        bs21 = bS21; bs22 = aS24;
        As = [0 1;as21 as22];
        Bs = [0 0;bs21 bs22];
        Cs = eye(2);
        Ds = zeros(2);
    % Koeffizienten und Matrizen des Wagen-Modells
        aw22 = aS44; bw21 = bS41;
        bw22 = aS41; bw23 = aS42;
        Aw = [0 1;0 aw22];
        Bw = [0 0 0;bw21 bw22 bw23];
        Cw = eye(2);
        Dw = zeros(2,3);
% Anzahl der Eingänge
  ein = nargin;
% Anzahl der Ausgänge
  aus = nargout;
if ein == 0
    fall = 0;
elseif strcmp(System,'s') == 1
    fall = 1;
elseif strcmp(System,'w') == 1
    fall = 2;
elseif strcmp(System,'') == 1
    fall = 3;
elseif or(strcmp(System,'S') ~= 1,strcmp(System,'W') ~= 1)
    fall = 3;
else
    fall = 4;
end
switch fall
    case 0  % Stab-Wagen
        if aus == 0
        % Ausgabe der Systemgleichungen ohne Übergabe
        % der Variablen
            disp(...
            '     Systemgleichungen des Stab-Wagens')
```

```
            eg = ('F(t)');
            ag = ('Phi(t) W(t) s(t) v(t)');
            zg = ('phi(t) w(t) s(t) v(t)');
            printsys(AS,bS,CS,zeros (4,1),eg,ag,zg)
        elseif aus == 1
        % Systemgleichung
            ZM = ss(AS,bS,CS,0);
        end
    case 1  % Stab
        if aus == 0
        % Ausgabe der Systemgleichungen ohne Übergabe
        % der Variablen
            disp(...
            '     Systemgleichungen des Stabes')
            eg = ('F(t) v(t)');
            zg = ('phi(t) w(t)');
            ag = zg;
            printsys(As,Bs,Cs,Ds,eg,ag,zg)
        elseif aus == 1
         % Systemgleichung
            ZM = ss(As,Bs,Cs,Ds);
        end
    case 2  % Wagen
        if aus == 0
        % Ausgabe der Systemgleichungen ohne Übergabe
        % der Variablen
            disp(...
            '     Systemgleichungen des Wagens')
            eg = ('F(t) phi(t) w(t)');
            zg = ('s(t) v(t)');
            ag = zg;
            printsys(Aw,Bw,Cw,Dw,eg,ag,zg)
        elseif aus == 1
         % Systemgleichung
            ZM = ss(Aw,Bw,Cw,Dw);
        end
    case 3
       error('Die Abkürzung für "System" ist falsch!')
    case 4
       error('Die Abkürzung für "System" fehlt!')
    otherwise
       error('Falsche Eingabe')
end
% Ende der function stawa
```

5.2 Antrieb

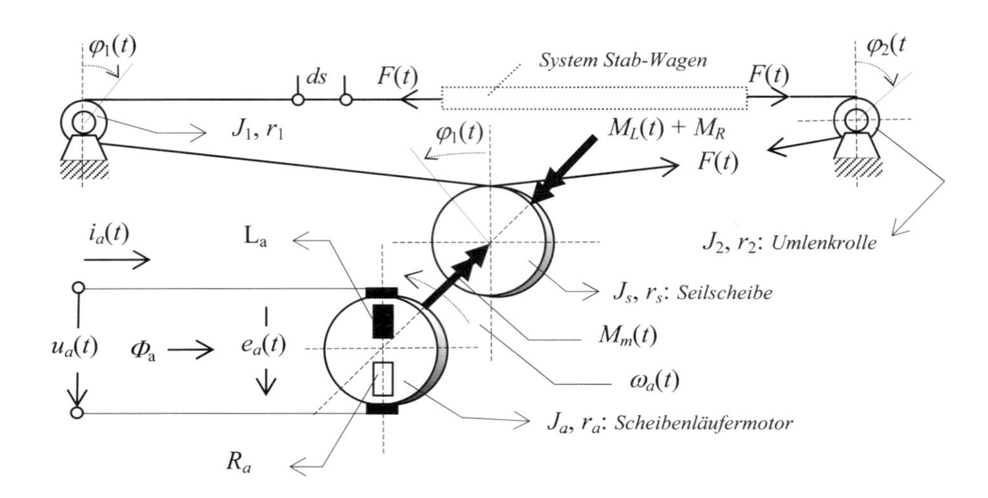

Abb. 5.4 *Antrieb – Gleichstrom-Scheibenläufer-Motor mit Seilscheibe und Umlenkrollen*

Gesucht ist das mathematische Modell eines Antriebes, bestehend aus einem permanent erregten Gleichstrom-Scheibenläufer-Motor mit Seilscheibe und Umlenkrollen, wie in Abb. 5.4 dargestellt. Dieses System soll als Antrieb für das System Stab-Wagen dienen.

5.2.1 Verallgemeinerte Koordinaten des Antriebs

Für die gesuchte Beschreibung des dynamischen Verhaltens des Antriebs wird auch hier die im Kapitel 4.4.4 behandelte Lagrange'sche Bewegungsgleichung 2. Art genutzt.

Geschwindigkeit eines Seilpunktes als verallgemeinerte Koordinate

Wie aus der Abb. 5.4 zu ersehen, besteht zwischen der Änderung eines Seilpunktes um den genügend kleinen Betrag ds und den Änderungen der Winkel, ebenfalls um den genügend kleinen Betrag $d\varphi_i$ sämtlicher bewegter Teile – Anker, Seilscheibe und Umlenkrollen – über die Radien folgender Zusammenhang (Zwangsbedingungen):

$$ds = r_s\, d\varphi_a = r_s\, d\varphi_s = r_1\, d\varphi_1 = r_2\, d\varphi_2 \quad (5.55)$$ [58]

wobei die Änderung des Ankerwinkels auf den Radius der Seilscheibe bezogen wird, da diese fest mit der Ankerwelle verbunden ist. Die Ableitung der Gleichung (5.55) nach der

58 Es wird aus $ds = r_s \sin(d\varphi_a) = r_s \sin(d\varphi_s) = r_1 \sin(d\varphi_1) = r_2 \sin(d\varphi_2)$ mit $\sin(d\varphi) \approx d\varphi$

Zeit liefert den Zusammenhang der Winkel der bewegten Teile mit der Geschwindigkeit eines Seilpunktes als verallgemeinerte Koordinate:

$$\frac{ds}{dt} = r_s \frac{d\varphi_a}{dt} = r_s \frac{d\varphi_s}{dt} = r_1 \frac{d\varphi_1}{dt} = r_2 \frac{d\varphi_2}{dt}$$
$$\dot{s} = r_s \dot{\varphi}_a = r_s \dot{\varphi}_s = r_1 \dot{\varphi}_1 = r_2 \dot{\varphi}_2 \tag{5.56}$$

Zeitliche Änderung der elektrischen Ladung als verallgemeinerte Koordinate

Für das dynamische Verhalten des Antriebs auf der elektrischen Seite wird die zeitliche Änderung der elektrischen Ladung $\dot{q}_a(t)$ als verallgemeinerte Koordinaten gewählt.

5.2.2 Kinetische Energien

Kinetische Energie des mechanischen Teils des Antriebs

Sie ergibt sich als Summe der kinetischen Energie sämtlicher bewegten Teile des Antriebs:

$$T_M(t) = J_a \frac{\dot{\varphi}_a^2}{2} + J_s \frac{\dot{\varphi}_s^2}{2} + J_1 \frac{\dot{\varphi}_1^2}{2} + J_2 \frac{\dot{\varphi}_2^2}{2} \quad \text{mit } \dot{\varphi}_s = \dot{\varphi}_a \tag{5.57}$$

Mit Gleichung (5.56) für die Winkelgeschwindigkeiten bezogen auf die Geschwindigkeit eines Seilpunktes als verallgemeinerte Koordinate, kann Gleichung (5.57) wie folgt geschrieben werden:

$$T_M(t) = \frac{1}{2 r_s^2} \left(J_a + J_s + \frac{r_s^2}{r_1^2} J_1 + \frac{r_s^2}{r_2^2} J_2 \right) \dot{s}^2 \tag{5.58}$$

Der Klammerausdruck in Gleichung (5.58):

$$J_A = J_a + J_s + \frac{r_s^2}{r_1^2} J_1 + \frac{r_s^2}{r_2^2} J_2 \qquad \left[\mathrm{kg\,m^2}\right] \tag{5.59}$$

ist das auf die Motorwelle wirkende Massenträgheitsmoment aller bewegten Teile des Antriebs. Somit folgt für die kinetische Energie des mechanischen Teils des Antriebs:

$$T_M(t) = \frac{1}{2 r_s^2} J_A \dot{s}^2 \tag{5.60}$$

Kinetische Energie des elektrischen Teils des Antriebs

Sie ergibt sich aus der Induktivität L_a des Ankerkreises und aus dem Magnetfluss Ψ_a [V s] im Luftspalt zwischen Anker und Stator des Scheibenläufermotors für kleine Winkel $d\varphi_a$:

$$T_E(t) = \frac{1}{2} L_a \dot{q}_a^2 + \Psi_a \dot{q}_a \tag{5.61}$$

Nach [Kulikowski/Wunsch-1973] gilt für den Magnetfluss:

$$\Psi_a(t) = \Phi_a(1 + k\,\varphi_a) \tag{5.62}$$

Der Magnetfluss des stillstehenden Ankers ist gleich Φ_a. Er wächst mit dem Drehwinkel φ_a bis zu einem maximalen Wert (bei dem die Kommutierung erfolgt) und beginnt bei dem nächsten Pol die Wicklung in umgekehrter Richtung zu durchfließen. Das Glied $\Phi_a \cdot \dot{q}_a$ stellt diejenige Energie dar, die durch die Wechselwirkung zwischen dem Fluss Φ_a und dem Strom $\dot{q}_a = i_a$ entsteht.

Für die Kinetische Energie des elektrischen Teils des Antriebs ergibt sich somit:

$$T_E(t) = \frac{1}{2} L_a\,\dot{q}_a^2 + \Phi_a\,\dot{q}_a + \Phi_a\,k\,\varphi_a\,\dot{q}_a \tag{5.63}$$

und durch Integration der Gleichung (5.55), kann für genügend kleine Ankerwinkel:

$$\varphi_a \approx \frac{1}{r_s} s \tag{5.64}$$

gesetzt werden, wenn weiterhin für den Ausdruck:

$$\Phi_a\,k = k_a \qquad [\mathrm{V\,s}] \tag{5.65}$$

bezeichnet als Motorkonstante, geschrieben wird, so folgt daraus für die kinetische Energie des elektrischen Teils:

$$T_E(t) = \frac{1}{2} L_a\,\dot{q}_a^2 + \Phi_a\,\dot{q}_a + \frac{k_a}{r_s} s\,\dot{q}_a \tag{5.66}$$

Die gesamte kinetische Energie

$$T_A(t) = T_M(t) + T_E(t) = \frac{1}{2 r_s^2} J_A\,\dot{s}^2 + \frac{1}{2} L_a\,\dot{q}_a^2 + \Phi_a\,\dot{q}_a + \frac{k_a}{r_s} s\,\dot{q}_a \tag{5.67}$$

5.2.3 Potenzielle Energien des Antriebs

Der Antrieb beinhaltet weder für den mechanischen noch für den elektrischen Teil des Antriebs eine potenzielle Energie:

$$V_A(t) = V_M + V_E = 0 \tag{5.68}$$

5.2.4 Dissipationen der Energie des Antriebs

Dissipation der Energie des mechanischen Teils des Antriebs

Sie ergibt sich aus dem Produkt von Winkelgeschwindigkeit zum Quadrat und dem Dämpfungskoeffizienten k_d [N m s] und wird unter Beachtung von Gleichung (5.56) wie folgt beschrieben:

$$D_M(t) = k_d\,\dot{\varphi}_a^2 = \frac{k_d}{r_s^2}\dot{s}^2 \qquad (5.69)$$

Dissipation der Energie des elektrischen Teils des Antriebs

Sie ergibt sich aus dem Produkt von Ankerstrom zum Quadrat und Ankerwiderstand R_a:

$$D_E(t) = R_a\,\dot{q}_a^2 \qquad (5.70)$$

Die gesamte Dissipation der Energie

$$D_A(t) = D_M(t) + D_E(t) = R_a\,\dot{q}_a^2 + \frac{k_d}{r_s^2}\dot{s}^2 \qquad (5.71)$$

5.2.5 Potenziale

Potenzial des mechanischen Teils des Antriebs

Im Bereich der Geschwindigkeit eines Seilpunktes als verallgemeinerte Koordinate – Geschwindigkeit – wirken die Seilkraft F[59], resultierend aus dem Lastmoment M_L und die Kraft, die sich aus einem über alle Drehzahlen konstanten Reibungsdrehmoment M_R ergibt. Das Last- und Reibungsdrehmoment werden auf die Seilscheibe bezogen, da diese ja eine direkte Verbindung zur Geschwindigkeit herstellt. Beide Kräfte stellen ein negatives Potenzial für den Antrieb dar.

$$y_s(t) = -\frac{1}{r_s}M_L(t) - \frac{1}{r_s}M_R \qquad [\mathrm{N}] \qquad (5.72)$$

Potenzial des elektrischen Teils des Antriebs

Im Bereich der verallgemeinerten Koordinate „zeitliche Änderung der elektrischen Ladung" bildet die Ankerspannung u_a das Potenzial, es ist positiv:

$$y_{q_a}(t) = u_a(t) \qquad [\mathrm{V}] \qquad (5.73)$$

---

[59] Potenziale für den Weg als verallgemeinerte Koordinate sind Kräfte, für Winkel sind es Momente!

5.2.6 Differenzialgleichung für die Geschwindigkeit

Ableitung der kinetischen Energie nach der Geschwindigkeit und dem Weg

- Partielle Ableitung der Gleichung (5.67) nach der Geschwindigkeit und anschließend nach der Zeit:

$$\frac{d}{dt}\left(\frac{\partial T_A(t)}{\partial \dot{s}}\right) = \frac{1}{r_s^2} J_A \ddot{s} \tag{5.74}$$

- Partielle Ableitung der Gleichung (5.67) nach dem Weg:

$$\frac{\partial T_A(t)}{\partial s} = \frac{k_a}{r_s} \dot{q}_a \tag{5.75}$$

Ableitung der potenziellen Energie nach dem Weg

Für das System existiert keine potenzielle Energie, daraus folgt:

$$\frac{\partial V_A}{\partial s} = 0 \tag{5.76}$$

Ableitung der Dissipation nach der Geschwindigkeit

$$\frac{\partial D_A}{\partial \dot{s}} = 2 \frac{k_d}{r_s^2} \dot{s} \tag{5.77}$$

Differenzialgleichung der Geschwindigkeit

Die gesuchte lineare Differenzialgleichung 1. Ordnung mit konstanten Koeffizienten für die Geschwindigkeit eines Seilpunktes wird mit der Lagrange'schen Bewegungsgleichung 2. Art wie folgt gefunden:

$$\begin{aligned} &\frac{d}{dt}\left(\frac{\partial T_A}{\partial \dot{s}}\right) - \frac{\partial T_A}{\partial s} + \frac{\partial V_A}{\partial s} + \frac{1}{2}\frac{\partial D_A}{\partial \dot{s}} = y_s(t) \\ &\frac{1}{r_s^2} J_A \ddot{s} - \frac{k_a}{r_s} \dot{q}_a + 0 + \frac{k_d}{r_s^2} \dot{s} = -\frac{1}{r_s} M_L(t) - \frac{1}{r_s} M_R \end{aligned} \tag{5.78}$$

Mit:

$$\dot{s} = v \quad \ddot{s} = \frac{dv}{dt} \quad \dot{q}_a = i_a \quad M_L = r_s F \tag{5.79}$$

und Umstellen der Gleichung (5.78) nach der zeitlichen Änderung der Geschwindigkeit ergibt sich die gesuchte Differenzialgleichung:

$$\frac{dv(t)}{dt} = -\frac{k_d}{J_A} v(t) + \frac{k_a\, r_s}{J_A} i_a(t) - \frac{r_s^2}{J_A} F(t) - \frac{r_s}{J_A} M_R$$
$$\frac{dv(t)}{dt} = a_{A11}\, v(t) + a_{A12}\, i_a(t) + b_{A11}\, F(t) + b_{A12}\, M_R \qquad (5.80)$$

5.2.7 Differenzialgleichung für den Ankerstrom

Ableitung der kinetischen Energie nach der elektrischen Ladung

- Partielle Ableitung der Gleichung (5.67) nach der Ladungsänderung und anschließend nach der Zeit:

$$\frac{d}{dt}\left(\frac{\partial T_A(t)}{\partial \dot{q}_a}\right) = L_a\, \ddot{q}_a + \frac{k_a}{r_s} \dot{s} \qquad (5.81)$$

- Partielle Ableitung der Gleichung (5.67) nach der elektrischen Ladung:

$$\frac{\partial T_A(t)}{\partial q} = 0 \qquad (5.82)$$

Ableitung der potenziellen Energie nach der Ladung

Für das System existiert keine potenzielle Energie, daraus folgt:

$$\frac{\partial V_A}{\partial q_a} = 0 \qquad (5.83)$$

Ableitung der Dissipation nach der Ladungsänderung

$$\frac{\partial D_A}{\partial \dot{q}_a} = 2\, R_a\, \dot{q}_a \qquad (5.84)$$

Differenzialgleichung der zeitlichen Änderung des Ankerstromes

Die gesuchte lineare Differenzialgleichung 1. Ordnung mit konstanten Koeffizienten für die zeitliche Änderung des Ankerstromes wird mit der Lagrange'schen Bewegungsgleichung 2. Art wie folgt gefunden:

$$\frac{d}{dt}\left(\frac{\partial T_A}{\partial \dot{q}_a}\right) - \frac{\partial T_A}{\partial q_a} + \frac{\partial V_A}{\partial q_a} + \frac{1}{2}\frac{\partial D_A}{\partial \dot{q}_a} = y_{q_a}(t)$$
$$L_a\, \ddot{q}_a + \frac{k_a}{r_s} \dot{s} - 0 + 0 + R_a\, \dot{q}_a = u_a(t) \qquad (5.85)$$

Mit:

$$\dot{q}_a = i_a \qquad \ddot{q}_a = \frac{di_a}{dt} \qquad \dot{s} = v \tag{5.86}$$

und Umstellen der Gleichung (5.85) nach der zeitlichen Änderung des Ankerstromes ergibt sich die gesuchte Differenzialgleichung:

$$\begin{aligned} \frac{di_a(t)}{dt} &= -\frac{k_a}{L_a r_s} v(t) - \frac{R_a}{L_a} i_a(t) + \frac{1}{L_a} u_a(t) \\ \frac{di_a(t)}{dt} &= a_{A21}\, v(t) + a_{A22}\, i_a(t) + b_{A23}\, u_a(t) \end{aligned} \tag{5.87}$$

5.2.8 Zustandsmodell des Antriebs

Das Modell des Antriebs wird aus den Gleichungen (5.80) und (5.87) gebildet. Die Geschwindigkeit $v(t)$ eines Seilpunktes und der Ankerstrom $i_a(t)$ sind dabei die Zustandsgrößen $x_A(t)$. Eingangsgrößen sind die Seilkraft $F(t)$ und ein über alle Drehzahlen konstantes Reibungsdrehmoment M_R, sie wirken als Störgrößen, sowie die Ankerspannung $u_a(t)$, sie ist die Steuergröße.

Vektor-Matrix-Differenzialgleichung

$$\begin{aligned} \frac{d}{dt}\begin{bmatrix} v(t) \\ i_a(t) \end{bmatrix} &= \begin{bmatrix} a_{A11} & a_{A12} \\ a_{A21} & a_{A22} \end{bmatrix} \begin{bmatrix} v(t) \\ i_a(t) \end{bmatrix} + \begin{bmatrix} b_{A11} & b_{A12} & 0 \\ 0 & 0 & b_{A23} \end{bmatrix} \begin{bmatrix} F(t) \\ M_R \\ u_a(t) \end{bmatrix} \\ \dot{\mathbf{x}}_A(t) &= \mathbf{A}_A\, \mathbf{x}_A(t) + \mathbf{B}_A\, \mathbf{u}_A(t) \end{aligned} \tag{5.88}$$

Vektor-Matrix-Ausgangsgleichung

Als Ausgangsgrößen interessieren die beiden Zustandsgrößen, als dritte Ausgangsgröße die Drehzahl des Motors und als vierte Ausgangsgröße das vom Motor abgegebene Moment. Die Drehzahl ergibt sich aus:

$$v(t) = \frac{\pi r_s n}{30} \quad \left[\tfrac{\text{m}}{\text{s}}\right] \quad \Rightarrow \quad n = \frac{30}{\pi r_s} v(t) = c_{A31}\, v(t) \quad \left[\tfrac{1}{\text{min}}\right] \tag{5.89}$$

Das Motormoment ergibt sich aus dem elektrisch erzeugten minus dem Dämpfungsmoment und dem über alle Drehzahlen konstanten Reibungsdrehmoment [Mavilor-1995]:

$$\begin{aligned} M_m(t) &= k_a\, i_a(t) - \frac{k_d}{r_s} v(t) - M_R \\ M_m(t) &= c_{A41}\, v(t) + c_{A42}\, i_a(t) + d_{A42}\, M_R \end{aligned} \tag{5.90}$$

Der Aufbau der Koeffizienten und die Werte der Konstanten können der function *antrieb* entnommen werden.

Mit den Gleichungen (5.89) und (5.90) folgt die Vektor-Matrix-Ausgangsgleichung zu:

$$\begin{bmatrix} v(t) \\ i_a(t) \\ n(t) \\ M_m(t) \end{bmatrix} = \begin{bmatrix} 1 & 0 \\ 0 & 1 \\ c_{A31} & 0 \\ c_{A41} & c_{A42} \end{bmatrix} \begin{bmatrix} v(t) \\ i_a(t) \end{bmatrix} + \begin{bmatrix} 0 & 0 & 0 \\ 0 & 0 & 0 \\ 0 & 0 & 0 \\ 0 & -1 & 0 \end{bmatrix} \begin{bmatrix} F(t) \\ M_R \\ u_a(t) \end{bmatrix} \tag{5.91}$$

$$\mathbf{y}_A(t) = \mathbf{C}_A \mathbf{x}_A(t) + \mathbf{D}_A \mathbf{u}_A(t)$$

Signalflussplan des Antriebs

Mit den Gleichungen (5.88) und (5.91) ergibt sich der Signalflussplan des Antriebs:

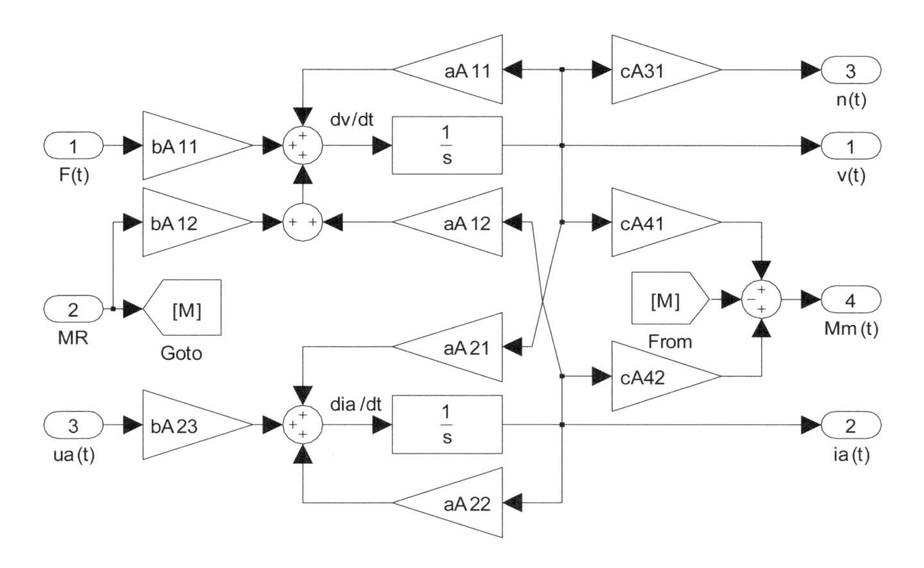

Abb. 5.5 Signalflussplan des Antriebs

Eigenwerte des Antriebs

Der Antrieb wird durch zwei Zustandsgrößen beschrieben, somit ist er ein System 2. Ordnung und hat zwei Eigenwerte, die mit den M-functions *eig* berechnet und mit *esort* der Größe nach geordnet ausgegeben werden:

```
>> ZA = antrieb;                    PoA =
>> PoA = esort(eig(ZA.a))                 -61.75
                                       -21692.68
```

Die Eigenwerte entsprechen den Polen, d. h. den Lösungen des Nennerpolynoms der Übertragungsfunktion, sie bestimmen maßgeblich das dynamische Verhalten des Systems.

5.2.9 Vereinfachtes Modell des Antriebs

Mechanische und elektrische Zeitkonstante

Der Betrag des Kehrwerts des betragsmäßig kleineren Pols entspricht der mechanischen Zeitkonstante:

$$T_m = \frac{1}{|P_{om}(1)|} = 0{,}0031\,\text{s} \tag{5.92}$$

Sie bestimmt maßgeblich das dynamische Verhalten des Systems, denn sie beträgt das 30fache der elektrischen Motorzeitkonstante:

$$T_{el} = \frac{1}{|P_{om}(2)|} = 4{,}6661 \cdot 10^{-5}\,\text{s} \tag{5.93}$$

die der Zustandsgröße Ankerstrom $i_a(t)$ zuzuordnen ist. Die wesentlich kürzere Zeit ergibt sich aus der gegenüber den anderen die Motordynamik bestimmenden Konstanten, um Größenordnungen kleineren Ankerinduktivität:

$$L_a = 45{,}7\,\mu\text{H} = 0{,}0000457\,\tfrac{\text{Vs}}{\text{A}}$$

Die in Henry[60] gemessene Ankerinduktivität tritt in den Nennern der drei Koeffizienten der Gleichung (5.87) für die zeitliche Änderung des Ankerstromes auf, so dass diese sehr groß werden, was u. a. zu dem so weit links liegenden Pol führt. Es handelt sich hier um ein *steifes* Differenzialgleichungs-System, wie in Kapitel 4.1.9 beschrieben.

Grundgleichungen – elektrische Seite

Wird für die weitere Rechnung die Differenzialgleichung (5.87) des Ankerstromes mit L_a multipliziert und anschließend die Ankerinduktivität $L_a = 0$ gesetzt, so geht die Differenzialgleichung in die folgende algebraische Gleichung über:

$$i_a(t) = -\frac{k_a}{R_a r_s} v(t) + \frac{1}{R_a} u_a(t) \tag{5.94}$$

Damit ergeben sich nachfolgend aufgeführte vereinfachte Grundgleichungen.

---

[60] Henry, Joseph ∗17.12.1797 Albany (USA) †18.5.1878 Washington, Uhrmacher, Mathematiker, Physiker

Differenzialgleichung des vereinfachten Antriebsmodells

Wird in die Differenzialgleichung (5.80), sie folgt aus der mechanischen Grundgleichung für die Geschwindigkeit eines Seilpunktes, die algebraische Gleichung (5.94) für den Ankerstrom eingesetzt, so ergibt sich:

$$\frac{dv(t)}{dt} = a_{a11}\, v(t) + b_{a11}\, F(t) + b_{a12}\, M_R + b_{a13}\, u_a(t) \tag{5.95}$$

Nachdem die zeitliche Änderung des Ankerstroms vernachlässigt wurde, wird das dynamische Verhalten des Antriebs nur noch durch das gegenüber dem elektrischen Teilsystem wesentlich trägere und damit dominierende mechanische Teilsystem beschrieben. Die Koeffizienten, sie wurden mit der function *antrieb* berechnet, weisen folgende Werte auf:

$$\begin{aligned} a_{a11} &= -\frac{1}{J_A}\left(k_d + \frac{k_a^2}{R_a}\right) = -61{,}58\,\mathrm{s}^{-1} & b_{a11} &= -\frac{r_s^2}{J_A} = -10{,}10\,\tfrac{\mathrm{m}}{\mathrm{Ns}^2} \\ b_{a12} &= -\frac{r_s}{J_A} = -394{,}59\,\tfrac{1}{\mathrm{kg\,m}} & b_{a13} &= \frac{k_a\, r_s}{J_A\, R_a} = 24{,}22\,\tfrac{\mathrm{m}}{\mathrm{s}^2\mathrm{V}} \end{aligned} \tag{5.96}$$

Vektor-Matrix-Ausgangsgleichung

Es interessieren die Seilgeschwindigkeit $v(t)$ und der Ankerstrom $i_a(t)$ als Ausgangsgrößen. Die Geschwindigkeit ist die Zustandsgröße des vereinfachten Modells und die Beziehung für den Ankerstrom folgt aus Gleichung (5.94):

$$\begin{bmatrix} v(t) \\ i_a(t) \end{bmatrix} = \begin{bmatrix} 1 \\ c_{a21} \end{bmatrix} v(t) + \begin{bmatrix} 0 & 0 & 0 \\ 0 & 0 & d_{a23} \end{bmatrix} \begin{bmatrix} F(t) \\ M_R \\ u_a(t) \end{bmatrix} \tag{5.97}$$

mit:

$$c_{a21} = -\frac{k_a}{R_a\, r_s} = -2{,}3972 \qquad d_{a23} = \frac{1}{R_a} = 1{,}006 \tag{5.98}$$

Reduzieren der Ordnung der Zustandsgleichung mit der M-function modred

Das bereits abgeleitete Ergebnis der Reduzierung der Modellordnung des Antriebs um die erste Zustandsgröße soll mit der M-function *modred* nachvollzogen werden.

> [Ar,Br,Cr,Dr] = modred(A,B,C,D,elim)
> Reduziert die Ordnung eines Zustandsmodells durch Elimination der im Vektor elim gegebenen Zustände (Indizes) unter Berücksichtigung der ursprünglichen Zusammenhänge zwischen den Zuständen sowie dem Ein- und Ausgang.

```
% Berechnungen zu den Gleichungen 5.95 und 5.96
ZA = antrieb;   % Das Antriebsmodell
% Der 2. Zustand soll eliminiert werden
elim = 2;
disp('*************************************************')
disp('     Lösungen zu den Gleichungen 5.95 und 5.96')
disp('            Differenzialgleichung')
disp('     des um den 2. Zustand vereinfachten Modells')
[Ar,Br,Cr1,Dr1] = modred(ZA.a,ZA.b,ZA.c,ZA.d,elim);
printmat(Ar,'Ar','v(t)','v(t)')
printmat(Br,'Br','v(t)','F(t) MR ua(t)')
% Ende der Berechnungen zu den Gleichungen 5.95 und 5.96
***************************************************
     Lösungen zu den Gleichungen 5.95 und 5.96
           Differenzialgleichung
     des um den 2. Zustand vereinfachten Modells
Ar =
                       v(t)
         v(t)    -61.58422
Br =
                       F(t)             MR         ua(t)
         v(t)     -10.10142    -394.58676      24.21508
```

Die Koeffizienten der Matrizen $\mathbf{A}_r$ und $\mathbf{B}_r$ stimmen mit der Gleichung (5.96) überein.

Reduzieren der Ordnung der Ausgangsgleichung mit der M-function ssdelete

Da im Weiteren die Geschwindigkeit und der Ankerstrom als Ausgangsgröße interessieren, sind von der Vektor-Matrix-Ausgangsgleichung (5.91) nur die ersten zwei Zeilen zu übernehmen. Für die Elimination der überflüssigen Ausgangsgrößen wird die M-function *ssdelete* verwendet.

> [Ard,Brd,Crd,Drd] = ssdelete(A,B,C,D,ein,aus,zust)
> Löscht Eingangs-, Ausgangs- und Zustandsgrößen eines Zustandsmodells. Die zu löschenden Größen sind in ein, aus bzw. zust festzulegen.

Eingangsgrößen sind nicht zu streichen, somit ist für *ein* eine *Leermatrix* [ ] zu setzen. Von den Ausgangsgrößen sind die 3. und 4. zu streichen, d. h. es gilt für *aus* = [3 4].

```
% Berechnungen zur Gleichung 5.91
% Setzt voraus, dass zuvor Gleichung5_95 aufgerufen wurde!
disp('        Lösung zur Gleichung 5.91')
% Streichen der Eingangsgrößen
ein = [];        % Es wird keine Eingangsgröße gestrichen!
% Streichen der Ausgangsgrößen
aus = [3 4];  % 3 und 4
disp('   Die um die Ausgangsgrößen 3 und 4')
disp('      vereinfachte Ausgangsgleichung')
[Ar,Br,Cr,Dr] = ssdelete(Ar,Br,Cr1,Dr1,ein,aus);
printmat(Cr,'Cr','v(t) ia(t)','v(t)')
printmat(Dr,'Dr','v(t) ia(t)','F(t) MR ua(t)')
% Ende der Berechnungen zur Gleichung 5.91
```

```
        Lösung zur Gleichung 5.91
   Die um die Ausgangsgrößen 3 und 4
      vereinfachte Ausgangsgleichung
Cr =
                        v(t)
         v(t)        1.00000
        ia(t)       -2.39720
Dr =
                        F(t)           MR         ua(t)
         v(t)              0            0             0
        ia(t)              0            0       1.00604
```

Da die Matrix **D** ungleich null ist, ergibt sich als Folge der Reduktion für den Ankerstrom ein sprungfähiges Verhalten.

Signalflussplan des vereinfachten Modells

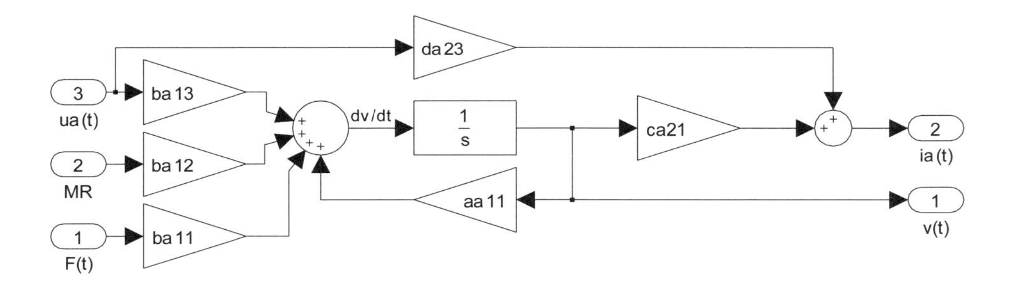

Abb. 5.6 Das vereinfachte Modell des Antriebs – GSL-Motor mit Seilrolle und Umlenkrollen

Eigenwert des vereinfachten Antriebs

```
>> Za = antrieb(1);
>> Poa = eig(Za)
Poa =
 -61.5842
```

Der Eigenwert ist geringfügig, d. h. um 0,27 %, gegenüber dem dominierenden Eigenwert von –61,75 des nicht vereinfachten Modells in Richtung Stabilitätsgrenze verschoben. Die Reduzierung ist somit völlig berechtigt.

Function antrieb zur Berechnung der Modellgleichungen

```
function ZA = antrieb(n)
% Die Funktion antrieb(n) enthält die Daten des Antriebs,
% bestehend aus einem Gleichstrom-Scheibenläufer-Motor,
% im Weiteren als GSL-Motor bezeichnet, und der Seilrolle
% sowie den beiden Umlenkrollen.
% Mit:
% "ZA = antrieb" für das Motormodell 2. Ordnung,
%   Zustandsgrößen:
```

```
%   Ankerstrom und Geschwindigkeit eines Seilpunktes
% "ZA = antrieb(1)" für das vereinfachte Motormodell 1. Ord.,
%   Zustandsgröße:
%   Geschwindigkeit eines Seilpunktes
% werden die Koeffizienten der Systemmatrizen berechnet und
% das Zustandsmodell ausgegeben.
% Mit:
% "antrieb" für das Antriebsmodell 2. Ordnung
% "antrieb(1)" für das vereinfachte Antriebsmodell 1. Ordnung
% werden lediglich die Systemmatrizen im Command Window
% dargestellt.
% Die GSL-Motoren können in weiten Drehzahlbereichen einfach
% geregelt werden. Selbst bei Schleichdrehzahl unter einer
% Umdrehung pro Minute haben sie noch einen exakten Rundlauf.
% Die Erregung wird durch ihr starkes Dauermagnetfeld her-
% vorgerufen.
% Für die Umrechnung der verwendeten Konstanten ist zu
% beachten:
% Arbeit, Energie oder Wärmemenge
% in Joule : J [Ws = Nm = VAs]
% Induktivität in Henry: H [Vs/A]
% Kapazität in Farad: F [As/V].
% Technische Daten
% des GSL-Motors, der Seilscheibe und der Umlenkrollen
    % uN = 40.3;          Nennspannung [V]
    % iN = 5;             Nennstrom [A]
    Ra = 1.4*0.71;        % Ankerkreiswiderstand [Ohm = V/A]
    La = 0.457e-004;      % Ankerkreisinduktivität [H = Vs/A]
    ka = 0.061;           % Elektrische Motorkonstante [Vs],
                          % Produkt aus der Maschinenkonstan-
                          % te und dem magnetischen Fluss
                          % im Luftspalt
    kd = 2.52e-004;       % Dämpfungskonstante [Nms]
    rs = 2.56e-002;       % Radius der Seilscheibe [m]
    r1 = 8e-003;          % Radius der Umlenkrollen [m]
    Jm = 4.4e-005;        % Massenträgheitsmoment
                          % des Motors [kg m²]
    Js = 1.883e-005;      % Massenträgheitsmoment
                          % der Seilscheibe [kg m²]
    J1 = 0.032e-005;      % Massenträgheitsmoment
                          % der Umlenkrollen [kg m²]
% Massenträgheitsmoment sämtlicher bewegten Teile [kg m²)]
    JA = Jm + Js+ 2*rs/r1*J1;
% Anzahl der Eingänge
k = nargin;
% Anzahl der Ausgänge
l = nargout;
% Entscheidung
if k == 0
    ents = 0;
elseif and(k == 1,n == 1)
    ents = 1;
else
    ents = 2;
end
% Berechnungen
switch ents
    case 0
        % System 2. Ordnung
```

```
        % Systemmatrix A
            aA11 = -kd/JA; aA12 = ka*rs/JA;
            aA21 = -ka/La/rs; aA22 = -Ra/La;
            AA = [aA11 aA12;aA21 aA22];
        % Koeffizienten der Eingangsmatrix
            bA11 = -rs^2/JA; bA12 = -rs/JA;
            bA23 = 1/La;
        % Eingangsmatrix B: [Störeingang Steuereingang]
            BA = [bA11 bA12 0;0 0 bA23];
        % Ausgangsmatrix C
            cA31 = 30/(pi*rs);
            cA41 = ka; cA42 = -(kd/rs);
            CA = [1 0;0 1;cA31 0;cA41 cA42];
        % Durchgangsmatrix
            DA = zeros(4,3); DA(4,2) = -1;
        if l == 0
         % Ausgabe der Systemgleichungen ohne Übergabe
         % der Variablen
            disp(...
            '      Systemgleichungen des Antriebsmodells')
            eg = ('F(t) MR ua(t)');
            ag = ('v(t) ia(t) n(t) M(t)');
            zg = ('v(t) ia(t)');
            printsys(AA,BA,CA,DA,eg,ag,zg)
        elseif l == 1
            ZA = ss(AA,BA,CA,DA);
         end
    case 1
        % Die Koeffizienten des vereinfachten Modells
            aa11 = -(kd + ka^2/Ra)/JA;
            ba11 = -rs^2/JA; ba12 = -rs/JA;
            ba13 = ka*rs/JA/Ra; ca21 = -ka/Ra/rs;
            da23 = 1/Ra;
        % Die Vektoren des vereinfachten Modells
            aa = aa11; ba = [ba11 ba12 ba13];
            ca = [1;ca21];
            da = zeros(2,3); da(2,3) = da23;

        if  l == 0
            disp(['      Systemgleichungen des',...
            ' vereinfachten Antriebsmodells'])
            eg = ('F(t) MR ua(t)');
            ag = ('v(t) ia(t)');
            zg = ('v(t)');
            printsys(aa,ba,ca,da,eg,ag,zg)
        elseif l == 1
            ZA = ss(aa,ba,ca,da);
        end
    case 2
       error('Der Wert für "n" ist falsch!')
    otherwise
       error('Der Wert für "n" ist falsch!')
end
% Ende der function antrieb(n)
```

5.3 Inverses Pendel

Das *Inverse Pendel* ist durch seine charakteristischen Systemeigenschaften ein in der Literatur häufig anzutreffendes Beispiel. Die Vereinigung der Modelle des Systems Stab-Wagen und des Antriebs bilden das Modell *Inverses Pendel*, dessen Systemgleichung mit Hilfe der Lagrange'schen Bewegungsgleichung 2. Art gefunden werden sollen.

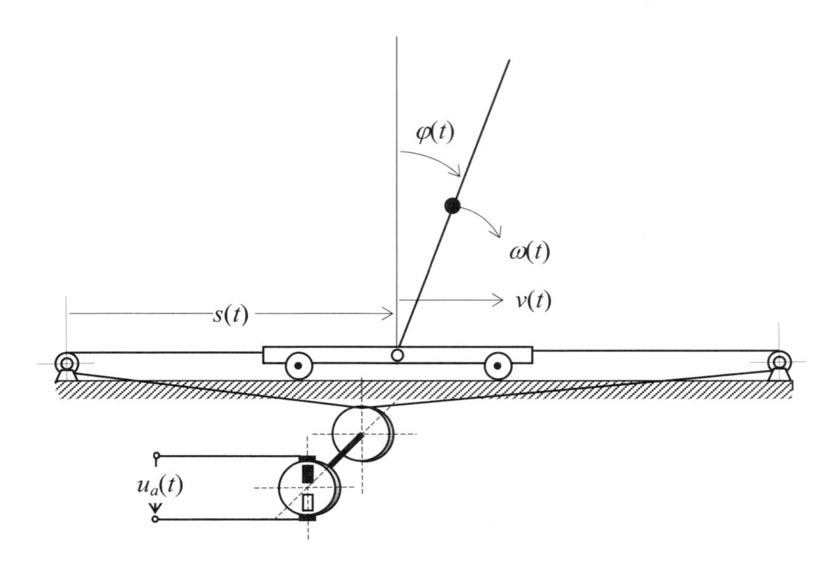

Abb. 5.7 *Prinzipskizze des Systems* Inverses Pendel

5.3.1 Bewegungsgleichungen des Systems 5. Ordnung

Das Inverse Pendel wird durch die verallgemeinerten Koordinaten Winkel des Stabes, Weg des Wagens bzw. eines Seilpunktes und Ankerstrom des Scheibenläufermotors beschrieben. Die kinetische Energie, die Dissipation der Energie und die Potenziale ergeben sich aus denen der beiden Teilsysteme durch Addition. Eine potenzielle Energie tritt nicht auf.

Kinetische Energie

Die Addition der Gleichungen (5.17) und (5.67) liefert die gesamte kinetische Energie:

$$\begin{aligned} T(t) \;=\; & \tfrac{1}{2}\Big\{(m_1+m_2)\dot{s}^2(t) + 2l\,m_2\,\dot{s}(t)\dot{\varphi}(t)\cos\varphi(t) \\ & +\tfrac{4}{3}l^2 m_2\dot{\varphi}^2(t) + \tfrac{1}{r_s^2}J_A\,\dot{s}^2 \qquad [\mathrm{Nm}=\mathrm{J}] \qquad (5.99) \\ & +L_a\,\dot{q}_a^2 + 2\Phi_a\,\dot{q}_a + \tfrac{2k_a}{r_s}s\,\dot{q}_a\Big\} \end{aligned}$$

Potenzielle Energie

$$V = 0 \qquad (5.100)$$

Dissipation der Energie

Die Addition der Gleichungen (5.19) und (5.71) liefert die gesamte Dissipation der Energie:

$$D(t) = \delta\,\dot{\varphi}^2(t) + d\,\dot{s}^2(t) + R_a\,\dot{q}_a^2 + \tfrac{k_d}{r_s^2}\dot{s}^2 \qquad \left[\tfrac{\mathrm{J}}{\mathrm{s}} = \mathrm{W}\right] \qquad (5.101)$$

Potenziale

Das im Bereich der verallgemeinerten Koordinate des Winkels $\varphi(t)$ wirkende Moment der Erdanziehung nach Gleichung (5.20):

$$y_\varphi(t) = g\,l\,m_2 \sin\varphi(t) \qquad [\mathrm{N\,m} = \mathrm{J}] \qquad (5.102)$$

Die im Bereich der verallgemeinerten Koordinate des Weges $s(t)$ wirkende Seilkraft nach Gleichung (5.21), auf das an der Seilscheibe wirkende Lastmoment umgerechnet, addiert mit den auf den mechanischen Teil des Antriebs wirkenden Potenzialen nach Gleichung (5.72):

$$\begin{aligned} y_s(t) &= F(t) - \tfrac{1}{r_s} M_L(t) - \tfrac{1}{r_s} M_R \\ &= \tfrac{1}{r_s} M_L(t) - \tfrac{1}{r_s} M_L(t) - \tfrac{1}{r_s} M_R \quad [\mathrm{N}] \\ y_s(t) &= -\tfrac{1}{r_s} M_R \end{aligned} \qquad (5.103)$$

Aus der Seilkraft ist durch das Zusammenschalten der beiden Systeme eine innere Kraft geworden, bzw. stellt sie für das System Stab-Wagen ein positives Potenzial und für den Motor ein negatives Potenzial dar, so dass sie sich gegenseitig aufheben.

Im Bereich der verallgemeinerten Koordinate „zeitliche Änderung der elektrischen Ladung" bzw. des Ankerstromes nach Gleichung (5.73) bildet die Ankerspannung u_a das Potenzial, es ist positiv:

$$y_{q_a}(t) = u_a(t) \qquad [\mathrm{V}] \qquad (5.104)$$

Auf die partiellen bzw. zeitlichen Ableitungen der Gleichungen (5.99) bis (5.101) und Bilden der Lagrange'schen Bewegungsgleichungen 2. Art unter Verwendung der Potenziale entsprechend der Gleichungen (5.102) bis (5.104) wird verzichtet!

Differenzialgleichungen der verallgemeinerten Koordinate Winkel

Sie entspricht der Gleichung (5.27), d. h. sie verändert sich durch Hinzunahme des Ankerstromes als Zustandsgröße nicht, da er energetisch nicht auf den Winkel einwirkt:

$$\tfrac{4}{3} l^2 m_2 \ddot{\varphi}(t) + l\,m_2\,\ddot{s}(t)\cos\varphi(t) + \delta\,\dot{\varphi}(t) = g\,l\,m_2 \sin\varphi(t) \qquad (5.105)$$

Differenzialgleichungen der verallgemeinerten Koordinate Weg

Zu der Differenzialgleichung (5.33) der Beschleunigung des Wagens ist noch die Differenzialgleichung (5.78) der Beschleunigung eines Seilpunktes zu addieren, daraus folgt:

$$\left(m_1 + m_2 + \frac{1}{r_s^2} J_A\right)\ddot{s}(t) + l\, m_2\, \ddot{\varphi}(t) + \left(d + \frac{k_d}{r_s^2}\right)\dot{s}(t) - \frac{k_a}{r_s}\dot{q}_a = -\frac{1}{r_s} M_R \quad (5.106)$$

Differenzialgleichung der verallgemeinerten Koordinate Ankerstrom

Sie entspricht der Differenzialgleichung (5.87):

$$\frac{di_a(t)}{dt} + \frac{k_a}{L_a r_s} v(t) + \frac{R_a}{L_a} i_a(t) = \frac{1}{L_a} u_a(t) \quad (5.107)$$

Auflösen der simultanen Differenzialgleichungen der Beschleunigung des Winkels

$$\begin{aligned}\frac{d\omega(t)}{dt} = \;& 3\Big\{-\delta\left(m_1 + m_2 + \tfrac{1}{r_s^2} J_A\right)\omega(t) \\ & - l^2 m_2^2 \cos\varphi(t) \sin\varphi(t)\, \omega^2(t) + l\, m_2 \left(d + \tfrac{k_d}{r_s^2}\right)\cos\varphi(t)\, v(t) \\ & + g\, l\, m_2 \left(m_1 + m_2 + \tfrac{1}{r_s^2} J_A\right)\sin\varphi(t) \\ & - l\, m_2 \tfrac{k_a}{r_s}\cos\varphi(t)\, i_a(t) + l\, m_2 \tfrac{1}{r_s} M_R \cos\varphi(t)\Big\} / \\ & l^2 m_2 \left\{4\left(m_1 + m_2 + \tfrac{1}{r_s^2} J_A\right) - 3 m_2 \cos^2\varphi(t)\right\}\end{aligned} \quad (5.108)$$

Auflösen der simultanen Differenzialgleichung der Beschleunigung des Weges

$$\begin{aligned}\frac{dv(t)}{dt} = \;& \Big\{4 l^2 m_2 \sin\varphi(t)\, \omega^2(t) + 3\delta \cos\varphi(t)\, \omega(t) \\ & - 3 g\, l\, m_2 \cos\varphi(t) \sin\varphi(t) - 4l\left(d + \tfrac{k_d}{r_s^2}\right) v(t) \\ & + 4l \tfrac{k_a}{r_s} i_a(t) - 4l \tfrac{1}{r_s} M_R\Big\} / \\ & l\left\{4\left(m_1 + m_2 + \tfrac{1}{r_s^2} J_A\right) - 3 m_2 \cos^2\varphi(t)\right\}\end{aligned} \quad (5.109)$$

5.3.2 Linearisiertes Modell 5. Ordnung

Die Bedingungen für die Linearisierung entsprechen denen des Abschnitts 5.1.4.

Linearisierte Differenzialgleichung der Beschleunigung des Winkels

$$\begin{aligned}
\frac{d\Delta\omega(t)}{dt} &= \frac{3}{l^2 m_2\left\{4m_1 r_s^2 + m_2 r_s^2 + J_A\right\}} \\
&\quad \left\{+g\, l\, m_2\left(m_1 r_s^2 + m_2 r_s^2 + J_A\right)\Delta\varphi(t)\right. \\
&\quad -\delta\left(m_1 r_s^2 + m_2 r_s^2 + J_A\right)\Delta\omega(t) + l\, m_2\left(d\, r_s^2 + k_d\right)\Delta v(t) \\
&\quad \left. -\, l\, m_2\, k_a\, r_s\, i_a(t) + l\, m_2\, r_s\, M_R\right\} \\
\frac{d\Delta\omega(t)}{dt} &= a_{21}\,\Delta\varphi(t) + a_{22}\,\Delta\omega(t) + 0\,\Delta s(t) + a_{24}\,\Delta v(t) \\
&\quad + a_{25}\, i_a(t) + 0\, u_a(t) + b_{22}\, M_R
\end{aligned} \tag{5.110}$$

Linearisierte Differenzialgleichung der Beschleunigung des Weges

$$\begin{aligned}
\frac{d\Delta v(t)}{dt} &= \frac{1}{l\left(4m_1 r_s^2 + m_2 r_s^2 + J_A\right)} \\
&\quad \left\{-3\, g\, l\, m_2\, r_s^2 \Delta\varphi(t) + 3\,\delta\, r_s^2 \Delta\omega(t)\right. \\
&\quad \left. -\, 4l\left(d\, r_s^2 + k_d\right)\Delta v(t) + 4l\, k_a\, r_s\, i_a(t) - 4l\, r_s\, M_R\right\} \\
\frac{d\Delta v(t)}{dt} &= a_{41}\,\Delta\varphi(t) + a_{42}\,\Delta\omega(t) + 0\,\Delta s(t) + a_{44}\,\Delta v(t) \\
&\quad + a_{45}\, i_a(t) + 0\,\Delta u_a(t) + b_{42}\, M_R
\end{aligned} \tag{5.111}$$

Lineare Differenzialgleichung der zeitlichen Änderung des Ankerstromes

$$\begin{aligned}
\frac{di_a(t)}{dt} &= -\frac{k_a}{L_a r_s}\Delta v(t) - \frac{R_a}{L_a} i_a(t) + \frac{1}{L_a} u_a(t) \\
\frac{di_a(t)}{dt} &= 0\,\Delta\varphi(t) + 0\,\Delta\omega(t) + 0\,\Delta s(t) + a_{54}\,\Delta v(t) \\
&\quad + a_{55}\, i_a(t) + b_{51}\, u_a(t) + 0\, M_R
\end{aligned} \tag{5.112}$$

Koeffizienten des linearisierten Modells 5. Ordnung

$$
\begin{aligned}
a_{21} &= \frac{3g_n\left(m_1 r_s^2 + m_2 r_s^2 + J_A\right)}{l\left(4m_1 r_s^2 + m_2 r_s^2 + J_A\right)} & a_{22} &= -\frac{3\delta\left(m_1 r_s^2 + m_2 r_s^2 + J_A\right)}{l^2 m_2\left(4m_1 r_s^2 + m_2 r_s^2 + J_A\right)} \\
a_{24} &= \frac{3\left(d r_s^2 + k_d\right)}{l\left(4m_1 r_s^2 + m_2 r_s^2 + J_A\right)} & a_{25} &= -\frac{3k_a r_s}{l\left(4m_1 r_s^2 + m_2 r_s^2 + J_A\right)} \\
b_{22} &= \frac{3r_s}{l\left(4m_1 r_s^2 + m_2 r_s^2 + J_A\right)} & & \\
a_{41} &= -\frac{3g_n m_2 r_s^2}{4m_1 r_s^2 + m_2 r_s^2 + J_A} & a_{42} &= \frac{3\delta r_s^2}{l\left(4m_1 r_s^2 + m_2 r_s^2 + J_A\right)} \\
a_{44} &= -\frac{4\left(d r_s^2 + k_d\right)}{4m_1 r_s^2 + m_2 r_s^2 + J_A} & a_{45} &= \frac{4k_a r_s}{4m_1 r_s^2 + m_2 r_s^2 + J_A} \\
b_{42} &= -\frac{4r_s}{4m_1 r_s^2 + m_2 r_s^2 + J_A} & & \\
a_{54} &= -\frac{k_a}{L_a r_s} & a_{55} &= -\frac{R_a}{L_a} \\
b_{51} &= \frac{1}{L_a} & &
\end{aligned}
\qquad (5.113)
$$

5.3.3 Linearisiertes Zustandsmodell 5. Ordnung

Die nachfolgend dargestellten Zustandsvariablen sind entsprechend Gleichung (5.110), (5.111) und (5.112) Abweichungsvariable vom Arbeitspunkt, so dass sie eigentlich mit dem Vorsatz Δ geschrieben werden müssten, der aber vereinbarungsgemäß entfällt. Damit ergibt sich für das *Inverse Pendel* die Vektor-Matrix-Differenzialgleichung des linearisierten Modells 5. Ordnung:

$$
\frac{d}{dt}\begin{bmatrix} \varphi(t) \\ \omega(t) \\ s(t) \\ v(t) \\ i_a(t) \end{bmatrix} = \begin{bmatrix} 0 & 1 & 0 & 0 & 0 \\ a_{21} & a_{22} & 0 & a_{24} & a_{25} \\ 0 & 0 & 0 & 1 & 0 \\ a_{41} & a_{42} & 0 & a_{44} & a_{45} \\ 0 & 0 & 0 & a_{54} & a_{55} \end{bmatrix} \begin{bmatrix} \varphi(t) \\ \omega(t) \\ s(t) \\ v(t) \\ i_a(t) \end{bmatrix} + \begin{bmatrix} 0 & 0 \\ 0 & b_{22} \\ 0 & 0 \\ 0 & b_{42} \\ b_{51} & 0 \end{bmatrix} \begin{bmatrix} u_a(t) \\ M_F \end{bmatrix} \qquad (5.114)
$$

$$
\dot{\mathbf{x}}(t) = \mathbf{A}\,\mathbf{x}(t) + \mathbf{B}\,\mathbf{u}(t)
$$

Wie sich in einem späteren Kapitel zeigen wird, ist dieses Modell, auf Grund der sehr kleinen Induktivität, nicht vollständig steuerbar, so dass für die weitere Nutzung des Modells *Inverses Pendel*, der vereinfachte Antrieb verwendet wird. Siehe dazu Abschnitt 5.2.9.

5.3.4 Linearisiertes Modell 4. Ordnung

Algebraische Gleichung des Ankerstroms

Der Ankerstrom in den Differenzialgleichungen (5.110) für den Winkel und (5.111) für den Weg wird durch Gleichung (5.94) ersetzt. Es gilt:

$$i_a(t) = -\frac{k_a}{r_s\, R_a}\Delta v(t) + \frac{1}{R_a} u_a(t) \tag{5.115}$$

Damit ergeben sich die linearisierten Differenzialgleichungen der Beschleunigung des Winkels und des Weges.

Linearisierte Differenzialgleichung der Beschleunigung des Winkels

$$\begin{aligned}
\frac{d\Delta\omega(t)}{dt} &= \frac{3}{l^2 m_2 \left\{4m_1\, r_s^2 + m_2\, r_s^2 + J_A\right\}} \\
&\quad \left\{+g_n\, l\, m_2\left(m_1\, r_s^2 + m_2\, r_s^2 + J_A\right)\Delta\varphi(t)\right. \\
&\quad -\delta\left(m_1\, r_s^2 + m_2\, r_s^2 + J_A\right)\Delta\omega(t) \\
&\quad +\frac{l\, m_2}{R_a}\left(d\, r_s^2\, R_a + k_a^2 + k_d\, R_a\right)\Delta v(t) \\
&\quad \left. -\frac{l\, m_2\, k_a\, r_s}{R_a} u_a(t) + l\, m_2\, r_s\, M_R\right\}
\end{aligned} \tag{5.116}$$

$$\begin{aligned}
\frac{d\Delta\omega(t)}{dt} &= a_{21}\,\Delta\varphi(t) + a_{22}\,\Delta\omega(t) + 0\,\Delta s(t) + a_{24}\,\Delta v(t) \\
&\quad + b_{21}\, u_a(t) + b_{22}\, M_R
\end{aligned}$$

Linearisierte Differenzialgleichung der Beschleunigung des Weges

$$\begin{aligned}
\frac{d\Delta v(t)}{dt} &= \frac{1}{l\left(4m_1\, r_s^2 + m_2\, r_s^2 + J_A\right)}\left\{-3\, g_n\, l\, m_2\, r_s^2 \Delta\varphi(t) + 3\delta\, r_s^2 \Delta\omega(t)\right. \\
&\quad \left. -\frac{4l\left(d\, r_s^2\, R_a + k_a^2 + k_d\, R_a\right)}{R_a}\Delta v(t) + \frac{4l\, k_a\, r_s}{R_a} u_a(t) - 4l\, r_s\, M_R\right\}
\end{aligned} \tag{5.117}$$

$$\begin{aligned}
\frac{d\Delta v(t)}{dt} &= a_{41}\,\Delta\varphi(t) + a_{42}\,\Delta\omega(t) + 0\,\Delta s(t) + a_{44}\,\Delta v(t) \\
&\quad + 0\, u_a(t) + b_{42}\, M_R
\end{aligned}$$

Koeffizienten des linearisierten Modells 4. Ordnung

$$\begin{aligned}
a_{21} &= \frac{3g_n\left(m_1 r_s^2 + m_2 r_s^2 + J_A\right)}{l\left(4m_1 r_s^2 + m_2 r_s^2 + J_A\right)} & a_{22} &= -\frac{3\delta\left(m_1 r_s^2 + m_2 r_s^2 + J_A\right)}{l^2 m_2\left(4m_1 r_s^2 + m_2 r_s^2 + J_A\right)} \\
a_{24} &= \frac{3\left(d r_s^2 R_a + k_a^2 + k_d R_a\right)}{l R_a\left(4m_1 r_s^2 + m_2 r_s^2 + J_A\right)} \\
b_{21} &= -\frac{3k_a r_s}{l R_a\left(4m_1 r_s^2 + m_2 r_s^2 + J_A\right)} & b_{22} &= \frac{3r_s}{l\left(4m_1 r_s^2 + m_2 r_s^2 + J_A\right)} \\
a_{41} &= -\frac{3g_n m_2 r_s^2}{4m_1 r_s^2 + m_2 r_s^2 + J_A} & a_{42} &= \frac{3\delta r_s^2}{l\left(4m_1 r_s^2 + m_2 r_s^2 + J_A\right)} \\
a_{44} &= -\frac{4\left(d r_s^2 R_a + k_a^2 + k_d R_a\right)}{R_a\left(4m_1 r_s^2 + m_2 r_s^2 + J_A\right)} \\
b_{41} &= \frac{4k_a r_s}{R_a\left(4m_1 r_s^2 + m_2 r_s^2 + J_A\right)} & b_{42} &= -\frac{4r_s}{4m_1 r_s^2 + m_2 r_s^2 + J_A}
\end{aligned} \tag{5.118}$$

5.3.5 Linearisiertes Zustandsmodell 4. Ordnung

Vektor-Matrix-Differenzialgleichung

Die nachfolgend dargestellten Zustandsvariablen sind entsprechend Gleichung (5.116) und (5.117) Abweichungsvariable vom Arbeitspunkt, so dass sie eigentlich mit dem Vorsatz Δ geschrieben werden müssten, der aber vereinbarungsgemäß entfällt. Damit ergibt sich für das *Inverse Pendel*, bestehend aus dem System Stab-Wagen und dem vereinfachten Modell des Antriebs, die Vektor-Matrix-Differenzialgleichung des linearisierten Modells 4. Ordnung:

$$\frac{d}{dt}\begin{bmatrix} \varphi(t) \\ \omega(t) \\ s(t) \\ v(t) \end{bmatrix} = \begin{bmatrix} 0 & 1 & 0 & 0 \\ a_{21} & a_{22} & 0 & a_{24} \\ 0 & 0 & 0 & 1 \\ a_{41} & a_{42} & 0 & a_{44} \end{bmatrix}\begin{bmatrix} \varphi(t) \\ \omega(t) \\ s(t) \\ v(t) \end{bmatrix} + \begin{bmatrix} 0 & 0 \\ b_{21} & b_{22} \\ 0 & 0 \\ b_{41} & b_{42} \end{bmatrix}\begin{bmatrix} u_a(t) \\ M_R \end{bmatrix} \tag{5.119}$$

$$\dot{\mathbf{x}}(t) = \mathbf{A}\,\mathbf{x}(t) + \mathbf{B}\,\mathbf{u}(t)$$

Die Zahlenwerte können der function *ipendel* entnommen werden. Der äußerliche Aufbau der Systemmatrix hat sich durch die Hinzunahme des Modells für den vereinfachten Antrieb nicht verändert, dagegen aber die Werte der Koeffizienten.

Vektor-Matrix-Ausgangsgleichung

Am Ausgang interessieren der Winkel in Grad, den der Stab zur Senkrechten einnimmt; der Weg, den der Wagen zurücklegt und der Ankerstrom:

$$\begin{bmatrix} \Phi(t) \\ s(t) \\ i_a(t) \end{bmatrix} = \begin{bmatrix} c_{11} & 0 & 0 & 0 \\ 0 & 0 & 1 & 0 \\ 0 & 0 & 0 & c_{34} \end{bmatrix} \begin{bmatrix} \varphi(t) \\ \omega(t) \\ \hline s(t) \\ \hline v(t) \end{bmatrix} + \begin{bmatrix} 0 & 0 \\ 0 & 0 \\ d_{31} & 0 \end{bmatrix} \begin{bmatrix} u_a(t) \\ M_R \end{bmatrix} \quad (5.120)$$

$$\mathbf{y}(t) = \mathbf{C}\,\mathbf{x}(t) + \mathbf{D}\,\mathbf{u}(t)$$

mit den Koeffizienten:

$$c_{11} = \frac{180}{\pi} \quad c_{34} = -\frac{k_a}{R_a\, r_s} \quad d_{31} = \frac{1}{R_a} \quad (5.121)$$

5.3.6 Eigenwerte des Inversen Pendels

Die Werte der Koeffizienten können mit der function *ipendel* ermittelt werden. Die Systemmatrix des Inversen Pendels nach Gleichung (5.119) liefert als Eigenwerte:

Inverses Pendel	System Stab-Wagen	Antrieb
>> ZP = ipendel(4);	>> ZS = stawa;	>> ZA1 = antrieb(1);
>> Pop = esort(eig(ZP))	>> PoS = esort(eig(ZS))	>> Poa = eig(ZA1)
Pop =	PoS =	Poa =
3.13	3.24	-61.58
0	0	
-3.12	-0.09	
-7.48	-3.82	

Durch Hinzunahme des Antriebs erfolgt, bis auf den Eigenwert im Ursprung, eine Linksverschiebung der Eigenwerte des *Inversen Pendels* gegenüber denen des Systems Stab-Wagen. Auch hier befindet sich ein Eigenwert im positiven Bereich der Gauß'schen Zahlenebene.

5.3.7 Funktion zur Berechnung der Modellgleichungen

```
function [A1,A2,A3,A4] = ipendel(Ordnung)
% Mit 'ZP = ipendel(Ordnung)' werden für die nachfolgend
% aufgeführten linearen Systeme die Zustandsmodelle
% berechnet und unter ZP ausgegeben.
% Mit '[A,B,C,D] = ipendel(Ordnung)' werden die
% Systemmatrizen ausgegeben.
% Das Modell des 'Inversen Pendels' besteht aus dem System
% Stab-Wagen und dem Modell des Antriebs - GSL-Motor mit
% Seilscheibe und Umlenkrollen.
% Für den GSL-Motor werden das Modell zweiter Ordnung und
% das vereinfachte Modell verwendet, so dass sich für das 'In-
% verse Pendel' zum Einen ein System 5. Ordnung und zum
% Anderen ein Modell 4. Ordnung ergibt.
```

```
% Um das Modell 4. Ordnung, d. h. ohne den Ankerstrom, zu
% erhalten, ist einzugeben:
% ZP = ipendel
% Um das Modell 5. Ordnung, d. h. mit dem Ankerstrom, zu
% erhalten, ist einzugeben:
% ZP = ipendel(5)

% Technische Daten für den Stab und den Wagen
    % Normalfallbeschleunigung in [m/s²], siehe gn
    gn = 9.80665;
    % Abstand des Stabschwerpunktes vom Drehpunkt in [m]
    l  = 0.75;
    m1 = 0.7985;           % Masse des Wagens in [kg]
    m2 = 0.306;            % Masse des Stabes in [kg]
    % Dämpfungskoeffizient der Drehbewegung des Stabes
    delta = 0.1;           % in [kg m²/s]
    % Dämpfungskoeffizient der Fahrbewegung des Wagens
    d = 0.1;               % in [kg/s]
% Technische Daten des Antriebs
% - GSL-Motor, Seilscheibe und Umlenkrollen -
    Ra = 1.4*0.71;         % Ankerkreiswiderstand [Ohm = V/A]
    La = 0.457e-004;       % Ankerkreisinduktivität [H = Vs/A]
    ka = 0.061;            % Elektrische Motorkonstante [Vs],
                           % Produkt aus der Maschinenkonstan-
                           % te und dem magnetischen Fluss
                           % im Luftspalt
    kd = 2.52e-004;        % Dämpfungskonstante [Nms]
    rs = 2.56e-002;        % Radius der Seilscheibe [m]
    r1 = 8e-003;           % Radius der Umlenkrollen [m]
    Jm = 4.4e-005;         % Massenträgheitsmoment
                           % des Motors [kg m²]
    Js = 1.883e-005;       % Massenträgheitsmoment
                           % der Seilscheibe [kg m²]
    J1 = 0.032e-005;       % Massenträgheitsmoment
                           % der Umlenkrollen [kg m²]
% Massenträgheitsmoment sämtlicher bewegten Teile [kg m²)]
    JA = Jm + Js+ 2*rs/r1*J1;
% Häufig auftretende Werte im Zähler
    Zm = rs^2*(m1 + m2)+ JA;
% Häufig auftretender Nenner
    N = rs^2*(4*m1 + m2)+ JA;

% Anzahl der Eingänge
ein = nargin;
% Anzahl der Ausgänge
aus = nargout;
% Entscheidung
if ein == 0
    fall = 0;
elseif and(ein == 1,Ordnung == 5)
    fall = 1;
else
    fall = 2;
end
% Berechnungen
switch fall
    case 0   % Modell 4. Ordnung
        % Koeffizienten
            Zd = Ra*(d*rs^2 + kd) + ka^2;
            a21 = 3*gn*Zm/l/N;
```

```
            a22 = -3*delta*Zm/(l^2*m2*N);
            a24 = 3*Zd/l/N/Ra;
            a41 = -3*gn*m2*rs^2/N;
            a42 = 3*delta*rs^2/l/N;
            a44 = -4*Zd/N/Ra;
            b21 = -3*ka*rs/l/N/Ra;
            b22 = 3*rs/l/N;
            b41 = 4*ka*rs/N/Ra;
            b42 = -4*rs/N;
            c11 = 180/pi;
            c34 = -ka/Ra/rs;
            d31 = 1/Ra;
        % Matrizen
            A = [0 1 0 0;a21 a22 0 a24;...
                 0 0 0 1;a41 a42 0 a44];
            B = [0 0;b21 b22;0 0;b41 b42];
            C = [c11 0 0 0;0 0 1 0;0 0 0 c34];
            D = zeros(3,2);
            D(3,1) = d31;
            if aus == 0
            % Ausgabe der Systemgleichungen ohne Übergabe
            % der Variablen
               disp(['          Systemgleichungen des ',...
               'inversen Pendels 4. Ordnung'])
               eg = ('ua(t) MR');
               ag = ('Phi(t) s(t) ia(t)');
               zg = ('phi(t) w(t) s(t) v(t)');
               printsys(A,B,C,D,eg,ag,zg)
             elseif aus == 1
             % Zustandsmodell
               A1 = ss(A,B,C,D);
             elseif aus == 4
             % Matrizen des Zustandsmodells
               A1 = A; A2 = B; A3 = C; A4 = D;
            end
    case 1  % Modell 5. Ordnung
        % Koeffizienten
            Zd = d*rs^2 + kd;
            a21 = 3*gn*Zm/l/N; a22 = -3*delta*Zm/(l^2*m2*N);
            a24 = 3*Zd/l/N; a25 = -3*ka*rs/l/N;
            a41 = -3*gn*m2*rs^2/N;
            a42 = 3*delta*rs^2/l/N;
            a44 = -4*Zd/N; a45 = 4*ka*rs/N;
            a54 = -ka/La/rs; a55 = -Ra/La;
            b22 = -3*rs/l/N; b42 = -4*rs/N;
            b51 = 1/La; c11 = 180/pi;
        % Matrizen
            A = [0 1 0 0 0;a21 a22 0 a24 a25;...
                 0 0 0 1 0;a41 a42 0 a44 a45;...
                 0 0 0 a54 a55];
            B = [0 0;0 b22;0 0;0 b42;b51 0];
            C = [c11 0 0 0 0;0 0 1 0 0;0 0 0 0 1];
            D = zeros(3,2);
            if aus == 0
            % Ausgabe der Systemgleichungen ohne Übergabe
            % der Variablen
               disp(['          Systemgleichungen des ',...
               'inversen Pendels 5. Ordnung'])
               eg = ('ua(t) MR');
               ag = ('Phi(t) s(t) ia(t)');
```

```
                zg = ('phi(t) w(t) s(t) v(t) ia(t)');
                printsys(A,B,C,D,eg,ag,zg)
              elseif aus == 1
              % Zustandsmodell
                A1 = ss(A,B,C,D);
              elseif aus == 4
              % Matrizen des Zustandsmodells
                A1 = A; A2 = B; A3 = C; A4 = D;
             end
    case 2
       error(['Die Ordnung des Systems mit der ',...
              'Zustandsgröße ia(t) ist falsch! ', ...
              'Sie muss 5 betragen!'])
    otherwise
       error('Falsche Eingabe')
end
% Ende der function ipendel
```

5.3.8 Signalflussplan des Inversen Pendels

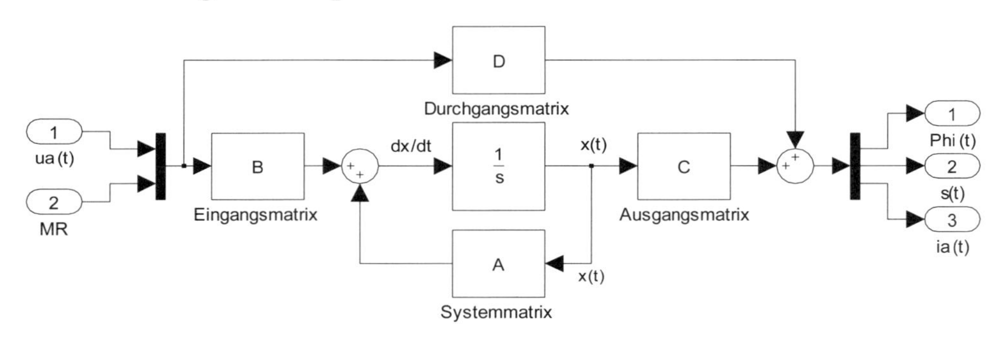

Abb. 5.8 Signalflussplan des Inversen Pendels

5.4 Regelkreis

Der Regelkreis wird aus dem *Inversen Pendel* – Stab-Wagen mit dem vereinfachten Antriebsmodell – als Regelstrecke, entsprechend Gleichung (5.119) und (5.120), sowie mit einer linearen Zustandsrückführung zur Stabilisierung der instabilen Regelstrecke und einem PI-Regler gebildet.

5.4.1 Regelstrecke – Inverses Pendel

Bei der Regelstrecke handelt es sich um ein Eingrößensystem, da für das System 4. Ordnung mit den drei Ausgangsgrößen Winkel des Stabes $\Phi(t)$, Weg des Wagens $s(t)$ und Ankerstrom $i_a(t)$ des Motors nur die Ankerspannung $u_a(t)$ des Scheibenläufermotors als Steuergröße zur Verfügung steht. Siehe Abb. 5.8.

Systemgleichungen und Matrix-Übertragungsfunktion

Im Kapitel 6 wird gezeigt werden, dass zwischen der Beschreibung eines Systems durch ein Zustandsmodell – Zeitbereich – und durch eine Übertragungsfunktion – Frequenzbereich – folgender Zusammenhang gilt, wenn es sich um ein Eingrößensystem handelt:

$$\begin{aligned} \dot{\mathbf{x}}(t) &= \mathbf{A}\,\mathbf{x}(t) + \mathbf{b}\,u(t) \quad \circ\!\!-\!\!\bullet \quad \mathbf{X}(s) = (s\,\mathbf{I} - \mathbf{A})^{-1}\,\mathbf{b}\,U(s) \\ \mathbf{y}(t) &= \mathbf{C}\,\mathbf{x}(t) + \mathbf{d}\,u(t) \quad \circ\!\!-\!\!\bullet \quad \mathbf{Y}(s) = \mathbf{C}\,\mathbf{X}(s) + \mathbf{d}\,U(s) \end{aligned} \tag{5.122}$$

Mit (5.122) ergibt sich die Ausgangsgleichung im Frequenzbereich zu:

$$\mathbf{Y}(s) = \left[\mathbf{C}(s\,\mathbf{I} - \mathbf{A})^{-1}\,\mathbf{b} + \mathbf{d}\right]U(s) \tag{5.123}$$

Aus der Gleichung (5.123) folgt die Matrix-Übertragungsfunktion für ein Eingrößensystem:

$$\mathbf{G}(s) = \frac{\mathbf{Y}(s)}{U(s)} = \left[\mathbf{C}(s\,\mathbf{I} - \mathbf{A})^{-1}\,\mathbf{b} + \mathbf{d}\right] \tag{5.124}$$

```
>> MG = rk_test
  Matrix-Übertragungsfunktion des Inversen Pendels

Transfer function from input to output...
              -152.7 s
 #1:  ------------------------------------
      s^3 + 7.47 s^2 - 9.869 s - 73.11

        2.664 s^2 + 1.257 s - 28.28
 #2:  ------------------------------------------
      s^4 + 7.47 s^3 - 9.869 s^2 - 73.11 s

      1.006 s^3 + 1.128 s^2 - 12.94 s - 5.751
 #3:  ---------------------------------------
        s^3 + 7.47 s^2 - 9.869 s - 73.11
```

Es bedeuten:

$$\#1: G_{\varphi}(s) = \frac{\Phi(s)}{U(s)}; \quad \#2: G_{s}(s) = \frac{S(s)}{U(s)}; \quad \#3: G_{i_a}(s) = \frac{I_a(s)}{U(s)} \tag{5.125}$$

Aus den z. T. negativen Vorzeichen der Koeffizienten des Nenners folgt, dass es mindestens einen Pol gibt, der in der rechten Hälfte der komplexen Zahlenebene liegt, das System ist somit instabil.

Die negativen Vorzeichen einiger Koeffizienten des Zählers bedeuten, dass mindestens eine Nullstelle in der rechten Hälfte der komplexen Zahlenebene liegt.

Aus dem Umstand, dass Pole und Nullstellen in der rechten Hälfte der komplexen Zahlenebene liegen, folgt, dass es sich um ein *System nichtminimaler Phase* handelt, siehe Kapitel 6.6.5. Typisch für Systeme nichtminimaler Phase ist, dass die Sprungantwort zunächst entgegen der späteren Richtung beginnt und dass kein eindeutiger Zusammenhang zwischen dem Amplituden- und Phasengang besteht, so wie es bei den Phasenminimum-Systemen ist.

Steuerbarkeits- und Beobachtbarkeitstest mit der function rk_test

Zunächst soll das Inverse Pendel durch eine lineare Zustandsrückführung stabilisiert werden. Dies setzt voraus, dass mit der Steuergröße Ankerspannung alle vier Zustandsgrößen gesteuert werden können! Dem soll sich für die drei Ausgangsgrößen der Beobachtbarkeitstest anschließen. Zu den Eigenschaften der Steuerbarkeit und Beobachtbarkeit, siehe Kapitel 8.

```
function MG = rk_test
% Test zur Steuer- und Beobachtbarkeit des Inversen Pendels
% sowie Berechnung und Ausgabe der Matrix-Übertragungs-
% funktion des Inversen Pendels.
ZP = ipendel;
% Ermitteln der Systemmatrizen
[A,B,C,D] = ssdata(ZP);
% Anzahl der Ausgänge
aus = nargout;
% Berechnungen
    b = B(:,1);
    d = D(:,1);
switch aus
    case 0
        % Steuerbarkeitstest
          disp('                       Lösung')
        stu = rank(ctrb(A,b));
        if stu == 4
            disp('                    Steuerbarkeitstest')
            disp(['Das System 4. Ordnung ist über die ',...
            'Ankerspannung ''ua'' voll-'])
            fprintf(['ständig steuerbar, da der Rang ',...
            'der Steuerbarkeitsmatrix = %d ist!\n'], stu)
        end
        disp('    ')
        % Beobachtbarkeitstest für die drei Ausgangsgrößen
        byp = rank(obsv(A,C(1,:))); % Winkel Phi
        disp('                        Beobachtbarkeitstest')
        disp(['Das System ist über den Winkel ''Phi'' ',...
              'nicht vollständig'])
        disp(['beobachtbar, da der Rang der Beobacht',...
              'barkeitsmatrix nur den'])
        fprintf('Wert von %d aufweist!\n', byp)
        disp('      ')
        bys = rank(obsv(A,C(2,:))); % Weg s
        if bys == 4
            disp(['      Das System ist über den ',...
            'Weg ''s'' vollständig beobachtbar,'])
            fprintf(['      da der Rang der ',...
            'Beobachtbarkeitsmatrix = %d ist!\n'], bys)
        else
            disp(['Das System ist über den Weg ''s'' ',...
                  'nicht vollständig beobachtbar, '])
            fprintf(['da der Rang der Beobachtbarkeits-',...
            'matrix nur den Wert von %d aufweist!\n'], bys)
        end
        disp('      ')
        byia= rank(obsv(A,C(3,:))); % Ankerstrom ia
        disp(['Das System ist über den Ankerstrom ',...
              '''ia'' nicht vollständig'])
        disp(['beobachtbar, da der Rang der ',...
              'Beobachtbarkeitsmatrix nur den'])
```

```
        fprintf('Wert von %d aufweist!\n', byia)
        disp('     ')
    case 1
        % Matrix-Übertragungsfunktion des Inversen Pendels
        ZPb = ss(A,b,C,d);
        MG1 = tf(ZPb,'inv');
        [Z,N] = tfdata(MG1);
        % Korrektur von Zählerkoeffizienten < 1e-003 auf 0
        for k = 1:3
            Zt = Z{k};
            for l = 1:length(Zt)
                if abs(Zt(l)) < 1e-003
                    Zt(l) = 0; Z{k} = Zt;
                end
            end
        end
        MG = tf(Z,N);
end
% Ende der function rk_test
```

```
>> rk_test
                         Lösung
                    Steuerbarkeitstest
Das System 4. Ordnung ist über die Ankerspannung 'ua' voll-
ständig steuerbar, da der Rang der Steuerbarkeitsmatrix = 4 ist!

                   Beobachtbarkeitstest
Das System ist über den Winkel 'Phi' nicht vollständig
beobachtbar, da der Rang der Beobachtbarkeitsmatrix nur den
Wert von 3 aufweist!

   Das System ist über den Weg 's' vollständig beobachtbar,
   da der Rang der Beobachtbarkeitsmatrix = 4 ist!

Das System ist über den Ankerstrom 'ia' nicht vollständig
beobachtbar, da der Rang der Beobachtbarkeitsmatrix nur den
Wert von 3 aufweist!
```

Der mit der function *rk_test* durchgeführte Steuerbarkeitstest ergibt, dass über die Ankerspannung des Motors alle vier Zustände gesteuert werden können.
Aus dem Beobachtbarkeitstest folgt, dass über den Winkel $\Phi(t)$ und den Ankerstrom $i_a(t)$ jeweils nur drei von den vier Zuständen beobachtbar sind, so dass die Nennerpolynome in #1 und #3 auch nur von dritter Ordnung sind, d. h. bei diesen beiden Übertragungsfunktionen findet eine Pol/Nullstellen-Kürzung statt.
Über den Weg $s(t)$ sind dagegen alle vier Zustände beobachtbar, so dass das Nennerpolynom der Matrix-Übertragungsfunktion #2 von 4. Ordnung ist.

Übertragungsfunktion, Pole, Nullstellen und Verstärkungsfaktor

Aus den drei möglichen Übertragungsfunktionen wird die Beziehung zwischen dem Weg des Wagens und der Motorspannung ausgewählt. Somit gilt für die Übertragungsfunktion der Regelstrecke die #2 der Matrix-Übertragungsfunktion mit den Polen Po_P, Nullstellen Nu_P und dem Verstärkungsfaktor K_P:

```
>> MG = rk_test;
>> GP = MG(2)
Transfer function:
   2.664 s^2 + 1.257 s - 28.28
------------------------------------------
s^4 + 7.47 s^3 - 9.869 s^2 - 73.11 s
>> [NuP,PoP,KP] = zpkdata(GP,'v');
>> KP
KP =
   2.6643
```

```
>> NuP = esort(NuP)
NuP =
   3.0309
  -3.5026
>> PoP = esort(PoP)
PoP =
   3.1323
        0
  -3.1192
  -7.4830
```

Wie weiter oben ausgeführt, liegt ein Pol in der rechten Hälfte der komplexen Zahlenebene.

Lineare Zustandsrückführung

Mit einer linearen Zustandsrückführung sollen die Pole des Inversen Pendels so verschoben werden, dass es zu einem grenzstabilen System wird.
Die lineare Zustandsrückführung liefert einen Satz unverzögerter P-Regler. Da mit diesem Verfahren gezielt die Eigenwerte der Systemmatrix bzw. die Pole des zu regelnden Systems verschoben werden können, wird auch vom *Entwurf durch Polvorgabe* bzw. von der *Modalen Regelung* gesprochen.

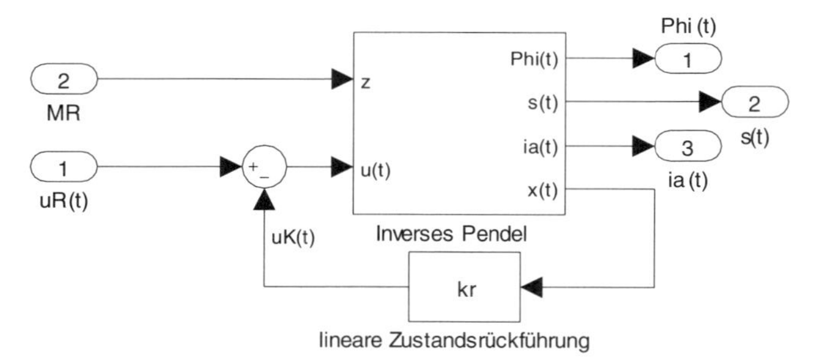

Abb. 5.9 *Regelstrecke Inverses Pendel mit linearer Zustandsrückführung*

Berechnung des linearen Rückführvektors $\mathbf{k}_r$

Mit dem Rückführvektor $\mathbf{k}_r$ und der Reglerausgangsgröße $u_R(t)$ lässt sich nach [Ackermann-1972], [Ackermann-1977], [Lunze-1997] usw. das Steuergesetz wie folgt angeben:

$$u(t) = -\mathbf{k}_r\,\mathbf{x}(t) + u_R(t) \tag{5.126}$$

Systemgleichungen des Inversen Pendels mit linearer Zustandsrückführung

Die Beziehung von Gleichung (5.126) in die Gleichung (5.122) eingesetzt, liefert die Vektor-Matrix-Differenzialgleichung des Inversen Pendels mit linearer Zustandsrückführung:

$$\begin{aligned} \dot{\mathbf{x}}(t) &= (\mathbf{A}-\mathbf{b}\,\mathbf{k}_r)\mathbf{x}(t)+\mathbf{b}\,u_R(t) \\ &\circ\!\!-\!\!\bullet \\ \mathbf{X}(s) &= (s\,\mathbf{I}-\mathbf{A}+\mathbf{b}\,\mathbf{k}_r)^{-1}\mathbf{b}\,U_R(s) \end{aligned} \tag{5.127}$$

und die Vektor-Matrix-Ausgangsgleichung:

$$\begin{aligned} \mathbf{y}(t) &= (\mathbf{C}-\mathbf{d}\,\mathbf{k}_r)\mathbf{x}(t)+\mathbf{d}\,u_R(t) \\ &\circ\!\!-\!\!\bullet \\ \mathbf{Y}(s) &= (\mathbf{C}-\mathbf{d}\,\mathbf{k}_r)\mathbf{X}(s)+\mathbf{d}\,U_R(s) \end{aligned} \tag{5.128}$$

Das Verfahren der Zustandsrückführung geht von der Vorgabe einer gewünschten Polkonfiguration aus, welche zu dem folgenden charakteristischen Polynom P_{mod} führt:

$$\begin{aligned} P_{mod}(s) &= det(s\mathbf{I}-\mathbf{A}+\mathbf{b}\,\mathbf{k}_r) \\ &= a_{0mod}+a_{1mod}\,s+\cdots+a_{(n-1)mod}s^{n-1}+s^n \end{aligned} \tag{5.129}$$

Gleichung (5.129) bildet die Grundlage für den Entwurf, der ein steuerbares System voraussetzt. Der modale Rückführvektor $\mathbf{k}_r$ wird mit Hilfe der M-function *acker* berechnet. Eine Erläuterung der Funktion und des sie beinhaltenden Verfahrens wird im Kapitel 8 gegeben.
Aus den Frequenzbereichsteilen der Gleichungen (5.127) und (5.128) folgt zunächst die Ausgangsgleichung:

$$\mathbf{Y}(s)=\left[(\mathbf{C}-\mathbf{d}\,\mathbf{k}_r)(s\,\mathbf{I}-\mathbf{A}+\mathbf{b}\,\mathbf{k}_r)^{-1}\,\mathbf{b}+\mathbf{d}\right]U_R(s) \tag{5.130}$$

und nach einer Umformung die Matrix-Übertragungsfunktion des durch eine lineare Zustandsrückführung grenzstabilisierten Inversen Pendels:

$$\mathbf{G}(s)=\frac{\mathbf{Y}(s)}{U_R(s)}=(\mathbf{C}-\mathbf{d}\,\mathbf{k}_r)(s\,\mathbf{I}-\mathbf{A}+\mathbf{b}\,\mathbf{k}_r)^{-1}\,\mathbf{b}+\mathbf{d} \tag{5.131}$$

Zustandsrückführvektor, Zustandsgleichungen und Matrix-Übertragungsfunktion

```
function Sys = rk_lzrf (System)
% Die function Sys = rk_lzrf(System) berechnet:
% den Zustandsrückführvektor kr, System = 'kr',
% die Zustandsgleichungen ZPm, System = 'ZPm' und
% die Matrix-Übertragungsfunktion MGm, System = 'MGm'
% des durch eine lineare Zustandsrückführung grenz-
% stabilisierten Inversen Pendels.
% Nur die Eingabe von 'rk_lzrf' liefert die
% Zustandsgleichungen ohne Übergabe der Variablen!
[A,B,C,D] = ipendel;
b = B(:,1);
bz = B(:,2);
d = D(:,1);
% Durch die Zustandsrückführung angestrebte neue Eigenwerte
Pom = [0 -4-4i -4+4i -4];
```

```
% Rückführvektor nach Ackermann
kr = acker(A,b,Pom);
Am =(A-b*kr);
Bm = [b bz];
Cm = (C-d*kr);
Dm = [d zeros(3,1)];
ein = nargin;
aus = nargout;
% Ausgabe der Daten
if and(ein == 0,aus == 0)
    eg = ('ua(t) MR');
    ag = ('Phi(t) s(t) ia(t)');
    zg = ('phi(t) w(t) s(t) v(t)');
    % Ausgabe der Systemgleichungen ohne Übergabe
    % der Variablen
    disp(['Systemgleichungen des mit einer ',...
          'linearen Zustandsrückführung'])
    disp('            grenzstabilisierten Inversen Pendels')
    printsys(Am,Bm,Cm,Dm,eg,ag,zg)
elseif and(aus == 1,strcmp(System,'MGm')== 1)
    % Matrix-Übertragungsfunktion
    ZPb = ss(Am,Bm,Cm,Dm);
    MGm = tf(ZPb,'inv');
    [ZMGm,NMGm] = tfdata(MGm);
    % Korrektur von Zählerkoeffizienten < 1e-003 auf 0
    for k = 1:6
        Zt = ZMGm{k};
        for l = 1:length(Zt)
            if abs(Zt(l)) < 1e-003
                Zt(l) = 0; ZMGm{k} = Zt;
            end
        end
    end
    Sys = tf(ZMGm,NMGm);
elseif and(aus == 1,strcmp(System,'kr')== 1)
    % Rückführvektor
    Sys = kr;
elseif and(aus == 1,strcmp(System,'ZPm')== 1)
    % Systemgleichungen
    Sys = ss(Am,Bm,Cm,Dm);
end
end
% Ende der function rk_lzrf
```

Vektor der linearen Zustandsrückführung:

```
>> kr = rk_lzrf('kr')
kr = >> kr = rk_lzrf('kr')
kr =
  -31.0794  -8.8108        0  -7.1105
```

Der Vektor k_r besagt, dass die Zustandsgröße x_1 mit dem Wert -31,0794 usw. multipliziert werden muss, um das grenzstabilisierte Inverse Pendel mit den neuen Polen:

$$Po_m = \begin{bmatrix} 0 & -4-4i & -4+4i & -4 \end{bmatrix} \tag{5.132}$$

zu erhalten.

Schaltung zur Berechnung des linearen Rückführvektors $\mathbf{k}_r$

Die Berechnung der drei von null verschiedenen Koeffizienten der linearen Zustandsrückführung erfolgt mit Hilfe einer invertierenden Operationsverstärkerschaltung, wie für den Koeffizienten k_1 in Abb. 5.10, als Ausschnitt von Abb. 5.12, gezeigt:

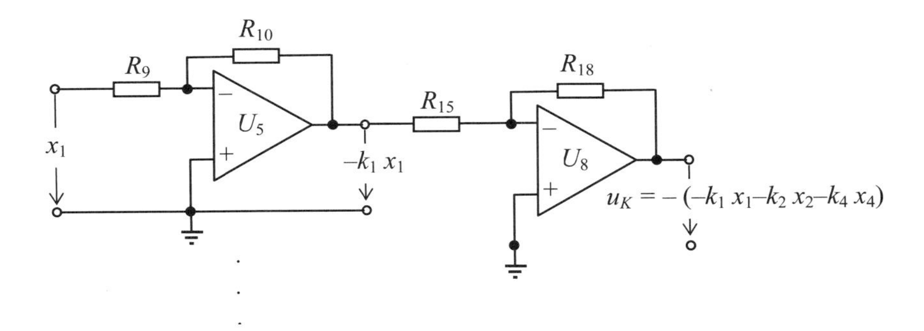

Abb. 5.10 *Berechnung des Koeffizienten k_1 mit Hilfe einer invertierenden Operationsverstärkerschaltung*

Es gilt:

$$\frac{-k_1\,x_1}{R_{10}} = \frac{x_1}{R_9} \quad \Rightarrow \quad k_1 = -\frac{R_{10}}{R_9} = -\frac{37{,}4\,k\Omega}{1{,}2\,k\Omega} = -31{,}1667 \qquad (5.133)$$

Die negativen Ergebnisse werden mit Hilfe eines invertierenden Addierers U8 [Teml u. a.- 1980] addiert, so dass das Ausgangssignal u_K letztlich positiv ist. Für die Koeffizienten k_2 und k_4 gilt entsprechendes.
Vergleich der berechneten mit den erzeugten Koeffizienten:

Koeffizient	berechnet	erzeugt
k_1	-31,0794	-31,1667
k_2	-8,8108	-8,8700
k_4	-7,1105	-7,1500

Durch die Abweichung der erzeugten Koeffizienten ergibt sich folgende Eigenwertverteilung des grenzstabilisierten Inversen Pendels:

```
>> [A,B,C,D] = ipendel;
>> b = B(:,1);
>> kr = [-31.1667 -8.87 0 -7.15];
>> Am =(A-b*kr);
>> Pom = esort(eig(Am))
```

```
Pom =
 0
 -3.9874 + 3.9706i
 -3.9874 – 3.9706i
 -4.0777
```

Ein Vergleich mit den in Gleichung (5.132) vorgegebenen Werten ergibt für den am weitesten links liegenden Pol $p_4 = -4{,}0777$ gegenüber $p_{4vor} = -4$ eine Abweichung von 1,9425%. Die anderen Abweichungen liegen unter 1%. Im Weiteren werden aber die in Gleichung (5.132) vorgegebenen Werte verwendet.

Matrix-Übertragungsfunktion des Inversen Pendels mit linearer Zustandsrückführung

Der Aufruf der function rk_lzrf liefert die Matrix-Übertragungsfunktion für den Eingang 1, d. h. $u(t)$, des mit einer linearen Zustandsrückführung versehenen Inversen Pendels:

```
>> MGm = rk_lzrf('MGm')
Transfer function from input 1 to output...
             -152.7 s
 #1:  ------------------------------
       s^3 + 12 s^2 + 64 s + 128

       2.664 s^2 + 1.257 s - 28.28
 #2:  ------------------------------------
       s^4 + 12 s^3 + 64 s^2 + 128 s

       1.006 s^3 + 1.128 s^2 - 12.94 s - 5.751
 #3:  ---------------------------------------------
            s^3 + 12 s^2 + 64 s + 128
```

Ein Vergleich der Zähler der Matrix-Übertragungsfunktionen des Inversen Pendels mit den o. a. ergibt, dass sie unverändert sind, d. h. die Lage der Nullstellen kann durch die lineare Zustandsrückführung nicht verändert werden. Entsprechendes gilt für die Matrix-Übertragungsfunktionen des 2. Eingangs, d. h. dem konstanten Reibungsdrehmoment M_R.

Stationäre Endwerte des Inversen Pendels mit linearer Zustandsrückführung

Die Berechnung der stationären Endwerte geht von der Gleichung (5.130) aus, wenn auf sie der Endwertsatz der Laplacetransformation angewendet wird, siehe Kapitel 6:

$$y(t \to \infty) = \lim_{t\to\infty} y(t) = \lim_{t\to\infty} s\,Y(s) \tag{5.134}$$

mit

$$u_R(t) = \sigma(t) \quad \circ\!\!-\!\!\bullet \quad U_R(s) = \frac{1}{s} \tag{5.135}$$

ergibt sich der Vektor der stationären Endwerte zu:

$$\mathbf{Y}_{sta} = (\mathbf{C} - \mathbf{d}\,\mathbf{k}_r)(\mathbf{A} + \mathbf{b}\,\mathbf{k}_r)^{-1}\,\mathbf{b} + \mathbf{d} \tag{5.136}$$

Die stationären Endwerte der drei Ausgangsgrößen des grenzstabilisierten Inversen Pendels für einen Führungssprung ergeben sich zu:

```
>> Ysta = dcgain (MGm(:,1))
Ysta =
      0
      Inf
     -0.0449
```

Bei dem in Abb. 5.9 dargestellten System werden durch die lineare Zustandsrückführung die Eigenwerte des Inversen Pendels im Sinne seiner Grenzstabilisierung gezielt verschoben. Als Folge nähern sich der Winkel $\Phi(t)$ des Stabes und der Ankerstrom $i_a(t)$ bei einem Einheitssprung der Führungsgröße für $t \to \infty$ dem Wert 0 bzw. –0,0449.
Die vordringlichste Aufgabe der Regelung des Inversen Pendels ist, dass der Winkel des Stabes zur Senkrechten gleich null wird, was hier bereits erreicht ist. Die Ausgangsgröße Weg $s(t)$ des Wagens strebt dagegen gegen ∞, so dass hier Einfluss genommen werden muss. Ein Vergleich von Soll- und Istwert findet nicht statt, dies erfordert den Aufbau eines Regelkreises durch die Hinzunahme eines Reglers, z. B. eines mit *PI*-Verhalten.

Übertragungsfunktion, Pole, Nullstellen und Verstärkungsfaktor der Regelstrecke

Die Übertragungsfunktion der Regelstrecke entspricht der Übertragungsfunktion #2 der Matrix-Übertragungsfunktion des grenzstabilisierten Inversen Pendels:

$$G_S(s) = \frac{S(s)}{U_a(s)} = \frac{2{,}664\,s^2 + 1{,}257\,s - 28{,}28}{s^4 + 12\,s^3 + 64\,s^2 + 128\,s} \qquad (5.137)$$

Die Zerlegung der Übertragungsfunktion in (5.137) liefert:

```
>> MGm = rk_lzrf('MGm');
>> GS = MGm(2,1)
Transfer function:
 2.664 s^2 + 1.257 s - 28.28
-----------------------------------
s^4 + 12 s^3 + 64 s^2 + 128 s
>> [NuS,PoS,KS] = zpkdata(GS,'v');
>> KS
KS =
   2.6643
```

```
>> NuS = esort(NuS)
NuS =
   3.0309
  -3.5026
>> PoS = esort(PoS)
PoS =
  0
  -4.0000
  -4.0000 + 4.0000i
  -4.0000 - 4.0000i
```

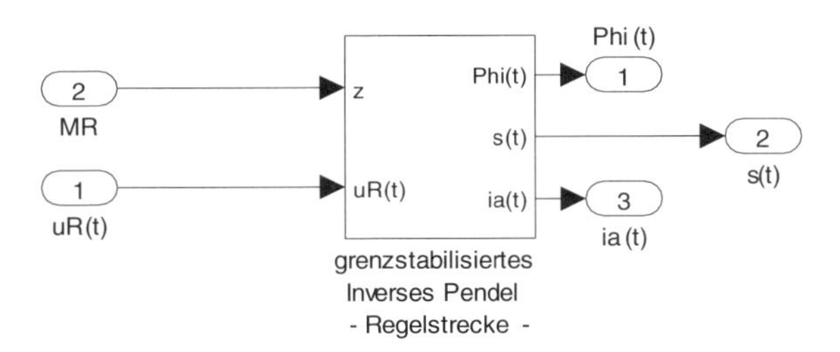

***Abb. 5.11** Durch eine lineare Zustandsrückführung grenzstabilisiertes Inverses Pendel als Regelstrecke*

5.4.2 Regeleinrichtung

Prinzipschaltplan[61] der Regeleinrichtung

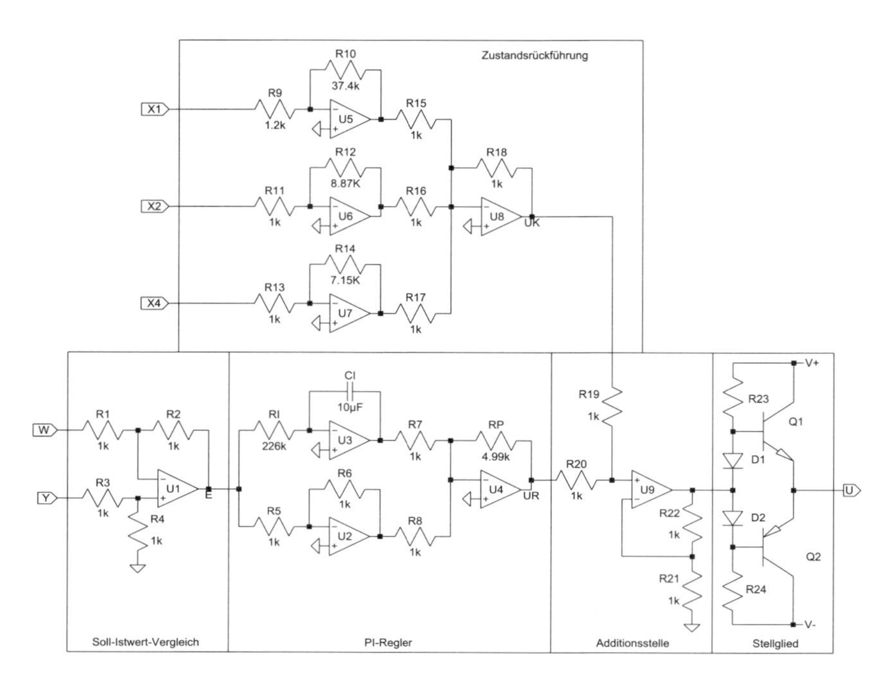

Abb. 5.12 *Prinzipschaltplan der Regeleinrichtung*
Soll-Istwert-Vergleich, PI-Regler, Zustandsrückführung, Additionsstelle und Stellglied

Soll-Istwert-Vergleich

Es gilt:

$$R_1 = R_2 = R_3 = R_4 \tag{5.138}$$

Der als Soll-Istwert-Vergleicher wirkende gegengekoppelte invertierende Operationsverstärker der Abb. 5.13, als Ausschnitt aus dem Prinzipschaltplan Abb. 5.12, ist als Differenzbildner beschaltet. Er gibt die Differenzspannung, die sich aus den auf die beiden Eingänge geführten Spannungen $y(t)$ und $w(t)$ bildet, als Regelfehler aus:

$$\frac{y(t)}{R_3 + R_4} = \frac{k\,y(t)}{R_4} \quad \text{der Rückkoppelfaktor } k = \frac{R_4}{R_3 + R_4}. \tag{5.139}$$

---

61 Für den Entwurf, die Konfiguration und das Überlassen der Unterlagen bedanke ich mich ganz herzlich bei meinem Sohn, Dipl.-Ing. Stephan Bode.

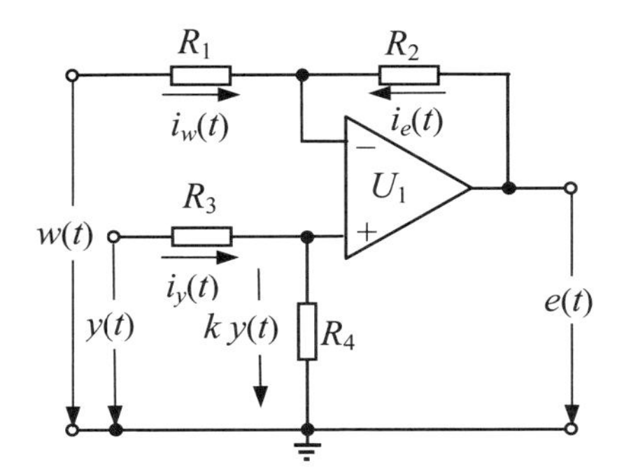

Abb. 5.13 *Soll-Istwert-Vergleich zum Bilden des Regelfehlers e(t) = y(t) – w(t)*

Damit gilt für die Spannung der Führungsgröße:

$$w(t) = R_1\, i_w(t) + k\, y(t) \quad \Rightarrow \quad i_w(t) = \frac{w(t) - k\, y(t)}{R_1} \tag{5.140}$$

und für die Spannung des Regelfehlers:

$$e(t) = R_2\, i_e(t) + k\, y(t) \quad \Rightarrow \quad i_e(t) = \frac{e(t) - k\, y(t)}{R_2} \tag{5.141}$$

Die Summe der Ströme am invertierenden Eingang des OVs liefert mit den Strömen nach den Gleichungen (5.141) und (5.140):

$$i_e(t) + i_w(t) = 0 \quad \Rightarrow \quad \frac{e(t) - k\, y(t)}{R_2} + \frac{w(t) - k\, y(t)}{R_1} = 0 \tag{5.142}$$

Die Gleichung (5.142) nach der gesuchten Beziehung für die Spannung des Regelfehlers umgestellt und für den Rückkoppelfaktor Gleichung (5.139) eingesetzt:

$$e(t) = \left(1 + \frac{R_2}{R_1}\right) k\, y(t) - \frac{R_2}{R_1} w(t) \quad \Rightarrow \quad e(t) = \frac{R_2}{R_1} y(t) - \frac{R_2}{R_1} w(t) \tag{5.143}$$

liefert unter Beachtung von Gleichung (5.138) den Regelfehler:

$$e(t) = y(t) - w(t) \tag{5.144}$$

PI-Regler

Der Regler in Abb. 5.14, als Ausschnitt aus dem Prinzipschaltplan Abb. 5.12, besteht aus einer Schaltung von drei OVs [Tietze/Schenk-1978]. Die OVs U2 und U3 stellen den *PI*-Regler mit der Nachstellzeit $T_N = R_I \cdot C_I$ als klassische Parallelschaltung dar. Der dazu in Reihe geschaltete OV U4 liefert über die Widerstände R_8 und R_P mit $K_R = R_P/R_8$ die Reglerverstärkung.

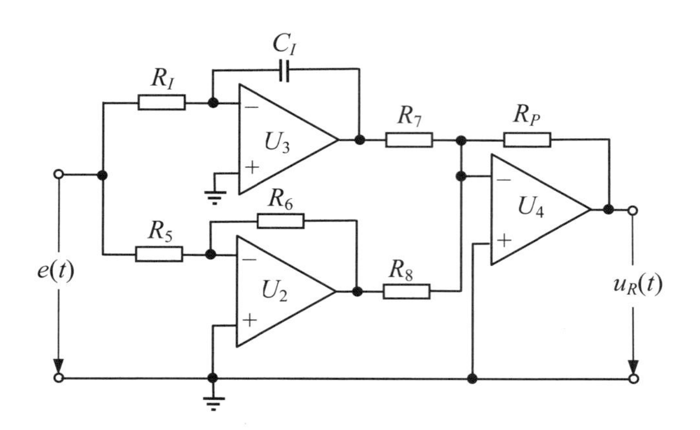

Abb. 5.14 *PI-Regler als Parallelschaltung eines I- und P-Anteils mit einem zusätzlichen P-Glied in Reihe*

Für die Ausgangsspannung des Reglers gilt:

$$u_R(t) = \left(-\frac{R_P}{R_7}\right)\left(-\frac{1}{C_I R_I}\int_0^t e(\tau)\,d\tau\right)+\left(-\frac{R_P}{R_8}\right)\left(-\frac{R_6}{R_5}\right)e(t) \tag{5.145}$$

Mit $R_7 = R_8$ und $R_5 = R_6$ folgt im Zeit- und Frequenzbereich:

$$\begin{aligned} y_R(t) &= \frac{R_P}{R_8}\left(\frac{1}{C_I R_I}\int_0^t e(\tau)\,d\tau + e(t)\right) \\ &\circ\!\!-\!\!\bullet \\ Y_R(s) &= \frac{R_P}{R_8}\left(\frac{1}{C_I R_I s}+1\right)E(s) \end{aligned} \tag{5.146}$$

Übertragungsfunktion

Mit der Reglerverstärkung:

$$K_R = \frac{R_P}{R_8} \tag{5.147}$$

und der Nachstellzeit:

$$T_N = C_I\, R_I \qquad \left[\tfrac{\text{As}}{\text{V}}\tfrac{\text{V}}{\text{A}} = \text{s}\right] \tag{5.148}$$

ergibt sich aus dem 2. Teil der Gleichung (5.146) die Übertragungsfunktion des PI-Reglers:

$$G_R(s) = \frac{Y_R(s)}{E(s)} = K_R\,\frac{T_N\, s + 1}{T_N\, s} \tag{5.149}$$

Zustandsgleichungen

Der Regelfehler wird im Regler über 2 parallele Kanäle zum Reglerausgang geleitet. In dem einen Kanal erfolgt eine Integration des Regelfehlers, wie in der Zeitbereichsdarstellung von Gleichung (5.146) zu ersehen, dies liefert mit dem Ansatz:

$$x_R(t) = \int_0^t e(\tau)\,d\tau \tag{5.150}$$

nach der Differenziation von Gleichung (5.150) die gesuchte Zustandsdifferenzialgleichung:

$$\frac{dx_R(t)}{dt} = e(t) \quad \Rightarrow \quad \dot{x}_R(t) = a_R\, x_R(t) + b_R\, e(t) \tag{5.151}$$

mit $a_R = 0$ und $b_R = 1$.

Die zeitliche Ableitung der Zustandsgröße des PI-Reglers ist nur vom Eingangssignal, d. h. vom Regelfehler, abhängig. Eine Rückführung des Zustandes auf den Eingang findet nicht statt! Wird das Fehlerintegral in Gleichung (5.146) durch die Zustandsgröße des Reglers substituiert, ergibt sich mit den Konstanten nach den Gleichungen (5.147) und (5.148) die Ausgangsgleichung des PI-Reglers:

$$u_R(t) = \frac{K_R}{T_N}\, x_R(t) + K_R\, e(t) \quad \Rightarrow \quad u_R(t) = c_R\, x_R(t) + d_R\, e(t) \tag{5.152}$$

Der 2. Term der rechten Seite von Gleichung (5.152) resultiert aus dem P-Anteil, d. h. dem zweiten Kanal der Parallelschaltung. Dieser Anteil stellt einen direkten Durchgang des Eingangssignals auf den Ausgang dar, was für ein sprungfähiges System charakteristisch ist.

Signalflussplan

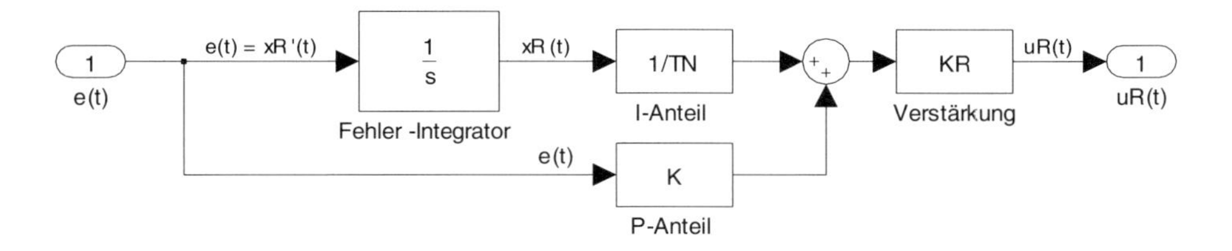

Abb. 5.15 *Signalflussplan des PI-Reglers mit $K = 1$; $T_N = 2{,}2727$ s und $K_R = 5$*

Function rk_Regler zur Berechnung von Reglerparametern

```
function [A1,A2,A3] = rk_regler(System)
% PI-Regler
% Die Funktion [A1,A2,A3] = rk_regler(System) liefert:
% die Übertragungsfunktion mit GR = rk_regler('GR'),
% die Parameter mit [K,KR,TN] = rk_regler('Param'),
% das Zustandsmodell mit ZR = rk_regler('ZR').

% Parameter
K = 1; KR = 5; TN = 2.2727;

aus = nargout;
if and(aus == 1,strcmp(System,'GR')== 1)
    % Übertragungsfunktion
    A1 = KR*tf([TN 1],[TN 0]);
elseif and(aus == 3,strcmp(System,'Param')== 1)
    % Parameter
    A1 = K; A2 = KR; A3 = TN;
elseif and(aus == 1,strcmp(System,'ZR')== 1)
    % Werte des Zustandsmodells
    aR = 0;
    bR = 1;
    cR = KR/TN;
    dR = KR;
    % Zustandsmodell
    A1 = ss(aR,bR,cR,dR);
end
end
% Ende der function rk_regler
```

Stellglied

Als Stellglied wird eine aus zwei Transistorstufen bestehende Gegentaktstufe verwendet. Sie besteht aus einem NPN- und einem PNP-Transistor. Diese komplementäre Konfiguration wird auch als push-pull-Konfiguration bezeichnet [Horowitz/Hill-1997], da sie die Ausgangsspannung – hier $u(t)$ – sowohl in Richtung „V+“ drücken – push – als auch in Richtung „V–“ ziehen – pull – kann.
Es wird davon ausgegangen, dass der Verstärkungsfaktor ≈ 1 beträgt.

Additionsstelle

Die in Abb. 5.16, als Ausschnitt aus dem Prinzipschaltplan Abb. 5.12, gezeigte Schaltung eines nichtinvertierenden OVs bildet die Summe der beiden Teilspannungen der Ankerspannung des Antriebsmotors.

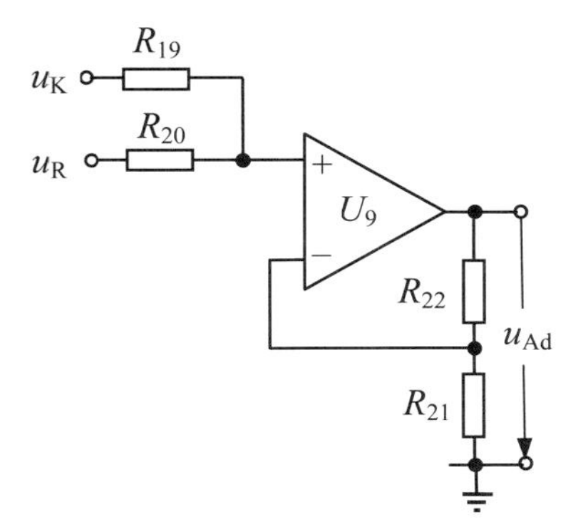

Abb. 5.16 *Nichtinvertierender Addierer zur Addition der Teilsteuerspannungen $u_K(t)$ und $u_R(t)$*

Es gilt:

$$\frac{R_{21}}{R_{21}+R_{22}} u_{Ad} = \frac{R_{19}}{R_{19}+R_{20}} u_K + \frac{R_{20}}{R_{19}+R_{20}} u_R \tag{5.153}$$

und mit $R_{19} = R_{20} = R_{21} = R_{22}$ folgt für die Ausgangsspannung:

$$u_{Ad} = u_K + u_R \tag{5.154}$$

5.4.3 Übertragungsfunktion der offenen Kette

Die Übertragungsfunktion der offenen Kette berechnet sich aus der Reihenschaltung der Übertragungsfunktionen der Regelstrecke und des Reglers:

$$\begin{aligned} G_o(s) &= G_S(s)\, G_R(s) = \frac{Z_S(s)}{N_S(s)} \frac{Z_R(s)}{N_R(s)} = \frac{Z_0(s)}{N_0(s)} \\ G_o(s) &= \frac{13{,}32\, s^3 + 12{,}15\, s^2 - 138{,}7\, s - 62{,}23}{s^5 + 12\, s^4 + 64\, s^3 + 128\, s^2} \end{aligned} \tag{5.155}$$

```
>> MGm = rk_lzrf('MGm');
>> GS = MGm(2,1);
>> GR = rk_regler('GR');
>> Go = series(GS,GR);
>> Go = minreal(Go)
Transfer function:
13.32 s^3 + 12.15 s^2 - 138.7 s - 62.23
---------------------------------------------
     s^5 + 12 s^4 + 64 s^3 + 128 s^2
```

```
>> Nu0 = esort(Nu0)
Nuo =
   3.0309
  -0.4400
  -3.5026
>> Poo = esort(Poo)
Poo =
  0
  0
 -4.0000
```

```
>> [Nuo,Poo,Ko] = zpkdata(Go,'v');        -4.0000 + 4.0000i
>> Ko                                     -4.0000 – 4.0000i
K0 =
  13.3215
```

Zu den beiden Nullstellen des Inversen Pendels ist noch die Nullstelle des PI-Reglers hinzu gekommen, sie ergibt sich aus dem negativen Wert von $1/T_N = 0{,}44\ s^{-1}$. Die Pole folgen aus denen des grenzstabilisierten Inversen Pendels und dem Pol des PI-Reglers im Ursprung.

5.4.4 Regelkreis

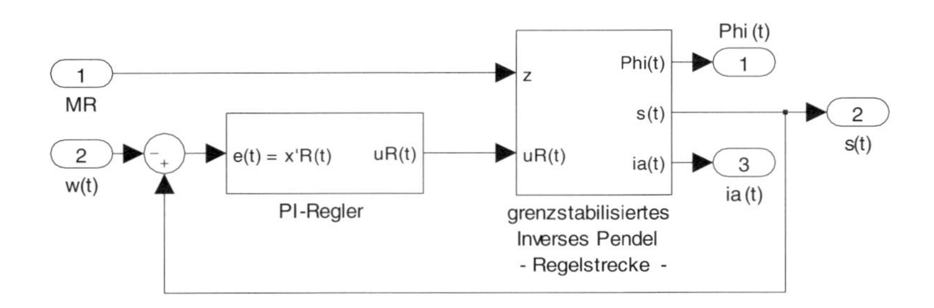

Abb. 5.17 *Regelkreis: grenzstabilisiertes Inverses Pendel mit PI-Regler*

Zustandsmodell des Regelkreises

Das Zustandsmodell ergibt sich aus der positiven Rückführung des Wegsignals auf die Summationsstelle zum Bilden des Regelfehlers $e(t) = s(t) - w(t)$ am Eingang des PI-Reglers. Es handelt sich also um eine Mitkopplung des Ausgangssignals $s(t)$ der Reihenschaltung des PI-Reglers mit dem durch eine lineare Zustandsrückführung grenzstabilisierten Inversen Pendel und des Regelfehlers am Eintritt in den Regler.
Grundlage der weiteren Betrachtungen sind die Vektor-Matrix-Differenzialgleichung (5.119) und die Vektor-Matrix-Ausgangsgleichung (5.120) des Inversen Pendels, die Zustandsgleichungen (5.127) und (5.128) des durch eine lineare Zustandsrückführung grenzstabilisierten Inversen Pendels sowie die Zustandsgleichungen (5.151) und (5.152) des PI-Reglers. Die Eingangs- und Ausgangsmatrix des Inversen Pendels in (5.119) bzw. (5.120) werden wie folgt zerlegt:

$$\mathbf{b} = \mathbf{B}(:,1);\quad \mathbf{b}_z = \mathbf{B}(:,2);\quad \mathbf{c}_2 = \mathbf{C}_2\left(2,:\right);\quad \mathbf{d} = \mathbf{D}(:,1) \tag{5.156}$$

Vektor-Matrix-Differenzialgleichung des geschlossenen Systems:

$$\left[\begin{array}{c}\dot{\mathbf{x}}(t)\\ \hline \dot{x}_R(t)\end{array}\right] = \left[\begin{array}{c|c}\mathbf{A}-\mathbf{b}(\mathbf{k}_r-d_R\,\mathbf{c}_2) & \mathbf{b}\,c_R\\ \hline b_R\,\mathbf{c}_2 & 0\end{array}\right]\left[\begin{array}{c}\mathbf{x}(t)\\ \hline x_R(t)\end{array}\right] + \left[\begin{array}{c|c}-\mathbf{b}\,d_R & \mathbf{b}_z\\ \hline -b_R & 0\end{array}\right]\left[\begin{array}{c}w(t)\\ \hline z\end{array}\right] \tag{5.157}$$

Vektor-Matrix-Ausgangsgleichung des geschlossenen Systems:

$$y(t)=\left[\mathbf{C}\text{-}\mathbf{d}(\mathbf{k}_\mathrm{r}-d_R\,\mathbf{c}_2)\;\middle|\;\mathbf{d}\,c_R\right]\left[\begin{array}{c}\mathbf{x}(t)\\ \hline x_R(t)\end{array}\right]+\left[-\mathbf{d}\,d_R\;\middle|\;0\right]\left[\begin{array}{c}w(t)\\ \hline z\end{array}\right] \tag{5.158}$$

Mit Hilfe der M-function *linmod* ergeben sich aus dem Signalflussplan Abb. 5.17 folgende Matrizen der Zustandsgleichungen:

```
>> [A,B,C,D] = ipendel;
>> kr = rk_lzrf('kr');
>> [K1,K2,KI] = rk_Regler('Param');
>> [Aw,Bw,Cw,Dw] = linmod('Abb5_12')

Aw =
         0         0         0    1.0000         0
         0         0    1.0000         0         0
   -5.8614  -69.6873  -24.0574  -13.3215  -12.0574
         0         0         0         0    1.0000
    5.8614   80.3032   23.5857   13.3215   12.0574

Bw =
   -1.0000         0
         0         0
   13.3215   43.4149
                   0
  -13.3215  -43.4149

Cw =
         0   57.2958         0         0         0
         0         0         0    1.0000         0
    2.2133   31.2670    8.8640    5.0302    4.7562

Dw =
         0         0
         0         0
   -5.0302         0
```

Zwischen den Zuständen $\tilde{x}$, die Simulink im Signalflussplan Abb. 5.17 festlegt, und den hier gültigen Zuständen x, besteht folgender Zusammenhang:

$$\begin{bmatrix} x_1 \\ x_2 \\ x_3 \\ x_4 \\ x_R \end{bmatrix} = \begin{bmatrix} 0 & 1 & 0 & 0 & 0 \\ 0 & 0 & 1 & 0 & 0 \\ 0 & 0 & 0 & 1 & 0 \\ 0 & 0 & 0 & 0 & 1 \\ 1 & 0 & 0 & 0 & 0 \end{bmatrix} \begin{bmatrix} \tilde{x}_1 \\ \tilde{x}_2 \\ \tilde{x}_3 \\ \tilde{x}_4 \\ \tilde{x}_R \end{bmatrix} \tag{5.159}$$

$$\mathbf{x} = \mathbf{P}\,\tilde{\mathbf{x}}$$

Die Umrechnung der mit der M-function *linmod* ermittelten Systemmatrizen in die hier gültige Form ergibt sich zu:

$$\mathbf{A} = \mathbf{P}\,\tilde{\mathbf{A}}\,\mathbf{P}'; \quad \mathbf{B} = \mathbf{P}\,\tilde{\mathbf{B}}; \quad \mathbf{C} = \tilde{\mathbf{C}}\,\mathbf{P}'; \quad \mathbf{D} = \tilde{\mathbf{D}} \tag{5.160}$$

wobei **P'** die Transponierte der Permutationsmatrix **P** ist!

Führungsübertragungsfunktion, Pole, Nullstellen und Verstärkungsfaktor

Aus der M-function *linmod* folgt die Führungsübertragungsfunktion für den Weg s(t):

```
>> [Zw,Nw] = linmod('Abb5_12');
>> Zw = [0 0 Zw(2,3:6)];
>> Gw = tf(Zw,Nw)
Transfer function:
      -13.32 s^3 - 12.14 s^2 + 138.7 s + 62.22
-----------------------------------------------------------------
s^5 + 12 s^4 + 50.68 s^3 + 115.9 s^2 + 138.7 s + 62.22
```

```
>> [Nuw,Pow,Kw] = zpkdata(Gw,'v');
>> Kw
Kw =
 -13.3215
>> Nuw = esort(Nuw)
Nuw =
   3.0309
  -0.4400
  -3.5026
```

```
>> Pow = esort(Pow)
Pow =
  -0.9845
  -1.3696 + 1.8640i
  -1.3696 – 1.8640i
  -1.8336
  -6.4427
```

Der negative Wert der Verstärkung ergibt sich aus der Mitkopplung, es gilt $K_w = -K_o$. Die Nullstellen entsprechen denen der offenen Kette, d. h. $Nu_w = Nu_o$.

Für die Pole folgt aus den mit Gleichung (5.132) vorgegebenen Streckenpolen und dem Reglerpol im Ursprung folgendes:

Die beiden Pole im Ursprung wandern zu den Pollagen –0,9845 und –1,8336; das konjugiert komplexe Polpaar (–4 –4i;–4 +4i) wandert zu dem konjugiert komplexen Polpaar (–1,3696 – 1,864i;–1,3696 +1,864i), der Pol von –4 wandert nach –6,4427.

Berechnungen zum geschlossenen Regelkreis

```
function Sys = rk_gesch(System)
% Die Funktion Sys = rk_gesch(System) liefert das
% Zustandsmodell des geschlossenen Kreises mit:
% ZPw = rk_gesch('Matlab') nach Berechnung mit M-functions,
% ZPw = rk_gesch('Buch') nach den Formeln im Buch
% und die Permutationsmatrix mit P = rk_gesch('P').

% Matrizen des Inversen Pendels
[A,B,C,D] = ipendel;
b = B(:,1);
bz = B(:,2);
c2 = C(2,:);
d = D(:,1);
% Durch die Zustandsrückführung angestrebte neue Eigenwerte
Pom = [0 -4-4i -4+4i -4];
% Rückführvektor nach Ackermann
kr = acker(A,b,Pom);
%PI-Regler
ZR = rk_Regler('ZR');
[~,bR,cR,dR] = ssdata(ZR);

if strcmp(System,'Matlab')== 1
    % Regelkreis-Berechnung mit MATLAB-function
    % Um die Zustände x1, x2, x4 erweiterte Ausgangsmatrix
    Cerw = [C;1 0 0 0;0 1 0 0;0 0 0 1];
    % die zu Cerw gehörende erweiterte Durchgangsmatrix
    Derw = [D;zeros(3,2)];
    % Erweitertes System
    ZPerw = ss(A,B,Cerw,Derw);
    % Lineare Zustandsrückführung - Gegenkopplung
    ein1 = 1;            % 1:ua
    aus1 = [4 5 2 6];    % 4:x1, 5:x2; 2:x3, 6:x4
    ZPm = feedback(ZPerw,kr,ein1,aus1,-1);
    Am = ZPm.a;
    Cm = ZPm.c(1:3,:);   % Streichen der 4. bis 6. Zeile,
                         % siehe Cerw
    ZPm = ss(Am,B,Cm,D);
    % Reihenschaltung von Regler und Strecke
    ein2 = 1; aus1 = 1;
    ZPs = series(ZR,ZPm,aus1,ein2);
    Bs = [ZPs.b [bz;0]];
    Ds = [ZPs.d zeros(3,1)];
    ZPs = ss(ZPs.a,Bs,ZPs.c,Ds);
    % Regelkreis
    Sys_rueck = 1; ein1 = 1; aus1 = 2;
    ZPw = feedback(ZPs,Sys_rueck,ein1,aus1,1);
    % es müssen die zur Führungsgröße gehörenden Spalten von
    % ZPw.b und ZPw.d mit -1 multipliziert werden, da es
    % sich bei dem Regelkreis um eine Mitkopplung handelt,
    % um den Regelfehler bilden zu können, muss die
    % Führungsgröße negativ aufgeschaltet werden!
    ZPw.b(:,1) = -1*ZPw.b(:,1);
    ZPw.d(:,1) = -1*ZPw.d(:,1);
    Sys = ZPw;
elseif strcmp(System,'Buch')== 1
    % Regelkreis-Berechnung nach den Formeln im Buch
    Ark = [A-b*(kr-dR*c2), b*cR;bR*c2, 0];
    Brk = [-b*dR, bz;-bR, 0];
```

```
    Crk = [C-d*(kr-dR*c2), d*cR];
    Drk = [-d*dR, zeros(3,1)];
    Zrk = ss(Ark,Brk,Crk,Drk);
    Sys = Zrk;
elseif strcmp(System,'P')== 1
    % Permutationsmatrix
    P = [0 1 0 0 0;0 0 1 0 0;0 0 0 1 0;0 0 0 0 1;1 0 0 0 0];
    Sys = P;
end
end
% Ende der function rk_ gesch
```

5.4.5 Simulation

Beispiel 5.1

Simulation des als Regelkreis aufgebauten Inversen Pendels, mit dem Ziel, den Stab aus der Neigung von 10° zur Senkrechten in diese zu überführen und den Wagen von der Position –0,5 m in die Position null zu überführen. Für den Ankerstrom soll gelten $i_a(t) < 5$ A und die Ankerspannung $u_a(t) < 5$ V.

Die Anfangswerte der Zustandsgrößen des Inversen Pendels sind folgende:

$$\begin{aligned} x_{1_0} &= \varphi_0 = 0{,}1745 \mathrel{\hat{=}} 10^\circ \quad & x_{2_0} &= \omega_0 = 0 \\ x_{3_0} &= s_0 = -0{,}5\,\mathrm{m} & x_{4_0} &= v_0 = 0 \end{aligned} \tag{5.161}$$

Die Führungsgröße $w(t)$ für den Weg $s(t)$ springt von –0,5 m auf 0 m, d. h. der Sollwert ist null!

Die Koeffizienten des Systems – Inverses Pendel, lineare Zustandsrückführung und PI-Regler sind mit den functions *ipendel*, *rk_lzrf* und *rk_regler* zu ermitteln.

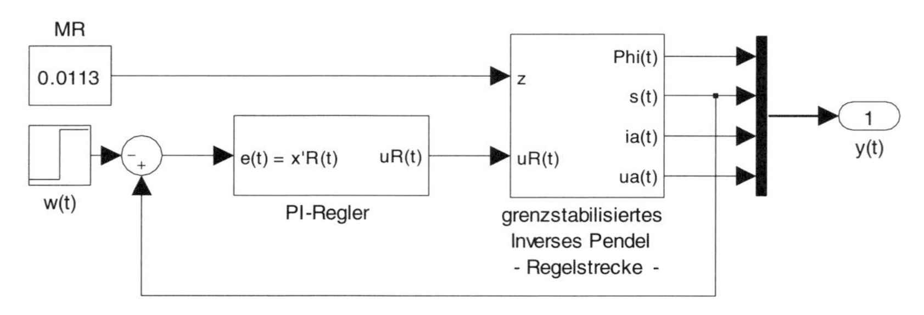

Abb. 5.18 *Signalflussplan zur Simulation des Regelkreises*

Die Auswertung und Darstellung der in y(t) enthaltenen Daten soll mit dem Skript Beispiel5_01 erfolgen.

Lösung:

```
% Beispiel 5.1
% Ruft die function ipendel, rk_lzrf und rk_regler
% auf, um die Daten für die Simulation mit dem Signalfluss-
% plan Abb5_18dl - muss vorher geöffnet sein - bereitzu-
```

```
% stellen.
% Stellt die Simulationsergebnisse grafisch dar.

%          Datenbereitstellung
% Inverses Pendel
[A,B,C,D] = ipendel;
% Lineare Zustandsrückführung
kr = rk_lzrf('kr');
% PI-Regler
[K,KR,TN] = rk_regler('Param');

%          Start der Simulation
set_param('Abb5_18','SimulationCommand','start')
%          Zuweisen der Simulationsergebnisse
% Zeit [s]
t = y.time;
% Winkel [°]
Phi = y.signals.values(:,1);
% Weg [m]
s = y.signals.values(:,2);
% Ankerstrom [A]
ia = y.signals.values(:,3);
% Ankerspannung [V]
ua = y.signals.values(:,4);
%          Grafische Darstellung
% Winkel und Weg
figure(1)
[AX,H1,H2] = plotyy(t,Phi,t,s,'plot');
xlabel('t [s]')
y1L = get(AX(1),'Ylabel');
set(y1L,'String',...
    'Winkel \Phi(t) [°], mit \Phi(0) = 10°')
set(y1L,'Color',[0 0 0])
set(AX(1),'YTick', [-10 -8 -6 -4 -2 0 2 4 6 8 10])
set(AX(1),'YColor', [0 0 0])
set(H1,'Color',[0 0 0])
y2L = get(AX(2),'Ylabel');
set(y2L,'String','Weg s(t) [m], mit s(0) = -0.5 m')
set(y2L,'Color',[0 0 0])
set(AX(2),'YTick',...
    [-0.5 -0.4 -0.3 -0.2 -0.1 0 0.1 0.2 0.3 0.4 0.5])
set(AX(2),'YColor', [0 0 0])
set(H2,'Color',[0 0 0])
set(H2,'LineStyle',':')
title(['Sprungantwort von Winkel und Weg des ',...
    'geregelten Inversen Pendels']), grid
legend('Winkel \Phi(t)','Weg s(t)','Location','best')
% Speichern als Abb5_19.emf
print -f1 -dmeta -r300 Abb5_19
% Ankerstrom und Ankerspannung
figure(2)
[AX,H1,H2] = plotyy(t,ia,t,ua,'plot');
y1L = get(AX(1),'Ylabel');
set(y1L,'String','Ankerstrom i_a(t) [A]')
set(y1L,'Color',[0 0 0])
set(AX(1),'YColor', [0 0 0])
set(H1,'Color',[0 0 0])
y2L = get(AX(2),'Ylabel');
set(y2L,'String','Ankerspannung u_a(t) [V]')
```

```
set(y2L,'Color',[0 0 0])
set(AX(2),'YColor', [0 0 0])
set(H2,'Color',[0 0 0])
set(H2,'LineStyle',':')
title(['Sprungantwort von Ankerstrom und ',...
    'Ankerspannung des geregelten Inversen Pendels'])
xlabel('t [s]'), grid
legend('Ankerstrom i_a(t)','Ankerspannung u_a(t)',...
    'Location','NorthEast')
% Speichern als Abb5_20.emf
print -f2 -dmeta -r300 Abb5_20.emf
% Ende des Beispiels 5.1
```

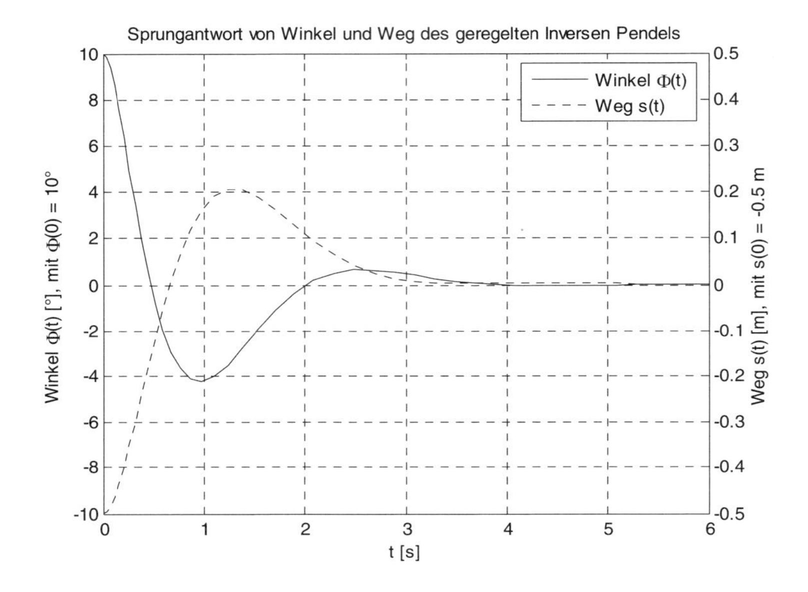

Abb. 5.19 *Sprungantwort von Winkel und Weg des geregelten, grenzstabilen Inversen Pendels*

Wie aus Abb. 5.19 zu ersehen, wird die Forderung, dass der Stab aus einer Neigung von 10° zur Senkrechten in diese, d. h. 0°, gebracht wird und, dass dafür der Wagen zum Punkt null des Weges strebt, durch die Regeleinrichtung erreicht.

Die aus den Kurvenverläufen der Abb. 5.20 zu entnehmenden Daten der Spannung und des Stromes des Gleichstrom-Scheibenläufer-Motors liegen in den für diesen Motor typischen Werten.

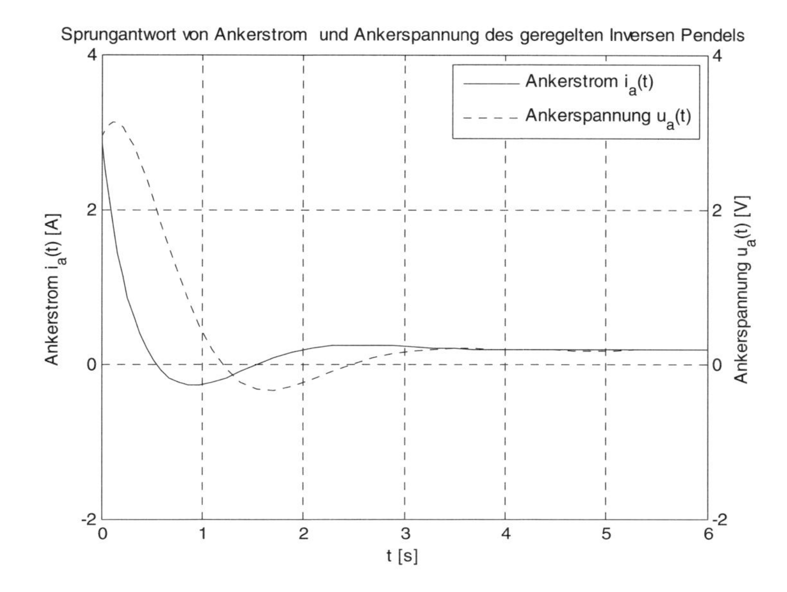

Abb. 5.20 *Sprungantwort von Ankerstrom und Ankerspannung des geregelten, grenzstabilen Inversen Pendels*

5.5 Elektrisches Netzwerk – sprungfähiges System

Das nachfolgend behandelte RC-Netzwerk wird in Abhängigkeit vom Frequenzbereich zur nach- und voreilenden Korrektur von Phasenverläufen eingesetzt.

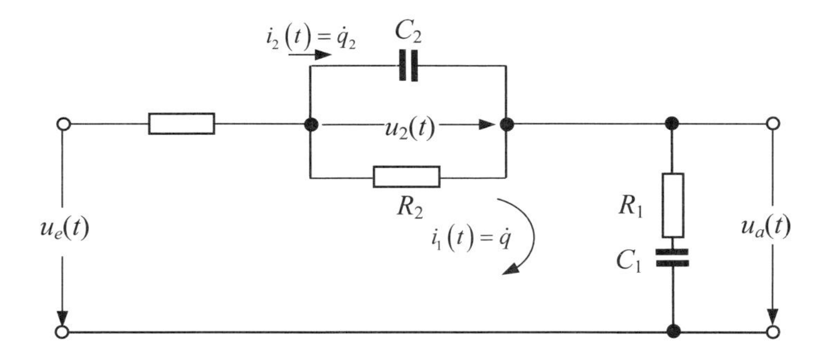

Abb. 5.21 *Elektrisches Netzwerk – sprungfähiges System*

Da sowohl die Ableitung als auch das Integral des Eingangssignals erzeugt werden, ist auch die Bezeichnung Integrier-Differenzier-Glied üblich. Das System enthält die zwei Energiespeicher C_1 und C_2, so dass die Ausgangsfunktion durch eine lineare, zeitinvariante Differenzialgleichung 2. Ordnung beschrieben wird. Dies trifft auch auf seine Eingangsfunktion zu. Das Netzwerk reagiert infolgedessen auf einen Eingangssprung mit einem Sprung am Ausgang, woraus auch die weitere Bezeichnung *sprungfähiges System* resultiert.

5.5.1 Das mathematische Modell

Für das Aufstellen des mathematischen Modells werden die Lagrange'schen Bewegungsgleichungen 2. Art genutzt.

Verallgemeinerte Koordinaten

Siehe Abb. 5.21.

Kinetische Energien

$$T = 0 \tag{5.162}$$

Potenzielle Energie

$$V = \frac{1}{2C_1} q_1^2 + \frac{1}{2C_2} q_2^2 \tag{5.163}$$

Dissipation der Energie

$$\begin{aligned} D(t) &= R\dot{q}_1^2 + R_2(\dot{q}_1 - \dot{q}_2)^2 + R_1\dot{q}_1^2 \\ D(t) &= (R + R_1 + R_2)\dot{q}_1^2 - 2R_2\dot{q}_1\dot{q}_2 + R_2\dot{q}_2^2 \end{aligned} \tag{5.164}$$

Potenziale

Im Bereich der verallgemeinerten Koordinate q_1 wirkt die Spannung am Eingang des Netzwerkes:

$$y_1(t) = u_e(t) \tag{5.165}$$

Im Bereich der verallgemeinerten Koordinate q_2 wirkt kein Potenzial, d. h.:

$$y_2 = 0 \tag{5.166}$$

Partielle Ableitungen der potenziellen Energie

$$\frac{\partial V}{\partial q_1} = \frac{1}{C_1} q_1 \qquad \frac{\partial V}{\partial q_2} = \frac{1}{C_2} q_2 \tag{5.167}$$

Partielle Ableitungen der Dissipation der Energie

$$\frac{\partial D}{\partial \dot{q}_1} = 2\left(R + R_1 + R_2\right)\dot{q}_1 - 2\,R_2\,\dot{q}_2 \qquad \frac{\partial D}{\partial \dot{q}_2} = -2\,R_2\,\dot{q}_1 + 2\,R_2\,\dot{q}_2 \tag{5.168}$$

Lagrange'sche Bewegungsgleichungen 2. Art

$$\begin{aligned} \frac{\partial V}{\partial q_1} + \frac{1}{2}\frac{\partial D}{\partial \dot{q}_1} &= y_1 \\ \frac{1}{C_1} q_1 + \left(R + R_1 + R_2\right)\dot{q}_1 - R_2\,\dot{q}_2 &= u_e \end{aligned} \tag{5.169}$$

$$\begin{aligned} \frac{\partial V}{\partial q_2} + \frac{1}{2}\frac{\partial D}{\partial \dot{q}_2} &= y_2 \\ \frac{1}{C_2} q_2 - R_2\,\dot{q}_1 + R_2\,\dot{q}_2 &= 0 \end{aligned} \tag{5.170}$$

Modell im Zustandsraum

Als Zustandsgrößen werden die Spannung $u_1(t)$ im Parallelzweig und der Gesamtstrom $i(t)$ gewählt. Zwischen den Zustandsgrößen und den verallgemeinerten Koordinaten besteht folgender Zusammenhang:

$$u_2\left(t\right) = \frac{1}{C_2}\int i_2\,dt = \frac{1}{C_2}\int \dot{q}_2\,dt = \frac{1}{C_2} q_2\left(t\right) \tag{5.171}$$

Aus der Gleichung (5.171) ergibt sich zwischen der verallgemeinerten Koordinate q_2(t) und der Spannung $u_2(t)$:

$$\begin{aligned} q_2\left(t\right) &= C_2\,u_2\left(t\right) \\ \dot{q}_2\left(t\right) &= C_2\,\dot{u}_2\left(t\right) \end{aligned} \tag{5.172}$$

Zwischen der verallgemeinerten Koordinate q_1(t) und dem Strom $i_1(t)$ gilt:

$$\begin{aligned} \dot{q}_1\left(t\right) &= i_1\left(t\right) \\ q_1\left(t\right) &= \int i_1\left(t\right) dt \end{aligned} \tag{5.173}$$

Mit den Beziehungen in Gleichung (5.172) und (5.173) ergibt sich aus Gleichung (5.170) die lineare Differenzialgleichung 1. Ordnung für die Zustandsgröße Spannung $u_2(t)$ im Parallelzweig:

$$\frac{du_2\left(t\right)}{dt} = -\frac{1}{C_2\,R_2} u_2\left(t\right) + \frac{1}{C_2} i_1\left(t\right) \tag{5.174}$$

Aus Gleichung (5.169) folgt mit den Beziehungen in Gleichung (5.172) und (5.173):

$$\frac{1}{C_1}\int i_1(t)\,dt + (R + R_1 + R_2)\,i_1(t) - C_2\,R_2\,\dot{u}_2(t) = u_e(t) \tag{5.175}$$

In Gleichung (5.175) wird zunächst die Ableitung der Spannung $u_2(t)$ im Parallelzweig durch die rechte Seite der Gleichung (5.174) ersetzt:

$$\frac{1}{C_1}\int i_1(t)\,dt + (R + R_1)\,i_1(t) + u_2(t) = u_e(t) \tag{5.176}$$

Um das störende Integral in Gleichung (5.176) zu kompensieren, ist diese beidseitig nach der Zeit abzuleiten:

$$\frac{1}{C_1}i_1(t) + (R + R_1)\frac{di_1(t)}{dt} + \frac{du_2(t)}{dt} = \frac{du_e(t)}{dt} \tag{5.177}$$

Wird in Gleichung (5.177) die 1. Ableitung der Spannung $u_2(t)$ nach der Zeit durch die rechte Seite der Gleichung (5.174) ersetzt, so ergibt sich nach einigen Umformungen:

$$\frac{di_1(t)}{dt} = \frac{1}{C_2\,R_2\,(R + R_1)}u_2(t) - \frac{C_1 + C_2}{C_1\,C_2\,(R + R_1)}i_1(t) + \frac{1}{R + R_1}\frac{du_e(t)}{dt} \tag{5.178}$$

Die Gleichungen (5.174) und (5.178) sind die gesuchten Differenzialgleichungen 1. Ordnung, die das dynamische Verhalten des Netzwerkes beschreiben.

Die Differenzialgleichung (5.178) beinhaltet auf der rechten Seite u. a. die Eingangsfunktion in ihrer 1. Ableitung, was der Beschreibung im Zustandsraum widerspricht. Abhilfe kann die Wahl einer anderen Zustandsgröße schaffen. Zunächst soll aber das gewonnene System in der Vektor-Matrix-Form dargestellt werden.

Wird der Zustandsvektor mit $z(t)$ bezeichnet, wobei:

$$\begin{bmatrix} z_1(t) \\ z_2(t) \end{bmatrix} = \begin{bmatrix} u_2(t) \\ i_1(t) \end{bmatrix} \tag{5.179}$$

gilt, dann ergibt sich als Vektor-Matrix-Differenzialgleichung:

$$\begin{gathered}\begin{bmatrix} \dot{z}_1(t) \\ \dot{z}_2(t) \end{bmatrix} = \begin{bmatrix} a_{11} & a_{12} \\ a_{21} & a_{22} \end{bmatrix}\begin{bmatrix} z_1(t) \\ z_2(t) \end{bmatrix} + \begin{bmatrix} 0 \\ 0 \end{bmatrix}u_e(t) + \begin{bmatrix} 0 \\ b_{22} \end{bmatrix}\dot{u}_e(t) \\ \dot{\mathbf{z}}(t) = \mathbf{A}\,\mathbf{z}(t) + \mathbf{b}_1\,u_e(t) + \mathbf{b}_2\,\dot{u}_e(t)\end{gathered} \tag{5.180}$$

Die Ausgangsspannung ermittelt sich aus den Zustandsgrößen nach Gleichung (5.179) und der Eingangsspannung $u_e(t)$ wie folgt:

$$u_a(t) = -u_2(t) - R\,i_1(t) + u_e(t) \tag{5.181}$$

bzw. als Vektor-Matrix-Ausgangsgleichung:

$$\begin{aligned} u_a(t) &= \begin{bmatrix} -1 & c_{12} \end{bmatrix} \begin{bmatrix} z_1(t) \\ z_2(t) \end{bmatrix} + [1]\, u_e(t) \\ u_a(t) &= \mathbf{c}\,\mathbf{z}(t) + d_1\, u_e(t) \end{aligned} \qquad (5.182)$$

Der Aufbau der Koeffizienten ist aus den entsprechenden Gleichungen bzw. der function *nw_spf* zu ersehen. Zur Kompensation der 1. Ableitung der Eingangsspannung wird ein neuer Zustandsvektor $\mathbf{x}(t)$ eingeführt:

$$\mathbf{z}(t) = \mathbf{x}(t) + \mathbf{b}_2\, u_e(t) \qquad (5.183)$$

Die erste Ableitung von Gleichung (5.183) in die Gleichung (5.180) eingesetzt, ergibt nach einigen Umformungen mit:

$$u(t) = u_e(t) \qquad (5.184)$$

die Vektor-Matrix-Differenzialgleichung:

$$\begin{aligned} \dot{\mathbf{x}}(t) &= \mathbf{A}\,\mathbf{x}(t) + [\mathbf{b}_1 + \mathbf{A}\,\mathbf{b}_2]\, u(t) \\ \begin{bmatrix} \dot{x}_1(t) \\ \dot{x}_2(t) \end{bmatrix} &= \begin{bmatrix} a_{11} & a_{12} \\ a_{21} & a_{22} \end{bmatrix} \begin{bmatrix} x_1(t) \\ x_2(t) \end{bmatrix} + \begin{bmatrix} b_{11} \\ b_{21} \end{bmatrix} u(t) \end{aligned} \qquad (5.185)$$

und mit:

$$y(t) = u_a(t) \qquad (5.186)$$

die Vektor-Matrix-Ausgangsgleichung:

$$\begin{aligned} y(t) &= \mathbf{c}\,\mathbf{x}(t) + [d_1 + \mathbf{c}\,\mathbf{b}_2]\, u(t) \\ &= \begin{bmatrix} c_{11} & c_{12} \end{bmatrix} \begin{bmatrix} x_1(t) \\ x_2(t) \end{bmatrix} + [d_{11}]\, u(t) \end{aligned} \qquad (5.187)$$

Der Aufbau der Koeffizienten ist aus den entsprechenden Gleichungen bzw. der function *nw_spf* zu ersehen. Durch die Transformation des Zustandes mit dem Ansatz nach Gleichung (5.183) wurde die Vektor-Matrix-Differenzialgleichung so umgeformt, dass die Ableitung der Eingangsspannung nicht mehr auftritt.

Die neue erste Zustandsgröße entspricht auch in diesem Fall der Spannung der Parallelschaltung $u_2(t)$. Die neue zweite Zustandsgröße ist zwar ebenfalls ein Strom, aber nicht mehr der Gesamtstrom. Sie berechnet sich wie folgt:

$$x_2(t) = i_1(t) - \frac{1}{R + R_1} u_e(t) \qquad [\mathrm{A}] \qquad (5.188)$$

Der zu den Gleichungen (5.185) und (5.187) gehörende Signalflussplan ist in Abb. 5.22 dargestellt.

Die analytische und numerische Lösung dieser Gleichungen erfolgt im Kapitel 6 bei der Behandlung von Differenzialgleichungen bzw. Übertragungsfunktionen.

5.5.2 Berechnung der Systemgleichungen mit nw_spf

```
function F = nw_spf(System)
% Die "function F = nw_spf(System)" enthält die Daten und
% berechnet das Zustandsmodell und die Übertragungsfunktion
% des sprungfähigen Netzwerkes.
% ZM = nw_spf('ZM') gibt das Zustandsmodell aus.
% G  = nw_spf('G') gibt die Übertragungsfunktion aus.
% nw_spf('Bild') speichert den Signalflussplan als
% Abb5_22.eps

% Daten der Kondensatoren und Widerstände
C1 = 50e-006;      C2 = 100e-006;         % in [Farad = A s/V]
R = 1e003; R1 = 4e003; R2 = 2.5e003;     % in [Ohm = V/A]
aus = nargout;
if and(aus == 1,strcmp(System,'G') == 1)
    Fall = 0;
elseif and(aus == 1,strcmp(System,'ZM') == 1)
    Fall = 1;
elseif and(aus == 0,strcmp(System,'Bild') == 1)
    Fall = 2;
else
    Fall = 3;
end
switch Fall
    case 0
    % Koeffizienten der Übertragungsfunktion
        a0 = 1/(C1*C2*R2*(R+R1));
        a1 = (C2*R2+C1*(R+R1+R2))*a0;
        b2 = R1/(R+R1);
        b1 = a0*(C1*R1+C2*R2);
        b0 = a0;
        Z = [b2 b1 b0];
        N = [1 a1 a0];
        F = tf(Z,N);
    case 1
    % Koeffizienten des Zustandsmodells
        a11 = -1/(C2*R2);
        a12 = 1/C2;
        a21 = 1/(C2*R2*(R+R1));
        a22 = -(C1+C2)/(C1*C2*(R+R1));
        b11 = 1/(C2*(R+R1));
        b21 = -(C1+C2)/(C1*C2*(R+R1)^2);
        c11 = -1; c12 = -R;
        d11 = R1/(R+R1);
        A = [a11 a12;a21 a22];
        B = [b11;b21];
        C = [c11 c12];
        D = d11;
        F = ss(A,B,C,D);
    case 2
    % Speichern als Abb5_22.emf
        print -sAbb5_22 -dmeta -r300 Abb5_22
    case 3
        disp('Die Abkürzung für "System" ist falsch!')
    otherwise
        error('Fehlerhafte Eingabe!')
end
% Ende der function nw_spf
```

5.5.3 Übertragungsfunktion

Zwischen dem Zustandsmodell und der Übertragungsfunktion gilt:

$$G(s) = \frac{Y(s)}{U(s)} = \mathbf{c}\left(s\,\mathbf{I} - \mathbf{A}\right)^{-1}\mathbf{b} + d \tag{5.189}$$

```
>> ZNw = nw_spf('ZM');
>> G = tf(ZNw,'v')
Transfer function:
0.8 s^2 + 7.2 s + 16
------------------------
  s^2 + 10 s + 16
```

bzw. mit der function *nw_spf*

```
>> G = nw_spf('G')
Transfer function:
0.8 s^2 + 7.2 s + 16
------------------------
  s^2 + 10 s + 16
```

Allgemein lässt sich die Übertragungsfunktion wie folgt schreiben:

$$G(s) = \frac{U_a(s)}{U_e(s)} = \frac{b_2\,s^2 + b_1\,s + b_0}{s^2 + a_1\,s + a_0} \quad \text{mit } n = m = 2 \tag{5.190}$$

Da die Grade von Nenner- und Zählerpolynom gleich sind, liegt ein sprungfähiges System vor. Die Werte der Koeffizienten können mit der function *nw_spf* ermittelt werden.

5.5.4 Signalflussplan

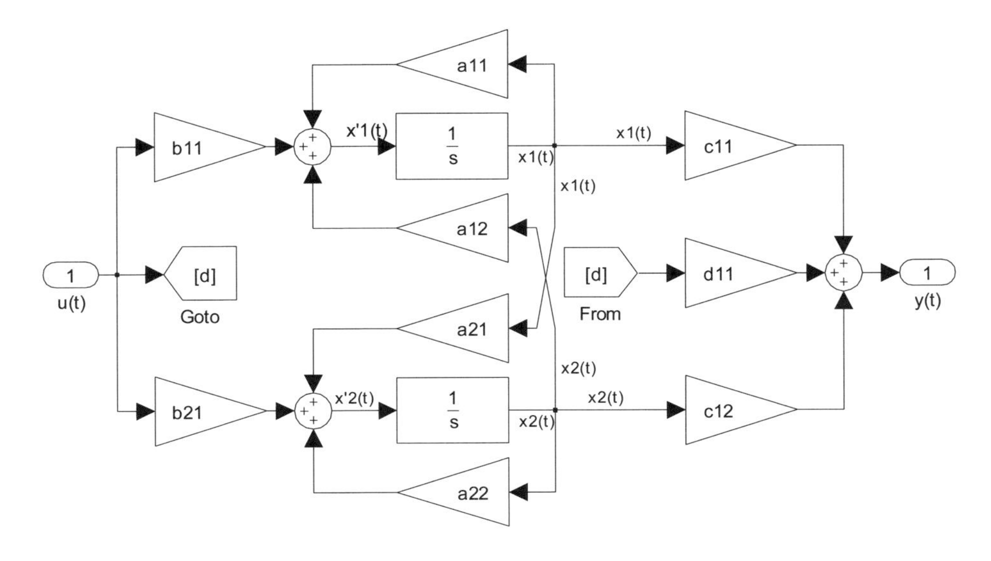

Abb. 5.22 *Signalflussplan des sprungfähigen Netzwerkes 2. Ordnung*

5.6 RLC-Netzwerk als Brückenschaltung

Das letzte Beispiel ist ein RLC-Netzwerk in Form einer Brückenschaltung. Mit der Brückenschaltung können einige grundsätzliche Eigenschaften linearer Systeme, wie z. B. die Nichtsteuerbarkeit und Nichtbeobachtbarkeit, beschrieben werden.

5.6.1 Mathematisches Modell

Das System beinhaltet die zwei Energiespeicher Spule und Kondensator, so dass zwei Zustandsgrößen zu bestimmen sind. Die Spannung zwischen den Knoten 3 und 2 soll als Ausgangsgröße gewählt werden. Für das Aufstellen des mathematischen Modells werden die Lagrange'schen Bewegungsgleichungen 2. Art genutzt.

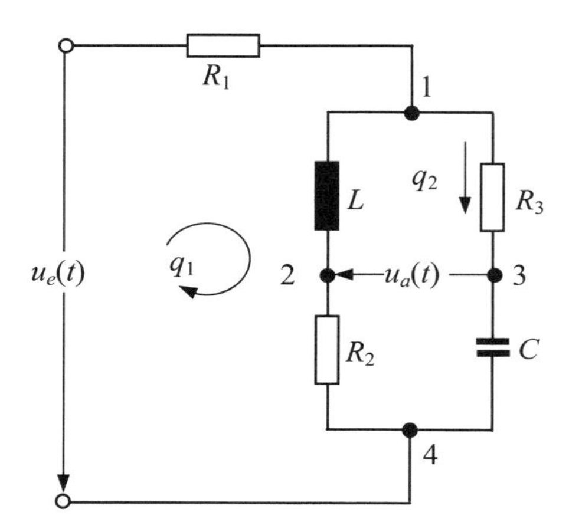

Abb. 5.23 *RLC-Netzwerk in Form einer Brückenschaltung*

Verallgemeinerte Koordinaten

Siehe Abb. 5.23.

Kinetische Energien

$$T = \tfrac{1}{2} L \left(\dot{q}_1 - \dot{q}_2 \right)^2 = \tfrac{1}{2} L \left(\dot{q}_1^2 - 2 \dot{q}_1 \dot{q}_2 + \dot{q}_2^2 \right) \tag{5.191}$$

Potenzielle Energie

$$V = \frac{1}{2C} q_2^2 \tag{5.192}$$

Dissipation der Energie

$$\begin{aligned} D(t) &= R_1\,\dot{q}_1^2 + R_2\left(\dot{q}_1 - \dot{q}_2\right)^2 + R_3\,\dot{q}_2^2 \\ &= R_1\,\dot{q}_1^2 + R_2\left(\dot{q}_1^2 - 2\,\dot{q}_1\,\dot{q}_2 + \dot{q}_2^2\right) + R_3\,\dot{q}_2^2 \end{aligned} \tag{5.193}$$

Potenziale

Im Bereich der verallgemeinerten Koordinate q_1 wirkt die Spannung am Eingang des Netzwerkes:

$$y_1(t) = u_e(t) \tag{5.194}$$

Im Bereich der verallgemeinerten Koordinate q_2 wirkt kein Potenzial, d. h.:

$$y_2 = 0 \tag{5.195}$$

Partielle Ableitungen der kinetischen Energie nach $\dot{q}$ und nach der Zeit

$$\frac{d}{dt}\left(\frac{\partial T}{\partial \dot{q}_1}\right) = L\left(\ddot{q}_1 - \ddot{q}_2\right) \qquad \frac{d}{dt}\left(\frac{\partial T}{\partial \dot{q}_2}\right) = -L\left(\ddot{q}_1 - \ddot{q}_2\right) \tag{5.196}$$

Partielle Ableitungen der kinetischen Energie nach q

$$\frac{\partial T}{\partial q_1} = 0 \qquad \frac{\partial T}{\partial q_2} = 0 \tag{5.197}$$

Partielle Ableitungen der potenziellen Energie

$$\frac{\partial V}{\partial q_1} = 0 \qquad \frac{\partial V}{\partial q_2} = \frac{1}{C}q_2 \tag{5.198}$$

Partielle Ableitungen der Dissipation der Energie

$$\frac{1}{2}\frac{\partial D}{\partial \dot{q}_1} = R_1\,\dot{q}_1 + R_2\left(\dot{q}_1 - \dot{q}_2\right) \qquad \frac{1}{2}\frac{\partial D}{\partial \dot{q}_2} = -R_2\left(\dot{q}_1 - \dot{q}_2\right) + R_3\,\dot{q}_2 \tag{5.199}$$

Lagrange'sche Bewegungsgleichungen 2. Art

$$\begin{aligned} \frac{d}{dt}\left(\frac{\partial T}{\partial \dot{q}_1}\right)-\frac{\partial T}{\partial q_1}+\frac{\partial V}{\partial q_1}+\frac{1}{2}\frac{\partial D}{\partial \dot{q}_1} &= y_1 \\ L(\ddot{q}_1-\ddot{q}_2)-0+R_2(\dot{q}_1-\dot{q}_2)+R_1\,\dot{q}_1 &= u_e \end{aligned} \tag{5.200}$$

$$\begin{aligned} \frac{d}{dt}\left(\frac{\partial T}{\partial \dot{q}_2}\right)-\frac{\partial T}{\partial q_2}+\frac{\partial V}{\partial q_2}+\frac{1}{2}\frac{\partial D}{\partial \dot{q}_2} &= y_2 \\ -L(\ddot{q}_1-\ddot{q}_2)-0+\frac{1}{C}q_2-R_2(\dot{q}_1-\dot{q}_2)+R_3\,\dot{q}_2 &= 0 \end{aligned} \tag{5.201}$$

Zustandsgrößen

Die Wahl der Zustandsgrößen ist bekanntlich nicht eindeutig. Die 1. Zustandsgröße bezieht sich auf den Kondensator, hier wird seine Ladung in Verbindung mit dem Kehrwert seiner Kapazitätskonstante gewählt:

$$x_1(t)=\frac{1}{C}q_2 \tag{5.202}$$

Als zweite Zustandsgröße soll die Differenz der Ladungsänderungen über der Induktivität gewählt werden:

$$x_2(t)=\dot{q}_1-\dot{q}_2 \tag{5.203}$$

Mit den Gleichungen (5.202) und (5.203) lässt sich die Gleichung (5.200) wie folgt schreiben, wenn beachtet wird, dass:

$$\dot{q}_1=x_2(t)+\dot{q}_2=x_2(t)+C\,\dot{x}_2(t) \tag{5.204}$$

gilt:

$$L\,\dot{x}_2(t)+(R_1+R_2)x_2(t)+C\,R_1\,\dot{x}_1(t)=u_e(t) \tag{5.205}$$

und aus Gleichung (5.201) folgt:

$$-L\,\dot{x}_2(t)+x_1(t)-R_2\,x_2+C\,R_3\,\dot{x}_1(t)=0 \tag{5.206}$$

Die Addition der Gleichungen (5.205) und (5.206) liefern die gesuchte Differenzialgleichung für die 1. Zustandsgröße:

$$\dot{x}_1(t)=-\frac{1}{C(R_1+R_3)}x_1(t)-\frac{R_1}{C(R_1+R_3)}x_2(t)+\frac{1}{C(R_1+R_3)}u_e(t) \tag{5.207}$$

Wird für $\dot{x}_1(t)$ in Gleichung (5.206) die rechte Seite der Gleichung (5.207) eingesetzt, ergibt sich die gesuchte Differenzialgleichung 1. Ordnung für die 2. Zustandsgröße:

$$\begin{aligned}\dot{x}_2(t) &= \frac{R_1}{L(R_1+R_3)}x_1(t)-\frac{R_1 R_3+R_2(R_1+R_3)}{L(R_1+R_3)}x_2(t)\\ &\quad+\frac{R_3}{L(R_1+R_3)}u_e(t)\end{aligned} \tag{5.208}$$

Ausgangsgleichung

Ausgangsgröße soll die Spannung $u_a(t)$ zwischen den beiden Knoten 3 und 2 sein. Die Abhängigkeit der Ausgangsspannung von den beiden verallgemeinerten Koordinaten ergibt:

$$u_a(t)=\frac{1}{C}q_2-R_2(\dot{q}_1-\dot{q}_2) \tag{5.209}$$

Mit den in den Gleichungen (5.202) und (5.203) definierten Zustandsgrößen ergibt sich dann für die Ausgangsspannung:

$$u_a(t)=x_1(t)-R_2\,x_2(t) \tag{5.210}$$

5.6.2 Vektor-Matrix-Gleichungen des Zustandsmodells

Die Vektor-Matrix-Differenzialgleichung folgt aus den beiden Gleichungen (5.207) und (5.208), wenn $u(t) = u_e(t)$ gilt:

$$\begin{aligned}\begin{bmatrix}\dot{x}_1(t)\\ \dot{x}_2(t)\end{bmatrix} &= \begin{bmatrix}a_{11} & a_{12}\\ a_{21} & a_{22}\end{bmatrix}\begin{bmatrix}x_1(t)\\ x_2(t)\end{bmatrix}+\begin{bmatrix}b_{11}\\ b_{21}\end{bmatrix}u(t)\\ \dot{\mathbf{x}}(t) &= \mathbf{A}\,\mathbf{x}(t)+\mathbf{b}\,u(t)\end{aligned} \tag{5.211}$$

und mit $y(t) = u_a(t)$ folgt aus Gleichung (5.210) die Vektor-Matrix-Ausgangsgleichung:

$$\begin{aligned}y(t) &= \begin{bmatrix}c_{11} & c_{21}\end{bmatrix}\begin{bmatrix}x_1(t)\\ x_2(t)\end{bmatrix}\\ y(t) &= \mathbf{c}\,\mathbf{x}(t)\end{aligned} \tag{5.212}$$

Der Aufbau der Koeffizienten kann den Gleichungen (5.207) und (5.208) bzw. der Gleichung (5.210) entnommen werden.

5.6.3 Berechnung der Systemgleichungen mit bruecke

```
function [a11,a12,a21,a22,b11,b21,c11,c12] = bruecke ...
    (System,Abgl)
% Die Funktion enthält die Daten der Brückenschaltung
% und berechnet mit:
% [a11,a12,a21,a22,b11,b21,c11,c12] = bruecke
% die Koeffizienten des Signalflussplanes der Brücken-
% schaltung nach Abb5_24,
% ZM = bruecke('ZM') das Zustandsmodell (ZM),
% ZM = bruecke('ZM','abgeg') das ZM des abgeglichenen Zust.,
% G = bruecke('G') die Übertragungsfunktion (ÜTF),
% G = bruecke('G','abgeg') die ÜTF des abgeglichenen Zust.,
% bruecke('Bild') speichert den Signalflussplan als
% Abb5_24.eps.
% Daten der Kondensatoren und Widerstände
    C = 0.1;                            % in [Farad = A s/V]
    L = 0.1;                            % in [Henry = V s/A]
    R1 = 1; R2 = 0.05; R3 = 0.25;       % in [Ohm = V/A]

in = nargin;
aus = nargout;

if and(in == 0, aus == 8)
    disp('        ')
    disp([' Koeffizienten des Signalflussplanes der'...
        ' Brückenschaltung nach Bild 5.18'])
    Ent = 0;
    Fall = 1;
elseif and(in == 0, aus < 8)
    Fall = 3;
elseif and(and(in == 1,aus == 0),strcmp(System,'Bild') == 1)
    Fall = 5;
elseif and(strcmp(System,'ZM') == 0,strcmp(System,'G') == 0)
    Fall = 4;
elseif and(and(in == 1, aus == 1),strcmp(System,'ZM') == 1)
    disp('        ')
    disp('         Zustandsmodell der Brückenschaltung')
    Ent = 1;
    Fall = 1;
elseif and(and(in == 2, aus == 1),strcmp(System,'ZM') == 1)
    if and(in == 2,strcmp(Abgl,'abgeg') == 1)
        disp('        ')
        disp(['        Zustandsmodell der abgeglichenen',...
            ' Brückenschaltung'])
        R2 = 4; % [Ohm] Hierfür ist das System abgeglichen!
        Ent = 1;
        Fall = 1;
    else
        Fall = 7;
    end
elseif and(and(in == 1, aus == 1), strcmp(System,'G') == 1)
    disp('        ')
    disp('       Übertragungsfunktion der Brückenschaltung')
    Ent = 1;
    Fall = 2;
elseif  and(and(in == 2, aus == 1),strcmp(System,'G') == 1)
    if and(in == 2,strcmp(Abgl,'abgeg') == 1)
        disp('        ')
```

```
        disp(['       Übertragungsfunktion der '...
            'abgeglichenen Brückenschaltung'])
        R2 = 4; % [Ohm] Hierfür ist das System abgeglichen!
        Ent = 2;
        Fall = 2;
    else
        Fall = 7;
    end
elseif aus == 0
    Fall = 6;
end

switch Fall
    case 1  % Zustansdmodell
        a11 = -1/(C*(R1+R3));
        a12 = -R1/(C*(R1+R3));
        a22 = -(R2*(R1+R3)+R1*R3)/(L*(R1+R3));
        a21 = R1/(L*(R1+R3));
        b11 = 1/(C*(R1+R3));
        b21 = R3/(L*(R1+R3));
        c11 = 1; c12 = -R2;
        if Ent == 1
            A = [a11 a12;a21 a22]; B = [b11;b21];
            C = [c11 c12]; D = 0;
            ZM = ss(A,B,C,D); a11 = ZM;
        end
    case 2 % Übertragungsfunktion
        a1 = (R2*(R1+R3)+R1*R3)/L/(R1+R3)+1/C/(R1+R3);
        a0 =(R2*(R1+R3)+R1*R3)/L ...
            /(R1+R3)^2/C+R1^2/L/(R1+R3)^2/C;
        b1 = (L-R2*C*R3)/C/L/(R1+R3);
        G = tf([b1 0],[1 a1 a0]);
        if Ent == 2
            printsys([b1 0],[1 a1 a0],'s'); disp('       ')
            disp(['    Da der Zähler der Übertragungs'...
                'funktion 0 ist, wird auch G(s) = 0!'])
            a11 = G;
        else
            a11 = G;
        end
    case 3
        error('Es müssen 8 Ausgabewerte vorgegeben werden!')
    case 4
        error('Die Abkürzung für "System" ist falsch!')
    case 5
    % Speichern als Abb5_24.emf
        print -sAbb5_24 -dmeta -r300 Abb5_24
    case 6
        error('Es fehlt der Ausgabewert!')
    case 7
        error('Die Abkürzung für "abgeg" ist falsch!')
    otherwise
        error('Fehlerhafte Eingabe!')
    end
end
% Ende der function bruecke
```

5.6.4 Signalflussplan der Brückenschaltung

Der Signalflussplan entspricht dem des sprungfähigen Netzwerkes nach Abb. 5.22 ohne die direkte Verbindung zwischen dem Eingangs- und Ausgangssignal!

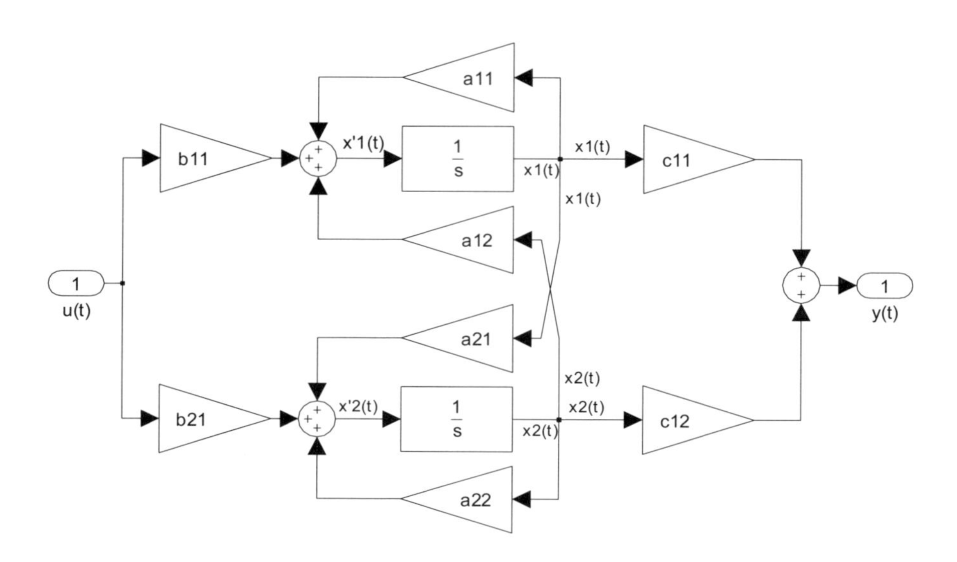

Abb. 5.24 *Signalflussplan der Brückenschaltung*

5.6.5 Übertragungsfunktion der Brückenschaltung

```
>> G = bruecke('G')
Transfer function:
      7.9 s
--------------------
s^2 + 10.5 s + 84
```

```
>> [Nu,Po,K] = zpkdata(G,'v')
Nu =
   0
Po =
  -5.2500 + 7.5125i
  -5.2500 - 7.5125i
K =
   7.9000
```

Allgemein lässt sich die Übertragungsfunktion der Brückenschaltung wie folgt schreiben:

$$G(s) = \frac{b_1\, s}{s^2 + a_1\, s + a_0} \tag{5.213}$$

5.6.6 Parameterproportionen der Brückenschaltung

Es soll untersucht werden, für welche Parameterkonfiguration die Brückenschaltung konjugiertkomplexe Eigenwerte aufweist, so dass ihre Ausgangsgröße schwingt. Ausgangsbasis für die Ermittlung dieses Zusammenhanges ist die Systemmatrix **A** nach Gleichung (5.211):

$$\mathbf{A} = \begin{bmatrix} a_{11} & a_{12} \\ a_{21} & a_{22} \end{bmatrix} \tag{5.214}$$

und deren charakteristische Gleichung:

$$\det\left(s\mathbf{I} - \mathbf{A}\right) = \left|s\mathbf{I} - \mathbf{A}\right| = \mathbf{0} \tag{5.215}$$

welche sich aus folgendem Ansatz:

$$\left[s\mathbf{I} - \mathbf{A}\right] = \begin{bmatrix} s & 0 \\ 0 & s \end{bmatrix} - \begin{bmatrix} a_{11} & a_{12} \\ a_{21} & a_{22} \end{bmatrix} = \begin{bmatrix} s - a_{11} & -a_{12} \\ -a_{21} & s - a_{22} \end{bmatrix} \tag{5.216}$$

berechnet:

$$\left[s\mathbf{I} - \mathbf{A}\right] = s^2 - \left(a_{11} + a_{22}\right)s + a_{11}a_{22} - a_{12}a_{21} \tag{5.217}$$

Der rechte Teil von Gleichung (5.217) ist die charakteristischen Gleichung des Systems. Ihre Lösung liefert die Eigenwerte:

$$s_{1,2} = \frac{1}{2}\left[\left(a_{11} + a_{22}\right) \pm \sqrt{\left(a_{11} - a_{22}\right)^2 + 4a_{12}a_{21}}\right] \tag{5.218}$$

Für den Fall eines konjugiertkomplexen Paares von Eigenwerten muss der Ausdruck unter der Wurzel in der Gleichung (5.218) negativ bzw. kleiner null werden, dies lässt sich wie folgt ausdrücken:

$$\left(a_{11} - a_{22}\right) < 2\sqrt{-a_{12}a_{21}} \tag{5.219}$$

Nach dem Einsetzen der Koeffizienten der Matrix **A** und einigen Umformungen ergeben sich folgende Zusammenhänge:

$$\begin{aligned} R_1R_3 + R_2\left(R_1 + R_3\right) &< \frac{L}{C} - 2R_1\sqrt{\tfrac{L}{C}} \\ R_1\left(R_2 + R_3\right) + R_2R_3 &< \left(\sqrt{\tfrac{L}{C}} - 2R_1\right)\sqrt{\tfrac{L}{C}} \end{aligned} \tag{5.220}$$

Aus der Gleichung (5.220) folgt die Bedingung für die untere Grenze von R_1:

$$\frac{\frac{L}{C} - R_2R_3}{2\sqrt{\frac{L}{C}} + R_2 + R_3} < R_1 \tag{5.221}$$

und aus der rechten Seite der zweiten Zeile von Gleichung (5.220) folgt die Bedingung für die obere Grenze von R_1:

$$R_1 \quad < \quad \frac{1}{2}\sqrt{\frac{L}{C}} \tag{5.222}$$

Der Ausdruck:

$$\sqrt{\frac{L}{C}} \qquad \left[\tfrac{\mathrm{V}}{\mathrm{A}} = \Omega\right] \tag{5.223}$$

wird als charakteristischer Widerstand des Schwingkreises bezeichnet. Aus dem Zähler des linken Terms von Gleichung (5.221) lässt sich für das Produkt der Widerstände R_2 und R_3 folgende Bedingung ableiten:

$$\frac{L}{C} > R_2 R_3 \tag{5.224}$$

die bei den Betrachtungen zur Steuer- und Beobachtbarkeit im Kapitel 8 von Bedeutung sind. Der Nenner der Übertragungsfunktion eines Schwingungsgliedes entspricht der charakteristischen Gleichung (5.217). Ein Koeffizientenvergleich zwischen der rechten Seite von Gleichung (5.217) mit dem allgemeinen Nenner eines Schwingungsgliedes ergibt folgendes:

$$s^2 - \left(a_{11} + a_{22}\right)s + a_{11}a_{22} - a_{12}a_{21} = s^2 + 2\,d\,\omega_0 s + \omega_0^2 \tag{5.225}$$

Für die Eigenkreisfrequenz des ungedämpften Systems wird:

$$\omega_0 = \sqrt{\frac{1}{C\,L}\left[\frac{R_1R_3 + R_2\left(R_1 + R_3\right) + R_1^2}{\left(R_1 + R_3\right)^2}\right]} \tag{5.226}$$

und mit $R_2 = R_3$:

$$\omega_0 = \sqrt{\frac{1}{C\,L}} \qquad \left[\tfrac{1}{\mathrm{s}}\right] \tag{5.227}$$

Für den Dämpfungsfaktor gilt:

$$d = \frac{C\left(R_1R_2 + R_1R_3 + R_2R_3\right) + L}{2\sqrt{C\,L\left(R_1^2 + R_1R_2 + R_1R_3 + R_2R_3\right)}} \tag{5.228}$$

und mit $R_2 = R_3$:

$$d = \frac{C\left(2\,R_1R_3 + R_3^2\right) + L}{2\left(R_1 + R_3\right)\sqrt{C\,L}} \tag{5.229}$$

6 Mathematische Beschreibung linearer, zeitinvarianter Systeme

In diesem Kapitel werden die Möglichkeiten der mathematischen Beschreibung des zeitlichen Verlaufs der physikalischen Größen eines linearen, zeitinvarianten Systems in Abhängigkeit von den auf das System wirkenden äußeren Größen behandelt.

Das dynamische Verhalten von Systemen wird durch gewöhnliche Differenzialgleichungen n-ter Ordnung beschrieben. Diese können sowohl nichtlinear als auch linear sein. In den Differenzialgleichungen treten die Ausgangsgrößen $y(t)$ mit ihren Ableitungen, die Eingangsgrößen $u(t)$ teilweise ebenfalls mit ihren Ableitungen und gegebenenfalls die Zeit t auf. Ist das Verhalten neben der Zeit auch noch von den Ortskoordinaten abhängig, so sind die beschreibenden Differenzialgleichungen nicht gewöhnlich sondern partiell.

Gegenstand dieses Kapitels sind Systeme, deren dynamisches Verhalten linear bzw. um einen Arbeitspunkt linearisierbar ist, und deren Modellkoeffizienten unabhängig von den Ortskoordinaten und der Zeit sind.

Die mathematischen Modelle zur Beschreibung des dynamischen Verhaltens dieser Systeme können von folgender Art sein:

- lineare Differenzialgleichungen n-ter Ordnung mit konstanten Koeffizienten,
- Systeme linearer Differenzialgleichungen 1. Ordnung mit konstanten Koeffizienten in Vektor-Matrix-Darstellung, d. h. als Zustandsraummodelle,
- Übertragungsfunktionen,
- Frequenzgänge, graphisch dargestellt als Ortskurven bzw. Bode-Diagramme,
- Pol-Nullstellen-Darstellungen als Wurzelortskurven,
- Zeitantworten als Reaktion auf einen Sprung, einen Impuls, eine Rampe bzw. ein beliebiges Signal am Eingang des Systems.

6.1 Lineare Übertragungsglieder

6.1.1 Eindeutigkeit und Linearität

Die linearen Differenzialgleichungen, die Übertragungsfunktionen und die Frequenzgänge beschreiben das Verhalten eines linearen Übertragungsgliedes zwischen seiner Eingangsgröße $u(t)$ und seiner Ausgangsgröße $y(t)$:

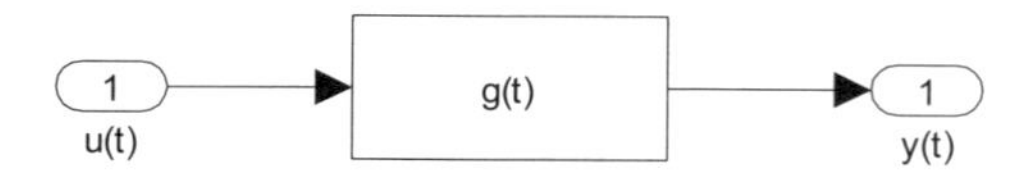

Abb. 6.1 *Lineares Übertragungsglied als kleinste Einheit eines linearen Systems*

In Gleichung (6.1) entspricht $g(t)$ der das System beschreibenden Gewichtsfunktion, es gilt:

$$y(t) = g(t) * u(t)$$
$$y(t) = \int_0^t g(\tau) u(t-\tau) d\tau \tag{6.1}$$

Der '*' in der ersten Zeile der Gleichung (6.1) bedeutet die Faltungsoperation, wie sie in der zweiten Zeile durch das Faltungsintegral beschrieben ist.
Das Verhalten eines Übertragungsgliedes wird durch den stationären und den dynamischen Zustand beschrieben. Ein dynamischer Zustand liegt stets zwischen zwei stationären Zuständen. Grundlage dieser Beschreibung ist das Kausalitätsprinzip von Ursache und Wirkung.
Die zeitlichen Änderungen der Eingangsgrößen $u(t)$ – steuerbare Eingangsgrößen bzw. Steuergrößen – und $z(t)$ – nicht steuerbare Eingangsgrößen bzw. Störgrößen – sind die Ursachen. Die daraus folgenden zeitlichen Änderungen der Ausgangsgröße $y(t)$ sind die Wirkungen auf o. a. Ursachen.

Der mathematische Zusammenhang kann ganz allgemein wie folgt dargestellt werden:

$$y(t) = f\left[u(t)\right] \tag{6.2}$$

Dieser funktionale Zusammenhang kann sowohl linear als auch nichtlinear sein.

Im Weiteren werden Systeme untersucht, deren funktionale Zusammenhänge durch lineare bzw. linearisierte Gleichungen beschrieben werden können.
Bei linearen Übertragungsgliedern besteht ein eindeutiger und linearer Zusammenhang des Ausgangssignals mit dem Eingangssignal.

Eindeutigkeit

Eingangssignal und Ausgangssignal sind stets gleich zugeordnet, d. h. Nichtlinearitäten wie Hysterese, Lose, Reibung, Sättigung usw. sind, wenn überhaupt vorhanden, von vernachlässigbarer Größe.

Linearität

Der Zusammenhang zwischen den Ausgangsgrößen und Eingangsgrößen kann durch eine lineare Gleichung, zumindest in einem kleinen betrachteten Bereich, beschrieben werden.
Bei Linearität gilt das weiter unten beschriebene Überlagerungsgesetz bzw. Superpositionsgesetz.

6.1.2 Aktive und passive Übertragungsglieder

Aktive Übertragungsglieder

Aktiven Übertragungsgliedern wird Hilfsenergie zugeführt. Das von $u(t)$ gesteuerte Ausgangssignal $y(t)$ bezieht seine Leistung aus der Hilfsenergie, z. B. Verstärker, hier bleibt die Eingangsgröße $u(t)$ beim Steuern unbelastet.

Passive Übertragungsglieder

Das Ausgangssignal $y(t)$ bezieht seine Leistung ausschließlich vom Eingangssignal $u(t)$, z. B. Hebelübertragungen, Federsysteme zur Umwandlung von Wegen in Kräfte sowie die Kombination von ohmschen Widerständen, Spulen und Kondensatoren in elektrischen Netzwerken.

6.1.3 Speichervermögen von Übertragungsgliedern

Die Eigenschaften der Übertragungsglieder werden wesentlich von den in ihnen vorhandenen Widerstandselementen und Speicherelementen geprägt.
In Widerständen tritt ein Verlust an Signalenergie auf, wogegen diese in Speicherelementen in Form von potenzieller oder kinetischer Energie gespeichert wird, d. h. es gibt potenzielle und kinetische Speicherelemente. Siehe hierzu Kapitel 4.4.

6.1.4 Prinzipien linearer Übertragungsglieder

Prinzip der Zeitinvarianz

Das Prinzip der Zeitinvarianz beruht auf der zeitlichen Unveränderbarkeit der Koeffizienten bzw. Parameter der Signalgleichungen. Bewirkt das Eingangssignal $u(t)$ das Ausgangssignal $y(t)$, dann liefert ein zeitinvariantes System, das mit dem Eingangssignal $u(t-\tau)$ beaufschlagt wird, das Ausgangssignal $y(t-\tau)$. Vorausgesetzt wird, dass die jeweiligen Anfangswerte gleich sind.

Prinzip der Homogenität

Das Prinzip der Homogenität entspricht der Proportionalität zwischen Ursache und Wirkung.

Wenn das als Ursache wirkende Eingangssignal $u(t)$ das als Wirkung auftretende Ausgangssignal $y(t)$ hervorruft, d. h. wenn Gleichung (6.2) gilt, dann bewirkt die Ursache $a \cdot u(t)$ (a = konstant und genügend klein) das Ausgangssignal $a \cdot y(t)$.

Prinzip der Superposition

Das Prinzip der Superposition besagt, dass mehrere Signale überlagert werden dürfen, ohne sich gegenseitig zu beeinflussen. Es gilt für lineare Systeme und erlaubt eine Strukturumformung.

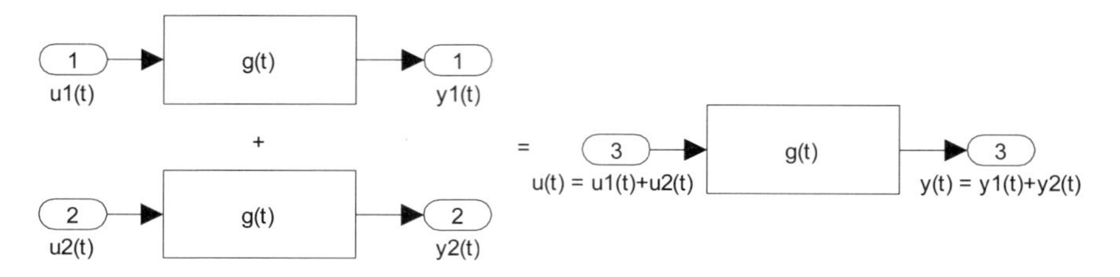

Abb. 6.2 *Darstellung des Prinzips der Superposition*

Wenn das Eingangssignal $u_1(t)$ das Ausgangssignal $y_1(t)$ und das Eingangssignal $u_2(t)$ das Ausgangssignal $y_2(t)$ hervorruft, dann ist die Antwort des Systems auf das kombinierte Eingangssignal:

$$u(t) = u_1(t) + u_2(t) \tag{6.3}$$

das Ausgangssignal:

$$y(t) = y_1(t) + y_2(t) \tag{6.4}$$

Prinzip der Rückwirkungsfreiheit

Das Ausgangssignal $y(t)$ eines Übertragungsgliedes wirkt nicht auf das Eingangssignal $u(t)$ zurück, d. h. das Signal kann das Übertragungsglied nur vom Eingang zum Ausgang durchlaufen und nicht umgekehrt.

Prinzip der Linearität

Linearität liegt vor, wenn als Eingangssignal eines Übertragungsgliedes die Linearkombination zweier Teil-Eingangssignale:

$$u(t) = k_1\, u_1(t) + k_2\, u_2(t) \tag{6.5}$$

am Ausgang des Übertragungsgliedes die Linearkombination der beiden Teil-Ausgangssignale:

$$y(t) = k_1\, y_1(t) + k_2\, y_2(t) \tag{6.6}$$

hervorruft, d. h. es gilt das *Superpositionsprinzip*:

Kleine Änderungen am Eingang bewirken kleine Änderungen am Ausgang.

Prinzip der Ortsunabhängigkeit der Systemparameter

Für das betrachtete Übertragungsglied gelten unabhängig vom Ort bzw. von den Ortskoordinaten, dass die Parameter konstant oder auch konzentriert sind.

Grundeigenschaften eines Systems

Unter Berücksichtigung der aufgeführten Prinzipien lassen sich die folgenden Systemeigenschaften unterscheiden:

- linear und nichtlinear
- zeitinvariant und zeitvariant
- mit konzentrierten und mit verteilten Parametern.

Zeitinvariante lineare ortsunabhängige Systeme werden durch lineare Differenzialgleichungen mit konstanten Koeffizienten beschrieben.
Die Systeme mit verteilten Parametern werden beschrieben durch partielle Differenzialgleichungen, die nichtlinearen durch nichtlineare Differenzialgleichungen und die zeitvarianten Systeme durch Differenzialgleichungen, deren Koeffizienten Funktionen der Zeit sind.

6.2 Lineare Differenzialgleichungen und ihre Lösung

6.2.1 Grundlagen

Das dynamische Verhalten eines linearen, zeitinvarianten Übertragungsgliedes wird durch eine lineare Differenzialgleichung mit konstanten Koeffizienten folgender Art beschrieben:

$$\begin{aligned} &a_n\, y^{(n)}(t) + a_{n-1}\, y^{(n-1)}(t) + \cdots + a_2\, \ddot{y}(t) + a_1\, \dot{y}(t) + a_0\, y(t) \\ &= \qquad\qquad n \geq m \\ &b_m\, u^{(m)}(t) + b_{m-1}\, u^{(m-1)}(t) + \cdots + b_2\, \ddot{u}(t) + b_1\, \dot{u}(t) + b_0\, u(t) \end{aligned} \tag{6.7}$$

Die Koeffizienten von Gleichung (6.7) ergeben sich aus den physikalischen Parametern der betrachteten Systeme. Es erleichtert den Rechengang, wenn der zur höchsten Ableitung der Ausgangsgröße gehörende Koeffizient a_n eins ist, was aber gewöhnlich erst durch entsprechendes Umformen erreicht wird.

Die Differenzialgleichung (6.7) besitzt im Zeitraum $t \geq 0$ für eine gegebene Eingangsgröße $u(t)$ mit ihren Ableitungen eine eindeutige Lösung für die Ausgangsgröße $y(t)$ mit ihren Ableitungen, wobei die Kenntnis der Anfangswerte:

$$y(+0), \dot{y}(+0), \ddot{y}(+0), \ldots, y^{(n-1)}(+0) \tag{6.8}$$

und

$$u(+0), \dot{u}(+0), \ddot{u}(+0), \ldots, u^{(m-1)}(+0) \tag{6.9}$$

zum Zeitpunkt $t = 0$ als bekannt vorausgesetzt wird.

Es interessiert der zukünftige Verlauf der Ausgangsgröße $y(t)$ in Abhängigkeit von der Eingangsgröße $u(t)$. Einflüsse von $u(t)$ auf $y(t)$ für die Zeit $t < 0$ spiegeln sich in den Anfangswerten wider.

6.2.2 Numerische Lösung von Differenzialgleichungen

Allgemeine Aussagen zur numerischen Lösung von Differenzialgleichungen mit den *ode-functions* sind unter Kapitel 4.1.9 und zur symbolischen Lösung mit der M-function *dsolve* sind unter Kapitel 4.1.6 zu finden.

Wie eine Differenzialgleichung n-ter Ordnung in einen Satz von n Differenzialgleichungen 1. Ordnung überführt werden kann, ist unter 4.6.4 für den allgemeinen Fall aufgezeigt, wenn die Eingangsgröße nicht in ihren Ableitungen auftritt. Dazu wird nachfolgend ein Beispiel angegeben, um die notwendige Voraussetzung für die Anwendung der *ode-function* zu schaffen.

Beispiel 6.1
Gegeben ist die lineare, zeitinvariante Differenzialgleichung 3. Ordnung mit der Steuergröße $u(t)$:

$$\dddot{y}(t) + a_2\,\ddot{y}(t) + a_1\,\dot{y}(t) + a_0\,y(t) = b_0\,u(t)$$

Gesucht ist die Beschreibung im Zustandsraum mit den Phasenvariablen als Zustandsgrößen. Der zu $u(t)$ gehörende Koeffizient im Eingangsvektor soll den Wert 1 aufweisen.

Lösung:

Als Zustandsgrößen werden die mit b_0 dividierten Phasenvariablen – die Wahl der Zustandsgrößen ist nicht eindeutig – wie folgt bestimmt:

$$x_1 = \frac{1}{b_0}y; \quad x_2 = \frac{1}{b_0}\dot{y}; \quad x_3 = \frac{1}{b_0}\ddot{y}$$

Daraus ergeben sich die Differenzialgleichungen 1. Ordnung für die beiden ersten Zustandsgrößen:

$$\dot{x}_1 = x_2$$
$$\dot{x}_2 = x_3$$

Diese beiden Differenzialgleichungen und die Tatsache, dass

$$\frac{1}{b_0}\dddot{y}(t) = \dot{x}_3(t)$$

gilt, liefert mit der nach:

$$\frac{1}{b_0}\dddot{y}(t)$$

umgestellten Ausgangsgleichung die noch fehlende dritte Differenzialgleichung 1. Ordnung:

$$\frac{1}{b_0}\dddot{y}(t) = -\frac{1}{b_0}a_0\, y(t) - \frac{1}{b_0}a_1\, \dot{y}(t) - \frac{1}{b_0}a_2\, \ddot{y}(t) + u(t)$$

$$\dot{x}_3(t) = -a_0\, x_1(t) - a_1\, x_2(t) - a_2\, x_3(t) + u(t)$$

Die drei Differenzialgleichungen 1. Ordnung in der Form einer Vektor-Matrix-Gleichung dargestellt, ergibt den gesuchten Satz von Differenzialgleichungen:

$$\begin{bmatrix} \dot{x}_1(t) \\ \dot{x}_2(t) \\ \dot{x}_3(t) \end{bmatrix} = \begin{bmatrix} 0 & 1 & 0 \\ 0 & 0 & 1 \\ -a_0 & -a_1 & -a_2 \end{bmatrix} \begin{bmatrix} x_1(t) \\ x_2(t) \\ x_3(t) \end{bmatrix} + \begin{bmatrix} 0 \\ 0 \\ 1 \end{bmatrix} u(t)$$

$$\dot{\mathbf{x}}(t) = \mathbf{A}\,\mathbf{x}(t) + \mathbf{b}\,u(t)$$

Die Ausgangsgleichung folgt aus dem Ansatz der Zustandsgrößen:

$$y(t) = b_0\, x_1(t) = \begin{bmatrix} b_0 & 0 & 0 \end{bmatrix} \begin{bmatrix} x_1(t) \\ x_2(t) \\ x_3(t) \end{bmatrix} + [0]\, u(t)$$

Diese Darstellung wird als Regelungsnormalform bezeichnet. Die darin enthaltene Systemmatrix **A** ist die Frobenius[62]- oder Begleitmatrix.

Zustandsgleichungen für sprungfähige Eingrößensysteme

Der zum Beispiel 6.1 kompliziertere Fall tritt bei Differenzialgleichungen n-ter Ordnung auf, wenn neben der Eingangsgröße auch noch ihre Ableitungen vorhanden sind und deren höchste Ableitung mit der der Ausgangsgröße übereinstimmt, d. h. $m = n$ gilt. Diese Systeme sind sprungfähig, da sie auf einen Eingangssprung mit einem Sprung am Ausgang antworten. Nachfolgend sind die zur Umrechnung notwendigen Beziehungen angegeben. Diese Gleichung wird nach dem Einführen der *Laplacetransformation* und der *Übertragungsfunktion* abgeleitet.

Aus Gleichung (6.7) ergibt sich mit $m = n$ folgendes System von n Differenzialgleichungen 1. Ordnung in der Vektor-Matrix-Darstellung:

$$\begin{bmatrix} \dot{x}_1(t) \\ \dot{x}_2(t) \\ \vdots \\ \dot{x}_{n-1}(t) \\ \dot{x}_n(t) \end{bmatrix} = \begin{bmatrix} 0 & 1 & \cdots & 0 & 0 \\ 0 & 0 & \cdots & 0 & 0 \\ \vdots & \vdots & \cdots & \ddots & \vdots \\ 0 & 0 & \cdots & 0 & 1 \\ -a_0 & -a_1 & \cdots & -a_{n-2} & -a_{n-1} \end{bmatrix} \begin{bmatrix} x_1(t) \\ x_2(t) \\ \vdots \\ x_{n-1}(t) \\ x_n(t) \end{bmatrix} + \begin{bmatrix} 0 \\ 0 \\ \vdots \\ 0 \\ 1 \end{bmatrix} u(t) \qquad (6.10)$$

und der Vektor-Matrix-Ausgangsgleichung:

$$y = \begin{bmatrix} (b_0 - a_0 b_n) & (b_1 - a_1 b_n) & \cdots & (b_{n-1} - a_{n-1} b_n) \end{bmatrix} \mathbf{x} + b_n u \qquad (6.11)$$

---

[62] Frobenius, (Ferdinand) Georg *26.10.1849 Berlin †3.8.1917 Berlin-Charlottenburg, Mathematiker

Aus den Gleichungen (6.10) und (6.11) ist ersichtlich, dass bei dem hier gewählten Ansatz die Ableitungen der Eingangsgröße lediglich Einfluss auf die Ausgangsgleichung ausüben, die Systemmatrix ist auch hier eine Frobenius-Matrix. Die Koeffizienten der Differenzialgleichung des Beispiel 6.1 hier eingesetzt, liefert ebenfalls das dort gefundene Ergebnis.

Lösen der Differenzialgleichung eines Eingrößensystems mit der M-function ode45

Die Vorgehensweise wird anhand eines Beispiels erläutert.

Beispiel 6.2

Die in Kapitel 5.5 gefundene Differenzialgleichung 2. Ordnung:

$$\ddot{y}(t)+a_1\,\dot{y}(t)+a_0\,y(t)=b_2\,\ddot{u}(t)+b_1\,\dot{u}(t)+b_0\,u(t)$$

für ein sprungfähiges elektrisches Netzwerk, ist für einen Sprung $u(t) = U_0 = 1$ mit Hilfe der M-function *ode*45 numerisch zu lösen, d. h. es sind die Zeitantworten zu berechnen.

Lösung:

Die Lösung erfordert es, diese Differenzialgleichung zuvor in ein System von zwei Differenzialgleichungen 1. Ordnung nach Gleichung (6.10) und (6.11) zu überführen.

$$\begin{bmatrix}\dot{x}_1(t)\\ \dot{x}_2(t)\end{bmatrix}=\begin{bmatrix}0 & 1\\ -a_0 & -a_1\end{bmatrix}\begin{bmatrix}x_1(t)\\ x_2(t)\end{bmatrix}+\begin{bmatrix}0\\ 1\end{bmatrix}u(t)$$

$$y(t)=\begin{bmatrix}(b_0-a_0 b_2) & (b_1-a_1\,b_2)\end{bmatrix}\begin{bmatrix}x_1(t)\\ x_2(t)\end{bmatrix}+\begin{bmatrix}b_2\end{bmatrix}u(t)$$

Das Programm zur numerischen Lösung der Differenzialgleichung 2. Ordnung wird mit ↵ gestartet, nachdem „Beispiel6_02a“ in das Command Window eingegeben wurde.

```
function [dx,ta] = Beispiel6_02(t,x)
% Die "function [dx,ta] = Beispiel6_02(t,x)" beschreibt die
% Differenzialgleichung des sprungfähigen elektrischen
% Netzwerkes 2. Ordnung im Kapitel 5.5, um sie mit 'ode45'
% lösen zu können.
% Die Lösung erfolgt durch Eingabe von Beispiel6_02a
% im Command Window!
dx = [x(2);-16*x(1)-10*x(2)+1];
ta = t;
% Ende der Funktion Beispiel6_02

% Skript zum Beispiel 6.2
% Lösung der Dgl. 2. Ordnung des Beispiels 6.2,
% siehe 'help Beispiel6_02', für das sprungfähige Netzwerk
% nach Kapitel 5.5 mit einem Eingangssprung.
% Daten für die Simulation
    t0 = 0;         % Startzeit
    te = 3;         % Endzeit
    x0 = [0;0];     % Anfangswerte der zwei Zustandsgrößen
    u = 1;          % Sprungeingang
% Koeffizienten der Übertragungsfunktion aus nw_spf
    G = nw_spf('G');
```

```
    [Z,N] = tfdata(G,'v');
    a0 = N(3); a1 = N(2);
    b0 = Z(3); b1 = Z(2); b2 = Z(1);
% Berechnung der Zustandsverläufe
    [t,x] = ode45(@Beispiel6_02,[t0 te],x0);
% Berechnung der Ausgangsgröße
    y = [(b0-a0*b2) (b1-a1*b2)]*x' + b2*u;
% Darstellung der Lösungen in zwei übereinanderliegenden
% Bildern
% 2 Zeilen, 1 Spalte
% Zustandsgrößen, 1. Bild - 1. Zeile
    subplot(2,1,1)
    plot(t,x(:,1),'b',t,x(:,2)), grid
    title(['Verlauf der Zustandsgrößen des ' ...
        'sprungfähigen Systems'])
    text(1.7,0.07,'x_1(t)')
    text(2.25,0.01,'x_2(t)')
% Ausgangsgröße, 2. Bild - 2. Zeile
    subplot(2,1,2)
    plot(t,y), grid
    title(['Verlauf der Ausgangsgröße y(t) des' ...
        ' sprungfähigen Systems'])
    xlabel('t [s]')
 % Speichern als Abb6_03.emf
    print -f1 -dmeta -r300 Abb6_03
% Ende des Beispiels 6.2a
```

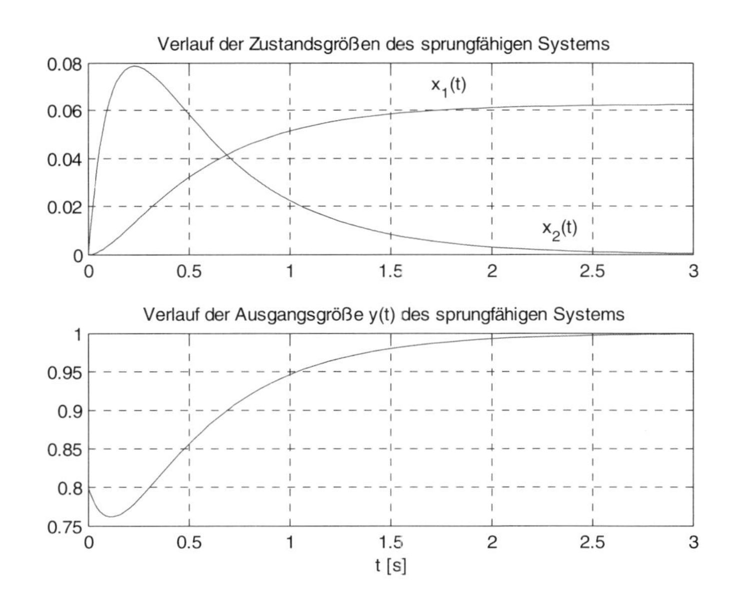

Abb. 6.3 *Lösungsverläufe zum Beispiel 6.2*

6.3 Die Laplacetransformation

Mit Hilfe der Laplacetransformation[63] wird eine Zeitfunktion $f(t)$ in eine Frequenzfunktion $F(s)$ einer komplexen Veränderlichen transformiert, d. h. es wird eine Funktion des Zeit- bzw. Oberbereichs in eine Funktion des Bild-, Unter- oder Frequenzbereichs überführt. Bei dem Vorgang der Abbildung wird der Zeitfunktion eine entsprechende oder auch korrespondierende Unterfunktion des Frequenzbereichs zugeordnet. Folglich muss für jede Operation im Zeitbereich eine korrespondierende Operation im Bildbereich existieren.

Der Vorteil der Transformation einer Funktion aus dem Zeitbereich in den Frequenzbereich tritt besonders deutlich bei der Lösung von linearen Differenzialgleichungen mit konstanten Koeffizienten hervor. Die korrespondierende Funktion im Unterbereich ist gewöhnlich eine algebraische Gleichung. Die Lösung dieser algebraischen Gleichung wird durch Rücktransformation in den Zeitbereich überführt und stellt die gesuchte Lösung der Ausgangsgleichung dar.

6.3.1 Definition der Laplacetransformation

Für die Laplacetransformation $\mathcal{L}\{f(t)\}$ einer Oberfunktion $f(t)$, die im Zeitintervall $0 \le t < \infty$ definiert ist, gilt für die gesuchte Unterfunktion $F(s)$ im Frequenzbereich die Abbildungsvorschrift:

$$f(p) = \int_0^\infty f(t) e^{-st} dt \tag{6.12}$$

mit der komplexen Variablen s[64]:

$$s = \delta + j\omega \tag{6.13}$$

wobei δ und ω reelle Variable sind und für:

$$j = \sqrt{-1}$$

gilt. Mit Hilfe des Integrals in Gleichung (6.12) wird eine Zeitfunktion $f(t)$ aus dem Oberbereich in eine Frequenzfunktion $F(s)$ des Unterbereichs transformiert.
Die Frequenzfunktion $F(s) = F(\delta + j\omega)$ ergibt sich durch die Laplacetransformation der Zeitfunktion $f(t)$, dargestellt durch:

$$f(t) = \mathcal{L}\{f(t)\} \tag{6.14}$$

Mit dem Korrespondenzzeichen ○—● wird zum Ausdruck gebracht, dass aus der Zeitfunktion $f(t)$ die Frequenzfunktion $F(s)$ entsteht:

$$f(t) \circ\!\!-\!\!\bullet F(s) \tag{6.15}$$

---

[63] Laplace, Pierre Simon Marquis de (seit 1817) *28.3.1749 Beaumont-en-Auge (Calvados) †5.3.1827 Paris, Mathematiker und Physiker. Diese Transformation wurde Laplace zu Ehren, nach ihm benannt.

[64] Vielfach wird statt "s" der Buchstabe "p" verwendet, der nach [Doetsch-1989] aus dem Heaviside-Kalkül stammt.

Für die Rücktransformation der Frequenzfunktion in die Zeitfunktion, die Laplace-Rücktransformation, gilt folgende Vereinbarung:

$$\begin{aligned} f(t) &= \mathcal{L}^{-1}\{F(s)\} \\ F(s) &\bullet\!\!-\!\!\circ \quad f(t) \end{aligned} \qquad (6.16)$$

Die Rücktransformation entspricht dem Aufsuchen der zu der Frequenzfunktion $F(s)$ korrespondierenden Zeitfunktion $f(t)$.

6.3.2 Die M-functions laplace und ilaplace

Mit der M-function *laplace* der *Symbolic Math Toolbox* kann eine in symbolischer Form vorliegende Zeitfunktion in die dazugehörende Frequenzfunktion überführt werden. Dies wird an Hand einiger bekannter Zeitfunktionen im nachfolgenden Beispiel gezeigt.

Beispiel 6.3
Gesucht ist die Laplacetransformierte für folgende Funktionen:

$$f_1(t) = \sigma(t) \qquad f_2(t) = \delta(t) \qquad f_3(t) = e^{at}$$
$$f_4(t) = U_0\left(1 - e^{-t/T}\right) \qquad f_5(t) = t \qquad f_6(t) = \cos(t)$$

Lösung:

Vereinbarung der symbolischen Variablen:

```
>> syms a s t T U0
```

Die Sprungfunktion σ(t), sie entspricht der M-function *heaviside*[65]:

```
>> f1 = heaviside (t)
f1 =
heaviside(t)
>> F1 = laplace(f1)
F1 =
1/s
```

$$f_1(t) = \sigma(t) \quad \circ\!\!-\!\!\bullet \quad F_1(s) = \frac{1}{s}$$

Der Einheitsimpuls $\delta(t)$, er entspricht der M-function *dirac*[66](t):

```
>> f2 = dirac(t)
f2 =
dirac(t)
>> F2 = laplace (f2)
F2 =
1
```

$$f_2(t) = \delta(t) \quad \circ\!\!-\!\!\bullet \quad F_2(s) = 1$$

---

65 Heaviside, Oliver ∗18.5.1850 Camden Town †3.2.1925 Paignton, Physiker und Elektroingenieur

66 Dirac, Paul Adrien Maurice * 18.8.1902 Bristol † 20.10.1984 Tallahassee (Florida), Physiker

Die *e*-Funktion:

```
>> f3 = exp(a*t)
f3 =
exp(a*t)
>> F3 = laplace(f3)
F3 =
-1/(a - s)
```

$$f_3(t) = e^{at} \quad \circ\!\!-\!\!\bullet \quad F_3(s) = \frac{1}{s-a}$$

Die Antwortfunktion eines Verzögerungsgliedes 1. Ordnung:

```
>> f4 = U0*(1-exp(-t/T))
f4 =
-U0*(1/exp(t/T) - 1)
>> F4 = laplace(f4)
F4 =
U0*(1/s - 1/(s + 1/T))
>> F4 = simplify(F4)
F4 =
U0/(s*(T*s + 1))
```

$$f_4(t) = U_0\left(1 - e^{-t/T}\right) \quad \circ\!\!-\!\!\bullet \quad F_4(s) = \frac{U_0}{s(T\,s+1)}$$

Die Rampenfunktion:

```
>> f5 = t
f5 =
t
>> F5 = laplace(f5)
F5 =
1/s^2
```

$$f_5(t) = t \quad \circ\!\!-\!\!\bullet \quad F_5(s) = \frac{1}{s^2}$$

Die Kosinusfunktion:

```
>> f6 = cos(t)
f6 =
cos(t)
>> F6 = laplace(f6)
F6 =
s/(s^2 + 1)
```

$$f_6(t) = \cos(t) \quad \circ\!\!-\!\!\bullet \quad F_6(s) = \frac{s}{s^2+1}$$

Die M-function *ilaplace* der *Symbolic Math Toolbox* transformiert die in symbolischer Form vorliegenden Frequenzfunktionen zurück in den Zeitbereich.

Es wird zur Übung empfohlen, die im Beispiel 6.3 gefundenen Unterfunktionen durch Anwenden der M-function *ilaplace* in den Zeitbereich zu überführen.

6.3.3 Regeln für das Rechnen mit der Laplacetransformation

Mit Hilfe der nachfolgend angegebenen Regeln werden mathematische Operationen des Zeitbereiches nach Anwendung der Laplacetransformation zu entsprechenden Operationen im Frequenzbereich. Es soll gelten:

$$f_1(t) \;\circ\!\!-\!\!\bullet\; F_1(s) \text{ und } f_2(t) \;\circ\!\!-\!\!\bullet\; F_2(s) \tag{6.17}$$

Additionssatz

Die Laplacetransformation ist eine lineare Transformation zwischen Funktionen im Zeitbereich $f(t)$ und im Frequenzbereich $F(s)$, daraus ergibt sich mit den Konstanten k_1 und k_2:

$$k_1\, f_1(t)+k_2\, f_2(t) \;\circ\!\!-\!\!\bullet\; k_1\, F_1(s)+k_2\, F_2(s) \tag{6.18}$$

Beispiel 6.4
Die Beziehung in Gleichung (6.18) ist auf $f_1(t)$ und $f_2(t)$ des Beispiel 6.3 anzuwenden.

Lösung:

$$f(t)=k_1\sigma(t)+k_2\delta(t)$$

$$\circ\!\!-\!\!\bullet$$

$$F(s)=\frac{k_1}{s}+k_2$$

```
>> syms k1 k2
>> F = laplace(k1*f1+k2*f2)
F =
k2 + k1/s
```

Ähnlichkeitssatz

Aus:

$$f(t) \;\circ\!\!-\!\!\bullet\; F(s) \tag{6.19}$$

folgt die 1. Variante des Ähnlichkeitssatzes:

$$f(at) \;\circ\!\!-\!\!\bullet\; \frac{1}{a}f\left(\frac{s}{a}\right) \quad a>0 \tag{6.20}$$

Beispiel 6.5
Gesucht ist die Laplacetransformierte von $f(t) = \cos(a\,t)$ unter Anwendung des Ähnlichkeitssatzes auf die Funktion $f_6(t)$ von Beispiel 6.3.

Lösung:

Im Beispiel 6.3 wurde für $f_6(t)$ folgende Laplacetransformierte gefunden:

$$f_6(t)=\cos(t) \;\circ\!\!-\!\!\bullet\; F_6(s)=\frac{s}{s^2+1}$$

damit wird unter Anwendung der 1. Variante des Ähnlichkeitssatzes:

$$f(t) = \cos(at) \quad \circ\!\!-\!\!\bullet \quad F(s) = \frac{1}{a}\frac{\frac{s}{a}}{\left(\frac{s}{a}\right)^2 + 1} = \frac{s}{s^2 + a^2}$$

```
>> F = laplace(cos(a*t))
F =
s/(a^2 + s^2)
```

Die 2. Variante des Ähnlichkeitssatzes:

$$\frac{1}{b} f\left(\frac{t}{b}\right) \quad \circ\!\!-\!\!\bullet \quad F(bs) \quad b > 0 \tag{6.21}$$

Beispiel 6.6
Gesucht ist die Laplacetransformierte von:

$$f(t) = \frac{1}{b} e^{\frac{at}{b}}$$

unter Anwendung des Ähnlichkeitssatzes auf die Funktion $f_3(t)$ von Beispiel 6.3.

Lösung:
Im Beispiel 6.3 ergab sich für die Funktion $f_3(t)$ folgende Laplacetransformierte:

$$f_3(t) = e^{at} \quad \circ\!\!-\!\!\bullet \quad F_3(s) = \frac{1}{s-a}$$

damit wird unter Anwendung der 2. Variante des Ähnlichkeitssatzes:

$$f(t) = \frac{1}{b} e^{\frac{at}{b}} \quad \circ\!\!-\!\!\bullet \quad F(s) = \frac{1}{bs-a}$$

```
>> syms b
>> F = laplace(1/b*exp(a*t/b))
F =
1/(b*(s - a/b))
```

Dämpfungssatz

Existiert zu einer Funktion $f(t)$ ihre Laplacetransformierte $F(s)$, so folgt für die Funktion:

$$e^{at} f(t) \quad \circ\!\!-\!\!\bullet \quad F(s-a) \text{ bzw. } e^{-at} f(t) \quad \circ\!\!-\!\!\bullet \quad F(s+a) \tag{6.22}$$

Beispiel 6.7
Gesucht ist unter Anwendung des Dämpfungssatzes auf die Funktion $f_5(t)$ von Beispiel 6.3. die Laplacetransformierte von:

$$f(t) = t\,e^{-at}$$

Lösung:
Im Beispiel 6.3 ergab sich für die Funktion $f_5(t)$ folgende Laplacetransformierte:

$$f_5(t) = t \quad \circ\!\!-\!\!\bullet \quad F_5(s) = \frac{1}{s^2}$$

damit wird unter Anwendung des Dämpfungssatzes:

$$f(t) = t\,e^{-at} \quad \circ\!\!-\!\!\bullet \quad F(s) = \frac{1}{(s+a)^2}$$

```
>> F = laplace(t*exp(-a*t))
F =
1/(a + s)^2
```

Verschiebungssatz

Gehört zu $f(t)$ die Laplacetransformierte $F(s)$, so ergibt sich für die um einen Zeitintervall – Totzeit – verspätet beginnende Funktion:

$$f(t-T) \quad \circ\!\!-\!\!\bullet \quad e^{-T_t s} F(s) \tag{6.23}$$

mit der Bedingung:

$$f(t-T) = 0 \quad \text{für} \quad t < T_t \quad \text{und} \quad T_t > 0 \tag{6.24}$$

Beispiel 6.8

Gesucht ist die Laplacetransformierte von $f(t-T_t) = \sigma(t-T_t)$ unter Anwendung des Verschiebungssatzes auf die Funktion $f_1(t)$ von Beispiel 6.3.

Lösung:

Im Beispiel 6.3 wurde für $f_1(t)$ folgende Laplacetransformierte gefunden:

$$f_1(t) = \sigma(t) \quad \circ\!\!-\!\!\bullet \quad F_1(s) = \frac{1}{s}$$

Mit dem Verschiebungssatz für die um T_t verschobene Funktion folgt:

$$f(t-T_t) = \sigma(t-T_t) \quad \circ\!\!-\!\!\bullet \quad e^{-T_t s} F(s) = e^{-T_t s}\frac{1}{s}$$

```
>> f7 = heaviside(t-Tt)
f7 =
heaviside(t - Tt)
```

```
>> F7 = laplace(f7)
F7 =
laplace(heaviside(t - Tt), t, s)
```

Differenziationssatz

Wenn für die n-te Ableitung $f^{(n)}(t)$ eine Laplacetransformierte existiert, so besitzen die dazugehörenden niedrigeren Ableitungen und die Funktion $f(t)$ selbst Laplacetransformierte. Das Umgekehrte ist nicht immer der Fall. [Doetsch-1989]

Die Bildfunktion der Differenziation einer Zeitfunktion ergibt sich durch eine Multiplikation der Funktion im Frequenzbereich mit dem Laplaceoperator s sowie der Subtraktion eines Polynoms dessen Koeffizienten die rechtsseitigen Anfangswerte $f(t \to +0) \ldots f^{(n-1)}(t \to +0)$ der Funktion im Zeitbereich sind.

Es gilt:

$$\begin{aligned}
a_1 \frac{df(t)}{dt} &\circ\!\!-\!\!\bullet\ a_1\, s\, F(s) - a_1\, f(+0) \\
a_2 \frac{d^2 f(t)}{dt^2} &\circ\!\!-\!\!\bullet\ a_2\, s^2 F(s) - a_2\, s\, f(+0) - a_2 \frac{df(+0)}{dt} \\
&\vdots \\
a_n \frac{d^n f(t)}{dt^n} &\circ\!\!-\!\!\bullet\ a_n\, s^n F(s) - a_n \sum_{k=0}^{k=n-1} s^{n-1-k} \left.\frac{d^k f}{dt^k}\right|_{t=+0}
\end{aligned} \tag{6.25}$$

mit den n Anfangswerten:

$$\sum_{k=0}^{k=n-1} \left.\frac{d^k f}{dt^k}\right|_{t=+0} \tag{6.26}$$

Beispiel 6.9
Die Spannung über einer Spule entspricht dem Produkt aus der 1. Ableitung des durch die Spule fließenden Stromes $i_L(t)$ und der Induktivität L. Gesucht ist die dazugehörende Laplacetransformierte, mit der Anfangsbedingung $i_L(0) = I_{L_0}$:

Lösung:

$$u_L(t) = L \frac{di_L(t)}{dt}$$

$$\circ\!\!-\!\!\bullet$$

$$U_L(s) = L\, s\, I_L(s) - L\, I_{L_0}$$

```
>> syms IL IL0 L
>> UL = laplace(sym('L*diff(iL(t),t)'))
UL =
-L*(iL(0) - s*laplace (iL(t), t, s))
```

```
>> UL = subs(subs(UL,'iL(0)',IL0),'laplace(iL(t), t, s)',IL)
UL =
-L*(IL0 - IL*s)
```

Integralsatz

Die Laplacetransformierte des Integrals einer Funktion $f(t)$, deren Laplacetransformierte $F(s)$ ist, ergibt sich zu:

$$\int_0^t f(\tau)\,d\tau \ \circ\!\!-\!\!\bullet\ \frac{1}{s} F(s) \tag{6.27}$$

Beispiel 6.10
Gegeben sind die Gleichung für die Spannung über einem Kondensator im Zeitbereich und im Frequenzbereich:

$$u_C(t) = \frac{1}{C} \int_0^t i_C(\tau)\,d\tau \ \circ\!\!-\!\!\bullet\ U_C(s) = \frac{1}{C\,s} I_C(s)$$

Gesucht ist die Laplacetransformierte der gegebenen Integralgleichung mit der *Symbolic Math Toolbox* an der Stelle $u_C(0) = 0$.

Lösung:

Die Aufgabe lässt sich symbolisch nur dadurch lösen, dass zunächst die Integralgleichung für die Kondensatorspannung als symbolische Funktion *f* dargestellt wird.

```
% Beispiel 6.10
% Routine zur Laplacetransformation einer Integralgleichung
% Symbolische Darstellung der Integralgleichung
% als Funktion 'f'.

disp('              Beispiel 6.10')
disp('   Integralgleichung der Kondensatorspannung')
f = sym('uC(t) = 1/C*int(iC(t),t)');
pretty(f)
disp('              ')
disp('        Lösungen zum Beispiel 6.10')
disp('     1. Ableitung der Integralgleichung')
df = diff(f,'t');
pretty(df)
disp('              ')
disp('  Laplacetransformation der 1. Ableitung')
F = laplace(df);
pretty(F)
disp('  Ersetzen von ''laplace(iC(t),t,s)'' durch IC(s)')
disp('   und von ''laplace(uC(t),t,s)'' durch UC(s)!')
% Frequnzbereich
F1 = subs(subs(F,'laplace(iC(t),t,s)','IC(s)'),...
    'laplace(uC(t),t,s)','UC(s)');
pretty(F1)
disp('              ')
disp(['  Ersetzen von uC(0) durch ''0'''...
     ' und von ''UC(s)'' durch ''UC''.'])
F2 = subs(subs(F1,'UC(s)','UC'),'uC(0)',0);
pretty(F2)
disp('      Auflösen nach der Spannung im Frequenzbereich')
UC = solve(F2,'UC');
disp('UC(s) ='), pretty(UC)
% Ende des Beispiels 6.10
```

```
                Beispiel 6.10
      Integralgleichung der Kondensatorspannung
                  /
                  |
                  | iC(t) dt
                  /
      uC(t) = ------------
                    C
           Lösungen zum Beispiel 6.10
         1. Ableitung der Integralgleichung
                          iC(t)
      diff(uC(t), t) = -----
                            C
      Laplacetransformation der 1. Ableitung
                                    laplace(iC(t), t, s)
      s laplace(uC(t), t, s) - uC(0) = ---------------------
                                             C
```

```
Ersetzen von 'laplace(iC(t),t,s)' durch IC(s)
 und von 'laplace(uC(t),t,s)' durch UC(s)!
                   IC(s)
s UC(s) - uC(0) = -------
                     C

Ersetzen von uC(0) durch '0' und von 'UC(s)' durch 'UC'.

        IC(s)
UC s = ------
         C
  Auflösen nach der Spannung im Frequenzbereich
UC(s) =
        IC(s)
        ------
        (C s)
```

Die Ergebnisse stimmen überein.

Anfangswertsatz

Der Anfangswert $f(+0)$ einer Funktion $f(t)$, deren Laplacetransformierte $F(s)$ ist, beträgt:

$$f(+0) = \lim_{t\to 0} f(t) = \lim_{s\to\infty} s\,F(s) \qquad t > 0 \tag{6.28}$$

Beispiel 6.11

Gesucht ist der Anfangswert der in Beispiel 6.5 berechneten Funktion:

$$f_6(t) = \cos(t) \quad \circ\!\!-\!\!\bullet \quad F_6(s) = \frac{s}{s^2+1}$$

Lösung:

$$f(+0) = \lim_{t\to 0} f(t) = \lim_{s\to\infty} s\frac{s}{s^2+1} = 1$$

```
% Beispiel 6.11
disp('            Lösungen zum Beispiel 6.11')
disp('    Vereinbaren der symbolischen Funktion')
syms t
eval('f = cos(t)')
disp('       Grenzwert an der Stelle t --> 0')
eval('f0 = limit(f,0)')
disp('      Laplacetransformation von ''f''')
eval('F = laplace(f)')
% Vereinbarung von s als symbolische Variable
syms s
disp('    Grenzwert an der Stelle s --> inf')
% Achtung! Der Grenzwert muss von s*F gebildet werden!
eval('F0 = limit(s*F,inf)')
% Ende des Beispiels 6.11
```

Lösungen zum Beispiel 6.11
Vereinbaren der symbolischen Funktion
f =
cos(t)
Grenzwert an der Stelle t --> 0
f0 =
1
Laplacetransformation von 'f'
F =
s/(s^2 + 1)
Grenzwert an der Stelle s --> inf
F0 =
1

Alle Ergebnisse stimmen überein.

Endwertsatz

Der Grenzwert $f(\infty)$ von $f(t)$, deren Laplacetransformierte $F(s)$ ist, beträgt:

$$f(\infty) = \lim_{t\to\infty} f(t) = \lim_{s\to 0} s\,F(s) \tag{6.29}$$

wenn:

$$\lim_{t\to\infty} f(t)$$

existiert!

Beispiel 6.12

Gesucht ist der Endwert der in Beispiel 6.3 gegebenen Funktion $f_4(t)$:

$$f_4(t) = U_0\left(1 - e^{-\frac{t}{T}}\right) \quad \circ\!-\!\bullet \quad F_4(s) = \frac{U_0}{s(T\,s+1)}$$

Lösung:

$$f_4(\infty) = \lim_{t\to\infty} f_4(t) = \lim_{s\to 0} s\frac{U_0}{s(T\,s+1)} = U_0$$

Hier nun die symbolische Lösung:

```
% Beispiel 6.12
disp('              Lösungen zum Beispiel 6.12')
disp('              ')
disp('         Vereinbaren der symbolischen Funktion')
f = sym('U0*(1-exp(-t/T))');
eval('f = f')
disp('         Laplacetransformation von ''f''')
eval('F = laplace(f)')
% Vereinbarung von 's'
syms s
disp('    Endwert an der Stelle s --> 0')
% Achtung! Der Grenzwert muss von s*F gebildet werden.
eval('Finf = limit(s*F,0)')
% Ende des Beispiels 6.12
```

Lösungen zum Beispiel 6.12
Vereinbaren der symbolischen Funktion
f =
-U0*(1/exp(t/T) - 1)

Endwert an der Stelle s --> 0
Finf =
U0

Es ergibt sich der erwartete Endwert.

6.3.4 Lösen linearer, zeitinvarianter Differenzialgleichungen

Lineare, zeitinvariante Differenzialgleichungen und ihre Lösungen sind für regelungstechnische Aufgabenstellungen von besonderer Bedeutung. Ein entsprechender Stellenwert kommt damit auch der Laplacetransformation zum Lösen dieser Gleichungen zu.

Das dynamische Verhalten wird durch die Differenzialgleichung (6.7) ganz allgemein beschrieben. Ihre Lösung, d. h. im hier betrachteten Fall die Ermittlung der Systemantwort, setzt die Kenntnis der Anfangsbedingungen:

$$y^{(k)}(t \to +0) = y_0^{(k)} \qquad k = 0,1,2,\ldots,n-1 \tag{6.30}$$

der Ausgangsfunktion $y(t)$ und

$$u^{(k)}(t \to +0) = u_0^{(k)} \qquad k = 0,1,2,\ldots,m-1 \tag{6.31}$$

der Eingangsfunktion $u(t)$ voraus. Die Anwendung des Differenziationssatzes auf die Differenzialgleichung (6.7) liefert mit den angegebenen Anfangsbedingungen:

$$\begin{aligned} &\left[s^n Y(s) - y_0 s^{n-1} - \ldots - y_0^{(n-1)}\right] \\ &+ a_{n-1}\left[s^{n-1} Y(s) - y_0 s^{n-2} - \ldots - y_0^{(n-2)}\right] \\ &\ldots \\ &+ a_1\left[s Y(s) - y_0\right] + a_0 Y(s) \\ &= \\ &b_m\left[s^m U(s) - y_0 s^{m-1} - \ldots - y_0^{(m-1)}\right] \\ &\ldots \\ &+ b_1\left[s U(s) - y_0\right] + b_0 U(s) \end{aligned} \tag{6.32}$$

Die Laplacetransformierte einer Differenzialgleichung

Gleichung (6.32) lässt sich aufgliedern in die Anteile:

- der Ausgangsgröße

$$N(s) = s^n + \sum_{i=0}^{n-1} a_k\, s^i = s^n + a_{n-1}\, s^{n-1} + \cdots + a_1\, s + a_0 \tag{6.33}$$

- der Eingangsgröße

$$Z(s) = \sum_{j=0}^{m} b_j\, s^j = b_m\, s^m + b_{m-1}\, s^{m-1} + \cdots + b_1\, s + b_0 \tag{6.34}$$

- der Anfangsbedingungen der Ausgangsgröße nach s geordnet

$$\begin{aligned} -Y_0(s) \;=\; & y_0\, s^{n-1} \\ & \left(a_{n-1}\, y_0 + \dot{y}_0\right) s^{n-2} \\ & \vdots \\ & \left(a_2\, y_0 + a_3\, \dot{y}_0 + \ldots + a_{n-1}\, y_0^{(n-3)} + y_0^{(n-2)}\right) s \\ & a_1\, y_0 + a_2\, \dot{y}_0 + a_3\, \ddot{y}_0 + \ldots + a_{n-1}\, y_0^{(n-2)} + y_0^{(n-1)} \end{aligned} \tag{6.35}$$

- der Anfangsbedingungen der Eingangsgröße nach s geordnet

$$\begin{aligned} U_0(s) \;=\; & -b_m\, u_0\, s^{m-1} \\ & -\left(b_{m-1}\, u_0 + b_m\, \dot{u}_0\right) s^{m-2} \\ & \vdots \\ & -\left(b_2\, u_0 + b_3\, \dot{u}_0 + \ldots + b_{m-1}\, u_0^{(m-3)} + b_m\, u_0^{(m-2)}\right) s \\ & -\left(b_1\, u_0 + b_2\, \dot{u}_0 + b_3\, \ddot{u}_0 + \ldots + b_{m-1}\, u_0^{(m-2)} + b_m\, u_0^{(m-1)}\right) \end{aligned} \tag{6.36}$$

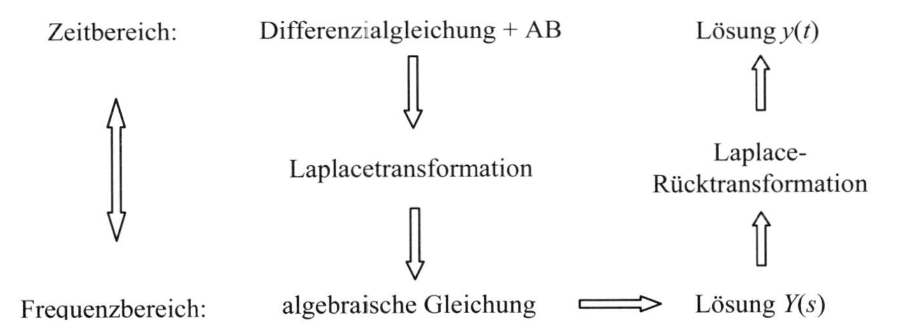

Abb. 6.4 *Schema zum Lösen von Differenzialgleichungen mittels Laplacetransformation*

Damit lässt sich die Gleichung (6.32) in übersichtlicher Form schreiben:

$$N(s)Y(s) = Z(s)U(s) + Y_0(s) + U_0(s) \tag{6.37}$$

und nach der gesuchten Variablen $Y(s)$ umstellen:

$$Y(s) = \frac{Z(s)}{N(s)}U(s) + \frac{1}{N(s)}Y_0(s) + \frac{1}{N(s)}U_0(s) \tag{6.38}$$

Die aus der Differenzialgleichung durch die Laplacetransformation gefundene Funktion $Y(s)$ ist eine gebrochene rationale Funktion mit einem Zählerpolynom und einem Nennerpolynom der komplexen Variablen s.
Die Rücktransformation der Gleichung (6.38) mit Hilfe von Tabellen zur Laplacetransformation in den Zeitbereich liefert die gesuchte Lösung für $y(t)$.

Beispiel 6.13
Die im Kapitel 4.1.6 beschriebene Differenzialgleichung (4.8):

$$T\frac{dy(t)}{dt}+y(t)=V\,u(t)$$

mit der Anfangsbedingung $y(0) = Y_0$ ist durch Laplacetransformation in den Frequenzbereich zu überführen, nach $Y(s)$ umzustellen und für $u(t) = U_0$ durch Laplace-Rücktransformation zu lösen, d. h. $y(t)$ ist für einen Eingangssprung U_0 zu bestimmen.

Lösung:

Die Differenzialgleichung wird wie folgt der Laplacetransformation unterzogen:

$$T\,\dot{y}(t)+y(t)=V\,u(t) \quad \circ\!\!-\!\!\bullet \quad T\,s\,Y(s)-T\,Y_0+Y(s)=V\,U(s)$$

Das Ergebnis ist eine algebraische Gleichung. Das Ausklammern und Umstellen nach der gesuchten Variablen $Y(s)$ liefert die Lösung im Frequenzbereich:

$$Y(s)=\frac{V}{T\,s+1}U(s)+\frac{T}{T\,s+1}Y_0$$

$Y(s)$ ist eine algebraische Funktion der Eingangsgröße $U(s)$, der Anfangsbedingung Y_0 und der beiden Konstanten. Mit der Zeitfunktion $f_1(t) = \sigma(t)$ von Beispiel 6.3 ergibt sich für den Eingangssprung:

$$u(t)=U_0\,\sigma(t) \quad \circ\!\!-\!\!\bullet \quad U(s)=U_0\frac{1}{s}$$

und damit ist $Y(s)$ nur noch eine Funktion der komplexen Variablen s:

$$Y(s)=\frac{V}{T\,s+1}\frac{U_0}{s}+\frac{T}{T\,s+1}Y_0$$

Der erste Term von $Y(s)$ entspricht der Frequenzfunktion $F_4(s)$ von Beispiel 6.3 multipliziert mit V, so dass die dazugehörende Zeitfunktion $f_4(t)$ ebenfalls lediglich mit V zu multiplizieren ist. Die Laplace-Rücktransformation liefert:

$$V\,F_4(s)=V\frac{U_0}{s(T\,s+1)} \quad \bullet\!\!-\!\!\circ \quad V\,f_4(t)=V\,U_0\left(1-e^{-\frac{t}{T}}\right)$$

Der zweite Term von $Y(s)$ entspricht der Frequenzfunktion $F_3(s)$ von Beispiel 6.3 multipliziert mit Y_0 und mit $a = -T^{-1}$, so dass die dazugehörende Zeitfunktion $f_3(t)$ ebenfalls mit Y_0 zu multiplizieren und für $a = -T^{-1}$ zu setzen ist.

Die Laplace-Rücktransformation liefert:

$$Y_0\,F_3(s) = Y_0\,\frac{1}{s+\frac{1}{T}} \quad \bullet\!\!-\!\!\circ \quad Y_0 f_3(t) = Y_0\,e^{-\frac{1}{T}t}$$

Die Addition beider Teilergebnisse ergibt die gesuchte Zeitantwort:

$$y(t) = V\,U_0\left(1-e^{-\frac{t}{T}}\right)+Y_0\,e^{-\frac{t}{T}}$$

Hier nun die symbolische Lösung:

```
% Beispiel 6.13
disp('              ')
disp('                      Lösungen zum Beispiel 6.13')
disp('Symbolische Darstellung der Differenzialgleichung')
f = sym('T*diff(y(t),t)+y(t)=V*u(t)');
pretty(f)
% Laplacetransformation der Dgl.
F = laplace(f);
% Ersetzen von laplace(...,t,s) durch die entsprechenden
% Variablen im Frequenzbereich
disp('              ')
disp('    Laplace-Transformierte der Differenzialgleichung')
F1 = subs(subs(F,'Y','laplace(y(t),t,s)'),'U(s)', ...
    'laplace(u(t),t,s)');
% Einsetzen des Anfangswertes
F2 = subs(F1,'y(0)','Y0');
% Auflösen nach Y(s)und Darstellen der Frequenzfunktion Y(s)
Y = solve(F2,'Y');
disp('Ausgangsfunktion im Frequenzbereich')
disp('Y(s) ='),pretty(Y)
% Einsetzen des Eingangssprunges als Frequenzfunktion
% U(s) = U0/s
YU0 = subs(Y,'U(s)','U0/s');
% Auffinden der gesuchten Zeitantwort durch
% Laplace-Rücktransformation:
y1 = ilaplace(YU0,'t');
% Vereinfachen der Zeitantwort-Darstellung
y = collect(collect(y1,'U0'),'V');
disp('Ausgangsfunktion im Zeitbereich')
eval('y = y')
% Ende des Beispiels 6.13
```

```
                    Lösungen zum Beispiel 6.13
Symbolische Darstellung der Differenzialgleichung
  y(t) + T diff(y(t), t) = V u(t)
    Laplacetransformierte der Differenzialgleichung
Ausgangsfunktion im Frequenzbereich
Y(s) =
  (T Y0 + V U(s))
  --------------------
      (T s + 1)
Ausgangsfunktion im Zeitbereich
y =
(-U0*(1/exp(t/T) - 1))*V + Y0/exp(t/T)
```

Die Ergebnisse stimmen überein.

Partialbruchzerlegung

Häufig sind die in der Ausgangsgleichung (6.38) enthaltenen Terme Polynome höherer Ordnung, wie in nachfolgender Gleichung (6.39) gezeigt, so dass es dafür keine direkten Korrespondenzen in den Tabellenwerken gibt. Diese Polynome sind vor der Rücktransformation mit Hilfe der Partialbruchzerlegung auf bekannte Teilfunktionen zu zerlegen. Jeder echte Bruch entsprechend Gleichung (6.39):

$$Y(s)=\frac{Z(s)}{N(s)}=\frac{b_m\,s^m+b_{m-1}\,s^{m-1}+\ldots+b_1\,s+b_0}{s^n+a_{n-1}\,s^{n-1}+\ldots+a_2\,s^2+a_1\,s+a_0} \qquad n>m \qquad (6.39)$$

dessen Zähler und Nenner teilerfremd sind, lässt sich auf eindeutige Weise in eine Summe von Partialbrüchen der Form:

$$\frac{r}{(s-s_i)^k} \quad \text{und} \quad \frac{r_{11}\,s+r_{12}}{(s^2+a\,s+b)^l} \qquad (6.40)$$

unter der Bedingung zerlegen, dass:

$$\left(\frac{a}{2}\right)^2-b<0$$

gilt. Nach dem Fundamentalsatz der Algebra hat das Nennerpolynom $N(s)$ der Gleichung (6.33) n-ten Grades n Wurzeln bzw. Pole p_i als Lösung:

$$N(s)=s^n+\sum_{i=0}^{n-1}a_i\,s^i=0 \qquad (6.41)$$

Die Lösungen der Gleichung (6.41) können einfach reelle, mehrfach reelle sowie paarweise konjugiertkomplexe Wurzeln bzw. Pole sein.

Folgende Fälle sind möglich:

- $N(s) = 0$ besitzt einfach reelle Wurzeln und $m = n$

$$Y(s)=\frac{Z(s)}{N(s)}=b_m+\frac{r_1}{(s-p_1)}+\frac{r_2}{(s-p_2)}+\ldots+\frac{r_n}{(s-p_n)} \qquad (6.42)$$

  Nach [Bronstein/Semendjajew-1991] berechnen sich die Residuen der Pole aus:

$$r_i=\frac{Z(p_i)}{N'(p_i)} \quad \text{mit} \quad N'(p_i)=\left.\frac{dN(s)}{ds}\right|_{s=p_i} \qquad (6.43)$$

- $N(s) = 0$ besitzt ein- und mehrfach reelle Wurzeln und $m = n$

$$Y(s)=\frac{\sum_{i=0}^{m}b_i\,s^i}{\prod_{i=1}^{j}(s-p_i)^{n_i}}=b_m+\sum_{i=1}^{j}\sum_{k=1}^{n_i}\frac{r_{ik}}{(s-p_i)^k} \qquad (6.44)$$

wo n_i der Anzahl der gleichen Wurzeln entspricht. Die Residuen r_{ij} ermitteln sich nach [DiStefano u. a.-1976] bzw. [Doetsch-1989]:

$$r_{ij} = \frac{1}{(n_i - k)!} \left\{ \frac{d^{n_i - k}}{ds^{n_i - k}} \left[(s - p_i)^{n_i} Y(s) \right] \right\} \Bigg|_{s = p_i} \tag{6.45}$$

Für die einfachen Wurzeln gilt:

$$r_j = (s - p_j) Y(s) \Big|_{s = p_j} \tag{6.46}$$

bzw. Gleichung (6.43).

Für die oben angeführten und alle weiteren Fälle, wenn z. B. $N(s) = 0$ komplexe einfache oder komplexe mehrfache Wurzeln besitzt, können die Residuen nach der Methode der unbestimmten Koeffizienten – Koeffizientenvergleich – ermittelt werden. Für $m < n$ ist $b_m = 0$ zu setzen.

Beispiel 6.14
Die in Kapitel 5.5 abgeleitete lineare Differenzialgleichung 2. Ordnung mit konstanten Koeffizienten für ein sprungfähiges System:

$$\ddot{y}(t) + a_1\,\dot{y}(t) + a_0\,y(t) = b_2\,\ddot{u}(t) + b_1\,\dot{u}(t) + b_0\,u(t)$$

ist mit Hilfe der Laplacetransformation für einen Sprungeingang $u(t) = U_0\,\sigma(t)$ zu lösen. Sämtliche Anfangswerte sind null.

Lösung:

Mit den Anfangswerten null ergibt die Laplacetransformation der Differenzialgleichung 2. Ordnung:

$$\left(s^2 + a_1\,s + a_0\right) Y(s) = \left(b_2\,s^2 + b_1\,s + b_0\right) U(s)$$

Umstellen dieser Gleichung nach $Y(s)$:

$$Y(s) = \frac{b_2\,s^2 + b_1\,s + b_0}{s^2 + a_1\,s + a_0} U(s)$$

und Einsetzen der Laplacetransformierten des Eingangssprunges:

$$u(t) = U_0 \sigma(t) \quad \circ\!\!-\!\!\bullet \quad U(s) = U_0 \frac{1}{s}$$

ergibt die Laplacetransformierte der Ausgangsgröße:

$$Y(s) = U_0 \frac{b_2\,s^2 + b_1\,s + b_0}{s\left(s^2 + a_1\,s + a_0\right)}$$

Es ist eine gebrochene rationale Funktion der komplexen Variablen s mit einem Zählerpolynom und einem Nennerpolynom. Dieses Ergebnis entspricht der Gleichung (6.43) für den Fall, dass sämtliche Anfangsbedingungen identisch null sind.

Für das Auffinden der Zeitfunktion $y(t)$ aus der Frequenzfunktion $Y(s)$ – Laplace-Rücktransformation – findet sich in den einschlägigen Transformationstabellen gewöhnlich keine geschlossene Formel. Vielmehr ist es notwendig $Y(s)$ in Partialbrüche bekannter Teilfunktionen zu zerlegen. Es gilt:

$$Y(s) = U_0 \frac{b_2 s^2 + b_1 s + b_0}{s\left(s^2 + a_1 s + a_0\right)} = U_0 \frac{Z(s)}{N(s)}$$

Voraussetzung für die Zerlegung in Partialbrüche ist die Bestimmung der Wurzeln bzw. Pole des Nennerpolynoms $N(s)$. Mit den unter Kapitel 5.5 ermittelten Werten folgt:

$$N(s) = s\left(s^2 + a_1 s + a_0\right) = 0$$

$$p_1 = 0 \qquad p_{2,3} = -\frac{a_1}{2} \pm \sqrt{\frac{a_1^2}{4} - a_0} \qquad p_{2,3} = -5 \pm \sqrt{25-16}$$

$$p_1 = 0 \qquad p_2 = -2 \qquad p_3 = -8$$

Da alle drei Pole reell und verschieden sind, kann für $Y(s)$ geschrieben werden:

$$Y(s) = \frac{Z(s)}{N(s)} = U_0 \left(\frac{r_1}{s} + \frac{r_2}{(s-p_2)} + \frac{r_3}{(s-p_3)} \right)$$

Für $Y(s)$ lässt sich durch Laplace-Rücktransformation folgende Zeitfunktion angeben:

$$y(t) = U_0 \left(r_1 + r_2 e^{p_2 t} + r_3 e^{p_3 t} \right)$$

Die Koeffizienten bzw. Residuen der Pole berechnen sich mit (6.43). Die zu den Residuen gehörenden Nenner ermitteln sich wie folgt:

$$N'(p_1) = \left.\frac{dN(s)}{ds}\right|_{s=p_1=0} = a_0 = 16$$

$$N'(p_2) = \left.\frac{dN(s)}{ds}\right|_{s=p_2=-2} = 3p_2^2 + 2a_1 p_2 + a_0 = -12$$

$$N'(p_3) = \left.\frac{dN(s)}{ds}\right|_{s=p_3=-8} = 3p_3^2 + 2a_1 p_3 + a_0 = 48$$

Berechnung der Residuen:

$$r_1 = \frac{Z(p_1)}{N'(p_1)} = \frac{0{,}8\,p_1^2 + 7{,}2\,p_1 + 16}{16} = 1$$

$$r_2 = \frac{Z(p_2)}{N'(p_2)} = \frac{0{,}8\,p_2^2 + 7{,}2\,p_2 + 16}{-12} = -0{,}4$$

$$r_3 = \frac{Z(p_3)}{N'(p_3)} = \frac{0{,}8\,p_3^2 + 7{,}2\,p_3 + 16}{48} = 0{,}2$$

Damit ergibt sich:

$$Y(s) = \frac{Z(s)}{N(s)} = U_0\left(\frac{1}{s} - \frac{0{,}4}{s+2} + \frac{0{,}2}{s+8}\right)$$

und durch Laplace-Rücktransformation in den Zeitbereich die analytische Funktion des Verlaufes der Ausgangsspannung des sprungfähigen Netzwerkes:

$$y(t) = U_0\left(1 - 0{,}4\,e^{-2t} + 0{,}2\,e^{-8t}\right)$$

Für $t \to 0$ wird $y(0) = U_0$, was ein Zeichen für die Sprungfähigkeit des Systems ist.

Symbolische Lösung:

Mit der function *nw_spf* ergibt sich die Übertragungsfunktion. Der Nenner N der Übertragungsfunktion ist noch mit s aus dem Nenner des Eingangssprunges zu multiplizieren, was zu einem Polynom 3. Ordnung führt. Dies lässt sich leicht durch eine Stellenverschiebung nach links realisieren:

```
% Beispiel 6.14
disp('              ')
disp('                         Lösungen zum Beispiel 6.14')
% Übertragungsfunktion des sprungfähigen Netzwerkes
G = nw_spf('G');
fprintf('G(s) ='), eval('G')
% Zähler und Nenner der Übertragungsfunktion
[Z,N] = tfdata(G,'v');
disp('Zähler:'), eval('Z')
disp('Nenner:'), eval('N')
% Linksverschiebung des Nenners um eine Stelle
disp('Linksverschiebung des Nenners um eine Stelle')
N = [N 0];
eval('N')
% Berechnung der Residuen, Pole und Konstanten mit residue
[R,Po,K] = residue(Z,N);
disp('Residuen:'), eval('R')
disp('Pole:'), eval('Po')
disp('Konstante:'), eval('K')
% Rücktransformation
syms U0
y1 = U0*(ilaplace(sym('r1/(s-p1)+r2/(s-p2)+r3/(s-p3)')));
% Zuweisung der Variablen
p1 = Po(1); p2 = Po(2); p3 = Po(3);
r1 = R(1); r2 = R(2); r3 = R(3);
% Einsetzen der Zahlenwerte in die symbolischen Variablen
disp('Zeitantwort')
eval('y = subs(y1)')
% Ende des Beispiels 6.14
```

Lösungen zum Beispiel 6.14

```
G(s) =                                      Residuen:
Transfer function:                          R =
0.8 s^2 + 7.2 s + 16                          0.2000
------------------------                     -0.4000
   s^2 + 10 s + 16                            1.0000
                                            Pole:
Zähler:                                     Po =
Z =                                           -8
   0.8000   7.2000   16.0000                  -2
Nenner:                                        0
N =                                         Konstante:
   1   10   16                              K =
                                               []
Linksverschiebung des Nenners um eine Stelle
N =
   1   10   16   0
Zeitantwort
y =
U0*(1/(5*exp(8*t)) - 2/(5*exp(2*t)) + 1)
```

Die Ergebnisse stimmen überein.

6.4 Die Übertragungsfunktion

Mit der Übertragungsfunktion wird das dynamische Eingangs-Ausgangs-Verhalten eines linearen Übertragungsgliedes im Frequenzbereich beschrieben.

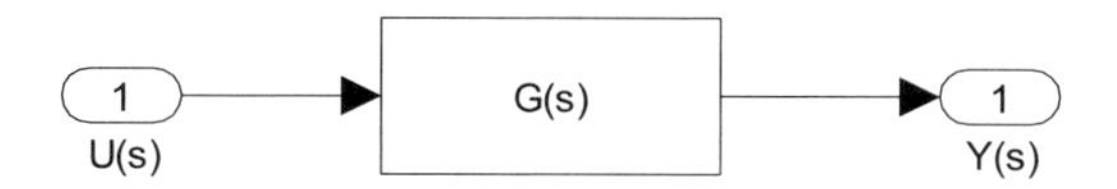

Abb. 6.5 *Signalflussplan eines Übertragungsgliedes*

Für das in Abb. 6.5 dargestellte Übertragungsglied, auch als System bezeichnet, gilt mit verschwindenden Anfangsbedingungen – *AB* – die Übertragungsfunktion:

$$G(s) = \frac{\mathcal{L}\{y(t)\}}{\mathcal{L}\{u(t)\}} = \frac{Y(s)}{U(s)} \qquad AB \equiv 0 \tag{6.47}$$

Voraussetzung für das Bilden einer Übertragungsfunktion ist die Laplacetransformation der Differenzialgleichung des zu beschreibenden Systems unter der Bedingung, dass die Anfangsbedingungen gleich null sind. Die Übertragungsfunktion ist für ein lineares Übertragungsglied definiert als der *Quotient der Laplacetransformierten des Ausgangssignals zu der Laplacetransformierten des Eingangssignals.*

Die Übertragungsfunktion ist für beliebige Eingangssignale definiert. Sie kann in der Polynomform, Pol-Nullstellen-Form und Zeitkonstantenform dargestellt werden.

6.4.1 Übertragungsfunktion in der Polynomform

Bei einem beliebigen Eingangssignal und Anfangsbedingungen die gleich null sind, ergibt sich die Übertragungsfunktion in Polynomform durch die Laplacetransformation der in Gleichung (6.7) dargestellten linearen Differenzialgleichung:

$$G(s) = \frac{b_m\, s^m + b_{m-1}\, s^{m-1} - \ldots + b_1\, s + b_0}{s^n + a_{n-1}\, s^{n-1} + \ldots + a_2\, s^2 + a_1\, s + a_0} \qquad m \leq n \tag{6.48}$$

als eine gebrochene rationale Funktion der komplexen Variablen:

$$s = \delta + j\omega$$

Polynomform mit der M-function tf

Eigenschaft von *tf*:
Bildet die Übertragungsfunktion in Polynomform.
Syntax:

G = tf(Z,N)[67]

Beschreibung:
Mit der M-function *tf* wird aus je einem Zählerpolynom und einem Nennerpolynom die Übertragungsfunktion in Polynomform gebildet.

Die Übertragungsfunktion in Polynomform besteht aus einem Zählerpolynom:

$$Z(s) = b_m\, s^m + b_{m-1}\, s^{m-1} + \ldots + b_1\, s + b_0 \tag{6.49}$$

welches die *Nullstellen* n_j liefert und einem Nennerpolynom:

$$N(s) = s^n + a_{n-1}\, s^{n-1} + \ldots + a_2\, s^2 + a_1\, s + a_0 \tag{6.50}$$

dessen Lösungen oder Wurzeln als *Pole* p_i bezeichnet werden.

Vereinbarungsgemäß wurde der Koeffizient der höchsten Potenz von s in $N(s)$ zu eins gemacht, d. h. $a_n = 1$. Das Nennerpolynom wird entsprechend seiner Bedeutung für das Systemverhalten als charakteristisches Polynom des Übertragungsgliedes bezeichnet.

---

[67] Die Übertragungsfunktion mit einem Totzeitanteil lässt sich mit der M-function *tf*(G,'iodelay',T_t) darstellen.

Die Gleichung (6.50) ist die dazugehörende charakteristische Gleichung des Systems. Die Eingabe der Übertragungsfunktion in Polynomform geschieht in folgender Form:

- für den Zähler

$$Z = \begin{bmatrix} b_m & b_{m-1} & \cdots & b_1 & b_0 \end{bmatrix} \tag{6.51}$$

- für den Nenner

$$N = \begin{bmatrix} 1 & a_{n-1} & \cdots & a_2 & a_1 & a_0 \end{bmatrix} \tag{6.52}$$

Dabei ist zu beachten, dass für nicht vorhandene Koeffizienten mit dem Index $< m$ bzw. $< n$ eine '0' einzugeben ist.

Beispiel 6.15
Die in Kapitel 5.5 für das sprungfähige Netzwerk angegebene Übertragungsfunktion:

$$G(s) = \frac{0{,}8s^2 + 7{,}2s + 16}{s^2 + 10s + 16}$$

ist unter Beachtung der Eingabevorschrift entsprechend Gleichung (6.51) und (6.52) im Command Window einzugeben und mit der M-function *tf* die Übertragungsfunktion zu bilden.

Lösung:

```
>> Z = [0.8 7.2 16];
>> N = [1 10 16];
>> G = tf(Z,N)
```

```
Transfer function:
0.8 s^2 + 7.2 s + 16
------------------------
   s^2 + 10 s + 16
```

Systemparameter mit den M-functions tfdata und celldisp

Eigenschaft von *tfdata*:
Gibt die Vektoren des Zählers und des Nenners eines linearen, zeitinvarianten Systems aus.
Syntax:

```
[Z,N] = tfdata(System,'v')
```

Beschreibung:
System kann eine Übertragungsfunktion oder ein Zustandsmodell sein.
Bei Zustandsmodellen mit mehreren Eingangsgrößen und/oder mehreren Ausgangsgrößen ergeben sich z. B. die Werte des Zählers für den *i-ten* Eingang und den *j-ten* Ausgang, d. h. für *Z(ui,yj)*:

```
Zij = celldisp(Z(i,j))
```

Beispiel 6.16
Gesucht sind die Zähler und Nenner der in Beispiel 6.15 gebildeten Übertragungsfunktion.

Lösung:

```
>> [Z,N] = tfdata(G,'v')
Z =
  0.8000   7.2000   16.0000
N =
   1   10   16
```

bzw. ohne 'v':

```
>> [Z,N] = tfdata(G)
Z =
  [1x3 double]
N =
  [1x3 double]
```

```
>> celldisp(Z)
Z{1} =
  0.8000   7.2000   16.0000
>> celldisp(N)
N{1} =
   1   10   16
```

Pole und Nullstellen mit der M-function pzmap

Eigenschaft von *pzmap*:
Berechnet die Pole und Nullstellen eines Systems und stellt sie graphisch im Pol-Nullstellen-Bild, d. h. in der komplexen Ebene, dar.
Syntax:

[Po,Nu] = pzmap(System)

Beschreibung:
System kann eine Übertragungsfunktion oder ein Zustandsmodell sein. Das Pol-Nullstellen-Bild wird dargestellt, wenn nur der Teil rechts des Gleichheitszeichens angegeben ist. Im Pol-Nullstellen-Bild werden die Pole durch ein Kreuz „×“ und die Nullstellen durch einen Kreis „o“ gekennzeichnet.
Achtung! Bei einem Zustandsmodell berechnet die Funktion bei mehrspaltigen Eingangs- bzw. mehrzeiligen Ausgangsmatrizen nicht die Nullstellen der einzelnen Übertragungsfunktionen, sondern die Transmissions-Nullstellen!

Beispiel 6.17
Für das unter 5.5 beschriebene sprungfähige Netzwerk – siehe Beispiel 6.15 – sind die Pole und Nullstellen mit der M-function *pzmap* zu berechnen und als PN-Bild mit der M-function *grid* für das Gitternetz darzustellen.

Lösung:

```
>> [Po,Nu] = pzmap(G)
Po =
  -8
  -2
```

```
Nu =
  -5.0000
  -4.0000
>> pzmap(G), grid
```

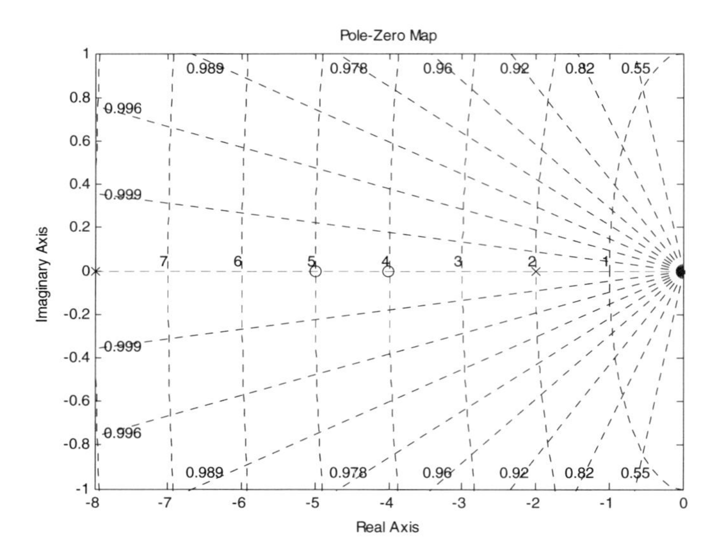

Abb. 6.6 Pol-Nullstellen-Bild zu Beispiel 6.17

6.4.2 Übertragungsfunktion in der Pol-Nullstellen-Form

Nach dem Fundamentalsatz der Algebra hat jede Gleichung n-ten Grades, deren Koeffizienten reelle oder komplexe Zahlen sind, genau n reelle oder komplexe Wurzeln, wobei die k-fachen Wurzeln k-mal gezählt werden. Sind, wie es hier der Fall ist, die Koeffizienten reell, so treten die komplexen Wurzeln nur paarweise konjugiert auf und für das Zählerpolynom gilt:

$$Z(s) = b_m (s - n_1)(s - n_2) \cdots (s - n_m) = b_m \prod_{j=1}^{m} (s - n_j) \tag{6.53}$$

Für den Fall eines konjugiertkomplexen Nullstellen-Paars wird mit:

$$\left(\frac{a_j}{2}\right)^2 - b_j < 0 \tag{6.54}$$

$$\begin{aligned} (s - n_j)(s - n_{j+1}) &= (s - \delta_j - \omega_j j)(s - \delta_j + \omega_j j) \\ &= s^2 - 2\delta_j + (\delta_j + \omega_j)^2 \\ &= s^2 + a_j s + b_j \end{aligned} \tag{6.55}$$

Entsprechendes gilt für die aus dem Nenner resultierenden Pole bzw. konjugiertkomplexen Polpaare.

Somit ergibt sich die Übertragungsfunktion in der Pol-Nullstellen-Form zu:

$$G_p(s) = K \frac{\prod_{j=1}^{m}(s - n_j)}{\prod_{i=1}^{n}(s - p_i)} \tag{6.56}$$

mit dem Verstärkungsfaktor[68]:

$$K = b_m$$

Pol-Nullstellen-Form mit der M-function zpk

Eigenschaft von *zpk*:
Bildet die Übertragungsfunktion in der Pol-Nullstellen-Form.
Syntax:

```
Gp = zpk(Nu,Po,K)
Gp = zpk(G)
```

Beschreibung:
Mit „zpk(Nu,Po,K)“ wird die Übertragungsfunktion in der Pol-Nullstellen-Form aus den Nullstellen *Nu* und Polen *Po* sowie dem Verstärkungsfaktor *K* gebildet. Mit der Anweisung „zpk(G)“ wird eine Übertragungsfunktion aus der Polynomform in die Pol-Nullstellen-Form transformiert.

Beispiel 6.18

Die in Beispiel 6.15 berechnete Übertragungsfunktion in Polynomform ist mit der M-function *zpk* in die Pol-Nullstellen-Form zu überführen.

Lösung:

```
>> Gp = zpk(G)
Zero/pole/gain:
0.8 (s+5) (s+4)
------------------
   (s+8) (s+2)
```

Systemparameter mit der M-function zpkdata

Eigenschaft von *zpkdata*:
Gibt die Nullstellen, Pole und den Verstärkungsfaktor eines linearen, zeitinvarianten Systems aus.
Syntax:

```
[Nu,Po,K] = zpkdata(System,'v')
```

Beschreibung:
System kann eine Übertragungsfunktion oder ein Zustandsmodell sein.
Bei Zustandsmodellen mit mehreren Eingangsgrößen und/oder mehreren Ausgangsgrößen ergeben sich z. B. die Werte der Nullstellen mit „celldisp(Nu)“:

„Nu = celldisp(Nu)“

68 Nach [Föllinger u. a.-1994] als Übertragungskonstante bezeichnet.

Beispiel 6.19
Siehe Beispiele zur M-function *zpkdata* in den Kapiteln 5.4.1, 5.4.4, 5.4.5 und 5.6.5.

6.4.3 Übertragungsfunktion in der Zeitkonstantenform

Eine wesentliche Rolle spielen bei der regelungstechnischen Betrachtung die einem System innewohnenden Verzögerungs- und Vorhaltzeiten, die in einem unmittelbaren Zusammenhang mit den Polen p_i und Nullstellen n_j des Systems stehen. So gilt für die Verzögerungszeit bzw. Zeitkonstante T_i und die Vorhaltzeit T_{Dj}:

$$T_i = \frac{1}{|p_i|} \quad \text{und} \quad T_{Dj} = \frac{1}{|n_j|} \tag{6.57}$$

Weisen die Pole und Nullstellen negative Realteile auf, so ergibt sich aus der Pol-Nulstellen-Form durch Ausklammern die Übertragungsfunktion in der Zeitkonstantenform:

$$G_t(s) = V \frac{\prod_{j=1}^{l}(1+T_{Dj}\,s) \prod_{j=l+1}^{(m-l)/2}\left(1+2\,d_{Dj}T_{Dj}\,s+T_{Dj}^2\,s^2\right)}{\prod_{i=1}^{k}(1+T_i\,s) \prod_{i=k+1}^{(n-k)/2}\left(1+2\,d_i\,T_i\,s+T_i^2\,s^2\right)} \tag{6.58}$$

mit der sich ergebenden stationären Verstärkung V im Falle eines Einheitssprungs am Eingang und dem Verstärkungsfaktor K:

$$V = K\frac{\prod_{j=1}^{m}(-n_j)}{\prod_{i=1}^{n}(-p_i)} = G(0) \quad \Leftrightarrow \quad K = V\frac{\prod_{i=1}^{n}(-p_i)}{\prod_{j=1}^{m}(-n_j)} \tag{6.59}$$

Beispiel 6.20
Die Übertragungsfunktion des sprungfähigen Netzwerkes – Kapitel 5.5.3 – ist in die Zeitkonstantenform zu überführen.
Bemerkung: MATLAB hat dafür keine geeignete Funktion.

Lösung:

```
% Beispiel 6.20
disp('            ')
disp('  Lösungen zum Beispiel 6.20')
% Pol-Nullstellen-Form in Zeitkonstantenform
% Übertragungsfunktion des Netzwerkes
    G = nw_spf('G');
% Nullstellen, Pole und Verstärkungsfaktor
    [Nu,Po,K] = zpkdata(G,'v');
% Stationäre Verstärkung
    V = K*(-Nu(1))*(-Nu(1))/(-Po(1))/(-Po(2));
    fprintf('          V   = %1.3f\n', V)
```

```
% Vorhaltzeiten
   TD1 = 1/abs(Nu(1)); TD2 = 1/abs(Nu(2));
   fprintf('         TD1 = %1.3f\n', TD1)
   fprintf('         TD2 = %1.3f\n', TD2)
% Verzögerungszeiten
   T1 = 1/abs(Po(1)); T2 = 1/abs(Po(2));
   fprintf('         T1  = %1.3f\n', T1)
   fprintf('         T2  = %1.3f\n', T2)
% Ende des Beispiels 6.20
```

Lösungen zum Beispiel 6.20
V = 1.250
TD1 = 0.200
TD2 = 0.250
T1 = 0.125
T2 = 0.500

Damit ergibt sich die Übertragungsfunktion in der Zeitkonstantenform:

$$G_t(s) = V\frac{\left(1+T_{D_1}s\right)\left(1+T_{D_2}s\right)}{\left(1+T_1 s\right)\left(1+T_2 s\right)} = 1{,}25\frac{\left(1+0{,}2\,s\right)\left(1+0{,}25\,s\right)}{\left(1+0{,}125\,s\right)\left(1+0{,}5\,s\right)}$$

6.5 Der Frequenzgang

Wird auf den Eingang eines linearen Systems ein harmonisches Signal, wie z. B.

$$u_1(t) = U_0 \cos(\omega t) \tag{6.60}$$

aufgegeben, so ist seine Antwort wiederum ein harmonisches Signal mit gleicher Frequenz, aber gewöhnlich unterschiedlicher Amplitude und Phase:

$$y_1(t) = Y_0 \cos(\omega t + \varphi) \tag{6.61}$$

Das Einsetzen dieser Signale und ihrer Ableitungen in die Differenzialgleichung (6.7) kann verhältnismäßig komplizierte Ausdrücke ergeben.

6.5.1 Antwort auf ein komplexes Eingangssignal

Vereinfacht wird der Vorgang des Auffindens des Frequenzganges, wenn dem Eingangssignal noch ein weiteres harmonisches Signal überlagert wird:

$$u_2(t) = U_0 j \sin(\omega t) \tag{6.62}$$

so dass unter Verwendung der Eulerschen[69] Formel geschrieben werden kann:

$$u(t) = U_0 \left[\cos(\omega t) + j \sin(\omega t) \right] = U_0 e^{j\omega t} \tag{6.63}$$

Die Antwort ist wiederum ein harmonisches Signal mit gleicher Frequenz, aber gewöhnlich unterschiedlicher Amplitude und Phase:

$$y(t) = Y_0 \, e^{j(\omega t + \varphi)} \tag{6.64}$$

Die Gleichungen (6.62) und (6.63) sowie die Ableitungen des Ausgangssignals:

$$\frac{d^n y(t)}{dt^n} = Y_0 (j\omega)^n \, e^{j\omega t} e^{j\varphi} \tag{6.65}$$

und die des Eingangssignals:

$$\frac{d^m u(t)}{dt^m} = U_0 (j\omega)^m \, e^{j\omega t} \tag{6.66}$$

in die Differenzialgleichung (6.7) eingesetzt, liefert mit der Definitionsgleichung für den komplexen Frequenzgang eines Übertragungsgliedes:

$$F(j\omega) = \frac{Y_0}{U_0} e^{j\varphi} = |F(j\omega)| e^{j\varphi} \tag{6.67}$$

die Frequenzganggleichung mit $m \leq n$:

$$F(j\omega) = \frac{b_m (j\omega)^m + b_{m-1} (j\omega)^{m-1} + \ldots + b_2 (j\omega)^2 + b_1 (j\omega) + b_0}{(j\omega)^n + a_{n-1} (j\omega)^{n-1} + \ldots + a_2 (j\omega)^2 + a_1 (j\omega) + a_0} \tag{6.68}$$

Der Betrag des komplexen Frequenzganges bzw. sein Amplitudenverhältnis Y_0/U_0 in der Gleichung (6.67) ist ein Maß für die Amplitudenänderung und sein Argument φ ein Maß für die Phasenverschiebung, die eine Schwingung der Frequenz ω beim Durchlaufen des Übertragungsgliedes erfährt.

Es ist ersichtlich, dass die Übertragungsfunktion in Polynomform ganz formal in den Frequenzgang überführt werden kann, wenn für den Realteil der komplexen Variablen $\delta = 0$ gilt, und somit die komplexe Variable von:

$$s = \delta + j\omega \qquad \text{in} \qquad s \rightarrow j\omega \tag{6.69}$$

übergeht. Der entgegengesetzte Weg führt zwar bei den meisten technischen Systemen zum richtigen Ergebnis, ist aber aus mathematischer Sicht nicht immer eindeutig.

---

[69] Euler, Leonhard ∗15.4.1707 Basel †18.9.1783 St. Petersburg, Mathematiker

6.5.2 Die Ortskurve des Frequenzganges

Die Ortskurve ist die graphische Darstellung des Frequenzganges mit der Frequenz ω als Parameter, wenn ω den Bereich von $-\infty$ bis $+\infty$ durchläuft. Ihre Darstellung beruht auf der Tatsache, dass der Frequenzgang eine komplexe Variable ist, die sich in ihren Real- und Imaginärteil bzw. in ihren Betrag und ihre Phase aufspalten lässt.

Werden in einem rechtwinkligen Koordinatensystem Realteil und Imaginärteil des komplexen Frequenzganges für ω von 0 bis ∞ aufgetragen, so ergibt sich der positive Teil der Ortskurve. Der negative Teile der Ortskurve ist spiegelbildlich zum positiven Teil.

Die Länge des Zeigers vom Ursprung des Koordinatensystems bis zur Ortskurve entspricht dem Betrag des Frequenzganges für eine bestimmte Frequenz. Der Winkel, den der Zeiger mit der positiven reellen Achse einschließt, entspricht der Phasendifferenz zwischen dem Eingangssignal und dem Ausgangssignal.

Für die Amplitude des komplexen Frequenzganges gilt:

$$F(\omega) = |F(j\omega)| = \sqrt{\Re e\{F(j\omega)\}^2 + \Im m\{F(j\omega)\}^2} \tag{6.70}$$

Da der komplexe Frequenzgang eine gebrochene rationale Funktion mit einem Zählerpolynom und einem Nennerpolynom ist, kann auch geschrieben werden:

$$F(\omega) = \frac{\sqrt{\Re e\{Z(j\omega)\}^2 + \Im m\{Z(j\omega)\}^2}}{\sqrt{\Re e\{N(j\omega)\}^2 + \Im m\{N(j\omega)\}^2}} \tag{6.71}$$

Für die Phase gilt:

$$\varphi(\omega) = \arctan \frac{\Im m\{F(j\omega)\}}{\Re e\{F(j\omega)\}}$$

bzw. aufgeteilt nach Zähler und Nenner, wobei der Zähler ein Voreilen und der Nenner ein Nacheilen der Phase hervorruft:

$$\varphi(\omega) = \arctan \frac{\Im m\{Z(j\omega)\}}{\Re e\{Z(j\omega)\}} - \arctan \frac{\Im m\{N(j\omega)\}}{\Re e\{N(j\omega)\}} \tag{6.72}$$

[70]

[70] Mit „atan()“ liefert MATLAB den Winkel im Bogenmaß, mit „atand()“ wird der Winkel in Grad ausgegeben. Entsprechendes gilt für asin() bzw. asind(), acos() bzw. acosd() und umgekehrt.

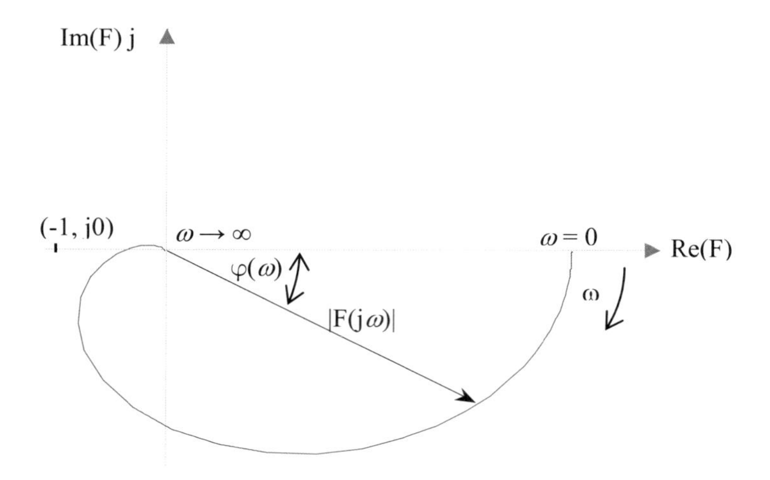

Abb. 6.7 *Ortskurve eines Übertragungsgliedes für $0 \leq \omega \leq \infty$ mit Betrag und Phase*

6.5.3 Berechnung der Ortskurve mit der M-function nyquist

Eigenschaft von *nyquist*:[71]
Berechnet die Ortskurve eines Frequenzganges und stellt sie graphisch dar.
Syntax:

[Re,Im,w] = nyquist (System,w)

Beschreibung:
System kann eine Übertragungsfunktion oder ein Zustandsmodell sein.
Bei Zustandsmodellen mit m Eingangsgrößen und r Ausgangsgrößen ergeben sich für jede Frequenz ω $m \times r$ Werte für die Realachse und die Imaginärachse. Die Ortskurve wird als Graphik ausgegeben, wenn nur der Teil rechts des Gleichheitszeichens angegeben ist. Zur Berechnung des Realteils $\Re e$ und des Imaginärteils $\Im m$ für spezielle Frequenzen sind diese im Vektor w anzugeben.

6.5.4 Spezielle Punkte der Ortskurve

ω = 0 bei Übertragungsgliedern mit Ausgleich

Mit $\omega = 0$ folgt aus Gleichung (6.68):

$$F(j0) = \left|F(j0)\right| = F(\omega = 0) = \frac{b_0}{a_0} = V \tag{6.73}$$

---

[71] Nyquist, Harry *7.2.1889 Nilsby (Schweden) †4.4.1976 Harlingen, Texas (USA), Elektrotechniker

d. h., der Frequenzgang ist eine reelle Zahl, welche dem Betrag bzw. der Zeigerlänge entspricht und gleich der stationären Verstärkung ist. Da der Imaginärteil gleich null ist, wird die dazugehörende Phase $\varphi = 0°$, d. h. der Startpunkt liegt auf der positiven reellen Achse.

Beispiel 6.21

Gegeben ist der Frequenzgang eines Verzögerungsgliedes 1. Ordnung:

$$F(j\omega) = \frac{b_0}{j\omega + a_0} = \frac{0,75}{j\omega + 0,5}$$

Es ist der Startpunkt der Ortskurve zu berechnen.

Lösung:

```
% Beispiel 6.21
disp('              ')
disp('                 Lösungen zum Beispiel 6.21')
% Die Frequenz w = 0 s^-1
w = 0;
% Eingabe der Werte für das T1-Glied
a0 = 0.5; b0 = 0.75;
% ÜTF des T1-Glieds
GT1 = tf(b0,[1 a0]);
fprintf('GT1(s) = '), eval('GT1')
% Der Real- und Imaginärteil des T1-Glieds
[Re0,Im0] = nyquist(GT1,w);
% Amplitude
Am0 = sqrt(Re0^2+Im0^2);
% Phase
Phi0 = atan2(Im0,Re0)*180/pi;
% Startpunkt
fprintf(['Der Startpunkt liegt bei (Re,Im) =' ...
    '(%1.1f,%1.0f)!\n'], Re0,Im0)
disp(' Die gesuchten Werte sind:')
fprintf(' Amplitude =% 1.1f\n',Am0)
fprintf('     Phase =% 1.0f°\n',Phi0)
% Ende des Beispiels 6.21
```

```
                 Lösungen zum Beispiel 6.21
GT1(s) =

Transfer function:
 0.75
-------
s + 0.5
Der Startpunkt liegt bei (Re,Im) =(1.5,0)!
 Die gesuchten Werte sind:
 Amplitude = 1.5
     Phase = 0°
```

ω = 0 bei Übertragungsgliedern ohne Ausgleich

Für den Frequenzgang eines *I*-Gliedes – Übertragungsglied ohne Ausgleich – ist der Koeffizient $a_0 = 0$. Dafür strebt der Betrag gegen ∞ und der Winkel beträgt $\varphi = -90°$.

Beispiel 6.22
Gegeben ist der Frequenzgang eines *I*-Gliedes 1. Ordnung:

$$F(j\omega) = \frac{b_0}{j\omega} = -\frac{b_0}{\omega}j = -\frac{0,75}{\omega}j$$

d. h. der Frequenzgang ist eine komplexe Zahl, dessen Realteil null ist. Es ist der Startpunkt der Ortskurve zu berechnen.

Lösung:

```
% Beispiel 6.22
disp('                ')
disp('                    Lösungen zum Beispiel 6.22')
% Eingabe einer sehr kleine Frequenz w = 1e-5 s^-1
% anstelle von w = 0 s^-1
w = 1e-5;
% Eingabe der Werte für das I-Glied
a0 = 0; b0 = 0.75;
% Übertragungsfunktion des I-Glieds
GI = tf(b0,[1 0]);
fprintf('GI(s) = '), eval('GI')
% Der Real- und Imaginärteil des I-Glieds
[Re0,Im0] = nyquist(GI,w);
% Amplitude
Am0 = sqrt(Re0^2+Im0^2);
% Phase
Phi0 = atan2(Im0,Re0)*180/pi;
% Startpunkt
fprintf(['Der Startpunkt liegt bei (Re,Im) = ' ...
    '(%1.0f,%1.0f)!\n'], Re0,Im0)
disp(' Die gesuchten Werte sind:')
fprintf(' Amplitude = % 1.1f\n',Am0)
fprintf('     Phase = % 1.0f°\n',Phi0)
% Ende des Beispiels 6.22
```

```
                    Lösungen zum Beispiel 6.22
GI(s) =
Transfer function:
0.75
-----
 s
Der Startpunkt liegt bei (Re,Im) = (0,-75000)!
 Die gesuchten Werte sind:
 Amplitude =  75000.0
     Phase = -90°
```

ω → ∞ bei Übertragungsgliedern mit oder ohne Ausgleich

Strebt $\omega \to \infty$, dann gilt für den Betrag:

$$\lim_{\omega\to\infty} F(j\omega) = \begin{cases} 0 & \text{für} \quad m < n \\ \frac{b_m}{a_n} & \text{für} \quad m = n \end{cases} \tag{6.74}$$

d. h. für beide Fälle endet die Ortskurve in einem reellen Punkt.
Die Phase berechnet sich wie folgt:

$$\lim_{\omega\to\infty} \varphi(\omega) = -(n-m)\ 90° \tag{6.75}$$

Beispiel 6.23

Für das Beispiel 6.21 und das Beispiel 6.22 sind die Werte der Ortskurven mit $\omega \to \infty$, d. h. für eine genügend große Frequenz, wie z. B. ω = 1e+05 s^{-1}, zu berechnen.

Lösung:

```
% Beispiel 6.23
disp('             ')
disp('                    Lösungen zum Beispiel 6.23')
% Anstelle von w = inf s^-1 wird die sehr große Frequenz
% w = 1e5 s^-1 gewählt
w = 1e5;
% Eingabe der Werte für das T1-Glied
a0 = 0.5; b0 = 0.75;
% Übertragungsfunktion des T1-Glieds
GT1 = tf(b0,[1 a0]);
fprintf('GT1 ='), eval('GT1')
% Der Real- und Imaginär-Teil des T1-Glieds
[Reinf,Iminf] = nyquist(GT1,w);
% Amplitude
Aminf = sqrt(Reinf^2+Iminf^2);
% Phase
Phiinf = atan2(Iminf,Reinf)*180/pi;
% Startpunkt
fprintf(['Der Endpunkt des T1-Glieds liegt bei (Re,Im)'...
     ' = (%1.0f,%1.0f)!\n'],Reinf,Iminf)
disp(' Die gesuchten Werte sind:')
fprintf(' Amplitude = % 1.1f\n',Aminf)
fprintf('     Phase = % 1.0f°\n',Phiinf)
% Übertragungsfunktion des I-Glieds
GI = tf(b0,[1 0]);
fprintf('GI ='), eval('GI')
% Der Real- und Imaginär-Teil des I-Glieds
[ReI,ImI] = nyquist(GI,w);
% Amplitude
AmI = sqrt(ReI^2+ImI^2);
% Phase
PhiI = atan2(ImI,ReI)*180/pi;
% Startpunkt
fprintf(['Der Endpunkt des I-Glieds liegt bei (Re,Im)'...
    ' = (%1.0f,%1.0f)!\n'],ReI,ImI)
disp(' Die gesuchten Werte sind:')
fprintf(' Amplitude = % 1.1f\n',AmI)
fprintf('     Phase = % 1.0f°\n',PhiI)
% Ende des Beispiels 6.23
```

```
              Lösungen zum Beispiel 6.23
GT1 =
Transfer function:
 0.75
-------
s + 0.5
Der Endpunkt des T1-Glieds liegt bei (Re,Im) = (0,-0)!
 Die gesuchten Werte sind:
 Amplitude = 0.0
       Phase = -90°
GI =
Transfer function:
0.75
----
 s
Der Endpunkt des I-Glieds liegt bei (Re,Im) = (0,-0)!
 Die gesuchten Werte sind:
 Amplitude = 0.0
       Phase = -90°
```

Da jeweils $m = 0$ und $n = 1$ ist, müssen die Amplituden null und die Phase –90° betragen.

Beispiel 6.24

Für das in Kapitel 5.5 behandelte sprungfähige System:

$$F(j\omega) = \frac{b_2 (j\omega)^2 + b_1 (j\omega) + b_0}{(j\omega)^2 + a_1 (j\omega) + a_0}$$

sind die speziellen Punkte für die Frequenzen:

$$\omega = \begin{cases} 0 \\ \text{wenn } \Im m \equiv 0 \\ 10^5 \text{ für } \omega \to \infty \end{cases}$$

auf der Basis der in Kapitel 5.5 gegebenen Werte zu berechnen und die Ortskurve darzustellen.

Der gegebene Frequenzgang ist mit Hilfe der *Symbolic Math Toolbox* in Form einer komplexen Variablen in seinen Real- und Imaginärteil aufzuspalten. Die Ergebnisse sind mit den M-functions *nyquist* und *atan*2 zu überprüfen.

Lösung:

```
% Beispiel 6.24
% Untersuchungen am sprungfähigen Netzwerk
disp('             ')
disp('                  Lösungen zum Beispiel 6.24')
% Der symbolische Frequenzgang als komplexe Variable
syms a0 a1 b0 b1 b2 w
Zs = (b2*(j*w)^2 + b1*j*w + b0);
Ns = ((j*w)^2 + a1*j*w + a0);
Nsm = ((j*w)^2 - a1*j*w + a0);
Nsj = collect(Ns*Nsm);
Zsj = collect(Zs*Nsm);
Zre = subs(subs(Zsj,'sqrt(-1)',0));
Zim = subs((Zsj - Zre),'sqrt(-1)',1);
FRe = Zre/Nsj;
FIm = Zim/Nsj;
disp('Der symbolische Frequenzgang')
fprintf('F(jw) =')
pretty(FRe)
pretty(FIm*j)
% Die ÜTF des sprungfähigen Netzwerkes
G = nw_spf('G');
[Z,N]= tfdata(G,'v');
% Die Werte der Koeffizienten des Frequenzganges
a0 = N(1,3); a1 = N(1,2);
b0 = Z(1,3); b1 = Z(1,2); b2 = Z(1,1);
FR = subs(FRe);
FI = subs(Zim/Nsj)
disp('Der Frequenzgang')
fprintf('F(jw) =')
pretty(vpa(FR,4))
pretty(vpa(FI)*j)
% w = 0
[Re0,Im0] = nyquist(G,0);
fprintf(['\nw = 0 liefert den Ortskurvenpunkt '...
    '(Re,Im) = (%1.0f,%1.0f)!\n'],Re0,Im0)
% w --> inf
[Reinf,Iminf] = nyquist(G,inf);
fprintf(['w = --> inf liefert den Ortskurvenpunkt' ...
   ' (Re,Im) = (%1.1f,%1.0f)!\n'],Reinf,Iminf)
% w für Im = 0
wIm0 = double(solve(subs(FIm),w));
disp('Für die Frequenzen:')
fprintf(' w1 =       %1.0f 1/s\n',wIm0(1))
fprintf(' w2 = % +1.4f 1/s \n',wIm0(2))
fprintf(' w3 = % 1.4f 1/s\n', wIm0(3))
disp(' wird der Imaginärteil = 0!')
Imw = subs(subs(FIm),'w',wIm0(2));
Rew = subs(subs(FRe,'w',wIm0(2)));
disp('Die Frequenz')
fprintf(' w = %1.4f 1/s\n', wIm0(2))
disp('liefert einen Punkt auf der Ortskurve bei')
fprintf(' (Re,Im) = (%1.2f,%1.0f)!\n', Rew,Imw)
% Ende des Beispiels 6.24
```

```
               Lösungen zum Beispiel 6.24
        Der symbolische Frequenzgang
        F(jw) =
              4                            2
         (b2 w  + (a1 b1 - a0 b2 - b0) w  + a0 b0)
         ------------------------------------------------
                4       2               2    2
             (w  + (a1  - 2 a0) w  + a0 )

               3
          (i (w  (b1 - a1 b2) - w (a0 b1 - a1 b0)))
        - ------------------------------------------------
                   4       2               2    2
                 (w  + (a1  - 2 a0) w  + a0 )
        Der Frequenzgang
        F(jw) =
               4             2
         (0.8 w  + 43.2 w  + 256.0)
         ------------------------------
            4             2
          (w  + 68.0 w  + 256.0)

                                              3
                    (1.0 i (44.8 w - 0.8 w ))
        - --------------------------------------
                       4             2
                     (w  + 68.0 w  + 256.0)

        w = 0 liefert den Ortskurvenpunkt (Re,Im) = (1,0)!
        w = --> inf liefert den Ortskurvenpunkt (Re,Im) = (0.8,0)!
        Für die Frequenzen:
         w1 =          0 1/s
         w2 =  -7.4833 1/s
         w3 =   7.4833 1/s
         wird der Imaginärteil = 0!
        Die Frequenz w = -7.4833 1/s
        liefert einen Punkt auf der Ortskurve bei
         (Re,Im) = (0.72,-0)!
```

Daraus folgt für den Frequenzgang eines sprungfähigen Systems 2. Ordnung als komplexe Variable abhängig von der Frequenz in allgemeiner Form:

$$F = \frac{b_2\,\omega^4 - \left(a_0 b_2 - a_1 b_1 + b_0\right)\omega^2 + a_0\,b_0}{\omega^4 + \left(a_1^2 - 2\,a_0\right)\omega^2 + a_0^2} + \frac{\left(a_1 b_2 - b_1\right)\omega^3 + \left(a_0 b_1 - a_1 b_0\right)\omega}{\omega^4 + \left(a_1^2 - 2\,a_0\right)\omega^2 + a_0^2}\,j$$

und im speziellen Fall für die Werte des Netzwerks:

$$F(j\omega)=\frac{0{,}8\omega^4+43{,}2\omega^2+256}{\omega^4+68\omega^2+256}+\frac{0{,}8\omega^3-44{,}8\omega}{\omega^4+68\omega^2+256}j$$

Für die Frequenzen, die gegen null bzw. gegen unendlich gehen, betragen die Phasendifferenzen zwischen dem Eingangssignal und dem Ausgangssignal null. Dieses Ergebnis entspricht dem der Gleichung (6.75), denn die Grade von Zähler und Nenner stimmen überein.

```
>> nyquist(G), axis([0.7 1.01 -0.2 0.2])
```

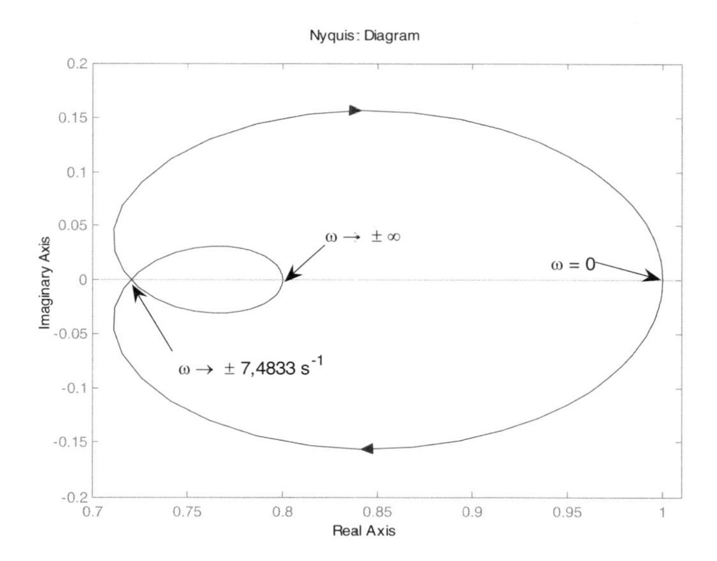

Abb. 6.8 *Ortskurve des sprungfähigen Netzwerkes 2. Ordnung nach Kapitel 5.5*

Der obere, negative Teil der Ortskurve ergibt sich für $-\infty \le \omega \le 0$. Der untere Teil der Ortskurve ist das Ergebnis für einen Frequenzverlauf $0 \le \omega \le +\infty$. Im deutschen Sprachraum wird der negative Teil der Ortskurve gewöhnlich nicht dargestellt.
Die Ortskurve der offenen Kette dient zur Beurteilung von Stabilitätsaussagen über den geschlossenen Kreis mit Hilfe des Kriteriums von Nyquist.

6.6 Das Frequenzkennlinien-Diagramm

Das auch als Bode[72]-Diagramm [Bode-1945] bezeichnete Verfahren geht von der Darstellung des Übertragungsverhaltens eines Systems durch seinen Frequenzgang aus. Die sinnvollste Darstellungsweise für ein Bode-Diagramm ist die Übertragungsfunktion in der Zeitkonstantenform. Die vorliegende Übertragungsfunktion wird in der unter Kapitel 6.5 beschriebenen Weise in den dazugehörenden Frequenzgang überführt. Im Gegensatz zur Darstellung durch Ortskurven wird der Frequenzgang in die beiden Teile Amplitudengang und Phasengang zerlegt und getrennt über dem Logarithmus der Frequenz aufgetragen. Da für die Darstellung und Untersuchung ein relativ breiter Frequenzbereich notwendig ist, werden sowohl die Frequenz als auch die Amplitude logarithmisch abgebildet, was auch zu der Bezeichnung logarithmische Frequenzkennlinien geführt hat.

6.6.1 Systeme minimaler Phase und Allpassglieder

Aus der Systemtheorie ist bekannt, dass die Übertragungsfunktionen real existierender Systeme wie folgt beschrieben werden können:

- Die Pole und Nullstellen sind entweder reell oder konjugiertkomplex.
- Für *stabile* Systeme gilt:
  - die Pole müssen auf jeden Fall einen negativen Realteil haben,
  - Nullstellen können dagegen auch einen positiven Realteil aufweisen.
- Ebenfalls real sind Systeme mit einem oder mehreren Polen im Ursprung, sie werden als Systeme ohne Ausgleich bzw. mit *I*-Verhalten bezeichnet.
- Ungedämpfte Systeme, so genannte Dauerschwinger, haben ein konjugiertkomplexes Polpaar auf der imaginären Achse, d. h. der Realteil ist null.
- Systeme, die mindestens einen Pol mit positivem Realteil aufweisen, sind ebenfalls real, aber *instabil.*

Die Frequenzganggleichung eines Systems kann gewöhnlich in einen *Phasenminimumanteil* und in einen *Allpassanteil* aufgespalten werden.

> *Der Phasenminimumanteil eines Systems besitzt nur Nullstellen und Pole mit negativem Realteil und wird auch als* System minimaler Phase *bezeichnet.*
>
> *Systeme minimaler Phase haben den kleinstmöglichen Betrag an Phasenverschiebung zwischen dem Eingangssignal und dem Ausgangssignal, der bei einer gegebenen Anzahl von Energiespeichern möglich ist.*
>
> *Das Allpassglied besitzt im Endlichen gleich viele Nullstellen wie Pole. Hierbei haben alle Pole einen negativen Realteil, d. h. sie liegen links der imaginären Achse. Die Nullstellen jedoch weisen einen gleichgroßen, aber positiven Realteil wie die Pole auf, d. h. die Nullstellen liegen symmetrisch zu den Polen mit der imaginären Achse der komplexen Ebene als Symmetrieachse.*

---

[72] Bode, Hendrik Wade *24.12.1905 Madison (USA) †21.6.1982 Cambridge, Massachusetts, Forschungsingenieur, Prof. systems engineering Harvard University

H. W. Bode erkannte, dass nach dem Abspalten des Allpassanteils bei dem verbleibenden Phasenminimumanteil ein eindeutiger Zusammenhang zwischen dem Verlauf der Phase und dem der Amplitude besteht.

Phasenminimum-Systeme lassen sich in folgende typische Übertragungsglieder zerlegen:

- Proportionalglied, P-Glied
- Verzögerungsglied 1. Ordnung, T_1-Glied
- Integrierglied, I-Glied
- Vorhaltglied 1. Ordnung, T_{D1}-Glied, praktisch nur in Verbindung mit einem T_1-Glied möglich
- Differenzierglied, D-Glied, praktisch nur mit einem T_1-Glied möglich
- Schwingungsglied, T_{2d}-Glied

wobei, bis auf das Schwingungsglied, alle von 1. Ordnung sind. Durch die multiplikative Verknüpfung dieser Grundglieder lassen sich die entsprechenden Frequenzgänge bilden.

6.6.2 Logarithmischer Amplituden- und Phasengang

Der Frequenzgang Frequenzganggleichung:

$$F(j\omega) = \frac{Z(j\omega)}{N(j\omega)} = \frac{b_m(j\omega)^m + b_{m-1}(j\omega)^{m-1} + \ldots + b_1(j\omega) + b_0}{(j\omega)^n + a_{n-1}(j\omega)^{n-1} + \ldots + a_1(j\omega) + a_0} \qquad (6.76)$$

ist eine komplexe Funktion, für die es die zwei nachfolgend angegebenen Möglichkeiten der Darstellung gibt.

Zerlegung des Frequenzganges in seinen Real- und Imaginärteil

Der Frequenzgang kann, da er eine komplexe Zahl ist, in seinen Realteil $\Re e(\omega)$ und seinen Imaginärteil $\Im m(\omega)$ zerlegt werden:

$$F(j\omega) = \Re e(\omega) + j\,\Im m(\omega) \qquad (6.77)$$

Dies bezieht sich auch getrennt auf seinen Zähler und Nenner. Dadurch wird die Behandlung wesentlich vereinfacht. Es gilt für den Zähler:

$$Z(j\omega) = \Re e_Z(\omega) + j\,\Im m_Z(\omega) \qquad (6.78)$$

und für den Nenner:

$$N(j\omega) = \Re e_N(\omega) + j\,\Im m_N(\omega) \qquad (6.79)$$

Zerlegung des Frequenzganges in seine Amplitude und Phase

Zum Bilden des logarithmischen Amplitudenganges und Phasenganges wird der Frequenzgang:

$$F(j\omega) = |F(j\omega)|\,e^{j\Phi(\omega)} = F(\omega)\,e^{j\Phi(\omega)} \qquad (6.80)$$

zerlegt in den Betrag oder die Amplitude:

$$|F(j\omega)| = F(\omega) = \sqrt{\Re e^2 + \Im m^2} \tag{6.81}$$

und die Phase:

$$\varphi_i(\omega) = \arctan\frac{\Im m_i}{\Re e_i} \tag{6.82}$$

Ist L der in Dezibel[73] [*dB* = 0,1 *Bel*[74], *Neper*[75]] *ausgedrückte Wert einer Zahl F und wird dieses L über dem dekadischen logarithmischen Frequenzmaßstab lg(ω) aufgetragen, dann ergibt sich der logarithmische Amplitudengang:*

$$L(\omega) = 20\lg F(\omega) \quad [\mathrm{dB}] \tag{6.83}$$

Der Betrag $F(\omega)$ des Frequenzganges $F(j\omega)$ ist der Quotient der Amplituden am Ausgang und Eingang des Systems, was zu dimensionsbehafteten Quotienten führen kann.

Der Phasenverlauf $\varphi(\omega)$ [°], über dem dekadischen logarithmischen Frequenzmaßstab lg(ω) aufgetragen, liefert den logarithmischen Phasengang.

Der Amplitudengang eines Systems, welches aus n in Reihe geschalteten Teilübertragungsgliedern besteht, wird wie folgt gebildet:

$$\begin{aligned} L(\omega) &= 20\ \lg\left[F_1(\omega)\cdot F_2(\omega)\cdot\ldots\cdot F_n(\omega)\right] \\ L(\omega) &= 20\ \lg F_1(\omega) + 20\ \lg F_2(\omega) + \ldots + 20\ \lg F_n(\omega) \end{aligned} \tag{6.84}$$

Die multiplikative Verknüpfung entspricht bekanntlich einer Reihenschaltung der einzelnen Übertragungsglieder, was bei der logarithmischen Darstellung zur Addition sowohl der einzelnen Amplitudengänge als auch Phasengänge führt:

$$\varphi(\omega) = \varphi_1(\omega) + \varphi_2(\omega) + \cdots + \varphi_n(\omega) \tag{6.85}$$

Eine Frequenz erhöht sich um eine Oktave, wenn sie verdoppelt und um eine Dekade, wenn sie verzehnfacht wird.

---

[73] Einheit für logarithmierte Verhältnisgrößen, siehe auch Napier (Neper). In der Regelungstechnik gilt: Ist die Amplitude des Ausgangssignals eines linearen Systems um das 1,122-fache ($10^{1/20}$) größer als die Amplitude des Eingangssignals, dann beträgt die Amplitudenverstärkung dieses Systems 1 Dezibel [dB], denn es gilt:

$$L(\omega) = 20\lg\left(10^{\frac{1}{20}}\right) = \tfrac{20}{20} = 1\,\mathrm{dB}$$

[74] Bell, Alexander Graham *3.3.1847 Edinburgh (Schottland) †1.8.1922 Baddeck (Kanada), Prof. für Stimmphysiologie, Taubstummenlehrer, Erfinder. Diese Verhältnisgröße wurde Bell zu Ehren, nach ihm benannt.

[75] Napier (Neper), John Laird of Merchiston *1550 Merchiston Castle (Schottland) †7.4.1617 ebd., Mathematiker, erdachte um 1614 das System der natürlichen Logarithmen mit der Basis e (Eulersche Zahl), Einheit in der Nachrichtentechnik: 1 Np = 20/ln(10) dB = 8,6859 dB.

6.6.3 Amplituden- und Phasengänge mit der M-function bode

Eigenschaft von *bode*:
Die Funktion berechnet die Werte für die Amplitudengänge [*Am*] und Phasengänge [*Ph*] eines Frequenzganges.
Syntax:

[Am,Ph,w] = bode (System,w)

Beschreibung:
System kann eine Übertragungsfunktion oder ein Zustandsmodell sein. Bei Zustandsmodellen mit m Eingangsgrößen und r Ausgangsgrößen ergeben sich für jede Frequenz ω $m{\times}r$ Werte für die Amplituden und Phasengänge. Das Bode-Diagramm wird als Graphik ausgegeben, wenn nur der Teil rechts des Gleichheitszeichens angegeben ist. Zur Berechnung der Amplituden *Am* und Phasen *Ph* für spezielle Frequenzen sind diese im Vektor w anzugeben.

6.6.4 Bode-Diagramme typischer Grundglieder

Wesentlich für die Darstellung der graphischen Verläufe ist, dass die Amplitudengänge, bis auf einen kleinen Frequenzbereich beim Schwingungsglied, durch Geraden approximiert werden können. Die Phasengänge sind entweder typische Arcustangens-Funktionen oder Geraden.

Das Proportionalglied, *P*-Glied

Der Frequenzgang eines P-Gliedes ist eine Konstante und damit unabhängig von der Frequenz:

$$G(s) = K_P \quad \Rightarrow \quad F(j\omega) = K_P \tag{6.86}$$

Der Amplitudengang:

$$L_P(\omega) = 20\lg K_P = L_P \tag{6.87}$$

ist eine Parallele zur 0 dB-Achse bzw. stimmt bei $K_P = 1$ mit dieser überein. Der Phasengang wird mit einem Imaginärteil von null ebenfalls null:

$$\varphi_P(\omega) = 0° \tag{6.88}$$

Verzögerungsglied 1. Ordnung, T_1-Glied

Der Frequenzgang eines T_1-Gliedes ergibt sich zu:

$$G_{T_1}(s) = \frac{1}{1+T\,s} \quad \Rightarrow \quad F_{T_1}(j\omega) = \frac{1}{1+T(j\omega)} \tag{6.89}$$

Aus dem in Gleichung (6.89) angegebenen Frequenzgang ermittelt sich für den logarithmischen Amplitudengang:

$$L_{T_1}(\omega) = 20\lg 1 - 20\lg\sqrt{1^2 + (T\omega)^2} = -20\lg\sqrt{1^2 + (T\omega)^2} \tag{6.90}$$

und für den logarithmischen Phasengang:

$$\varphi_{T1}(\omega) = \arctan\frac{0}{1} - \arctan\frac{T\,\omega}{1} = -\arctan(T\,\omega) \tag{6.91}$$

Spezielle Punkte:
Nachfolgend werden mit den Gleichungen (6.89) und (6.91) für spezielle Punkte bzw. spezielle Bereiche Werte des Amplitudenganges und des Phasenganges berechnet:

- $T\,\omega = 10^{-5} \ll 1$

```
>> L = -20*log10((1+(1e-5)^2)^(1/2))
L =
  -4.3429e-010
>> phi = -atan2(1e-5,1)*180/pi
phi =
  -5.7296e-004
```
[76] (Fußnotenzeichen an „pi")

  Für sehr kleine Frequenzen können der Amplitudengang durch die *Null-dB-Achse* und der Phasengang durch die *Null-Grad-Achse* angenähert werden.

- $T\,\omega = 10^{-1} \Rightarrow \omega = 0{,}1\ \omega_k$

```
>> L = -20*log10((1+0.1^2)^(1/2))
L =
   -0.0432
>> phi = -atan2(0.1,1)*180/pi
phi =
  -5.7106
```

  Beträgt die Frequenz $\omega = 0{,}1\ \omega_k$, mit der Knickfrequenz $\omega_k = T^{-1}$, dann ist die Abweichung von der als Approximation angenommenen *Null-dB-Achse* –0,0432 dB, eine für den schnellen Überblick durchaus vernachlässigbare Abweichung. Der dazugehörende Winkel von –5,7106° ist durch die Darstellung des Graphen der Arcustangens-Funktion berücksichtigt.

- $T\,\omega = 1 \Rightarrow \omega = \omega_k$ – Knickfrequenz

```
>> L = -20*log10((1+1)^(1/2))
L =
   -3.0103
>> phi = -atan2(1,1)*180/pi
phi =
  -45
```

  An der Knickfrequenz betragen die Werte des Amplitudenganges $L(\omega) \approx -3$ dB und des Phasenganges $\varphi(\omega) = -45°$. Der Fehler, der die Approximation des Amplitudenganges durch seine Asymptote – Gerade auf der *Null-dB-Achse* – von $\omega \to 0$ bis zur Knickfrequenz ergibt, beträgt damit –3,0103 dB.

---

[76] Die M-function *atan*2 berechnen den Winkel im Bogenmaß, der Winkel $\varphi\,[°]$ ergibt sich zu $\varphi = 180/\pi\,\hat{\varphi}$.

- T $\omega = 10 \Rightarrow \omega = 10\ \omega_k$

```
>> L = -20*log10((1+(10)^2)^(1/2))
L =
  -20.0432
>> phi = -atan2(10,1)*180/pi
phi =
  -84.2894
```

Für Frequenzen von der Knickfrequenz bis $\omega \to \infty$ kann der Amplitudengang wiederum mit genügender Genauigkeit durch seine Asymptote mit einem Gefälle von 20 dB/Dekade dargestellt werden.

- T $\omega = 10^5 >> 1 \Rightarrow \omega = 10^5\ \omega_k$

```
>> L = -20*log10((1+(1e5)^2)^(1/2))
L =
  -100.0000
>> phi = -atan2(1e5,1)*180/pi
phi =
  -89.9994
```

Bei dem 5fachen der Knickfrequenz weißt der Amplitudengang erwartungsgemäß einen Wert von 5 Dekaden · (–20 dB/Dekade) = –100 dB auf. Der Phasengang hat die für ein Verzögerungsglied 1. Ordnung maximal mögliche Phasendrehung von –90° erreicht. Siehe Abb. 6.9.

```
>> bode(1,[1 1]), grid
```

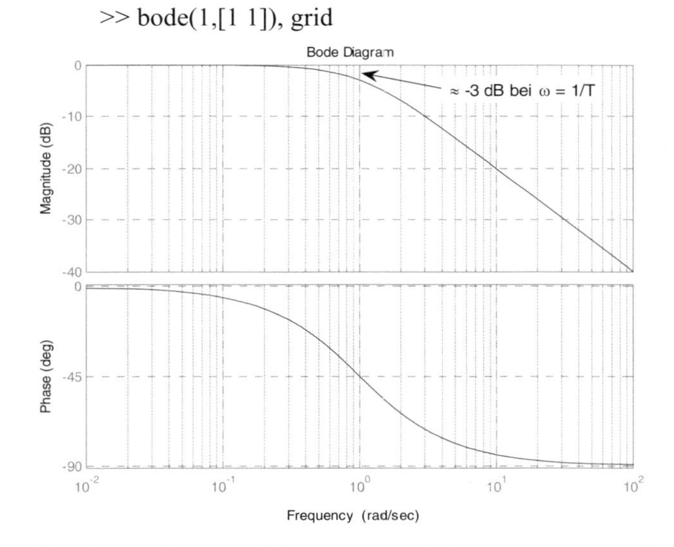

Abb. 6.9 *Amplituden- und Phasengang – Bode-Diagramm – eines T_1-Gliedes*

Der Amplitudengang des Verzögerungsgliedes 1. Ordnung kann mit genügender Genauigkeit durch seine zwei Asymptoten: Einer Geraden auf der *Null-dB-Achse* von $\omega \to 0$ bis zur Knickfrequenz $\omega_k = 1/T$ und einer Geraden mit 20 dB/Dekade Gefälle von der Knickfrequenz ω_k bis $\omega \to \infty$ approximiert werden. Der Phasengang verläuft von 0° bis –90°, an der Knickfrequenz ω_k beträgt er –45°.

Das Integrierglied, *I*-Glied

Der Frequenzgang des *I*-Gliedes ist eine komplexe Zahl, deren Realteil null ist:

$$G_I(s) = \frac{1}{T_I\, s} \quad \Rightarrow \quad F_I(j\omega) = \frac{1}{T_I\,(j\omega)} \tag{6.92}$$

Aus Gleichung (6.92) ermitteln sich für den logarithmischen Amplitudengang:

$$L_I(\omega) = 20\lg 1 - 20\lg\sqrt{(T_I\omega)^2} = -20\lg T_I\,\omega \tag{6.93}$$

und für den logarithmischen Phasengang:

$$\varphi_I(\omega) = \arctan\frac{0}{1} - \arctan\frac{T_I\,\omega}{0} = -\arctan\infty = -90° \tag{6.94}$$

Der Amplitudengang fällt mit steigender Frequenz kontinuierlich um 20 *dB/Dekade*. Die Phasendrehung beträgt unabhängig von der Frequenz –90°.

Interessant ist die Frequenz bei der der Amplitudengang die *Null-dB-Achse* schneidet:

$$\omega_s = \frac{1}{T_I}$$

Für eine Integralzeit von $T_I = 0{,}5\ s$, was einer Schnittfrequenz von $\omega_s = 2\ s^{-1}$ entspricht, ergibt sich das Bode-Diagramm in Abb. 6.10 mit:

```
>> bode(1,[0.5 0]), grid
```

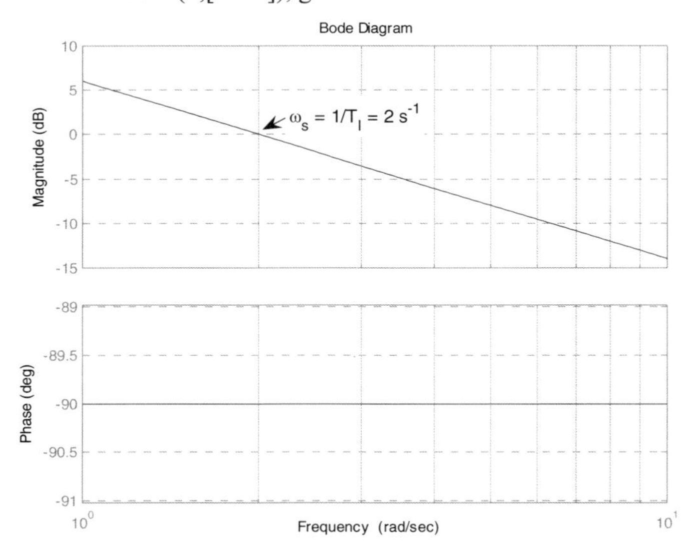

Abb. 6.10 *Bode-Diagramm eines I-Gliedes mit der Integralzeit $T_I = 0{,}5$* s

Vorhaltglied 1. Ordnung, T_{D1}-Glied

Der ideale Frequenzgang eines Vorhaltgliedes 1. Ordnung ergibt sich zu:

$$G_{D1}(s) = 1 + T_{D1}s \quad \Rightarrow \quad F_{D1}(j\omega) = 1 + T_{D1}(j\omega) \tag{6.95}$$

Der Frequenzgang ist eine komplexe Zahl. Aus dem in Gleichung (6.95) angegebenen Frequenzgang ermittelt sich für den logarithmischen Amplitudengang:

$$L_{D1}(\omega) = 20\lg\sqrt{1^2 + (T_{D1}\omega)^2} \tag{6.96}$$

und für den logarithmischen Phasengang:

$$\varphi_{D1}(\omega) = \arctan\frac{T_{D1}\omega}{1} = \arctan(T_{D1}\omega) \tag{6.97}$$

```
>> bode([1 1],1), grid
```

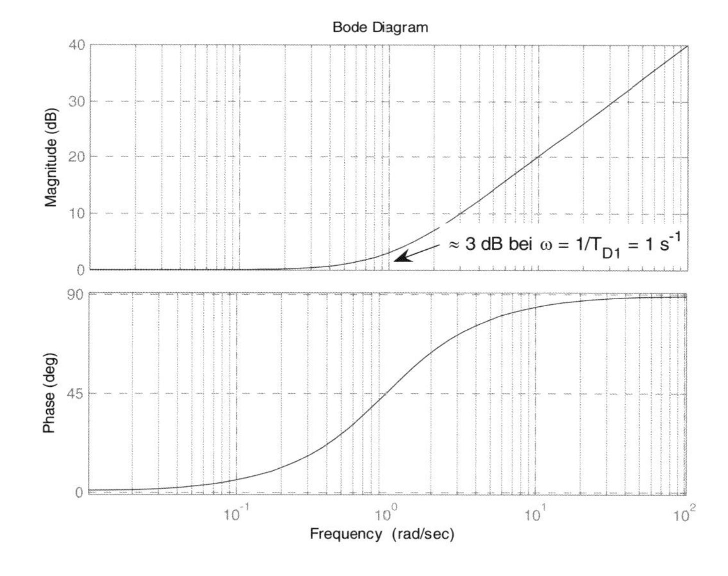

Abb. 6.11 *Bode-Diagramm eines T_{D1}-Gliedes mit der Vorhaltzeit $T_D = 1$ s*

Amplitudengang und Phasengang sind spiegelbildlich zu denen des Verzögerungsgliedes erster Ordnung, bezogen auf die *Null-dB-Achse*. Bis zur Knickfrequenz stimmen der Amplitudengang mit der *Null-dB-Achse* überein, danach wird er durch eine Gerade mit einem Anstieg von 20 *dB/Dekade* approximiert. Der Phasengang verläuft von 0° bis +90°, an der Knickfrequenz beträgt er +45°.

Differenzierglied, ideales *D*-Glied

Der Frequenzgang ergibt sich zu:

$$G_D(s) = T_D\,s \quad \Rightarrow \quad F_D(j\omega) = T_D(j\omega) \tag{6.98}$$

Er ist eine komplexe Zahl, deren Realteil null ist. Aus dem Frequenzgang in (6.98) ermitteln sich für den Amplitudengang:

$$L_D(\omega) = 20\lg\sqrt{(T_D\omega)^2} = 20\lg T_D\,\omega \tag{6.99}$$

und für den logarithmischen Phasengang:

$$\varphi_D(\omega) = \arctan\frac{T_D\omega}{0} = \arctan\infty = 90° \tag{6.100}$$

```
>> bode([0.5 0],1), grid
```

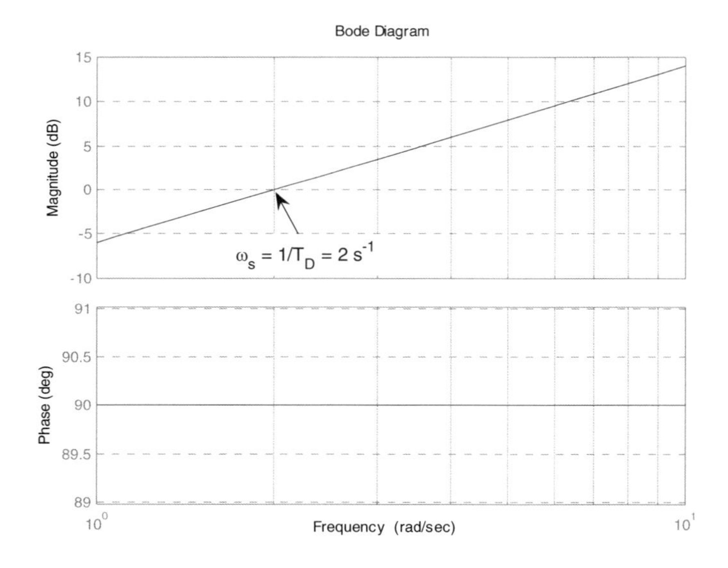

Abb. 6.12 *Bode-Diagramm eines idealen* D-*Gliedes mit* $T_D = 0{,}5$ s

Schwingungsglied, T_{2d}-Glied

Der Frequenzgang eines Schwingungsgliedes ergibt sich mit der Dämpfung d und der Zeitkonstante T als dem Kehrwert der *Eigenfrequenz* ω_0 des ungedämpften Systems zu:

$$G_{T2d}(s) = \frac{1}{1 + 2dTs + T^2s^2}$$
$$\Rightarrow \tag{6.101}$$
$$F_{T2d}(j\omega) = \frac{1}{1 + 2dT(j\omega) + T^2(j\omega)^2} = \frac{1}{1 - (T\omega)^2 + 2dT(j\omega)}$$

Aus Gleichung (6.101) ermittelt sich der logarithmische Amplitudengang:

$$L_{T2d}(\omega) = -20\lg\sqrt{(T\,\omega)^4 + 2\left(2\,d^2 - 1\right)(T\,\omega)^2 + 1} \tag{6.102}$$

und der logarithmische Phasengang:

$$\varphi_{T2d}(\omega) = \arctan\frac{0}{1} - \arctan\frac{2\,d\,T\,\omega}{1-(T\,\omega)^2} = -\arctan\frac{2\,d\,T\,\omega}{1-(T\,\omega)^2} \tag{6.103}$$

Beispiel 6.25

Gesucht sind die Resonanzfrequenz und die maximale Amplitude eines Schwingungsgliedes unter Verwendung der Gleichungen (6.102) und (6.103).

Lösung:

```
% Beispiel 6.25
disp('                ')
disp('                        Lösungen zum Beispiel 6.25')
% Resonanzfrequenz und maximale Amplitude eines
% Schwingungsgliedes
% Vereinbarung der symbolischen Variablen
syms d T w
% Der symbolische Frequenzgang als komplexe Variable
% Realteil des Nenners
Nre = 1-(T*w)^2;
% Imaginärteil des Nenners
Nim = 2*d*T*w;
% Betrag des Nenners
Nb = sqrt(Nre^2+Nim^2);
% Ableitung des Betrages nach der Frequenz
DNb = diff(Nb,w);
% Die möglichen Resonanzfrequenzen
wr1_3 = solve(DNb,w);
fprintf('wr(1) ='), pretty(wr1_3(1))
fprintf('wr(2) ='), pretty(wr1_3(2))
fprintf('wr(3) ='), pretty(wr1_3(3))
% Resonanzfrequenz, für sie wird der Amplitudenwert maximal!
wr = wr1_3(2);
disp('Resonanz-Frequenz.')
fprintf('wr =')
pretty(wr)
% Real- und Imaginärteil des Nenners bei der Resonanzfrequenz
Nremax = subs(Nre,'w',wr);
Nimmax = subs(Nim,'w',wr);
% Betrag des Nenners bei der Resonanzfrequenz
disp('Betrag des Nenners bei der Resonanzfrequenz.')
Nbmax = sqrt(Nremax^2+Nimmax^2);
fprintf('Nbmax =')
pretty(Nbmax)
% Maximalwert des Amplitudenganges
disp('Maximalwert des logarithmischen Amplitudenganges.')
Lmax = -20*log10(Nbmax);
fprintf('Lmax =')
pretty(Lmax)
% Der zum Maximalwert der Amplitude gehörende Winkel
Phimax = -atan(Nimmax/Nremax);
disp('Der zum Maximalwert der Amplitude gehörende Winkel.')
fprintf('Phimax =')
pretty(Phimax)
% Ende des Beispiels 6.25
```

```
                          Lösungen zum Beispiel 6.25
wr(1) =                   wr(2) =                    wr(3) =
  0                                2 1/2                      2 1/2
                           (1 - 2 d  )                (1 - 2 d  )
                           -------------            - -------------
                                 T                          T
Betrag des Nenners bei der Resonanzfrequenz.
Nbmax =
      4   2    2    1/2
  2 (d  - d  (2 d  - 1))
Maximalwert des logarithmischen Amplitudenganges.
Lmax =
                4   2    2    1/2
   (20 log(2 (d  - d  (2 d  - 1))   ))
 - -----------------------------------
               log(10)
Der zum Maximalwert der Amplitude gehörende Winkel.
Phimax =
         /          2 1/2 \
         | (1 - 2 d )     |
  - atan| -------------   |
         \        d       /
```

Die Frequenz, für den die Amplitude ihren maximalen Wert annimmt – Resonanzfrequenz, ergibt sich aus der zweiten Lösung von wr, d. h. wr(2):

$$\omega_r = \frac{1}{T}\sqrt{1-2d^2} \quad \text{Achtung! Es gilt:} \quad d < \tfrac{1}{2}\sqrt{2} = 0,7071$$

Maximalwert der Amplitude des Frequenzganges:

$$F_{\max}(\omega_r) = \frac{1}{2d\sqrt{1-d^2}}$$

Maximaler Wert des Amplitudenfrequenzganges:

$$L_{\max}(\omega_r) = -20\frac{\ln\left(2\sqrt{d^2-d^4}\right)}{\ln(10)} = -20\lg\left(2d\sqrt{1-d^2}\right)$$ [77]

Der zum Maximalwert der Amplitude gehörende Phasenwinkel:

$$\varphi(\omega_r) = -\arctan\frac{1}{d}\sqrt{1-2d^2}$$

---

[77] *log* in MATLAB $\hat{=}$ *ln* im deutschen Sprachraum, es gilt *ln*(a) = *ln*(10) × *lg*(a)

Beispiel 6.26

Für drei Schwingungsglieder mit der Zeitkonstante $T = 1$ s und den Dämpfungswerten $d_1 = 0{,}007$; $d_2 = 0{,}07$ und $d_3 = 0{,}7$ sind die Resonanzfrequenzen ω_{r1}, ω_{r2} und ω_{r3} sowie die dazugehörenden Amplituden- und Phasenwerte zu berechnen und in einem gemeinsamen Bode-Diagramm darzustellen.

Lösung:

```
% Beispiel 6.26
% Die Zahlenwerte
clear
T = 1; d1 = 0.007; d2 = 0.07; d3 = 0.7; d = [d1 d2 d3];
% Vereinbarungen
k = 1;
G = tf(1,1);
wr(k) = 0; Lm(k) = 0; Pm(k) = 0;
% Berechnungen
for k = 1:length(d)
    % Die drei Übertragungsfunktionen
        N = [T^2, 2*d(k)*T, 1];
        G(k) = tf(1,N);
    % Die drei Resonanzfrequenzen
        wr(k) = 1/T*sqrt(1-2*d(k)^2);
    % Die Maximalwerte des logarithmischen Amplitudenganges
        Lm(k) = -20*log10(2*d(k)*sqrt(1-d(k)^2));
    % Die zu den Maximalwerten gehörenden Phasen
        Pm(k) = -atan2(sqrt(1-2*d(k)^2),d(k));
end
bode(G(1),G(2),G(3))
grid
% Ausgabe der Werte
disp('            ')
disp('                    Lösungen zum Beispiel 6.26')
disp('Die drei Resonanzfrequenzen wr in [1/s]:')
fprintf('% 10.4f % 10.4f % 10.4f\n', wr)
disp('Die drei Maximalwerte der Amplituden Lm in [dB]:')
fprintf('% 10.4f % 10.4f % 10.4f\n', Lm)
disp('Die zu den Maximalwerten gehörenden Phasen Pm in [°]:')
Pm = Pm*180/pi;
fprintf('% 10.4f % 10.4f % 10.4f\n', Pm)
% Ende des Beispiels 6.26
```

```
            Lösungen zum Beispiel 6.26
Die drei Resonanzfrequenzen wr in [1/s]:
    1.0000    0.9951    0.1414
Die drei Maximalwerte der Amplituden Lm in [dB]:
   37.0777   17.0988    0.0017
Die zu den Maximalwerten gehörenden Phasen Pm in [°]:
  -89.5989  -85.9761  -11.4218
```

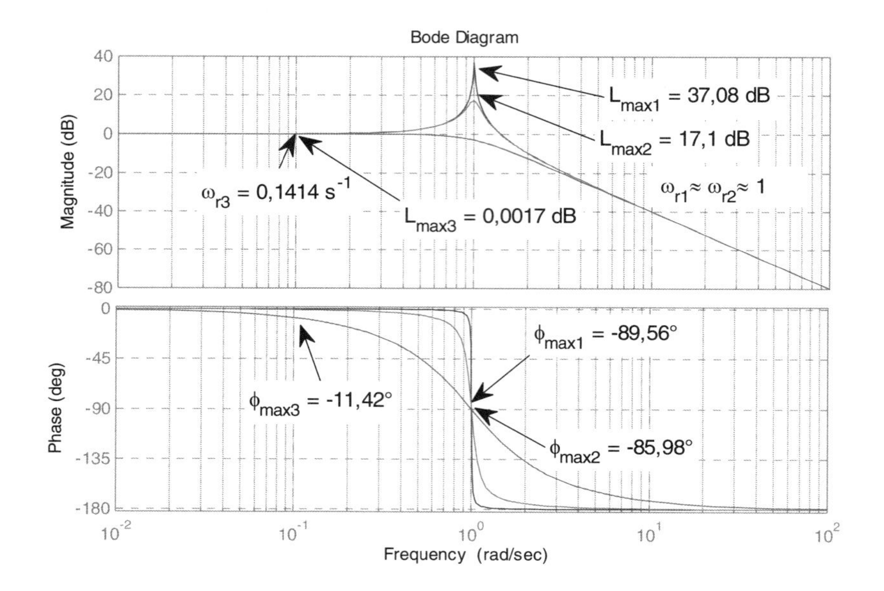

Abb. 6.13 Bode-Diagramm für 3 Schwingungsglieder mit $d_1 = 0{,}007$; $d_2 = 0{,}07$, $d_3 = 0{,}7$, $T = 1\ s$

Zusammenfassung: Der Amplitudengang des Schwingungsgliedes kann für den Bereich $0 < lg\ \omega < lg\ \omega_0$ durch eine Gerade auf der *Null-dB-Achse* und für $lg\ \omega_0 < lg\ \omega < \infty$ durch eine Gerade mit einem Gefälle von 40 *dB/Dekade* approximiert werden.
Der Bereich um die Eigenfrequenz des ungedämpften Systems ω_0 ist, wie aus der Abb. 6.13 zum Beispiel 6.26 entnommen werden kann, durch die Dämpfung geprägt.
Bei einer Dämpfung von $0{,}7 \leq d \leq 0{,}007$ ergeben sich Amplitudenwerte im Bereich $0{,}0017\ \text{dB} \leq L \leq 37{,}0777\ \text{dB}$ für die Eigenfrequenz $\omega_0 = 1\ s^{-1}$. Bei einem Dämpfungswert von $d = 1$ ergibt sich ein Amplitudenwert von –6,0206 dB.

6.6.5 Bode-Diagramme von Systemen nichtminimaler Phase

Zwei häufig auftretende Systeme *nichtminimaler Phase* sind das *Allpassglied* und das *Totzeitglied.* Beide werden nachfolgend kurz behandelt.

Das Allpassglied

Es werden nur die Beziehungen für das Allpassglied 1. Ordnung abgeleitet. Seine Übertragungsfunktion und der Frequenzgang lauten:

$$G_{AP}(s) = \frac{-a_1\, s + a_0}{a_1\, s + a_0} \quad \Rightarrow \quad F_{AP}(j\omega) = \frac{a_0 - a_1\, \omega j}{a_0 + a_1\, \omega j} \tag{6.104}$$

Aus Gleichung (6.104) leitet sich der logarithmische Amplitudengang:

$$L_{AP}(\omega) = 20\lg\sqrt{a_0^2 + (a_1\,\omega)^2} - 20\lg\sqrt{a_0^2 + (a_1\,\omega)^2} = 0 \qquad (6.105)$$

ab. Die Gleichung (6.105) stellt im Bode-Diagramm eine von der Frequenz unabhängige Gerade auf der *Null-dB-Achse* dar. Für den logarithmischen Phasengang folgt:

$$\varphi_{AP}(\omega) = \arctan\frac{-a_1\omega}{a_0} - \arctan\frac{a_1\omega}{a_0} = -2\arctan\frac{a_1\omega}{a_0} \qquad (6.106)$$

Für eine Frequenz von 0 bis ∞ wird die Phase von 0° bis –180° gedreht, d. h. es wird im Gegensatz zu einem sprungfähigen System 1. Ordnung die positive Phasendrehung des Zählers von 0° bis 90°, zu einer negativen von 0° bis –90°, was die Phasenrückdrehung des Gesamtsystems verdoppelt.

Beispiel 6.27
Für die Übertragungsfunktion eines Allpassgliedes 2. Ordnung:

$$G_{AP2} = \frac{a_2\,s^2 - a_1\,s + a_0}{a_2 s^2 + a_1 s + a_0} = \frac{0{,}0769\,s^2 - 0{,}3077\,s + 1}{0{,}0769\,s^2 + 0{,}3077\,s + 1}$$

mit dem Phasengang:

$$\varphi_{AP2} = -2\arctan\frac{a_1\,\omega}{a_0 - a_2\,\omega^2}$$

ist unter Verwendung der M-function *bode*[78] eine function *bode_ap* zu schreiben und damit das Bode-Diagramm darzustellen. Die Frequenz bei der der Phasengang die –180°-Linie schneidet, ist anzugeben.

Lösung:

```
% Beispiel 6.27
% Hierzu gehört die function bode_ap(G)
% Allpassglied 2. Ordnung
G = tf([0.0769 -0.3077 1],[0.0769 0.3077 1]);
% Bodediagramm des Allpassgliedes
bode_ap(G)
% Ende des Beispiels 6.27
```

[78] Die M-function *bode.m* hebt den Phasengang von Allpassgliedern an, und zwar lässt sie die Verläufe ungerader Ordnung n der Übertragungsfunktion für $\omega \to 0$ bei $(n + 1)*180°$ beginnen und für $\omega \to \infty$ bei 180° enden. Die Verläufe gerader Ordnung n beginnen für $\omega \to 0$ bei $n*180°$ und enden für $\omega \to \infty$ bei 0°, so dass diese Bode-Diagramme nicht zur Auswertung herangezogen werden sollten.

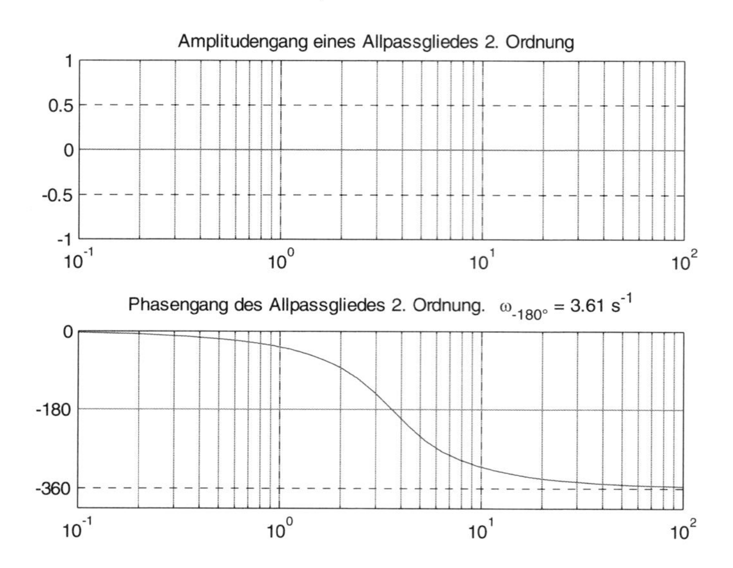

Abb. 6.14 *Bode-Diagramm eines Allpassgliedes 2. Ordnung*

```
function bode_ap(G)
% Die "function bode_ap(G)" gibt das Bode-Diagramm für ein
% Allpassglied aus.
% Die "function bode_ap" entspricht dem Beispiel 6.27.
% Vereinbarungen
l = 1;
% Pole, Nullstellen und Systemordnung
[Po,Nu] = pzmap(G);
Ord_Po = length(Po);
Ord_Nu = length(Nu);
% Koeffizienten von G
[~,N] = tfdata(G,'v');
% Systemarten
if Ord_Po ~= Ord_Nu
        Fall = 0;
elseif Ord_Po == Ord_Nu
    if (-real(Nu) ~= real(Po))
        Fall = 0;
    else
        Ver = -Ord_Po; Fall = 1;
    end
end

switch Fall
    case 0
        disp(['Das mit G gegebene System hat kein '...
         'Allpassverhalten!'])
    case 1
        [A,P,w] = bode(G);
        Alg = 20*log10(A(:));
        if  mod(Ver,2) == 1
            Phi = P(:)+ 180*(Ver-1);
```

```
        else
            Phi = P(:)+ 180*Ver;
        end
        for k = 1:length(Phi)
            if and(Phi(k) <= -180, l == 1)
                % Schnittfrequenz bei -180°
                w_180 = (w(k-1)*(180+Phi(k))-w(k)...
                    *(180+Phi(k-1)))/(Phi(k)-Phi(k-1));
                l = l + 1;
            end
        end
        for k = 1:length(Alg)
            if abs(Alg(k)) < 1e-5
                Alg(k) = 0;
            end
        end
        % 1. Bild von 2 Bildern
        subplot(2,1,1)
        semilogx(w,Alg)
        title(['Amplitudengang eines Allpassgliedes ',...
            num2str(Ord_Po),'. Ordnung'])
        grid on
        % 2. Bild von 2 Bildern
        subplot(2,1,2)
        semilogx(w,Phi,[min(w) max(w)] ,[-180 -180],'r-')
        % Übergabe der Nummer des aktuellen Subplots
        a = gca;
        if Ver == -1
            yt = [-225 -180 -90  0]; w_180 = inf;
        elseif Ver == -2
            yt = Ver*[180 90  0]; w_180 = sqrt(N(3)/N(1));
        elseif Ver == -3
            yt = Ver*[180 120  60 0]; w_180 = sqrt(N(4)/N(2));
        elseif Ver == -4
            yt = Ver*[180 135 90 45 0];
            w_180 = sqrt(1/2/N(1)*(N(3)...
                -sqrt(N(3)^2-4*N(5)*N(1))));
        elseif Ver == -5
            yt = [-900 -540 -180 0];
            w_180 = sqrt(1/2/N(2)*(N(4)...
                -sqrt(N(4)^2-4*N(6)*N(2))));
        else
            yt = Ver*[180 90 -180/Ver 0];
        end
        set(a,'ytick',yt)
        % Setzen der Grenzwerte der y-Achse
        set(a,'YLim', [Ver*180-45 0]);
        % Überschrift zum 2. Bild
        title(['Phasengang des Allpassgliedes ',...
            num2str(Ord_Po), '. Ordnung.' ...
            ' \omega_-_1_8_0_° = ' ,num2str(w_180,3),...
            ' s^-^1'])
        grid on
    otherwise
        disp('Fehler bei der Eingabe!')
end     % Ende Fall
end
% Ende der function bode_ap
```

Das Totzeitglied – T_t-Glied[79]

Die Übertragungsfunktion und der daraus abgeleitete Frequenzgang lauten:

$$G_{Tt}(s) = e^{-T_t s} \quad \Rightarrow \quad F_{Tt}(j\omega) = e^{-T_t(j\omega)} \tag{6.107}$$

Zunächst wird die in Gleichung (6.107) beschriebene *e*-Funktion mit Hilfe der Eulerschen Formel durch ihren Realteil und Imaginärteil dargestellt:

$$F_{Tt}(j\omega) = e^{-T_t(j\omega)} = \cos(\omega T_t) - j\sin(\omega T_t) \tag{6.108}$$

Aus der Gleichung (6.108) folgt der logarithmische Amplitudengang:

$$L_{T_t}(\omega) = 20\lg\sqrt{\cos^2(\omega T_t) + \sin^2(\omega T_t)} = 20\lg\sqrt{1} = 0 \tag{6.109}$$

Er ist, wie der des Allpassgliedes, eine Gerade auf der *Null-dB-Achse* unabhängig von der Frequenz.
Der logarithmische Phasengang:

$$\varphi_{T_t}(\omega) = \arctan\frac{-\sin(\omega T_t)}{\cos(\omega T_t)} = -\arctan\left[\tan(\omega T_t)\right] = -\omega T_t \tag{6.110}$$

fällt mit wachsender Frequenz kontinuierlich, bzw. beim Durchlaufen der Frequenz von 0 bis ∞ wird die Phase von 0° bis $-\infty$ gedreht.

Beispiel 6.28

Gesucht ist eine function *bode_tt* zur Berechnung und graphischen Darstellung des Bode-Diagramms für Systeme mit Totzeiten. Sie ist für eine Totzeit von $T_t = 10$ s zu testen.

Lösung:

Siehe Abb. 6.15.

```
>> bode_tt(10)
```

---

[79] Die Übertragungsfunktion lässt sich mit der M-function *tf*(G,'iodelay',T_t) unter MATLAB darstellen.

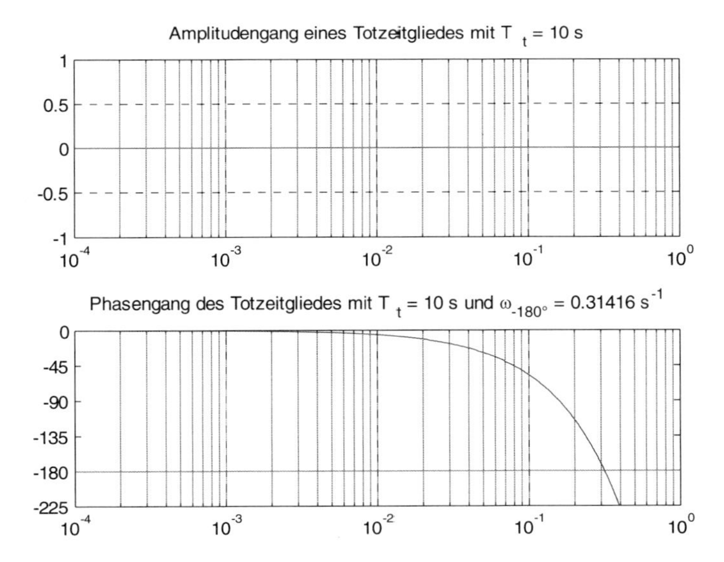

Abb. 6.15 *Bode-Diagramm für ein Totzeitglied mit* bode_tt, *Lösung zum Beispiel 6.28*

```
function bode_tt(Tt)
% Die "function bode_tt" gibt das Bodediagramm für ein
% Totzeitglied aus, sie entspricht dem Beispiel 6.28.

% Frequenz bei der der Phasengang die -180° Linie schneidet
w_180 = pi/Tt;
W = round(log10(10*w_180));
% Maximalfrequenz im Bode-Diagram
wmax= 10^W;
% Minimalfrequenz im Bode-Diagram
wmin = wmax*1e-4;
% Vereinbarung des Winkelvektors
Phi = zeros(1);

% Frequenzenvektor
w = wmin:(wmax/1000):wmax;
% Berechnung der Winkel
for k = 1:length(w)
    phi = 180/pi*w(k)*Tt; Phi(k) = -phi;
end
% Amplitudengang null
L = (zeros(1,length(w)));
% Graphische Darstellung
% 1. Bild von zwei Bildern
subplot(2,1,1)
% log. Achseneinteilung
semilogx(w,L)
% Gitternetz
grid on
% Überschrift zum 1. Bild
title(['Amplitudengang eines Totzeitgliedes mit T_t = ',...
    num2str(Tt),' s'])
```

```
% 2. Bild von zwei Bildern
subplot(2,1,2)
semilogx(w,Phi,[wmin wmax],[-180 -180],'r')
% Festlegen und Setzen des Bereiches der y-Achse
yt = [-225 -180 -135 -90 -45 0];
set(gca,'ytick',yt)
% Übergabe der Nummer des aktuellen Subplots
a = gca;
% Setzen der Grenzwerte der y-Achse im aktuellen Subplot
set(a,'YLim', [-225 0]);
% Gitternetz der x- bzw. Frequenzachse
set(a,'XGrid','on')
% Überschrift zum 2. Bild
title(['Phasengang des Totzeitgliedes mit T_t = ',...
    num2str(Tt), ...
    ' s und \omega_-_1_8_0_° = ',num2str(w_180), ' s^-^1'])
end
% Ende der function bode_tt
```

Beispiel 6.29

Es ist eine function *bode_litt* zu schreiben, die es ermöglicht, in Verbindung mit der M-function *bode* für die Reihenschaltung eines linearen Übertragungsgliedes – ausgeschlossen seien instabile Übertragungsglieder und I_2-Ketten (Maximalwert der Phase –180°) – und eines Totzeitgliedes mit der Totzeit T_t das Bode-Diagramm darzustellen.
Als Beispiel soll das sprungfähige Netzwerk aus Kapitel 5.5 verwendet werden. Es ist mit einem Totzeitglied mit der Totzeit $T_t = 2$ s in Reihe zu schalten.
Das Ergebnis ist mit dem Bode-Diagramm der mit der M-function *tf*(G,'iodelay',2) gebildeten Übertragungsfunktion zu vergleichen.

Lösung:

```
>> G = nw_spf('G');
>> Tt = 2; bode_litt(G,Tt)
```

```
function bode_litt(G,Tt)
% Die "function bode_litt(G,Tt)" gibt das Bode-Diagramm für
% die Reihenschaltung eines linearen Übertragungsgliedes mit
% einem Totzeit-Glied aus.

% Vereinbarungen
k = 1; l = 1; P(k) = 0;
% Frequenz bei der der Phasengang des Totzeitanteils die
% -180° Linie schneidet
w180Tt = pi/Tt;
W = round(log10(100*w180Tt));
% Maximalfrequenz im Bode-Diagram aus dem Totzeitglied
wmaxTt= 10^W;
% Minimalfrequenz im Bode-Diagram aus dem Totzeitglied
wminTt = wmaxTt*1e-5;
% Bestimmung der Pole
po = esort(pole(G));
% Bestimmung der Amplituden, Phasen und Frequenzen mit bode
[~,Phase,wG] = bode(G);
% Maximale Phase des Systems ohne Totzeit
Pha_max = max(Phase(:));
```

```
% Ermittlung der Systemarten
if max(real(po)) > 0
    Fall = 3;   % Instabile Systeme, werden nicht dargestellt!
elseif Pha_max <= -180
    Fall = 2;   % I_2-Ketten, werden nicht dargestellt!
else
    Fall = 1;   % Systeme, von denen das Bode-Diagramm
                % gezeichnet wird.
end
% Bearbeitung der Systemarten
switch Fall
    case 1
        % Berechnung des Frequenzbereiches
        % Maximale Frequenz
        if max(wG) < wmaxTt
            wmax = wmaxTt;
        else
            wmax = max(wG);
        end
        % Minimale Frequenz
        if min(wG) > wminTt
            wmin = wminTt;
        else
            wmin = min(wG);
        end
        % Frequenzvektor für die weiteren Berechnungen
        a = log10(wmin); b = log10(wmax);
        w = logspace(a,b,1000);
        % Amplituden und Phasen aus den oben best. Frequenzen
        [Am,Phase] = bode(G,w);
        for k = 1:length(w)
            phi = 180/pi*w(k)*Tt; P(k)= -phi + Phase(k);
            if and(P(k) <= -180, l == 1)
                % Schnittfrequenz bei -180°
                w_180 = (w(k-1)*(180+P(k))-w(k) ...
                    *(180+P(k-1)))/(P(k)-P(k-1));
                l = l + 1;
            end
        end
        % Graphische Darstellung
        % 1. Bild von zwei Bildern
        subplot(2,1,1)
        semilogx(w,20*log10(Am(:)),[wmin wmax],[0 0],'r')
        % Übergabe der Nummer des aktuellen Subplots
        a = gca;
        % Setzen der Grenzwerte der x-Achse im Subplot
        set(a,'XLim', [wmin wmax]);
        % Gitternetz
        grid on
        % Überschrift zum 1. Bild
        title(['Amplitudengang eines linearen Über'...
            'tragungsgliedes ',...
                'mit T_t = ', num2str(Tt),' s'])
        hold off
        % 2. Bild von zwei Bildern
        subplot(2,1,2)
        semilogx(w,Phase(:),':',w,P,[wmin wmax],...
            [-180 -180],'r'),hold on
        % Festlegen und Setzen des Bereiches der y-Achse
        yt = [-270 -225 -180 -135 -90 -45 0 45 90];
```

```
          set(gca,'ytick',yt)
          % Übergabe der Nummer des aktuellen Subplots
          a = gca;
          % Setzen der Grenzwerte der y-Achse im Subplot
          Phimax = ceil(max(P))+ 45;
          Phasemin = floor(min(Phase));
          if Phasemin < - 225
              set(a,'YLim', [Phasemin Phimax]);
          else
              set(a,'YLim', [-225 Phimax]);
          end
          % Setzen der Grenzwerte der x-Achse im Subplot
          set(a,'XLim', [wmin wmax]);
          % Überschrift zum 2. Bild
          title(['Phasengang des Übertragungsgliedes '...
              'ohne und mit Totzeit. \omega_-_1_8_0_° = ' ...
              ,num2str(w_180,3), ' s^-^1'])
          legend('ohne Totzeit','mit Totzeit','Location','Best')
          % Bezeichnung der x-Achse
          xlabel('Frequenz [s^-^1]')
          hold off
      case 2
          disp(['Das eigegebene System ist eine I_2-Kette,'...
              'es erfolgt keine Bearbeitung!'])
      case 3
          disp(['Das eigegebene System ist instabil, es'...
              ' erfolgt keine Bearbeitung!'])
      otherwise
          disp('Fehler bei der Eingabe!')
end       % Ende Fall
end
% Ende der function bode_litt
```

```
>> [Z,N] = tfdata(G,'v'); Tt = 2;
>> GTt = tf(Z,N,'iodelay',Tt)
Transfer function:
                 0.8 s^2 + 7.2 s + 16
exp(-2*s) * ------------------------
                   s^2 + 10 s + 16
>> bode(GTt)
```

```
>> figure(1), bode(GTt,G)
>> a = gca;
>> set(a,'YLim', [-225 0])
>> set(a,'XLim',[1e-3 1e2])
```

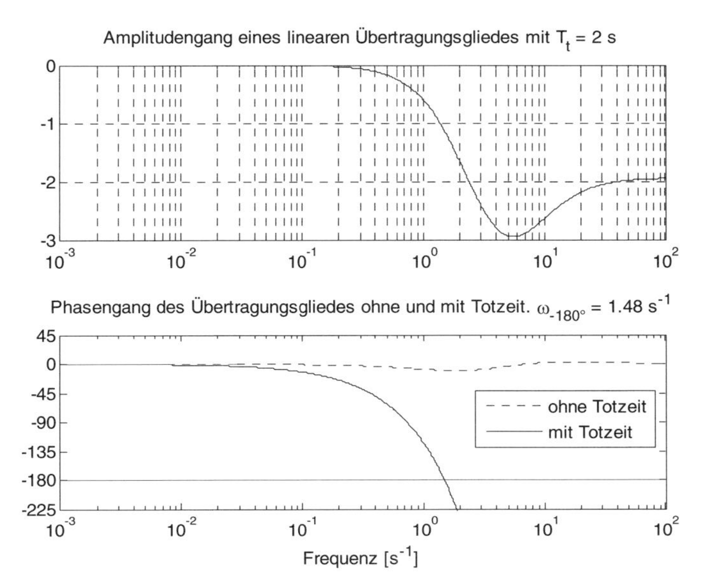

Abb. 6.16 *Lineares, sprungfähiges Übertragungsglied 2. Ordnung mit 2 s Totzeit*

Das Bode-Diagramm für das System $G_{Tt}(s)$ entspricht dem der Abb. 6.16, es ist nur erforderlich, die y-Achse des Phasenganges z. B. auf die Grenzen –225° bis 0° einzustellen, siehe oben, bzw. im *Property Editor: Bode Diagram → Y-Limits → Limits -225 to 0 (Phase).*

6.7 Das Wurzelortverfahren

6.7.1 Einführung

Mit der Übertragungsfunktion der offenen Kette, d. h. der Reihenschaltung von Regelstrecke und Regeleinrichtung:

$$G_o(s) = G_S(s) * G_R(s) \tag{6.111}$$

lässt sich folgender vereinfachter Signalflussplan für den geschlossenen Regelkreis angeben:

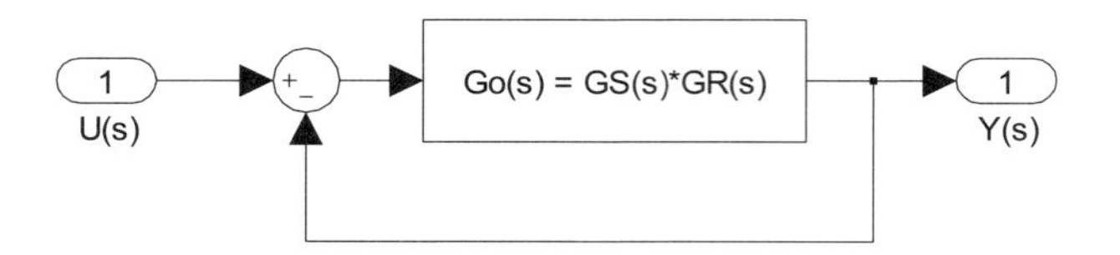

Abb. 6.17 *Signalflussplan des vereinfachten einschleifigen Regelkreises*

Sind $n_1 \ldots n_m$ die Nullstellen und $p_1 \ldots p_n$ die Pole der Übertragungsfunktion $G_o(s)$, so gilt folgende Darstellung in der Pol-Nullstellen-Form:

$$G_o(s) = K\frac{(s-n_1)\ldots(s-n_m)}{(s-p_1)\ldots(s-p_n)} = K\frac{\prod_{j=1}^{m}(s-n_j)}{\prod_{i=1}^{n}(s-p_i)} \tag{6.112}$$

Der Verstärkungsfaktor K darf nicht mit der stationären Verstärkung V eines Systems verwechselt werden, siehe dazu (6.59).

Es besteht folgender Zusammenhang zwischen den Koeffizienten der Übertragungsfunktion und der stationären Verstärkung:

$$G_o(s) = \frac{b_m\,s^m + \cdots + b_1\,s + b_0}{s^n + \cdots + a_1\,s + a_0} = V\frac{\frac{b_m}{|b_0|}s^m + \cdots + \frac{b_1}{|b_0|}s + 1}{\frac{1}{|a_0|}s^n + \cdots + \frac{a_1}{|a_0|}s + 1} = \frac{Z_o(s)}{N_o(s)} \tag{6.113}$$

mit der stationären Verstärkung:

$$V = \left|\frac{b_0}{a_0}\right| \tag{6.114}$$

Die Berechnung von V mit der M-function *dcgain* ist in Kapitel 8.2 behandelt. Für $s \to 0$ geht die Übertragungsfunktion der offenen Kette in die stationäre Verstärkung über:

$$G_o(0) = V \tag{6.115}$$

V ist der Betrag des stationären Wertes der Ausgangsgröße nach einem Einheitssprung am Eingang. Folgende Beziehung leitet sich aus Gleichung (6.112) zwischen der stationären Verstärkung V und dem Verstärkungsfaktor K für $s \to 0$ ab:

$$G_o(0) = K\frac{\prod_{j=1}^{m}(-n_j)}{\prod_{i=1}^{n}(-p_i)} = V \tag{6.116}$$

Die Übertragungsfunktion des geschlossenen Kreises für Führungsverhalten, entsprechend Abb. 6.17, ergibt sich zu:

$$G_w(s) = \frac{Y(s)}{U(s)} = \frac{G_o(s)}{1 + G_o(s)} = \frac{Z_o}{N_o + Z_o} \tag{6.117}$$

Mit den Gleichungen (6.112) und (6.113) lässt sich die Gleichung (6.117) als gebrochene rationale Funktion mit je einem Zählerpolynom und einem Nennerpolynom darstellen:

$$G_w(s) = \frac{K\prod_{j=1}^{m}(s - n_j)}{\prod_{i=1}^{n}(s - p_i) + K\prod_{j=1}^{m}(s - n_j)} \tag{6.118}$$

Das dynamische Verhalten des Regelkreises wird wesentlich durch die Lage der Wurzeln des Nenners – Pole – von Gleichung (6.118) bestimmt. Die Pole sind die Lösungen der charakteristischen Gleichung des geschlossenen Kreises:

$$\prod_{i=1}^{n}(s - p_i) + K\prod_{j=1}^{m}(s - n_j) = 0 \tag{6.119}$$

bzw. mit Gleichung (6.117):

$$1 + G_o(s) = 1 + K\frac{\prod_{j=1}^{m}(s - n_j)}{\prod_{i=1}^{n}(s - p_i)} = 0 \tag{6.120}$$

Nach einigen Umformungen ergibt sich aus Gleichung (6.120) folgender Zusammenhang:

$$G_o(s) = K\frac{\prod_{j=1}^{m}(s - n_j)}{\prod_{i=1}^{n}(s - p_i)} = -1 \tag{6.121}$$

Aus der Gleichung (6.119) ist zu erkennen, dass für einen Verstärkungsfaktor $K = 0$ die Lösungen der charakteristischen Gleichung des geschlossenen Kreises mit den Polen der offenen Kette übereinstimmen. Wird dagegen Gleichung (6.119) mit $1/K$ erweitert und wächst $K \to \infty$:

$$\frac{1}{K}\prod_{i=1}^{n}(s - p_i) + \prod_{j=1}^{m}(s - n_j) = 0 \tag{6.122}$$

so ist zu erkennen, dass die Lösungen den Nullstellen der offenen Kette entsprechen:

> *Die Pole des geschlossenen Systems wandern für einen veränderlichen Verstärkungsfaktor K auf Kurven, den so genannten Wurzelortskurven, die für* $K = 0$ *in den n Polen* p_i *des offenen Systems beginnen und für* $K \to \infty$ *in den dazugehörenden m endlichen Nullstellen* n_j *sowie den* $(n - m)$ *Nullstellen im Unendlichen enden.*

Jeder Punkt der Wurzelortskurve entspricht einem Pol des geschlossenen Systems für einen bestimmten Verstärkungsfaktor K. Diese Punkte $s = P_{wok}(Re,Im)$ müssen die Gleichung (6.121) erfüllen. Sie lässt sich in ihren Betrag, den Verstärkungsfaktor K, welcher ein Produkt der Verstärkungsfaktoren der Strecke K_S und des Reglers K_R ist:

$$\left|G_o(s)\right| = 1 \quad \Rightarrow \quad K = \frac{\prod_{i=1}^{n}\left|\left(P_{wok} - p_i\right)\right|}{\prod_{j=1}^{m}\left|\left(P_{wok} - n_j\right)\right|} = K_S\, K_R \tag{6.123}$$

und in ihre Phase:

$$\sum_{j=1}^{m}\varphi_{Nj} - \sum_{i=1}^{n}\varphi_{Pi} = \pm(2k-1)180° \qquad k = 1,2,3,\ldots \tag{6.124}$$

zerlegen. In der Gleichung (6.124) bedeuten:

φ_{Nj}:	Winkel zwischen der reellen Achse und dem von der j-ten Nullstelle zum betrachteten Punkt der Wurzelortskurve gezogenen Zeiger.
φ_{Pi}:	Winkel zwischen der reellen Achse und dem von dem i-ten Pol zum betrachteten Punkt der Wurzelortskurve gezogenen Zeiger.

Die Wurzelortskurve hat soviel Äste wie die Übertragungsfunktion der offenen Kette Pole besitzt. Für den üblichen Fall, dass es weniger Nullstellen im *Endlichen* als Pole gibt, d. h. $m < n$ gilt, enden $r = n - m$ Äste im *Unendlichen.*

6.7.2 Die Methode der Wurzelortskurve nach Evans

Die Methode zur Bestimmung des Wanderns der Pole des geschlossenen Systems auf so genannten Wurzelortskurven in Abhängigkeit eines veränderlichen Parameters wurde 1948 von W. R. Evans[80] [Evans-1948] angegeben. Neben der Ermittlung des Stabilitätsverhaltens eines Systems, ist es gleichzeitig eine wichtige Grundlage für den Entwurf von Regeleinrichtungen auf der Basis des Pol-Nullstellen-Bildes.

Mit dem Wurzelortverfahren ist es möglich, die Pole des geschlossenen Kreises in Abhängigkeit eines veränderlichen Parameters aus den Polen und Nullstellen der offenen Kette mit relativ leicht handhabbaren Regeln graphisch-rechnerisch zu bestimmen.

Die M-functions *rlocus* und *rlocfind* haben die Methode von Evans zur Grundlage.

---

[80] Evans, Walter R. *15.1.1920 Sant Louis, Missouri (USA) †10.7.1999 Whittier, California (USA), electrical engineer – automatic control.

Die Wurzelortskurve mit den M-functions rlocus und rlocfind

Eigenschaft von *rlocus*:
Berechnet die Wurzelortskurve eines Systems und stellt sie graphisch dar.
Syntax:

rlocus(System,K)
[P,K] = rlocus(System)

Beschreibung:
System kann eine Übertragungsfunktion oder ein Zustandsmodell eines offenen Systems sein.
Bei der Eingabe von „rlocus(System)“ wird die Wurzelortskurve gezeichnet.
Mit „[P,K] = rlocus(System)“ wird die Matrix P mit n Zeilen ausgegeben, wenn n der Grad des Nenners der Übertragungsfunktion ist, d. h. entsprechend der Anzahl der Pole. Jedes Element einer Zeile der Matrix P gibt für einen bestimmten Verstärkungsfaktor K die Position der n Pole des geschlossenen Kreises in der komplexen Zahlenebene an.
Wird der Verstärkungsfaktor K als Skalar oder als Zeilenvektor vorgegeben, dann werden die dazugehörenden Pole mit „rlocus(System,K)“ dargestellt und mit „[P,K] = rlocus(System)“ ausgegeben.
Als Zustandsmodelle sind nur Eingrößensysteme zugelassen.

Eigenschaft von *rlocfind*:
Berechnet den zu einem vorgegebenen Wurzelort – Pol – gehörenden Verstärkungsfaktor K und alle dazugehörenden Pole *Po*.
Syntax:

[K,Po] = rlocfind(System)

Beschreibung:
System kann eine Übertragungsfunktion oder ein Zustandsmodell eines offenen Systems sein.
Es wird die mit „rlocus(System)“ gezeichnete Wurzelortskurve vorausgesetzt. Bei der Eingabe von „[K,Po] = rlocfind(System)“ blendet die 'Figure' mit der Wurzelortskurve auf, um mit der Maus die gewünschte Stelle der Wurzelortskurve markieren zu können. In der Wurzelortskurve werden die zu dem markierten Pol korrespondierenden Pole eingetragen und im Command Window die Pollagen und die dazugehörende Verstärkungsfaktoren an die Variablen K und *Po* übergeben.

Zum Verständnis der beiden Funktionen werden nachfolgend die Regeln in Form von Merksätzen und Beispielen behandelt.

Grundlegende Regeln des Wurzelortsverfahrens

Regel 1:	Die Darstellung erfolgt in der komplexen oder *Gauß'schen* Zahlenebene. Eingetragen werden von der Übertragungsfunktion der offenen Kette ihre durch ein Kreuz × gekennzeichneten Pole und ihre durch einen Kreis ○ gekennzeichneten Nullstellen.
Regel 2:	Wenn n die Anzahl der Pole und m die Anzahl der endlichen Nullstellen der offenen Kette ist, dann enden $n - m$ Äste der Wurzelortskurve im *Unendlichen.*
Regel 3:	Die Wurzelortskurvenäste des geschlossenen Regelkreises beginnen für $K = 0$ in den Polen der offenen Kette und enden für $K \to \infty$ in den *endlichen* Nullstellen bzw. im *Unendlichen.*
Regel 4:	Die Wurzelortskurve ist symmetrisch zur reellen Achse der komplexen Zahlenebene.
Regel 5:	Der Teil der reellen Achse ist ein Wurzelort, wenn auf dessen rechter Seite die Summe der Pole und Nullstellen eine *ungerade* Zahl ist.

Beispiel 6.30

Auf die nachfolgend gegebene Übertragungsfunktion einer offenen Kette:

$$G_o(s) = \frac{(s+1)}{(s+2)(s+3)(s+4)}$$

sind die Regeln 1 bis 5 anzuwenden.

Lösung:

```
              Lösungen zum Beispiel 6.30
Die Übertragungsfunktion lautet:
Go(s) =
Zero/pole/gain:
   (s+1)
-----------------
(s+2) (s+3) (s+4)
Der Grad des Zählers beträgt m = 1 und der des Nenners n = 3!
Die Nullstelle liegt bei n1 = -1!
Die Pole liegen bei p1 = -2; p2 = -3 und p3 = -4
```

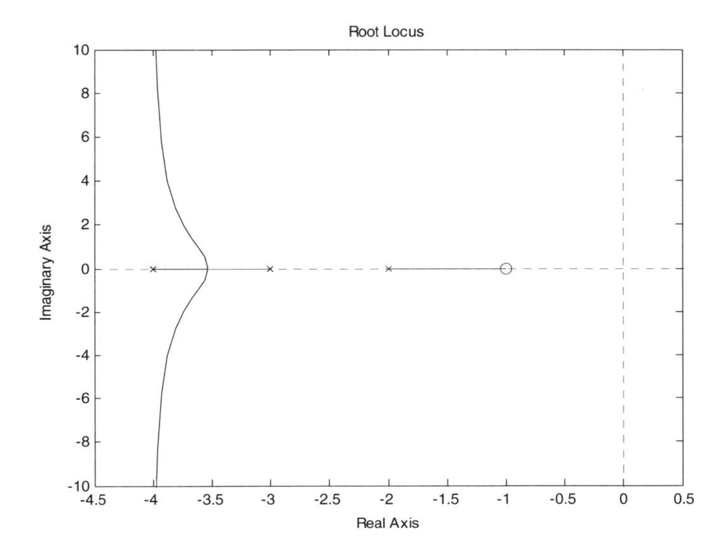

Abb. 6.18 *Wurzelortskurve zu den Regeln 1 bis 5, Beispiel 6.30*

```
% Beispiel 6.30
disp('              ')
disp('                      Lösungen zum Beispiel 6.30')
% Die Übertragungsfunktion in Pol-Nullstellen-Form
disp('Die Übertragungsfunktion lautet:')
Go = zpk(-1,[-2 -3 -4],1);
fprintf('Go(s) ='), eval('Go')
% Pole und Nullstellen
[Nu,Po] = zpkdata(Go,'v');
% Grad des Nenner n
n = length(Po);
% Grad des Zählers m
m = length(Nu);
fprintf('Der Grad des Zählers beträgt m = %1.0d', m)
fprintf(' und der des Nenners n = %1.0d!\n',n)
% Die Nullstelle
n1 = Nu;
fprintf('Die Nullstelle liegt bei n1 = %1.0d!\n',n1)
% Die Pole
p1 = Po(1); p2 = Po(2); p3 = Po(3);
fprintf(['Die Pole liegen bei p1 = %1.0d; '...
    'p2 = %1.0d und p3 = %1.0d!\n'],p1, p2, p3)
% Die Wurzelortskurve
rlocus(Go)
% Ende des Beispiels 6.30
```

zu Regel 1: Die Pole $p_1 = -2$; $p_2 = -3$ und $p_3 = -4$ sind durch Kreuze × und die Nullstelle $n_1 = -1$ ist durch einen Kreis o in der Zahlenebene zu kennzeichnen.

zu Regel 2: Die Wurzelortskurve hat drei Äste, davon enden $r = n - m = 2$ Äste im *Unendlichen*. Der *dritte* Ast endet in der einen Nullstelle $n_1 = -1$.

zu Regel 3: Die drei Äste der Wurzelortskurve beginnen für $K = 0$ in den drei Polen $p_1 = -2$; $p_2 = -3$ und $p_3 = -4$. Ein Ast endet in der Nullstelle $n_1 = -1$, die restlichen zwei gehen gegen *unendlich*.

zu Regel 4: Symmetrie zur reellen Achse liegt vor, da die aus den Polen $p_2 = -3$ und $p_3 = -4$ austretenden Äste, nachdem sie bei ca. –3,5 aufeinander gestoßen sind, die reelle Achse verlassen und nach $\pm j\infty$ streben.

zu Regel 5: Folgende Teile der reellen Achse sind Teile der Wurzelortskurve: zwischen dem Pol $p_1 = -2$ und der Nullstelle $n_1 = -1$, da rechts vom Pol $p_1 = -2$ die Nullstelle $n_1 = -1$ liegt, zwischen den Polen $p_3 = -4$ und
$p_2 = -3$, da rechts vom Pol $p_3 = -4$ die Pole p_2 und p_1 sowie die Nullstelle n_1 liegen, und somit in beiden Fällen die Summe der rechts liegenden Pole und Nullstellen eine ungerade Zahl ergibt.

Regel 6:	Ist die Übertragungsfunktion der offenen Kette *negativ*, was einer Mitkopplung entspricht, so ist der Teil der reellen Achse ein Wurzelort, auf dessen rechter Seite die Summe der Pole und Nullstellen eine *gerade* Zahl ergibt. Die Zahl Null ist dabei als eine *gerade* Zahl zu werten.

Beispiel 6.31

Für den Verstärkungsfaktor, der in Beispiel 6.30 gegebenen Übertragungsfunktion, soll $K = -1$ gelten. Mit der M-function *rlocus* ist die Wurzelortskurve zu zeichnen und mit *axis*([*Re_min Re_max Im_min Im_max*]) ist ein übersichtlicher Ausschnitt darzustellen.

Lösung:

```
   Lösungen zum Beispiel 6.31
 Die Übertragungsfunktion lautet:
                                        - (s+1)
                                    -----------------
 G0(s) =                            (s+2) (s+3) (s+4)
 Zero/pole/gain:
```

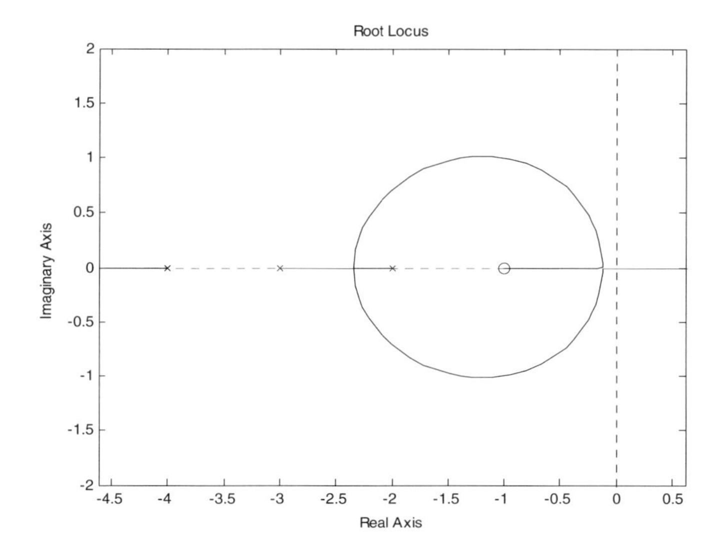

Abb. 6.19 *Wurzelortskurve zur Regel 6, Beispiel 6.31, Mitkopplung*

```
% Beispiel 6.31
disp('          ')
disp('                  Lösungen zum Beispiel 6.31')
% Die Übertragungsfunktion in Pol-Nullstellen-Form
disp('Die Übertragungsfunktion lautet:')
fprintf('G0(s) =')
G0 = zpk(-1,[-2 -3 -4],-1);
eval('G0')
rlocus(G0)
axis([-4.5 0.5 -2 2])
axis equal
% Ende des Beispiels 6.31
```

zu Regel 6: Es sind die Bereiche der reellen Achse Teile der Wurzelortskurve, die es im Beispiel 6.30 nicht sind. Die aus den Polen $p_1 = -2$; $p_2 = -3$ austretenden Äste treffen aufeinander, heben in jeweils entgegengesetzter Richtung zum imaginären Bereich ab und kommen in einem Bogen zur reellen Achse zurück. Ein Zweig endet in der Nullstelle $n_1 = -1$, der zweite wendet sich nach rechts entlang der reellen Achse $\rightarrow +\infty$. Der dritte Ast verläuft aus $p_3 = -4$ kommend ebenfalls auf der reellen Achse, aber $\rightarrow -\infty$.

Regel 7:	Die Asymptoten der $(n-m)$ gegen *unendlich* strebenden Äste der Wurzelortskurve sind $(n-m)$ Geraden, die sich in dem *Wurzelschwerpunkt* s_W auf der reellen Achse schneiden: $s_w = \frac{1}{n-m}\left(\sum_{i=1}^{n} p_i - \sum_{j=1}^{m} n_j\right)$ Die zu diesen Asymptoten gehörenden Neigungswinkel gegen die reelle Achse betragen bei einer Gegenkopplung: $\gamma_k = \frac{(2k-1)180°}{n-m} \qquad k = 1,2,3,\ldots,(n-m)$ und bei einer Mitkopplung: $\gamma_k = \frac{k\,360°}{n-m}$
Regel 8:	Aus einem *ρ-fachen* Pol (in eine *ρ-fache* Nullstelle) der Übertragungsfunktion der offenen Kette laufen ρ Äste der Wurzelortskurve unter den Winkeln: $\varphi_k = \frac{1}{\rho}\left[(a_P - a_N - 1)180° + k\,360°\right] \qquad k = 1,2,3,\ldots,\rho$ heraus (hinein). Es bedeuten: a_P = Anzahl der rechts von dem betrachteten Pol (der betrachteten Nullstelle) liegenden Pole. a_N = Anzahl der rechts von dem betrachteten Pol (der betrachteten Nullstelle) liegenden Nullstellen.
Regel 9:	Aus einem *ρ-fachen* Pol (in eine *ρ-fache* Nullstelle) eines konjugiertkomplexen Paares der Übertragungsfunktion der offenen Kette laufen ρ Äste der Wurzelortskurve unter den Winkeln: $\varphi_k = \frac{1}{\rho}\left[\sum_{k=1}^{m} \varphi_{Nk} - \sum_{l=1}^{n} \varphi_l - 180° + k\,360°\right] \qquad k = 1,2,3,\ldots,\rho$ heraus (hinein). Es bedeuten: φ_l = Winkel zwischen der reellen Achse und den Vektoren, die die Pole und Nullstellen mit dem *ρ-fachen* Pol verbinden. φ_{Nk} = Winkel zwischen der reellen Achse und den Vektoren, die die Pole und Nullstellen mit der *ρ-fachen* Nullstelle verbinden.
Regel 10:	Wenn die Übertragungsfunktion der offenen Kette mindestens zwei Pole mehr als Nullstellen aufweist, dann ist die Summe der Realteile aller Wurzelorte $s(K)$ für jeden Wert des Verstärkungsfaktors K konstant: $\sum_{i=1}^{n} \Re e(p_i) = konstant$ für $n-m \geq 2$
Regel 11:	Wenn die Übertragungsfunktion der offenen Kette einen Pol $p = 0$ besitzt, dann ist das Produkt der Pole des geschlossenen Kreises proportional dem Verstärkungsfaktor K: $\prod_{i=1}^{n} p_{gi} = c\,K$
Regel 12:	Ein Punkt v_w auf einem reellen Teil der Wurzelortskurve ist ein Verzweigungspunkt dieser Wurzelortskurve, wenn nachfolgende Beziehung gilt: $\left.\frac{dG_o(s)}{ds}\right\|_{s=v_w} = 0$

Eine weitere, recht nützliche Beziehung bei der Anwendung des Wurzelortsverfahrens ist die Möglichkeit den zu einem Punkt P_{wok} der Wurzelortskurve gehörenden Verstärkungsfaktor K mit Hilfe der Gleichung (6.125) zu berechnen:

$$K = \frac{\prod_{i=1}^{n} \left|\left(P_{wok} - p_i\right)\right|}{\prod_{j=1}^{m} \left|\left(P_{wok} - n_j\right)\right|} \tag{6.125}$$

Für den Fall, dass keine Nullstellen im *Endlichen* existieren, wird der Zähler von Gleichung (6.112) zu eins, woraus folgt, dass somit der Nenner von Gleichung (6.125) gleich eins wird und sich der Verstärkungsfaktor wie folgt berechnet:

$$K = \prod_{i=1}^{n} \left|\left(P_{wok} - p_i\right)\right| \tag{6.126}$$

Beispiel 6.32
Im Zusammenhang mit der nachfolgend gegebenen Übertragungsfunktion einer offenen Kette:

$$G_o(s) = \frac{(s+0,75)}{s(s+1)^2(s+2)}$$

sind nachfolgende Aufgaben zu lösen bzw. Berechnungen durchzuführen:
1. Lage der Pole und der Nullstelle.
2. Ordnung des Zähler- und Nennerpolynoms.
3. Schnittpunkt s_w der Asymptoten auf der reellen Achse nach Regel 7.
4. Neigungswinkel der Asymptoten.
5. Lage des Schnittpunktes der Asymptote mit der imaginären Achse.
6. Winkel der aus den Polen austretenden Äste und Winkel des in die Nullstelle eintretenden Wurzelortskurvenastes nach Regel 8.
7. Ermitteln der Kritischen Verstärkung mit Hilfe der Regel 10 – Summe der Realteile der Pole – und mit Hilfe der Gleichung (6.125).
8. Proportionalitätsfaktor nach Regel 11.
9. Lage des Abhebepunktes v_w der Wurzelortskurve von der reellen Achse nach Regel 12.

Lösung:

```
            Lösungen zum Beispiel 6.32
Die ÜTF der offenen Kette
Go(s) =
Zero/pole/gain:
  (s+0.75)
---------------
s (s+1)^2 (s+2)
zu 1)
Die Pole liegen bei p1 = 0, p2/3 = -1, p4 = -2!
```

und die Nullstelle liegt bei n1 = -0.75!
zu 2)
Der Grad des Nenners beträgt n = 4 und der des Zählers m = 1!
zu 3)
Der Schnittpunkt auf der reellen Achse liegt bei sw = -1.0833!
Die Asymptoten schneiden sich im Wurzelschwerpunkt (-1.0833;0j)!
zu 4)
Die Neigungswinkel der Asymptoten liegen bei:
gamma1 = 60°, gamma2 = 180°, gamma3 = 300°!
zu 5)
Der Schnittpunkt der Asymptote mit der imaginären Achse
liegt im Punkt (0;1.8764j)!
zu 6)
Die Winkel der die Pole verlassenden Äste betragen:
phi(p1) = 180°, phi(p2) = 90°, phi(p3) = 270°, phi(p4) = 180°
Der Winkel des in die Nullstelle eintretenden Astes beträgt:
phi(n1) = 0°
zu 7)
Da die Anzahl der Pole um drei größer ist, als die Anzahl der
Nullstellen, gilt Regel 10!
Die Summe der Realteile aller Wurzelorte beträgt SRe = -4.0
Es wird angenommen, dass der 4. Pol bei pw4 = -3.25 liegt!
Der Verstärkungsfaktor für den 4. Pol beträgt K = 8.2266!
Das Nennerpolynom von Gw:
Nwkr =

```
 4      3      2                    (3 Kkrs)
s  + 4 s  + 5 s  + (Kkrs + 2) s + ---------
                                       4
```

Die kritische Verstärkung beträgt Kkr = 8.3246!
Die Pole für die kritische Verstärkung betragen:
Powkr = -0.0000 +1.6066 i; Powkr = -0.0000 –1.6066 i
Powkr = -0.7426; Powkr = -3.2574
zu 8)
Der Proportionalitätsfaktor nach Regel 11 beträgt ckr = 0.75!
zu 9)
Der Abhebepunkt liegt bei vw = -0.5!

Bemerkungen zur Lösung von 7.:
Für jede Verstärkung ergibt die Summe der Realteile der Pole des geschlossenen Systems –4. Für den kritischen Fall beträgt folglich die Summe der beiden Pole, die ausschließlich auf der reellen Achse wandern, $p_{w3} + p_{w4} = -4$. Somit ist eine relativ genaue Bestimmung dieser beiden Pole möglich. Der Pol p_{w3} muss vor –0,75 liegen, denn diesen Wert erreicht p_{w3} erst für $K \to \infty$. Somit wird $p_{w4} \approx -3{,}25$ angenommen, da er auf eine Änderung des Verstärkungskoeffizienten viel unempfindlicher reagiert als der Pol p_{w3}.

Für diesen angenäherten Wert berechnet sich der Verstärkungsfaktor an der Stelle p_{w4} mit Hilfe der Gleichung (6.125):

$$K\big|_{p_{w4}=-3,25} = \frac{|p_{w4}-p_1||p_{w4}-p_2||p_{w4}-p_3||p_{w4}-p_4|}{|p_{w4}-n_1|} = 8,2266$$

Der exakte Wert ergibt sich mit Hilfe des Hurwitz[81]-Kriteriums – siehe Kapitel 8.4, angewendet für den Fall, dass mindestens eine Lösung der charakteristischen Gleichung (6.119) des geschlossenen Kreises auf der imaginären Achse liegt:

$$\begin{aligned}\prod_{i=1}^{4}(s-p_i)+K_{kr}(s-n_1) &= s^4+4s^3+5s^2+(2+K_{kr})s+0,75\,K_{kr}\\ &= s^4+a_3\,s^3+a_2\,s^2+a_{1kr}\,s+a_{0kr}\\ &= 0\end{aligned}$$

Aus o. a. Gleichung ergibt sich folgende Hurwitz-Determinante:

$$H_{4kr} = \begin{vmatrix} a_{1kr} & a_3 & 0 & 0\\ a_{0kr} & a_2 & 1 & 0\\ 0 & a_{1kr} & a_3 & 0\\ 0 & a_{0kr} & a_2 & 1\end{vmatrix} = a_{1kr}a_2a_3 - a_{0kr}a_3^2 - a_{1kr}^2 = 0$$

$$H_{4kr} = -K_{kr}^2 + 4K_{kr} + 36 = 0$$

Von den beiden Lösungen der quadratischen Gleichung gilt der positive Wert:

```
        Lösung zur Teilaufgabe 7 des Beispiels 6.32
     Hurwitzdeterminante
     H4 =
     [ a1kr,  a3,  0, 0]
     [ a0kr,  a2,  1, 0]
     [    0, a1kr, a3, 0]
     [    0, a0kr, a2, 1]


     Charakteristische Gleichung
     D =
     - a1kr^2 + a2*a1kr*a3 - a0kr*a3^2
     Die kritische Verstärkung beträgt Kkr = 8.3246!
```

```
% Beispiel 6.32
disp('                 ')
disp('                          Lösungen zum Beispiel 6.32')
% Vereinbarungen
k = 1;
gamma(k) = 0;
phi(k)= 0;
% Die ÜTF in Pol-Nullstellen-Form
disp('Die ÜTF der offenen Kette')
```

[81] Hurwitz, Adolf *26.3.1859 Hildesheim †18.11.1919 Zürich, Mathematiker

```
fprintf('Go(s) =')
Go = zpk(-0.75,[0 -1 -1 -2],1); eval('Go')
disp('zu 1)')
[Nu,Po,K] = zpkdata(G0,'v');
Po = Po';
fprintf(['Die Pole liegen bei p1 = %1d, p2/3 = % 1.0d, '...
    'p4 = % 1.0d!\n'],Po(1),Po(2), Po(4))
fprintf('und die Nullstelle liegt bei n1 = %1.2f!\n', Nu(1))
disp('zu 2)')
n = length(Po);  % Grad des Nenner n
m = length(Nu);  % Grad des Zählers m
fprintf('Der Grad des Nenners beträgt n = %1.0d', n)
fprintf(' und der des Zählers m = % 1.0d!\n', m)
disp('zu 3)')
sw = 1/(n-m)*(sum(Po)-sum(Nu));
fprintf(['Der Schnittpunkt auf der reellen Achse liegt '...
    'bei sw = %1.4f!\n'],sw)
fprintf(['Die Asymptoten schneiden sich im '...
    'Wurzelschwerpunkt (%1.4f;0j)!\n'],sw)
disp('zu 4)')
for k = 1:(n-m)
    gamma(k)=(2*k-1)*180/(n-m);
end
disp(    'Die Neigungswinkel der Asymptoten liegen bei:')
fprintf(' gamma1 =  %1d°\n',gamma(1))
fprintf(' gamma2 = %1d°\n gamma3 = %1d°!\n',...
    gamma(2), gamma(3))
disp('zu 5)')
sim = abs(sw)*tan(gamma(1)*pi/180);
disp(['Der Schnittpunkt der Asymptote mit der '...
    'imaginären Achse'])
fprintf('liegt im Punkt (0;%1.4fj)!\n', sim)
disp('zu 6)')
aP = [0 1 1 3 1]; aN = [0 1 1 1 0]; rho = [1 2 2 1 1];
k = [1 1 2 1 1];
    for l = 1:length(rho)
        phi(l) = 1/rho(l)*((aP(l)-aN(l) - 1)*180+k(l)*360);
        if phi(l) >= 360
            n = fix(phi(l)/360); phi(l) = phi(l)-n*360;
        end
    end
disp('Die Winkel der die Pole verlassenden Äste betragen:')
fprintf('phi(p1) = %1d°, phi(p2) = %1d°,', phi(1), phi(2))
fprintf(' phi(p3) = %1d°, phi(p4) = %1d°\n',phi(3),phi(4))
disp(['Der Winkel des in die Nullstelle eintretenden '...
    'Astes beträgt:'])
fprintf('phi(n1) = %1d°\n', phi(5))
disp('zu 7)')
disp(['Da die Anzahl der Pole um drei größer ist, als '...
    'die Anzahl der'])
disp('Nullstellen, gilt Regel 10!')
fprintf(['Die Summe der Realteile aller Wurzelorte '...
    'beträgt SRe = %1.1f\n'],sum(real(Po)))
pw4 = -3.25;
fprintf(['Es wird angenommen, dass der 4. Pol bei pw4 '...
    '= %1.2f liegt!\n'],pw4)
Kpw4 = abs(pw4-Po(1))*abs(pw4-Po(2))*abs(pw4-Po(3))...
    *abs(pw4-Po(4))/abs(pw4-Nu);
fprintf(['Der Verstärkungsfaktor für den 4. Pol beträgt '...
    'K =  %1.4f!\n'],Kpw4)
```

```
[Z0,N0] = tfdata(G0,'v');    % G0 in symbolischer Form
syms s Kkrs
Z0s = poly2sym(Z0,s);
N0s = poly2sym(N0,s);
disp('Das Nennerpolynom von Gw:')
disp('Nwkr =')
Nwkrs = collect(Kkrs*Z0s+N0s);
pretty(Nwkrs)
% s^4+4*s^3+5*s^2+(Kkrs+2)*s+3/4*Kkrs
fprintf('\n')
a0kr = subs(Nwkrs,'s',0);
a1kr = (Kkrs+2); a2 = 5; a3 = 4;
detHkr = det([a1kr a3 0 0;a0kr a2 1 0;0 a1kr a3 0;...
    0 a0kr a2 1]);
Kkrs = solve(detHkr,Kkrs);
Kkr = double(Kkrs(2));
fprintf(['Die kritische Verstärkung beträgt '...
    'Kkr =  %1.4f!\n'],Kkr)
Nwkr = sym2poly(subs(Nwkrs,'Kkrs',Kkr));
disp('Die Pole für die kritische Verstärkung betragen:')
Powkr = esort(roots(Nwkr));
fprintf(' Powkr = %1.4f %+1.4f i\n',...
    real(Powkr(1)), imag(Powkr(1)))
fprintf(' Powkr = %1.4f %+1.4f i\n',...
    real(Powkr(2)), imag(Powkr(2)))
fprintf(' Powkr = %1.4f \n', Powkr(3))
fprintf(' Powkr = %1.4f \n', Powkr(4))
disp('zu 8)')
ckr = abs(prod(Powkr))/Kkr;
fprintf(['Der Proportionalitätsfaktor nach Regel 11 '...
    'beträgt ckr = %1.2f!\n'],ckr)
disp('zu 9)')
dG0s = diff(Z0s/N0s,s); ZdG0s = numden(dG0s);
vws = roots(sym2poly(ZdG0s));
vw = double(vws(2));
fprintf('Der Abhebepunkt liegt bei vw = %1.1f!\n',vw)
% Ende des Beispiels 6.32

% Beispiel 6.32, Teilaufgabe 7 - kritische Verstärkung
disp('            ')
disp('       Lösung zur Teilaufgabe 7 des Beispiels 6.32')
% Symbolische Variable
syms a0kr a1kr a2 a3 Kr
disp(' Hurwitzdeterminante')
H4 = [a1kr a3 0 0;a0kr a2 1 0;0 a1kr a3 0;0 a0kr a2 1];
eval('H4 = H4')
disp(' Charakteristische Gleichung')
D = det(H4); eval('D = D')
% Ersetzen der vereinfachten Variablen
a0kr = 0.75*Kr; a1kr = 2 + Kr; a2 = 5; a3 = 4;
Dkr = subs(D); K = solve(Dkr); Kd = double(K);
for k = 1:2
   if (Kd(k))> 0
       Kkr = Kd(k);
   end
end
fprintf([' Die kritische Verstärkung beträgt Kkr = '...
    '%1.4f!\n'],Kkr)
% Ende Beispiel 6.32, Teilaufgabe 7 - kritische Verstärkung
```

6.7.3 Die Wurzelortskurve mit der M-function rltool

Eigenschaft von *rltool*:
Die M-function *rltool* öffnet ein Tool zum interaktiven graphischen Entwurf der Regeleinrichtung für ein Eingrößensystem auf der Grundlage der Wurzelortskurve der vorgegebenen Regelstrecke.
Syntax:

rltool(System)

Beschreibung:
System ist eine Übertragungsfunktion oder ein Zustandsmodell. Es muss mit den M-functions *tf, zpk* oder *ss* gebildet worden sein. Als Zustandsmodelle sind nur Eingrößensysteme zugelassen.

Beispiel 6.33
Gesucht ist die Wurzelortskurve zum Beispiel 6.32 mit der M-function *rltool.*

Lösung:

```
>> Go = zpk(-0.75,[0 -1 -1 -2],1); rltool(Go)
```

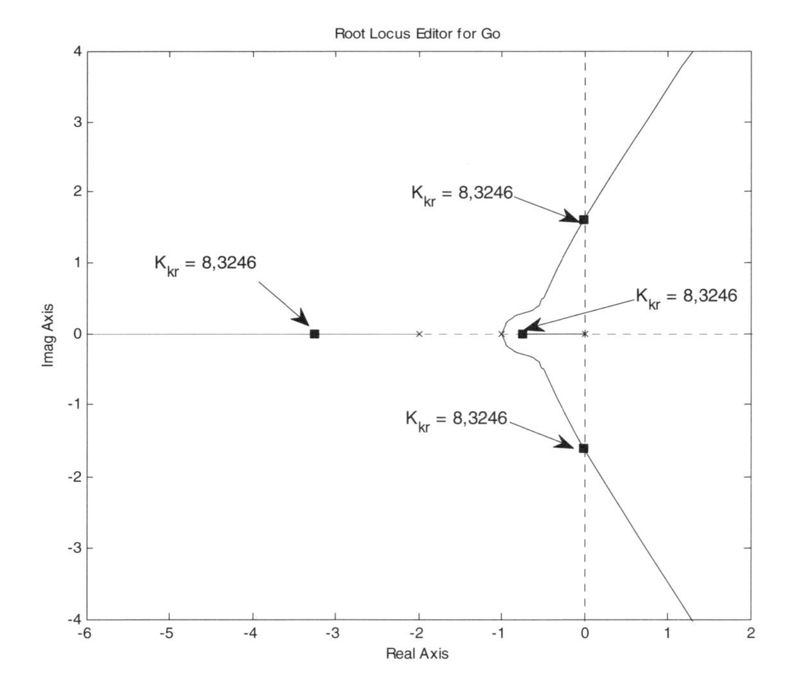

Abb. 6.20 *Wurzelortskurve der Beispiele 6.32 und 6.33, mit den Polen an der Stabilitätsgrenze für* $K_{kr} = 8{,}3246$

6.7.4 Das Wurzelortverfahren für beliebige Parameter

Im vorhergehenden Abschnitt wurde davon ausgegangen, dass die Wurzelortskurve den Verlauf der Pole des geschlossenen Systems für einen veränderlichen Verstärkungsfaktor beschreibt. Das Verfahren berechnet aber für jeden beliebigen Parameter, z. B. für die Nachstellzeit des *PI*-Reglers einer offenen Kette, den gesuchten Verlauf. Für diesen Fall lässt sich die Gleichung (6.112) wie folgt umformen:

$$G_o(s) = K_o \frac{\prod_{j=1}^{m}(s-n_j)}{\prod_{i=1}^{n}(s-p_i)} = \frac{K_0 \prod_{j=2}^{m}(s-n_j) + K_o s - K_o n_1}{\prod_{i=1}^{n}(s-p_i)} \tag{6.127}$$

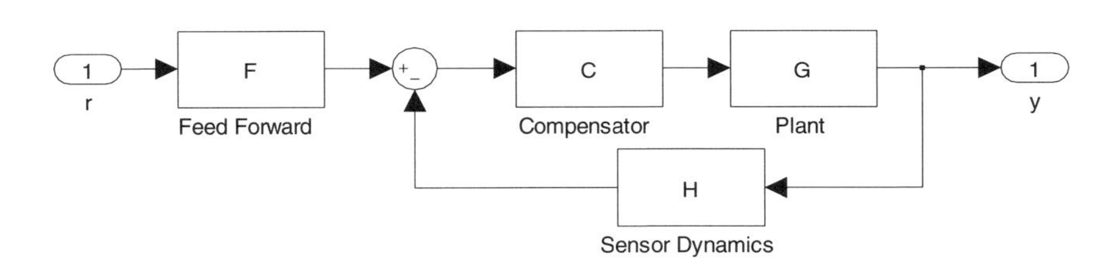

Abb. 6.21 *Anwendung der M-function rltool beim Wurzelortverfahren für beliebige Parameter*

Werden die Bezeichnungen der Übertragungsfunktionen des in Abb. 6.21 dargestellten Signalflussplanes bei der Verwendung der M-function *rltool* für die Lösung der Aufgabe verwendet, was zu empfehlen ist, so gilt für die einzelnen Teile der Gleichung (6.127):

$$G(s) = \frac{K_o \prod_{j=2}^{m}(s-n_j)}{\prod_{i=1}^{n}(s-p_i) + K_o s \prod_{j=2}^{m}(s-n_j)} \qquad C(s) = -n_1$$
$$F(s) = -\frac{1}{n_1}(s-n_1) \qquad H(s) = 1 \tag{6.128}$$

Mit den Gleichungen in (6.128) kann die für die Untersuchung mit dem Verfahren der Wurzelortskurve relevante Führungsübertragungsfunktion nach Gleichung (6.117) wie folgt geschrieben werden:

$$
\begin{aligned}
G_w(s) &= F(s)\frac{C\,G(s)}{1+C\,G(s)H} \\
G_w(s) &= F(s)\frac{C\,Z(s)}{N(s)+C\,Z(s)H} \\
&= \frac{K_o(s-n_1)\prod_{j=2}^{m}(s-n_j)}{\prod_{i=1}^{n}(s-p_i)+K_o(s-n_1)\prod_{j=2}^{m}(s-n_j)} \\
G_w(s) &= \frac{K_o\prod_{j=1}^{m}(s-n_j)}{\prod_{i=1}^{n}(s-p_i)+K_o\prod_{j=1}^{m}(s-n_j)}
\end{aligned}
\qquad (6.129)
$$

Das Ergebnis von Gleichung (6.129) stimmt mit der Gleichung (6.118) überein.
Zur Ermittlung des gesuchten Parameters mit der M-function *rltool* ist die gegebene Übertragungsfunktion der offenen Kette $G_o(s)$ in die Gleichungen von (6.128) zu überführen.

Beispiel 6.34
Die in Gleichung (5.137) des Kapitels 5.4.1 angegebene Übertragungsfunktion der Regelstrecke – grenzstabilisiertes Inverses Pendel – hat in der Pol-Nulstellen-Darstellung folgendes Aussehen:

$$G_S(s)=\frac{2{,}6643(s+3{,}503)(s-3{,}031)}{s(s+4)(s^2+8s+32)}$$

$$G_S(s)=K_S\frac{(s-n_2)(s-n_3)}{s(s-p_3)\left[s^2-(p_4+p_5)s+p_4p_5\right]}$$

An diese Regelstrecke ist ein PI-Regler mit der Übertragungsfunktion:

$$G_R(s)=K_R\frac{\left(s+\frac{1}{T_N}\right)}{s}=K_R\frac{(s-n_1)}{s}$$

anzupassen. Die Reglerverstärkung soll $K_R = 5$ betragen. Für das noch zu bestimmende $T_N = -1/n_1$ ist zur Bewertung die Übergangsfunktion für einen Führungssprung heranzuziehen. Bei einem einmaligem Überschwingen soll die Überschwingweite $\Delta h < 60\%$ des Endwertes und die Zweiprozentzeit $T_{2\%} < 5{,}5$ s betragen. Die sich ergebende Führungsübertragungsfunktion sowie die dazugehörenden Pole und Nullstellen sind anzugeben. Die Nullstellen des geschlossenen und die des offenen Kreises sind zu vergleichen.

Hinweise zur Lösung:
Ausgangspunkt der Lösung sind die functions *rk_lzrf* und *rk_regler*. Mit der M-function *rltool* ist die Wurzelortskurve für die Übertragungsfunktion der offenen Kette mit dem Kehrwert der Nachstellzeit T_N als Parameter zu zeichnen. Als Richtwert für die weiteren Berechnungen sind geeignete Werte von n_1 um:

$$T_N = 3T_{N_{krit}} \quad \Rightarrow \quad n_1 = -\frac{1}{T_N} = -\frac{1}{3T_{N_{krit}}} \qquad \text{zu wählen.}$$

Zu beachten ist, dass es sich bei dem geschlossenen Kreis um eine Mitkopplung handelt, der mit einem negativen Führungssprung beaufschlagt wird, siehe Abb. 5.18!

Lösung:

Aus der offenen Kette – Reihenschaltung von Strecke und Regler:

$$G_o(s) = K_o \frac{(s-n_1)(s-n_2)(s-n_3)}{s^2(s-p_3)\left[s^2-(p_4+p_5)s+p_4p_5\right]} \qquad \mathrm{K}_o = K_S\,K_R$$

ergeben sich die Gleichungen in (6.128) mit $n_o = 5$ und $m_o = 3$ zu:

$$G(s) = K_o \frac{(s-n_2)(s-n_3)}{s^2(s-p_3)\left[s^2-(p_4+p_5)s+p_4p_5\right]+K_o\,s(s-n_2)(s-n_3)}$$

$$C(s) = -n_1$$

$$F(s) = (-)\left\{-\frac{1}{n_1}(s-n_1)\right\} \qquad (-) \mathrel{\hat{=}} \text{einem negativen Führungssprung}$$

$$H(s) = 1$$

Aus obigen Gleichungen folgen die Übertragungsfunktionen für die Variation von:

$$n_1 = -\frac{1}{T_N}$$

als Parameter für die Wurzelortskurve.

```
% Beispiel 6.34
% Übertragungsfunktion der Regelstrecke Inverses Pendel
MGm = rk_lzrf('MGm'); GS = MGm(2,1);
[NuS,PoS,KS] = zpkdata(GS,'v');
% Übertragungsfunktion des PI-Reglers
[K,KR,TN] = rk_regler('Param');
GR = zpk(-1/TN,0,KR);
%           Übertragungsfunktion der offenen Kette
Ko = KS*KR;
fprintf('Go = '),Go = GS*GR; eval('Go')
%           Übertragungsfunktion mit TN als Parameter
% Nullstellen
n2 = NuS(1); n3 = NuS(2);
ZoTN = Ko*(poly ([n2 n3]));
% Pole
p3 = PoS(2); p4 = PoS(3); p5 = PoS(4);
N1 = poly([ 0 0 p3 p4 p5]); N2 = Ko*( poly([0 n2 n3]));
```

```
NoTN = N1-[0 0 N2];
GoTN = tf(ZoTN,NoTN);
% Übertragungsfunktionen bzw. Konstante zur Gleichung 6.128
C = 1/TN;
eval('C = C')
% das '-' vor zpk steht für den negativen Eingangssprung
fprintf('F = '), F = -zpk(-1/TN,[],TN); eval('F')
fprintf('G = '), G = zpk(GoTN); eval('G')
H = 1; eval('H = H')
%           Wurzelortskurven
% WOK mit der Nachstellzeit TN als Parameter
rltool(G,C,'forward',1)
% WOK mit dem Verstärkungsfaktor K als Parameter
rlocus(-Go,1,'forward',1)
% Führungsübertragungsfunktion
fprintf('Gw = ')
Gw = minreal(Go/(1-Go));
eval('Gw')
% Ende des Beispiels 6.34
```

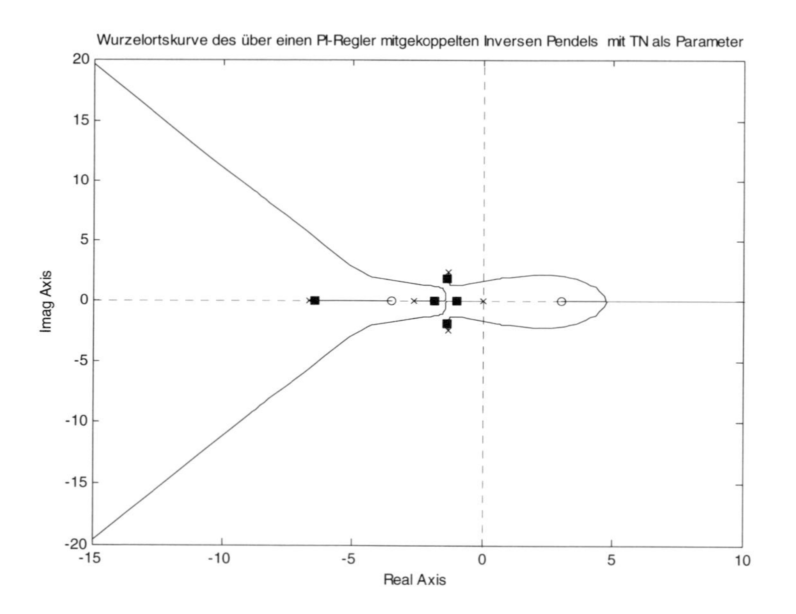

Abb. 6.22 *Wurzelortskurve des über einen PI-Regler mitgekoppelten Inversen Pendels mit T_N als Parameter*

Nach dem Aufruf des *Skripts Beispiel6_34* erscheint die in Abb. 6.22 abgebildete Wurzelortskurve des über einen PI-Regler mitgekoppelten Inversen Pendels mit T_N als Parameter. Hier beträgt $T_N = 2{,}2727$ s bzw. $C = 1/T_N = 0{,}44$. Der kritische Wert für T_N, d. h. der Wert von T_N bei dem sich der Regelkreis an der Stabilitätsgrenze befindet, beträgt $T_{Nkr} = 0{,}7289$ s bzw. $C_{kr} = 1{,}372$.

Als Richtwert für den Bereich um den die Suche zum Auffinden der geeigneten Nachstellzeit durchgeführt werden soll, wird entsprechend der Aufgabenstellung, $T_N = 3\ T_{Nkr} = 2{,}1866$ s bzw. $C = 1/T_N = 0{,}4573$ gewählt. Für nachfolgend angegebene Einstellungen des Parameters C wurden folgende Werte ermittelt:

C	Δh	$T_{2\%}$	C	Δh	$T_{2\%}$
0,25	39,1	8,99	0,45	60,1	5,11
0,3	44,3	7,83	0,5	65,5	4,05
0,35	49,5	6,82	0,55	71,0	5,21
0,4	54,8	6,03	0,6	76,3	5,54

Das gewählte $T_N = 2{,}2727$ s bzw. $C = 1/T_N = 0{,}44$ liefert ein $\Delta h = 58{,}9\%$ bei $T_{2\%} = 5{,}36$ s und erfüllt damit die Bedingungen der Aufgabenstellung, siehe Abb. 6.23.

```
>> Gw
Zero/pole/gain:
         13.3215 (s+3.503) (s-3.031) (s+0.44)
------------------------------------------------------------
(s+6.443) (s+1.834) (s+0.9846) (s^2 + 2.739s + 5.35)
>> [Nuw,Pow,Kw] = zpkdata(Gw,'v')      Pow =
Nuw =                                    -6.4427
  -3.5026                                -1.8335
   3.0309                                -0.9846
  -0.4400                                -1.3696 + 1.8640i
Kw =                                     -1.3696 - 1.8640i
  13.3215
```

Bei Eingrößensystemen werden die Nullstellen durch das Schließen des Kreises nicht verändert, d. h. die Nullstellen des geschlossenen Systems entsprechen denen des offenen Systems. Zwei Nullstellen +3,0309 und –3,5026 gehören zur Regelstrecke. Die dritte Nullstelle –0,44 resultiert aus dem negativen Kehrwert der Nachstellzeit T_N des Reglers. Der Wert des Verstärkungsfaktors K_w entspricht dem Wert des Verstärkungsfaktors K_o der offenen Kette.

Um die Sprungantwort der Abb. 6.23 zu erhalten, muss zunächst die Übertragungsfunktion F eingetragen werden, dazu wird wie folgt vorgegangen:
SISO Design for SISO Design Task: File → Import... → System Data: F → Browse ... → Model Import: F Import Close → System data <F>: OK.
Kontrolle ob die Funktion F richtig eingetragen ist:
Control and Estimation Tools Manager: Compensator Editor → Compensator: C ∨ → F
Es muss stehen: $F = -1{\times}(1{+}2{,}3\ s)$, wenn ja, dann: *Analysis Plots → Plot 1 → Plot Type ∨ Step → Contents of Plot → Plots 1 → Closed Loop r to y → LTI Viewer for SISO Design Task: rechte Maustaste → Characteristics → Peak Response* und *Settling Time.*

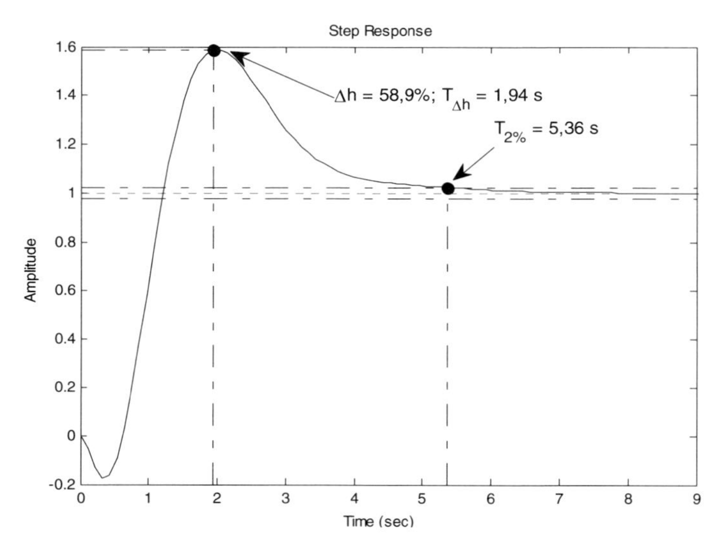

Abb. 6.23 *Sprungantwort des über einen PI-Regler mitgekoppelten Inversen Pendels für* $T_N = 2{,}2727\ s$

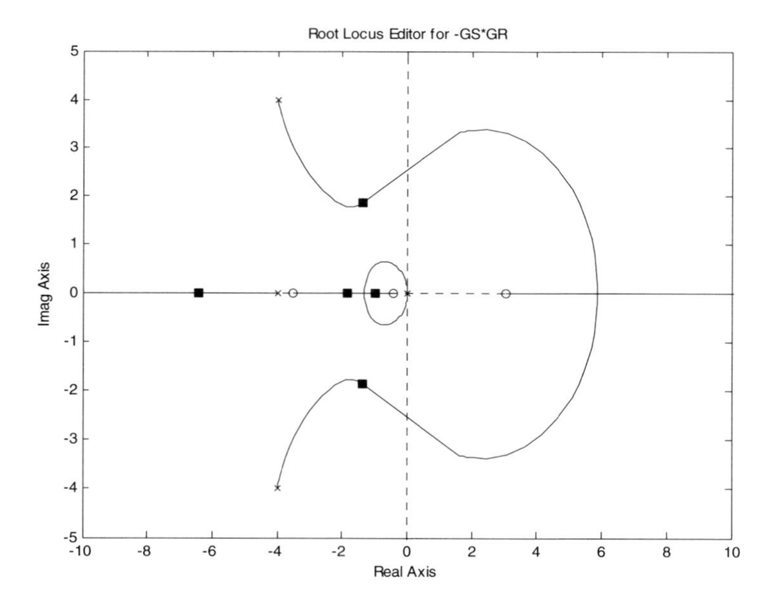

Abb. 6.24 *Wurzelortskurve des über einen PI-Regler mitgekoppelten Inversen Pendels mit K als Parameter*

7 Testsignale und Zeitantworten

In diesem Kapitel werden die zeitlichen Verläufe der Ausgangsgröße eines linearen Systems in Abhängigkeit von verschiedenen Signalen, so genannten Testsignalen, behandelt.
Typische Eingangssignale sind meist ein momentaner Sprung der Größe u_0 von einem Arbeitspunkt zu einem anderen oder ein Impuls. Es sind aber auch die verschiedensten anderen Signalverläufe denkbar.
Die typischen Einwirkungen in Gestalt eines Sprunges oder eines Impulses haben den Charakter von Einheitssignalen.
Durch die Wahl von Einheitssignalen lassen sich die Ergebnisse leicht durch Multiplikation mit der wahren Größe des Sprunges bzw. Impulses umrechnen.
Auch ist es möglich, aus der Reaktion eines Systems auf den Einheitsimpuls Schlüsse über die Vorgänge bei anderen Einwirkungen zu ziehen.
Andere gebräuchliche Einwirkungen sind z. B. Rampenfunktionen und harmonische Schwingungen.
Mathematisch gesehen sind die Zeitantworten eines Systems die Lösung der das System beschreibenden Differenzialgleichung für eine konkrete Störfunktion.

Die mathematische Störfunktion ist aus systemtheoretischer Sicht das Eingangssignal eines Systems welches sowohl eine Steuergröße als auch eine Störgröße sein kann.
Jede dieser Lösungen setzt sich aus einem Anteil der freien und einem Anteil der erzwungenen Bewegung an der Gesamtbewegung zusammen.
Der freie Anteil an der Gesamtbewegung, die Eigenbewegung, ist eine Folge der Anfangsbedingungen.
Die erzwungene Bewegung ergibt sich als Folge eines Eingangssignals. Die dazugehörenden Antworten werden entsprechend mit Sprungantwort, Übergangsfunktion, Impulsantwort usw. bezeichnet.

7.1 Anfangswertantwort mit der M-function initial

Eigenschaft von *initial*:
Berechnet die Ausgangsfunktionen beim Vorliegen von Anfangswerten und fehlenden Eingangssignalen.
Syntax:

```
[y,t,x] = initial(System,x0,t)
```

Beschreibung:
Berechnet für das in der Zustandsraumbeschreibung vorliegende System den Vektor der Ausgangsfunktionen **y** beim Vorhandensein von Anfangswerten $\mathbf{x}_0$ und dem Fehlen von Eingangssignalen. Der Vektor **x** enthält die Werte der Zustandsgrößen. Für den Zeitvektor t gilt:

t = 0:dt:Tfinal

Werden nur die Angaben rechts des Gleichheitszeichens angegeben, so wird die Anfangswertantwort graphisch auf dem Bildschirm ausgegeben.

Beispiel 7.1
Gegeben ist das im Kapitel 5.1 beschriebene System Stab-Wagen. Für dieses sind bei einem Anfangswert des Winkels von $1° \triangleq$ einem Bogenmaß von $\pi/180$ die zeitlichen Veränderungen des Winkels und des Weges für die Zeitspanne von einer Sekunde graphisch darzustellen. Die Ergebnisse sind zu diskutieren.

Lösung:

```
% Beispiel 7.1
% Das Zustandsmodell des Systems Stab-Wagen
ZM = ipendel;
% Zeitvektor
t = 0:0.1:1;
% Vektor der Anfangswerte
x0 = [pi/180 0 0 0]';
% Werte der Anfangswertantwort der Ausgangsgrößen
[y,t] = initial(ZM,x0,t);
% Darstellung des Ergebnisses in einem zweiteiligen Bild

% Bild 1 von 2
subplot(211), plot(t,y(:,1),'k'), grid
title('Anfangswertverlauf des Winkels \phi(t) in [°]')
xlabel('t in [s]')

% Bild 2 von 2
subplot(212), plot(t,y(:,3),'k'), grid
title('Anfangswertverlauf des Weges s(t) in [m]')
xlabel('t in [s]')
% Ende des Beispiels 7.1
```

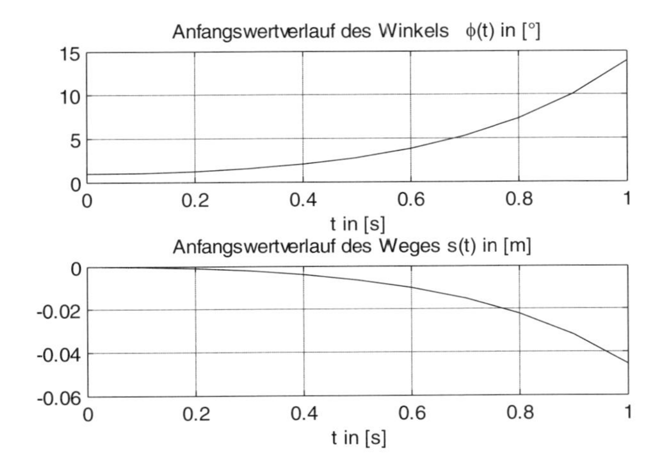

Abb. 7.1 *Anfangsantwort des Winkels und des Weges des Systems Stab-Wagen*

Das System Stab-Wagen ist instabil, siehe Kapitel 8, so dass eine geringe Anfangsauslenkung des Stabes aus der Senkrechten eine ständige Vergrößerung des Winkels, d. h. ein Umfallen des Stabes, zur Folge hat. Die dabei auftretenden Kräfte bewirken eine Verschiebung des Wagens nach hinten, also in negativer Richtung. Was deutlich zu erkennen ist.

7.2 Sprungantwort – Übergangsfunktion

7.2.1 Einheitssprung

Der Einheitssprung $\sigma(t)$ ist wie folgt definiert:

$$\sigma(t)=\begin{cases}0 & \text{für} \quad t<0\\ 1 & \text{für} \quad t\geq 0\end{cases} \tag{7.1}$$

Die Linearität eines Übertragungsgliedes erlaubt es, vom Verhalten eines durch einen Einheitssprung beaufschlagten Systems, auf den Verlauf bei einer beliebigen Sprunghöhe zu schließen, indem das Ergebnis des Einheitssprunges nur mit der wahren Sprunghöhe multipliziert wird.

Die Laplacetransformierte des Einheitssprunges lautet:

$$\sigma(t) \quad \circ\!\!-\!\!\bullet \quad \frac{1}{s} \tag{7.2}$$

7.2.2 Sprungantwort

Die Sprungantwort ist der zeitliche Verlauf des Ausgangssignals $y(t)$ als Ergebnis einer sprungförmigen Änderung des Eingangssignals $u(t)$ des Systems vom Wert null auf den Wert u_0, was wie folgt definiert ist:

$$u(t) = \begin{cases} 0 & \text{für} \quad t < 0 \\ u_0 & \text{für} \quad t \geq 0 \end{cases} \tag{7.3}$$

7.2.3 Übergangsfunktion

Aus der allgemeinen Sprungantwort geht die Übergangsfunktion $h(t)$ durch Bilden des Quotienten aus dem zeitlichen Verlauf des Ausgangssignals $y(t)$ mit der Sprunghöhe u_0 hervor:

$$h(t) = \frac{y(t)}{u_0} \tag{7.4}$$

bzw. wird aus $y(t)$ die Übergangsfunktion $h(t)$, wenn das Eingangssignal $u(t)$ gleich dem Einheitssprung $\sigma(t)$ ist:

$$u(t) = \sigma(t) = \begin{cases} 0 & \text{für} \quad t < 0 \\ 1 & \text{für} \quad t \geq 0 \end{cases} \tag{7.5}$$

Die Übergangsfunktion eines linearen Übertragungsgliedes ist seine Antwort auf den Einheitssprung $\sigma(t)$. Die Antwort auf ein beliebiges Eingangssignal lässt sich bestimmen, wenn die Übergangsfunktion des Übertragungsgliedes bekannt ist.

7.2.4 Die Übergangsfunktion mit der M-function step

Eigenschaft von *step*:
Berechnet für ein System die Sprungantwort.
Syntax:

[h,t,x] = step (System,t)

Beschreibung:
Berechnet für ein System die Übergangsfunktion $h(t)$, bzw. für ein Zustandsmodell die Matrix-Übergangsfunktion abhängig von der Anzahl der Ausgangs- und Eingangsgrößen.
Der Vektor **x** enthält die Werte der Zustandsgrößen. Für den Zeitvektor t gilt:

t = 0:dt:Tfinal

Bei Angabe nur der Werte rechts vom Gleichheitszeichen erfolgt die Ausgabe der Übergangsfunktion auf dem Bildschirm.

Beispiel 7.2

Für das im Kapitel 5.5 beschriebene Netzwerk ist mit der function *nw_spf* die Übertragungsfunktion zu ermitteln. Mit ihr ist mit Hilfe der M-function *step* die Übergangsfunktion $h(t)$ graphisch darzustellen. Der Anfangswert und der Endwert sind mit den Grenzwertsätzen zu berechnen und mit denen der Übergangsfunktion zu vergleichen.

Lösung:

```
% Berechnungen zum Beispiel 7.2
% Übertragungsfunktion des sprungfähigen Netzwerkes
G = nw_spf('G');
% Übergangsfunktion - Sprungantwort
step(G), grid
title('Übergangsfunktion des sprungfähigen Netzwerkes')
disp('   ')
disp('                    Lösungen zum Beispiel 7.2')
fprintf('G(s) ='), eval('G')
% Grenzwerte
[Z,N] = tfdata(G,'v'); Gs = poly2sym(Z,'s')/poly2sym(N,'s');
% Anfangswert
syms s
h0 = double(limit(s*Gs*1/s,s,inf));
fprintf('Anfangswert:   h(0) = %1.1f\n',h0)
% Endwert
hinf = double(limit(s*Gs*1/s,s,0));
fprintf('    Endwert: h(inf) = %1.1f\n',hinf)
% Ende des Beispiels 7.2
```

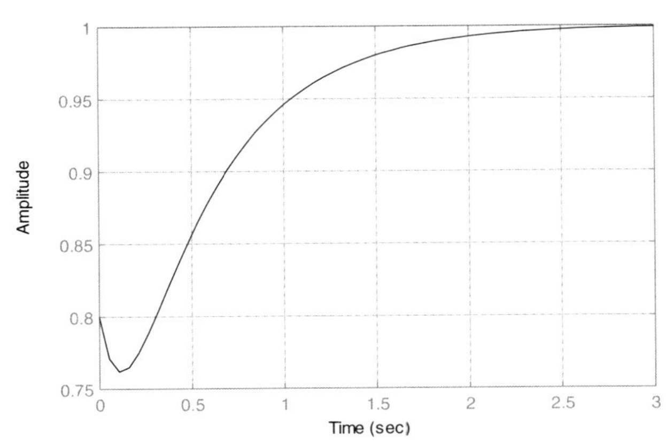

Abb. 7.2 *Übergangsfunktion des sprungfähigen Netzwerkes mit der M-function step*

Das Netzwerk ist ein sprungfähiges System, da die Grade des Zählerpolynoms und des Nennerpolynoms übereinstimmen. Folglich weist die Übergangsfunktion zur Zeit $t = 0$ einen Wert – Anfangswert – verschieden von null auf, wie der Abb. 7.2 zu entnehmen ist.

Der Anfangswert der Übergangsfunktion ergibt sich aus dem Anfangswertsatz der Laplace-transformation und dem Einheitssprung nach Gleichung (7.2) wie folgt:

$$h(0) = \lim_{s\to\infty} s\,G(s)U(s) = \lim_{s\to\infty} s\frac{0{,}8s^2+7{,}2s+16}{s^2+10s+16}\frac{1}{s} = 0{,}8$$

Der Endwert folgt aus dem Endwertsatz und dem Einheitssprung:

$$h(\infty) = \lim_{s\to 0} s\,G(s)U(s) = \lim_{s\to 0} s\frac{0{,}8s^2+7{,}2s+16}{s^2+10s+16}\frac{1}{s} = 1$$

```
Lösungen zum Beispiel 7.2
G(s) =                                   Anfangswert: h(0) = 0.8
Transfer function:                          Endwert: h(inf) = 1.0
0.8 s^2 + 7.2 s + 16
------------------------
  s^2 + 10 s + 16
```

7.3 Impulsantwort – Gewichtsfunktion

7.3.1 Die Impulsfunktion

Ein lineares Übertragungsglied wird am Eingang mit einem Rechteckimpuls beaufschlagt, dessen Höhe gegen unendlich und dessen Breite gegen null geht. Es ist vorstellbar, dass sich der Rechteckimpuls aus einem Aufsprung zur Zeit $t = 0$ und einem Absprung zur Zeit $t = \Delta t$ zusammensetzt. Damit kann der Rechteckimpuls wie folgt definiert werden:

$$u(t) = \begin{cases} 0 & \text{für} \quad t < 0 \\ u_0 & \text{für} \quad 0 \le t \le \Delta t \\ 0 & \text{für} \quad t > \Delta t \end{cases} \tag{7.6}$$

Somit lässt sich das Eingangssignal wie folgt beschreiben:

$$u(t) = u_0\left\{\sigma(t) - \sigma(t-\Delta t)\right\} \tag{7.7}$$

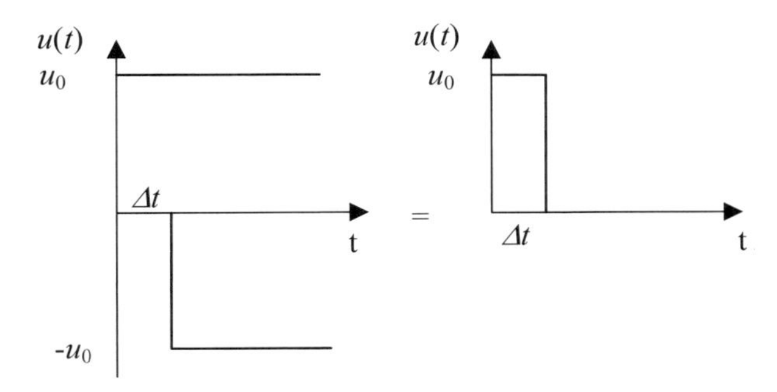

Abb. 7.3 *Bilden einer Impulsfunktion aus zwei Sprungfunktionen*

7.3.2 Die Stoßfunktion

Die Stoßfunktion $\delta(t)$[82] ist eine Impulsfunktion von der Dauer $\Delta t \to 0$:

$$\delta(t) = \lim_{\Delta t \to 0} \frac{1}{\Delta t} \{\sigma(t) - \sigma(t - \Delta t)\} \tag{7.8}$$

Es gilt:

$$\delta(t) = \begin{cases} 0 & \text{für} \quad t < 0 \\ \dfrac{1}{\Delta t} & \text{für} \quad 0 \le t \le \Delta t \quad \text{mit} \quad \Delta t \to 0 \\ 0 & \text{für} \quad t > \Delta t \end{cases} \tag{7.9}$$

mit:

$$\int_{-\infty}^{+\infty} \delta(t)\, dt = \lim_{\Delta t \to 0} \int_{-\infty}^{\Delta t} \frac{1}{\Delta t} dt = \lim_{\Delta t \to 0} \frac{1}{\Delta t} \int_{-\infty}^{\Delta t} dt = \lim_{\Delta t \to 0} \frac{1}{\Delta t} t \Big|_{-\infty}^{\Delta t} = 1 \tag{7.10}$$

Der Inhalt der Fläche mit der Breite Δt und der Höhe Δt^{-1} ist gleich eins. Bei einer Fläche von eins und einer Zeit $\Delta t \to 0$ muss folglich die Höhe $\to \infty$ gehen. Dieses Testsignal wird als Einheitsimpuls, Diracsche Deltafunktion oder als Nadelimpuls $\delta(t)$ bezeichnet. Sie ist das mathematische Äquivalent für eine physikalische Einwirkung, die aus einem momentanen Schlag oder Stoß besteht.

---

[82] Die Funktion $\delta(t)$ soll nach [Doetsch-1989] an allen Stellen $t \neq 0$ verschwinden, während sie in $t = 0$ unendlich groß sein soll, derart dass sie unter einem Integral stehend, die Fähigkeit hat, den Wert des übrigen Integranden an der Stelle '0' aus dem Integral herauszuheben:

$$\int_{-\infty}^{+\infty} f(t)\delta(t)\, dt = f(0)$$

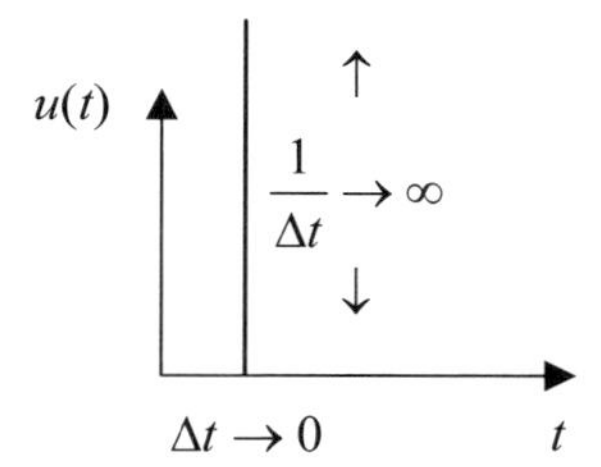

Abb. 7.4 Symbolische Erzeugung eines Diracimpulses

Die Laplacetransformierte des Diracimpulses ergibt sich unter Berücksichtigung von Fußnote [82] mit:

$$\int_{-\infty}^{+\infty} \delta(t) e^{-st} dt = e^{-st}\Big|_{t=0} = 1 \tag{7.11}$$

zu:

$$\delta(t) \quad \circ\!-\!\bullet \quad 1 \tag{7.12}$$

7.3.3 Die Gewichtsfunktion

Die Antwort eines linearen Übertragungsgliedes auf einen Rechteckimpuls, welcher aus einer positiven Sprungfunktion $\sigma(t) \to h(t)$ und einer zeitlich verschobenen negativen Sprungfunktion $\sigma(t-\Delta t) \to h(t-\Delta t)$ gebildet sein kann, wird als Impulsantwort:

$$y(t) = u_0 \left\{ h(t) - h(t - \Delta t) \right\} \tag{7.13}$$

bezeichnet.
Wird das Übertragungsglied mit dem Einheitsimpuls $\delta(t)$ beaufschlagt, so ergibt sich als Antwort die Gewichtsfunktion $g(t)$.

Die Gewichtsfunktion g(t) beschreibt das Übertragungsverhalten eines linearen Systems vollständig. Wenn g(t) bekannt ist, kann daraus die Antwort des Systems auf jede beliebige zeitliche Erregung berechnet werden.

Jede solche Erregung lässt sich als Faltungsintegral, d. h. als Überlagerung von δ-Impulsen, darstellen [Kindler/Hinkel-1972]:

$$u(t) = \int_0^t u(\tau) \delta(t - \tau) d\tau \tag{7.14}$$

Da für lineare Systeme das Superpositionsgesetz gilt, ergibt sich für die Systemantwort:

$$y(t) = \int_0^t u(\tau)\, g(t-\tau)\, d\tau \tag{7.15}$$

bzw. aufgrund der Gültigkeit des Kommutativgesetzes für die Faltung:

$$y(t) = \int_0^t g(\tau)\, u(t-\tau)\, d\tau = g(t) * u(t) \tag{7.16}$$

Für den Fall, dass $u(\mathrm{t}) = \sigma(t)$ ist, gilt:

$$h(t) = \int_0^t \sigma(t-\tau)\, g(\tau)\, d\tau = \int_0^t g(\tau)\, d\tau \tag{7.17}$$

bzw. folgt durch Differenziation an der Stelle $h(+0) = 0$:

$$g(t) = \frac{dh(t)}{dt} + h(+0)\,\delta(t) \tag{7.18}$$

Die Gewichtsfunktion ist für t > 0 die Ableitung der Übergangsfunktion nach der Zeit, d. h. die zeitliche Ableitung der Systemantwort auf einen Einheitssprung.

7.3.4 Die Gewichtsfunktion mit der M-function impulse

Eigenschaft von *impulse*:
Berechnet die Gewichtsfunktion eines Systems.
Syntax:

[g,t,x] = impulse (System,t)

Beschreibung:
Berechnet für ein System die Gewichtsfunktion *g*(*t*) – Impulsantwort – und für ein in der Zustandsraumdarstellung beschriebenes System die Gewichtsfunktionen entsprechend der Anzahl der Ausgangsgrößen und der Eingangsgrößen. Der Vektor **x** enthält die Werte der Zustandsgrößen. Für den Zeitvektor t gilt:

t = 0:dt:Tfinal.

Werden nur die Angaben rechts des Gleichheitszeichens angegeben, so wird die Gewichtsfunktion graphisch auf dem Bildschirm ausgegeben.

Beispiel 7.3
Für die in Kapitel 5.6.5 beschriebene Übertragungsfunktion der Brückenschaltung ist der Verlauf der Gewichtsfunktion graphisch darzustellen. Das Ergebnis ist mit Hilfe der Grenzwertsätze zu interpretieren.

Lösung:

```
% Berechnungen zum Beispiel 7.3
disp('            ')
fprintf('                    Lösungen zum Beispiel 7.3')
% Übertragungsfunktion der Brückenschaltung
G = bruecke('G');
fprintf('\nG(s) ='), eval('G')
% Gewichtsfunktion - Impulsantwort
impulse(G,'k'), grid
title('Gewichtsfunktion der Brückenschaltung')
% Grenzwerte
[Z,N] = tfdata(G,'v');
Zs = poly2sym(Z,'s'); Ns = poly2sym(N,'s');
Gs = Zs/Ns;
% Anfangswert
syms s
g0 = double(limit(s*Gs*1,s,inf));
disp('            Grenzwerte der Brückenschaltung')
fprintf('Anfangswert:   g(0) = %1.1f\n',g0)
% Endwert
ginf = double(limit(s*Gs*1,s,0));
fprintf('    Endwert: g(inf) = %1.0f\n',ginf)
% Ende des Beispiels 7.3
```

```
          Lösungen zum Beispiel 7.3
      Übertragungsfunktion der Brückenschaltung
G(s) =
Transfer function:
   7.9 s
-----------------
s^2 + 10.5 s + 84

      Grenzwerte der Brückenschaltung
Anfangswert:  g(0) = 7.9
    Endwert  g(inf) = 0
```

Der Anfangswert der Gewichtsfunktion folgt aus dem Anfangswertsatz der Laplacetransformation und der Laplacetransformierten des Einheitsimpulses nach Gleichung (7.12) wie folgt:

$$g(0) = \lim_{s\to\infty} s\,G(s)U(s) = \lim_{s\to\infty} s\frac{7{,}9\,s}{s^2+10{,}5\,s+84}1 = 7{,}9$$

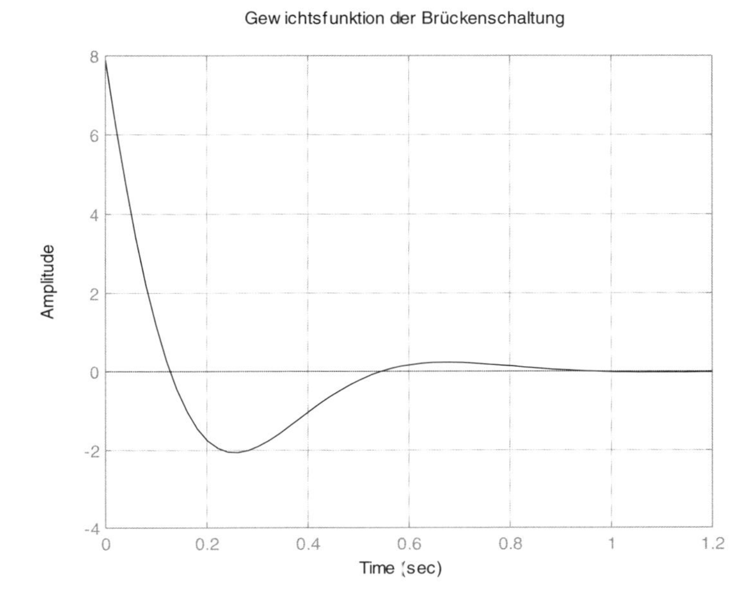

Abb. 7.5 *Gewichtsfunktion der Brückenschaltung mit der M-function impulse*

Entsprechend berechnet sich der Endwert der Gewichtsfunktion mit Hilfe des Endwertsatzes und der Transformierten des Einheitsimpulses nach Gleichung (7.12):

$$g(\infty) = \lim_{s \to 0} s\, G(s) U(s) = \lim_{s \to 0} s \frac{7{,}9\, s}{s^2 + 10{,}5\, s + 84} 1 = 0$$

Wie aus Abb. 7.5 zu ersehen ist, stimmen der Anfangswert und der Endwert mit den berechneten Werten der Gewichtsfunktion überein.

7.4 Antwort auf beliebige Signale mit der M-function lsim

Beliebige Eingangssignale wären z. B. Rampenfunktionen, harmonische Funktionen, Rechteckfunktionen, stochastische Signale usw.

Eigenschaft von *lsim*:
Berechnet für ein System die Antwort auf ein beliebiges Signal.
Syntax:

[y,t,x] = lsim(System,u,t,**x**0)

Beschreibung:
Berechnet für System die Ausgangsfunktionen *y*(*t*) für ein beliebiges Signal **u**, einem Vektor mit *m* Spalten entsprechend der Anzahl der *m* Eingänge und soviel Zeilen wie der Zeitvektor **t** Elemente besitzt.

Der Vektor **x** enthält die Werte der Zustandsgrößen. Soll bei Zustandssystemen nur ein bestimmter Eingang verwendet werden, so ist aus **u** nur die zu diesem Eingang gehörende Spalte auszuwählen. Der Vektor der Anfangswerte x_0 ist wahlweise. Für den Zeitvektor **t** gilt:

t = 0:dt:Tfinal

Werden nur die Angaben rechts des Gleichheitszeichens angegeben, so wird die Antwort auf ein beliebiges Signal graphisch auf dem Bildschirm ausgegeben.

Beispiel 7.4

Für den Antrieb, Kapitel 5.2, sind die Zeitantworten des Ankerstroms $y_2 = i_a$ und der Drehzahl $y_3 = n$ bei einer mit dem 20fachen der Zeit proportional ansteigenden Ankerspannung – Rampenfunktion – und einer nach ½ t_{max} = 0,08 s als Einheitssprung aufgegebenen Last graphisch darzustellen.

Hinweise zur Lösung:
Da nur die Zeitverläufe des Ankerstroms und der Drehzahl als Ausgangsgrößen dargestellt werden sollen, sind die Ausgangs- und Durchgangsmatrix entsprechend zu reduzieren.

Die Matrix **u** wird in Verbindung mit dem Zeitvektor **t** = $0{:}10^{-3}{:}0{,}16$ s wie folgt gebildet: Aus den drei Eingangsgrößen folgen $n = 3$ Spalten. Der Zeitvektor **t** hat m Elemente, woraus sich m Zeilen für **u** ergeben, **u** ist folglich eine Matrix vom Typ (m,n).
Die Werte $u_1 = [0 \ldots 1]$ – Einheitssprung – der ersten Spalte gehören zur ersten Eingangsgröße – Last $F(t)$. Die zweite Spalte $u_2 = 0{,}0113$ gehört zu dem über alle Drehzahlen konstanten Reibdrehmoment. Die dritte Spalte $u_3 = 20 \cdot t$ enthält die zur dritten Eingangsgröße – Ankerspannung – gehörenden Werte.

Lösung:

```
% Berechnungen zum Beispiel 7.4
% Zustandsmodell des Antriebs
ZM = antrieb;
% Reduzierung der Ausgangsmatrix C auf die 2. und 3. Zeile
C = ZM.c(2:3,:);
% Reduzierung der Durchgangsmatrix D auf die 2. und 3. Zeile
D = ZM.d(2:3,:);
% Auf die 2. und 3. Ausgangsgröße vereinfachtes Zustandsmodell
set(ZM,'c',C,'d',D)
% Zeitvektor t und seine Länge m
t = 0:1e-003:0.16; m = length(t);
% Die Matrix U
% Last
U1 = [zeros(1,floor(m/2)) linspace(1,1,round(m/2))];
% Konstantes Reibdrehmoment
U2 = linspace(0.0113,0.0113,m);
% Ankerspannung
U3 = 20*t; U = [U1', U2', U3'];
% Die Werte der Ausgangsgrößen
[y,t] = lsim(ZM,U,t);
% Darstellung des Ergebnisses in einem zweiteiligen Bild
```

```
% Bild 1 von 2
subplot(211), plot(t,y(:,1),'k',t,U3',':k',t,U1','--k')
title('Antrieb - Ankerstrom i_a(t) [A]'), xlabel('t [s]')
legend('Strom i_a(t)','Spannung u_a(t)','Last F(t)'...
    ,'Location','best')

% Bild 2 von 2
subplot(212), plot(t,y(:,2),'k')
title('Antrieb - Drehzahl n(t) [min^-^1]')
xlabel('t [s]'), grid
% Ende des Beispiels 7.4
```

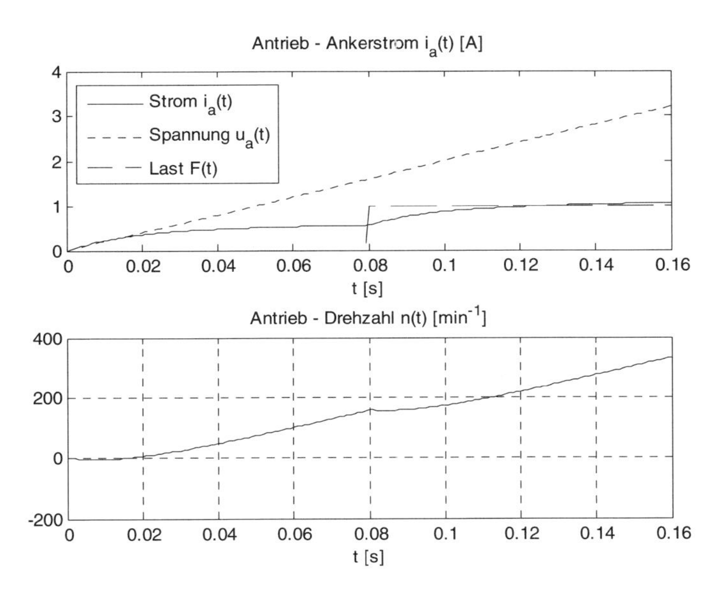

Abb. 7.6 *Strom- und Drehzahlverlauf des Antriebs*

Der Ankerstrom $i(t)$ steigt zunächst bis zu seinem Leerlaufwert an. Als Folge des Lastsprunges nach t = 0,08 s steigt er nochmals wie in der Anlaufphase, nur auf einem höheren Niveau, bis zu einem neuen, der Last angepassten, stationären Endwert.

Die Drehzahl $n(t)$ steigt in Richtung ihrer Leerlaufdrehzahl an, sinkt bedingt durch den eintretenden Laststrom etwas ab, um dann durch die stetige Erhöhung der Ankerspannung – gestrichelte Gerade – kontinuierlich anzusteigen.

Beispiel 7.5

Auf ein *I*-Glied mit der Übertragungsfunktion:

$$G(s) = \frac{1}{s}$$

ist das Eingangssignal $u(t) = 0{,}5 \cdot \sin(t)$ aufzugeben. Die Verläufe der Zeitantwort $y(t)$ und der Eingangsfunktion $u(t)$ sind graphisch darzustellen. Die Zeitachse ist in Schritten von 0,5 π einzuteilen. Die Kurven sind mit der M-function *legend* zu kennzeichnen. Die Phasenverschiebung zwischen den beiden Signalen ist anzugeben und rechnerisch mit der *Symbolic Math Toolbox* nachzuweisen.

Lösung:

Das Ausgangssignal eines *I*-Gliedes bei einem sinusförmigen Eingangssignal:

$$u(t) = 0{,}5\sin(t) \quad \circ\!\!-\!\!\bullet \quad U(s) = \frac{0{,}5}{s^2+1}$$

berechnet sich wie folgt:

$$\begin{aligned} y(t) &= \mathcal{L}^{-1}\{G(s)U(s)\} \\ &= \mathcal{L}^{-1}\left\{\frac{1}{s}\frac{0{,}5}{s^2+1}\right\} \\ y(t) &= 0{,}5\left[1-\cos(t)\right] \end{aligned}$$

Lösungen zum Beispiel 7.5

```
y(t) =
1  cos(t)
- - ------
2    2
```

Die Phasenverschiebung des Ausgangssignals zu seinem harmonischen Eingangssignal beträgt bei einem *I*-Glied –90°, d. h. das Ausgangssignal erreicht seinen Maximalwert gegenüber dem Eingangssignal um $-\frac{1}{2}\pi$ verzögert, wie dies die Kurven in Abb. 7.7 zeigen.

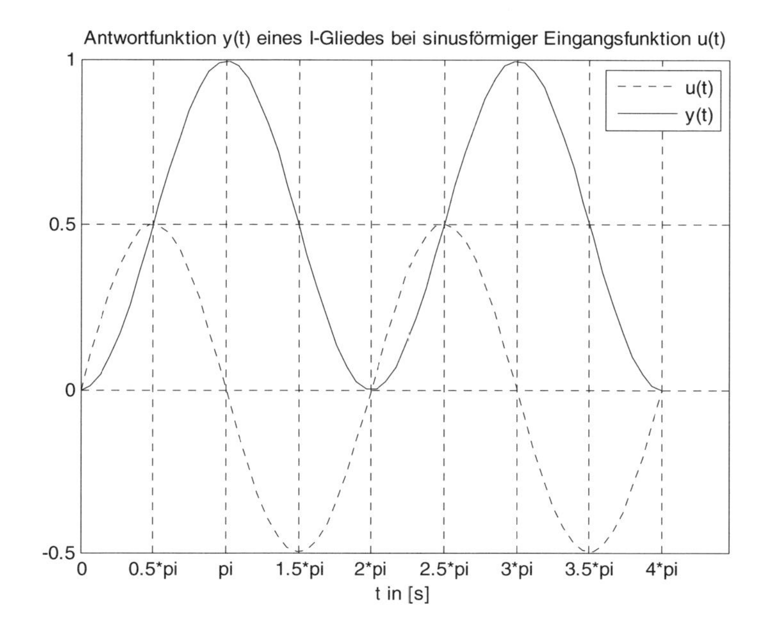

Abb. 7.7 *Antwortfunktion $y(t)$ eines* I-*Gliedes bei sinusförmiger Eingangsfunktion $u(t)$*

7.5 Der LTI Viewer mit der M-function ltiview

Zum Abschluss dieses Kapitels soll noch auf die äußerst umfangreiche und leistungsfähige M-function *ltiview* hingewiesen werden.

Eigenschaft von *ltiview*:
Stellt für ein lineares System die Antwort auf beliebige Signale dar.
Syntax:

ltiview(System)

Beschreibung:
„ltiview" öffnet ein Fenster, den so genannten *LTI Viewe*r. Er ist eine interaktive graphische Anwenderschnittstelle (GUI) für die Analyse der Zeitantantwort und Frequenzantworten linearer Systeme.
Der *LTI Viewer* ist weitestgehend selbsterklärend.

8 Systemeigenschaften

In diesem Kapitel werden die grundsätzlichen Eigenschaften linearer, zeitinvarianter, dynamischer Systeme und die zu ihrer Bestimmung unter MATLAB, vorwiegend der Control System Toolbox, vorhandenen Kommandos bzw. Funktionen behandelt.

8.1 Das Schwingungsglied

Charakteristische Werte eines linearen, zeitinvarianten Übertragungsgliedes lassen sich ganz besonders aussagekräftig an Hand eines Schwingungsgliedes beschreiben und darstellen. Im Kapitel 6.6.4 wurden bereits dazu Ausführungen gemacht.

8.1.1 Differenzialgleichung eines Schwingungsgliedes

Ein Übertragungsglied 2. Ordnung wird als Schwingungsglied bezeichnet, wenn es durch folgende Differenzialgleichung 2. Ordnung beschrieben werden kann und deren Lösung für einen Einheitssprung ein konjugiertkomplexes Polpaar ergibt.
Mit der Zeitkonstanten T als dem Kehrwert der Eigenfrequenz ω_0 des ungedämpften Systems und der Dämpfung d ergeben sich im Zeitbereich für:

$$y(0) = \dot{y}(0) = 0 \tag{8.1}$$

$$\begin{gathered} T^2 \frac{d^2 y(t)}{dt^2} + 2\,d\,T \frac{dy(t)}{dt} + y(t) = u(t) \\ \circ\!\!-\!\!\bullet \\ \left(T^2 s^2 + 2\,d\,T\,s + 1\right) Y(s) = U(s) \end{gathered} \tag{8.2}$$

und im Frequenzbereich mit:

$$T = \frac{1}{\omega_0} \tag{8.3}$$

$$\begin{gathered} \ddot{y}(t) + 2\,d\,\omega_0 \dot{y}(t) + \omega_0^2 y(t) = \omega_0^2 u(t) \\ \circ\!\!-\!\!\bullet \\ \left(s^2 + 2\,d\,\omega_0 s + \omega_0^2\right) Y(s) = \omega_0^2 U(s) \end{gathered} \tag{8.4}$$

8.1.2 Übertragungsfunktion eines Schwingungsgliedes

Aus dem unteren Term der Gleichung (8.2) ergibt sich die Übertragungsfunktion eines Schwingungsgliedes in der Zeitkonstantenform:

$$G(s)=\frac{Y(s)}{U(s)}=\frac{1}{1+2dTs+T^2s^2}=\frac{1}{1+a_{1T}s+a_{2T}s^2} \tag{8.5}$$

Aus dem unteren Term der Gleichung (8.4) folgt die Übertragungsfunktion eines Schwingungsgliedes in der Polynomform:

$$G(s)=\frac{Y(s)}{U(s)}=\frac{\omega_0^2}{s^2+2d\,\omega_0 s+\omega_0^2}=\frac{b_0}{s^2+a_1 s+a_0} \tag{8.6}$$

8.1.3 Kenngrößen eines Schwingungsgliedes

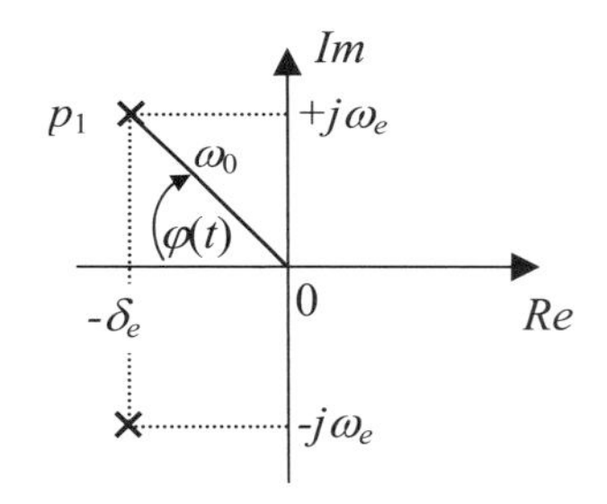

Abb. 8.1 Charakteristische Werte eines Schwingungsgliedes in der komplexen Ebene

Nachfolgend werden die wesentlichen Kenngrößen eines Schwingungsgliedes unter Bezug auf die Gleichungen (8.5) und (8.6) sowie auf die Abb. 8.1 in Tabellenform angegeben:

Eigenfrequenz des ungedämpften Systems	$\omega_0=\sqrt{a_0}=\sqrt{\delta_e^2+\omega_e^2}\quad\left[s^{-1}\right]$
Zeitkonstante	$T=\sqrt{a_{2T}}=\frac{1}{\omega_0}\quad[s]$
Dämpfung	$d=\frac{1}{2}\frac{a_{1T}}{\sqrt{a_{2T}}}=\frac{1}{2}\frac{a_1}{\sqrt{a_0}}$
Periodendauer des ungedämpften Systems	$T_0=\frac{2\pi}{\omega_0}=2\pi T\quad[s]$
Der zur Resonanzfrequenz gehörende Phasenwinkel	$\varphi=\arccos(d)$

Überschwingweite der Übergangsfunktion des gedämpften Systems	$\Delta h = \exp\left(-\frac{d\,\pi}{\sqrt{1-d^2}}\right)$
Konjugiertkomplexes Polpaar als Lösung der Differenzialgleichung (8.2)	$p_{1/2} = -d\,\omega_0 \pm \omega_0\sqrt{1-d^2}\,j = -\delta_e \pm j\,\omega_e$
Dämpfungsfaktor	$\delta_e = d\,\omega_0 = -\Re e(p_1)$
Eigenfrequenz des gedämpften Systems	$\omega_e = \omega_0\sqrt{1-d^2} = \Im m(p_1)\quad [s^{-1}]$
Periodendauer des gedämpften Systems	$T_e = \frac{2\pi}{\omega_e}\quad [s]$
Zeit bis zum erstmaligen Durchlaufen des sich später einstellenden stationären Endwerts	$T_1 = \frac{\pi - \arccos(d)}{\omega_e}\quad [s]$
Zeit bis zum Erreichen des ersten Maximums – Einschwingzeit	$T_m = \frac{\pi}{\omega_e} = \frac{\pi}{\omega_0\sqrt{1-d^2}}\quad [s]$
Die Zeit, die verstreicht, bis die Einhüllenden das Toleranzband von ± 2 % erreichen – Beruhigungszeit. Die Übergangsfunktion $h(t)$ erreicht im Allgemeinen das Toleranzband früher, so dass gewöhnlich noch eine Korrektur nach unten erforderlich ist.	$T_{2\%} = -\frac{1}{\omega_0 d}\ln\left(0{,}02\sqrt{1-d^2}\right)\quad [s]$
Schnittpunkt der Ortskurve mit der imaginären Achse $\triangleq$ $\varphi = -90°$	$(\Re e(\omega);\Im m(\omega)) = \left(0;-\frac{1}{2d}\right)$ mit $\omega = \omega_0$

Die charakteristischen Kennwerte der Übergangsfunktion eines Schwingungsgliedes sind in der Abb. 8.2 dargestellt.

8.1.4 Die Gewichtsfunktion eines Schwingungsgliedes

Die Gewichtsfunktion als Antwort auf einen Einheitsimpuls:

$$g(t) = \frac{\omega_0^2}{\omega_e} e^{-d\,\omega_0\,t}\sin(\omega_e\,t) \tag{8.7}$$

8.1.5 Die Übergangsfunktion eines Schwingungsgliedes

Die Übergangsfunktion als Antwort auf einen Einheitssprung:

$$h(t) = 1 - \frac{\omega_0}{\omega_e} e^{-d\,\omega_0\,t} \sin(\omega_e\, t + \varphi) \text{ mit } \varphi = \arccos(d) \qquad (8.8)$$

8.1.6 Die Einhüllenden der Übergangsfunktion

$$E_p = 1 + \frac{\omega_0}{\omega_e} e^{(-d\,\omega_0\,t)} \qquad E_n = 1 - \frac{\omega_0}{\omega_e} e^{(-d\,\omega_0\,t)} \qquad (8.9)$$

8.1.7 Eigenschaften eines Übertragungsgliedes mit der M-function damp

Eigenschaft von *damp*:
Berechnet die Eigenwerte bzw. *Pole*, die dazugehörende Dämpfung d und die Eigenfrequenz ω_0 des ungedämpften Systems.
Syntax:

[w0,d,Po] = damp(System)

Beschreibung:
System ist eine Übertragungsfunktion oder ein Zustandsmodell. In den Vektoren $\mathbf{w}_0$, **d** und **Po** sind die Eigenkreisfrequenzen ω_0 des ungedämpften Systems, die dazugehörenden Dämpfungen und die Eigenwerte bzw. Pole enthalten.
Werden nur die Angaben rechts des Gleichheitszeichens angegeben, dann wird eine Tabelle mit den Eigenwerten, der Dämpfung und der Eigenfrequenz ausgegeben. Sind die Eigenwerte bzw. Pole konjugiertkomplex, dann entspricht der Realwert dem Dämpfungsfaktor und der Imaginärwert der Eigenfrequenz des gedämpften Systems.

Beispiel 8.1
Gegeben ist die Differenzialgleichung:

$$\left.\begin{aligned} &\frac{d^2y(t)}{dt^2} + 2\,d\,\omega_0\,\frac{dy(t)}{dt} + \omega_0^2\,y(t) = \omega_0^2 u(t) \\ &\frac{d^2y(t)}{dt^2} + 8\frac{dy(t)}{dt} + 400\,y(t) = 400\,u(t) \end{aligned}\right\} y(0) = \dot{y}(0) = 0$$

eines Schwingungsgliedes. Die Differenzialgleichung ist durch Laplacetransformation in die dazugehörende Übertragungsfunktion zu überführen. Die charakteristischen Werte nach Kapitel 8.1.3 sind mit Hilfe der M-function *damp* zu berechnen. Die Sprungantwort, in welche die charakteristischen Werte und die Einhüllenden einzutragen sind, ist darzustellen.

In der graphischen Darstellung der Sprungantwort ist mit *File → Generate M-file* der zur M-function *figure* gehörende M-file zu bilden und mit der unten angegebenen Lösung zu vergleichen.

Lösung:

```
% Beispiel 8.1
% Laplacetransformation der Dgl. 2.Ordnung
Ns1 = laplace(diff(sym('y(t)'),2)+8*diff(sym('y(t)'),1)...
    +400*sym('y(t)'));
Ns2 = subs(Ns1,'laplace(y(t),t,s)',sym('Y(s)'));
Ns = collect(subs(subs(Ns2,'D(y)(0)',0),'y(0)',0),...
    sym('Y(s)'));
Zs1 = laplace(400*sym('u(t)'));
Zs = subs(Zs1,'laplace(u(t),t,s)',sym('U(s)'));
Ns3 = subs(Ns,'Y(s)',1);
disp('            ')
disp('                  Lösungen zum Beispiel 8.1')
Ys = Zs/Ns3;
disp('Die Ausgangsgröße im Frequenzbereich')
fprintf('Y(s) =')
pretty(Ys)
% Von der symbolischen in die numerische Darstellung
N = double(sym2poly(subs(Ns,'Y(s)',1)));
Z = double(subs(Zs,'U(s)',1));
% Übertragungsfunktion aus der Differenzialgleichung
G = tf(Z,N);
fprintf('G(s) ='), eval('G')
% Eigenkreisfrequenz,Dämpfung und Eigenwerte
[W0,D,Po] = damp(G);
% Eigenkreisfrequenz des ungedämpften Systems
w0 = W0(1);
% Periodendauer des ungedämpften Systems
T0 = 2*pi/w0;
% Dämpfung
d = D(1);
% Eigenkreisfrequenz des gedämpften Systems
we = imag(Po(1));
% Periodendauer des gedämpften Systems
Te = 2*pi/we;
% Einschwingzeit
Tmax = pi/w0(1)/sqrt(1-d(1)^2);
% 2%-Zeit
T2pz = -1/w0(1)/d(1)*log(0.02*sqrt(1-d(1)^2));
% Zeit bis zum erstmaligen Erreichen des stationären Endwerts
T1 = (pi-acos(d))/we;
% Sprungantwort
[y,t] = step(G);
% Einhüllende
Eh = w0(1)/we*exp(-d(1)*w0(1)*t);
Ehp = 1+Eh;
Ehm = 1-Eh;
tdh = [0 max(t)];
y098 = [0.98 0.98]; y102 = [1.02 1.02];
plot(t,Ehp,':k',t,Ehm,':k',t,y,'k',tdh,y098,':k',...
    tdh,y102,':k'), hold on
% Eingrenzen der x- und y-Achse
axis([0 1.5 0 2])
```

```
% Bildüberschrift
title(['Übergangsfunktion eines Schwingungsgliedes'...
    ' mit d = 0,2 und \omega_0 = 20 s^-^1'])
% Grenzwerte der x- und y-Achse
xt1 = get(gca,'xlim');
yt1 = get(gca,'ylim');
% Beschriftung der x- und y-Achse
text(xt1(1)-0.15,yt1(2),'h(t)')
text(xt1(2)+0.05,yt1(1)-.07,'t [s]')
% Beschriftung der Einhüllenden
text(0.55,1.15,'1+\omega_0/\omega_e*exp(-d*\omega_0*t)')
text(0.55,0.82,'1-\omega_0/\omega_e*exp(-d*\omega_0*t)')
% Eintragen der Werte für die Einschwingzeit
yTmax = 1-w0/we*exp(-d*w0*Tmax)*sin(we*Tmax+acos(d));
tTmax = [Tmax Tmax];
plot(tTmax,[yt1(1) yTmax],'-.k')
text(Tmax-0.02,yt1(1)-0.15,'T_m_a_x')
% Eintragen der Werte für die 2%-Zeit
tT2pz = [T2pz T2pz];
plot(tT2pz,[yt1(1) 0.98],'k-.')
text(T2pz-0.02,yt1(1)-0.15,'T_2_%')
% Eintragen der Werte für die T1-Zeit
text(Tmax+0.01,1.575,'1+\Deltah')
plot([T1 T1],[yt1(1) 1],':k')
text(T1-0.02,yt1(1)-0.15,'T_1')
% Eintragen der Werte für die Te-Zeit
plot([T1+Te T1+Te],[yt1(1) 1],':k')
text(T1+Te-0.05,yt1(1)-0.15,'T_e+T_1')
% Ende des Beispiels 8.1
```

Lösungen zum Beispiel 8.1

```
Ausgangsgröße im Frequenzbereich
Y(s) =                              G(s) =
   (400 U(s))                       Transfer function:
 ------------------                       400
   2                                ------------------
 (s  + 8 s + 400)                   s^2 + 8 s + 400
```

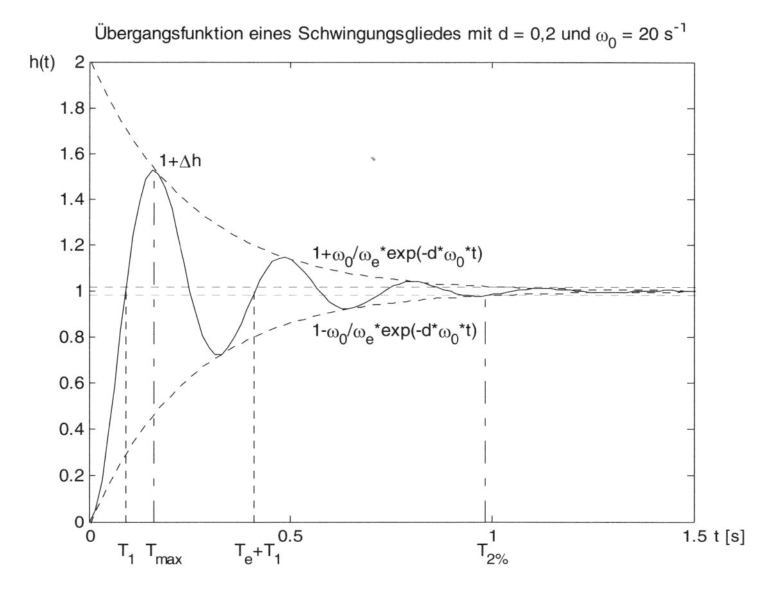

Abb. 8.2 *Übergangsfunktion eines Schwingungsgliedes mit ihren charakteristischen Werten*

8.2 Stationäre Verstärkung mit der M-function dcgain

Die stationäre Verstärkung V ist der Wert, den ein stabiles System einnimmt, wenn es nach einer Sprungstörung wieder in einen stationären Zustand eingetreten ist.

Wie in Kapitel 8.1.5 beschrieben, ist die Antwort eines Systems auf einen Einheitssprung, die Übergangsfunktion $h(t)$:

$$h(t) = \mathcal{L}^{-1}\{H(s)\} = \mathcal{L}^{-1}\left\{G(s)\frac{1}{s}\right\} \tag{8.10}$$

Mit Hilfe des Endwertsatzes der Laplacetransformation lässt sich dies wie folgt beschreiben:

$$V = \lim_{t\to\infty} h(t) = \lim_{s\to 0} s\,G(s)\frac{1}{s} = \lim_{s\to 0} G(s) \tag{8.11}$$

bzw. bei der Darstellung der Übertragungsfunktion in der Polynomform:

$$G(s) = \frac{b_m\,s^m + \ldots + b_1\,s + b_0}{s^n + \ldots + a_1\,s + a_0} = V\,\frac{\frac{b_m}{b_0}\,s^m + \ldots + \frac{b_1}{b_0}\,s + 1}{\frac{1}{a_0}\,s^n + \ldots + \frac{a_1}{a_0}\,s + 1} \tag{8.12}$$

mit $V = b_0/a_0$.

Im Falle der Beschreibung eines Systems durch Zustandsgleichungen:

$$\begin{aligned}\dot{\mathbf{x}}(t) &= \mathbf{A}\,\mathbf{x}(t) + \mathbf{B}\,\mathbf{u}(t)\\ \mathbf{y}(t) &= \mathbf{C}\,\mathbf{x}(t) + \mathbf{D}\,\mathbf{u}(t)\end{aligned} \tag{8.13}$$

ergibt sich die Matrix der stationären Verstärkungen für:

$$\dot{\mathbf{x}}(\to\infty) \quad \text{und} \quad \mathbf{u}(\mathrm{t}) = \boldsymbol{\sigma}(t) \quad (t\to\infty) \tag{8.14}$$

zu:

$$\mathbf{V} = -\mathbf{C}\,\mathbf{A}^{-1}\,\mathbf{B} + \mathbf{D} \tag{8.15}$$

Eigenschaft von *dcgain*:
Berechnet die stationäre Verstärkung für ein stabiles System.
Syntax:

V = dcgain(System)

Beschreibung:
System kann durch eine Übertragungsfunktion oder ein Zustandsmodell beschrieben sein. Für ein Zustandsmodell liefert die M-function eine Matrix vom Typ (*r*,*m*) mit dem zu jedem Wertepaar – Ausgang *r* / Eingang *m* – gehörenden Wert der stationären Verstärkung entsprechend Gleichung (8.15). Für den Fall der Übertragungsfunktion liefert *dcgain* ein Ergebnis entsprechend Gleichung (8.11).

Beispiel 8.2
Gesucht ist die stationäre Verstärkung der Übertragungsfunktion des Ankerstromes zur Ankerspannung des im Kapitel 5.4 behandelten Regelkreises mit der Gleichung (8.11) und mit der M-function *dcgain*. Die Übertragungsfunktion wird mit G = mod_rk('GLU') gefunden.

Lösung:

$$V = \lim_{t\to\infty} h(t) = \lim_{s\to 0} \frac{1{,}006\,s^3 + 1{,}128\,s^2 - 12{,}94\,s - 5{,}751}{s^3 + 12\,s^2 + 64\,s + 128} = \frac{-5{,}751}{128} = -0{,}0449$$

```
>> MG = rk_lzrf('MGm');
>> G = MG(3,1)
Transfer function:
1.006 s^3 + 1.128 s^2 - 12.94 s - 5.751
--------------------------------------------
     s^3 + 12 s^2 + 64 s + 128
```

```
>> V = dcgain(G)
V =
  -0.0449
```

Die Ergebnisse stimmen überein.

Beispiel 8.3
Für den unter Kapitel 5.2 behandelten Antrieb sind die stationären Endwerte unter Verwendung der mit der function *antrieb* berechneten Zustandsgleichungen unter Nutzung der Gleichung (8.15) und der M-function *dcgain* zu ermitteln.

Lösung:

```
>> ZA = antrieb;
>> V = dcgain(ZA)
V =
      -0.16      -6.41      0.39
       0.39      15.36      0.06
     -61.18   -2390.04    146.67
      -0.01      -1.54      0.02
>> [n,m] = size(B)
n =
       2.00
m =
       3.00
```

```
>> [A,B,C,D] = ssdata(ZA);
>> V = -C*A^-1*B+D
V =
      -0.16      -6.41      0.39
       0.39      15.36      0.06
     -61.18   -2390.04    146.67
      -0.01      -1.54      0.02
>> [r,n] = size(C)
r =
       4.00
n =
       2.00
```

Das Zustandsmodell des Antriebs hat $m = 3$ Eingangsgrößen und $r = 4$ Ausgangsgrößen, so dass die sich ergebende V-Matrix vom Typ $(r,m) = (4,3)$ ist.
Die Ergebnisse stimmen überein.

8.3 Eigenschaften der Systemmatrix A

Im Zusammenhang mit der Untersuchung dynamischer Systeme im Zustandsraum und dem Lösen der Vektor-Matrix-Differenzialgleichung spielen die Eigenschaften der Systemmatrix **A** eine wesentliche Rolle.

Die Lösung der oben angeführten Differenzialgleichung liefert nicht nur die zeitlichen Verläufe der Zustandsgrößen sondern auch tiefere Einsichten in die dynamischen Eigenschaften von Systemen.
Ausgangsbeziehung ist die wiederholt angeführte Zustandsgleichung:

$$\dot{\mathbf{x}}(t) = \mathbf{A}\,\mathbf{x}(t) + \mathbf{B}\,\mathbf{u}(t) \quad \text{mit} \quad \mathbf{x}(0) = \mathbf{X}_0 \tag{8.16}$$

Aus der Erfahrung ist bekannt, dass sich ihre Lösungen aus:

- der freien ungestörten Bewegung oder Eigenbewegung für $\mathbf{u}(t) = \mathbf{0}$
- und der erzwungenen Bewegung für $\mathbf{u}(t) \neq \mathbf{0}$

zusammensetzen. Es gilt somit:

$$\mathbf{x}(t) = \mathbf{x}_f(t) + \mathbf{x}_e(t) \tag{8.17}$$

Im weiteren Verlauf treten immer wieder Begriffe wie *charakteristische Matrix, charakteristisches Polynom, charakteristische Gleichung, Eigenwert* und *Eigenvektor* auf, die in den nachfolgenden Abschnitten behandelt werden.

8.3.1 Lösungsansatz für die Eigenbewegung des Systems

An Hand des Lösungsansatzes für die Eigenbewegung des ungestörten Systems sollen die oben angeführten Begriffe beschrieben werden.
Aus $\mathbf{u}(t) = \mathbf{0}$ folgt:

$$\dot{\mathbf{x}}(t) = \mathbf{A}\,\mathbf{x}(t) \quad \Rightarrow \quad \mathbf{x}_f(t) \tag{8.18}$$

Mit dem Lösungsansatz:

$$\mathbf{x}_f(t) = \mathbf{K}\,\mathbf{e}^{st} \quad \text{und} \quad \dot{\mathbf{x}}_f(t) = s\,\mathbf{K}\,\mathbf{e}^{st} \tag{8.19}$$

dem Einführen der Einheitsmatrix $\mathbf{I}$ und dem Ausklammern von $\mathbf{K}$ kann die Gleichung (8.18) wie folgt geschrieben werden:

$$(s\,\mathbf{I} - \mathbf{A})\mathbf{K} = \mathbf{0} \tag{8.20}$$

Der in Gleichung (8.20) enthaltene Ausdruck:

$$(s\mathbf{I} - \mathbf{A}) = [s\mathbf{I} - \mathbf{A}] \tag{8.21}$$

wird als *charakteristische Matrix* der Systemmatrix $\mathbf{A}$ bezeichnet. $\mathbf{K}$ ist eine Matrix, die aus n Spaltenvektoren $\mathbf{k}_i$:

$$\mathbf{K} = \begin{bmatrix} \uparrow & \uparrow & \cdots & \uparrow \\ \mathbf{k}_1 & \mathbf{k}_2 & \cdots & \mathbf{k}_n \\ \downarrow & \downarrow & \cdots & \downarrow \end{bmatrix} = \begin{bmatrix} k_{11} & k_{12} & \cdots & k_{1n} \\ k_{21} & k_{12} & \cdots & k_{2n} \\ \vdots & \vdots & \ddots & \vdots \\ k_{n1} & k_{n2} & \cdots & k_{nn} \end{bmatrix} \tag{8.22}$$

gebildet wird. Die zum i-ten Eigenwert $s = p_i$ gehörende Lösung von $(s\mathbf{I} - \mathbf{A}) = 0$ hat die Form:

$$\mathbf{k}_i = \tau_i\,\mathbf{r}_i \tag{8.23}$$

Die Vektoren $\mathbf{k}_i$ setzen sich aus einer beliebigen von null verschiedenen reellen Zahl τ_i und dem Eigenvektor $\mathbf{r}_i$ zusammen [Göldner-1982] und [KE-Mathe-1977]:

$$\mathbf{K} = \mathbf{R}\,\boldsymbol{\tau} = \begin{bmatrix} r_{11} & r_{12} & \cdots & r_{1n} \\ r_{21} & r_{12} & \cdots & r_{2n} \\ \vdots & \vdots & \ddots & \vdots \\ r_{n1} & r_{n2} & \cdots & r_{nn} \end{bmatrix} \begin{bmatrix} \tau_1 & 0 & \cdots & 0 \\ 0 & \tau_2 & \cdots & 0 \\ \vdots & \vdots & \ddots & \vdots \\ 0 & 0 & \cdots & \tau_n \end{bmatrix} \tag{8.24}$$

Weiterhin besteht zwischen dem i-ten Eigenwert p_i und dem zu ihm gehörenden Eigenvektor $\mathbf{r}_i$ der folgende Zusammenhang [Göldner_2-1982]:

$$p_i\,\mathbf{r}_i = \mathbf{A}\,\mathbf{r}_i \tag{8.25}$$

Aus diesem Zusammenhang folgt obige Gleichung in Form einer Vektor-Matrix-Gleichung für den Eigenwert p_i:

$$\begin{bmatrix} p_i - a_{11} & -a_{12} & \cdots & -a_{1n} \\ -a_{21} & p_i - a_{22} & \cdots & -a_{2n} \\ \vdots & \vdots & \ddots & \vdots \\ -a_{n1} & -a_{n2} & \cdots & p_i - a_{nn} \end{bmatrix} \begin{bmatrix} \uparrow \\ \mathbf{k}_i \\ \downarrow \end{bmatrix} = \left[s\,\mathbf{I} - \mathbf{A}\right]\tau_i \begin{bmatrix} \uparrow \\ \mathbf{r}_i \\ \downarrow \end{bmatrix} = \mathbf{0} \tag{8.26}$$

Die Vektor-Matrix-Gleichung ist ein homogenes Gleichungssystem für die Komponenten von **K**. Die spaltenweise Anordnung der Eigenvektoren $\mathbf{r}_i$ liefert die Matrix der *Rechtseigenvektoren*:

$$\mathbf{R} = \left[\mathbf{r}_1 \quad \mathbf{r}_2 \quad \ldots \quad \mathbf{r}_n\right] \tag{8.27}$$

Dieses Gleichungssystem ist genau dann erfüllt, wenn für die Determinante der charakteristischen Matrix (s**I** – **A**) gilt:

$$P_c\left(\mathbf{A}\right) = \det\left(s\,\mathbf{I} - \mathbf{A}\right) = \left|s\,\mathbf{I} - \mathbf{A}\right| = \mathbf{0} \tag{8.28}$$

P_c(A) ist ein Polynom n-ten Grades in s. Im Zusammenhang mit der Systemmatrix **A** folgt:

- Das charakteristische Polynom

$$P_c\left(\mathbf{A}\right) = s^n + a_{n-1}\,s^{n-1} + \cdots + a_2\,s^2 + a_1\,s + a_0 \tag{8.29}$$

- Die charakteristische Gleichung

$$P_c\left(\mathbf{A}\right) = 0$$

  für die der Satz von Cayley-Hamilton[83] besagt:
  *Jede quadratische Matrix **A** genügt ihrer eigenen charakteristischen Gleichung, d. h.:*

$$P_c\left(\mathbf{A}\right) = \mathbf{A}^n + a_{n-1}\,\mathbf{A}^{n-1} + \cdots + a_1\,\mathbf{A} + a_0\,\mathbf{I} = \mathbf{0} \tag{8.30}$$

- Die Eigenwerte *pi*
  als Wurzeln der charakteristischen Gleichung (8.30).
- Der Eigenvektor $\mathbf{r}_i$ oder der charakteristische Vektor
  wenn p_i ein Eigenwert von **A** ist und ein oder mehrere linear unabhängige Vektoren $\mathbf{r}_i \neq 0$ existieren, die die Gleichung (8.26) erfüllen.

---

[83] Hamilton, William Rowan, seit 1835 Sir, *4.8.1805 Dublin †12.9.1865 Dunsik, Mathematiker und Physiker; Cayley vgl. Fußnote [24]

Die Systemmatrix **A** bestimmt die dynamischen Eigenschaften des Systems. Mit der Kenntnis der Rechtseigenvektoren nach Gleichung (8.27) und den Eigenwerten p_i ist der Anteil der freien Bewegung an der Gesamtbewegung, bis auf die Werte von τ_i, bestimmt:

$$\mathbf{x}_f(t) = \begin{bmatrix} x_{1f}(t) \\ x_{2f}(t) \\ \vdots \\ x_{nf}(t) \end{bmatrix} = \mathbf{K}\,\mathbf{e}^{st} = \mathbf{R}\,\boldsymbol{\tau}\,\mathbf{e}^{st}$$

bzw.

$$\mathbf{x}_f(t) = \tau_1\,\mathbf{r}_1\,e^{s_1 t} + \tau_2\,\mathbf{r}_2\,e^{s_2 t} + \cdots + \tau_n\,\mathbf{r}_n\,e^{s_n t} \tag{8.31}$$

Die Gleichung (8.31) kann ganz allgemein wie folgt geschrieben werden:

$$\mathbf{x}_f(t) = e^{\mathbf{A}t}\,\mathbf{x}_0 = \mathbf{\Phi}(t)\,\mathbf{x}_0 \tag{8.32}$$

$\Phi(t)$ wird als *Fundamental*- oder Übergangsmatrix bezeichnet. Sie beschreibt den Übergang vom Anfangszustand in einen beliebigen Zustand des Systems.

8.3.2 Poly, roots und eig zur Berechnung von Systemgrößen

Eigenschaft von *poly*:
Berechnet aus einer Matrix bzw. einem Vektor das charakteristische Polynom.
Syntax:

```
Pc = poly(A)
Pc = poly(Ew)
```

Beschreibung:
Die M-function *poly* berechnet für eine quadratische Matrix **A** vom Typ (n,n) bzw. aus einem Vektor **E***w* vom Typ $(n,1)$ von n Eigenwerten einen Vektor vom Typ $(1,n+1)$ dessen Elemente die Koeffizienten des charakteristischen Polynoms nach Gleichung (8.28) bzw. (8.29) sind.

Eigenschaft von *roots*:
Berechnet die Wurzeln, d. h. Nullstellen bzw. Pole, eines Polynoms.
Syntax:

```
w = roots(P)
```

Beschreibung:
Die M-function *roots* gibt den Spaltenvektor **w** aus, der die Wurzeln des Polynoms P enthält.

Eigenschaft von *eig*:
Berechnet die Eigenwerte und Eigenvektoren einer Matrix.
Syntax:

```
[R,Ad] = eig(A)
Po = eig(A)
```

Beschreibung:
Die M-function *eig* gibt die Matrix **R** der Rechtseigenvektoren und die Matrix $\mathbf{A}_d$ aus. Die Matrix $\mathbf{A}_d$ enthält in Diagonalform die gesuchten Eigenwerte, so dass sie auch als Diagonalmatrix bezeichnet wird. Mit „Po = eig(A)“ werden nur die Eigenwerte der quadratischen Matrix **A** ausgegeben. Dieses Kommando ist eine Stammfunktion. Sein Anwendungsbereich ist größer als hier angegeben.

Beispiel 8.4

Für das Inverse Pendel nach Kapitel 5.3 sind aus der Systemmatrix das charakteristische Polynom, die Eigenwerte und Eigenvektoren zu berechnen. Die Systemmatrix ergibt sich mit Hilfe der function *ipendel.*

Lösung:

```
% Berechnungen zum Beispiel 8.4
% Zustandsmodell des inversen Pendels
[A,B,C,D] = ipendel;
% charakteristisches Polynom mit 'poly'
Pc = poly(A);
disp('            ')
disp('                    Lösungen zum Beispiel 8.4')
disp('Das charakteristische Polynom mit ''poly'':')
fprintf(['Pc = s^4 + %1.2f s^3 + %1.2f s^2 - %1.2f s '...
    '+ %1.0f\n'], abs(Pc(2:5)))
fprintf('\n')
% Pole mit 'roots' aus der charakteristischen Gleichung
% und mit 'esort' sortiert
Po = esort(roots(Pc));
% Eigenwerte mit 'eig' und mit 'esort' sortiert
Ew = esort(eig(A));
disp(['Die Pole mit ''roots'' und die Eigenwerte mit'...
    ' ''eig'' im Vergleich:'])
fprintf('Pole:       %7.4f  %7.4f  %7.4f  %7.4f\n',Po')
fprintf('Eigenwerte: %7.4f  %7.4f  %7.4f  %7.4f\n',Ew')
fprintf('\n')
% Matrix der Rechtseigenvektoren und der Eigenwerte mit 'eig'
disp(['Die Rechtseigenvektoren und die Diagonalmatrix '...
    'der Eigenwerte mit ''eig'':'])
[R,Ad] = eig(A);
disp('R =')
fprintf('\t\t%1.0f\t % 2.4f\t % 2.4f\t % 2.4f\n', R')
disp('Ad =')
fprintf('\t\t%1.5g\t %7.5g\t %7.5g\t %7.5g\n', Ad')
% Ende des Beispiels 8.4
```

Lösungen zum Beispiel 8.4
Das charakteristische Polynom mit 'poly':
Pc = s^4 + 7.47 s^3 + 9.87 s^2 - 73.11 s + 0

Die Pole mit 'roots' und die Eigenwerte mit 'eig' im Vergleich:
Pole: 3.1323 0.0000 -3.1192 -7.4830
Eigenwerte: 3.1323 0.0000 -3.1192 -7.4830

Die Rechtseigenvektoren und die Diagonalmatrix der Eigenwerte mit 'eig':

R =

0	-0.3034	0.2967	0.1061
0	-0.9504	-0.9255	-0.7939
1	0.0208	0.0719	-0.0793
0	0.0652	-0.2243	0.5934

Ad =

0	0	0	0
0	3.1323	0	0
0	0	-3.1192	0
0	0	0	-7.483

Auswertung: Das charakteristische Polynom lautet:

$$P_c(\mathbf{A}) = s^4 + 7{,}47\,s^3 + 9{,}87\,s^2 - 73{,}11\,s + 0$$

Die Eigenwerte und Pole sind identisch. Ein Pol liegt in der positiven Hälfte und einer im Ursprung der komplexen Zahlenebene. Dies ist, wie noch gezeigt wird, die Ursache dafür, dass das Inverse Pendel nicht ohne Regeleinrichtung in der Senkrechten stehen bleibt.
Auf der Hauptdiagonale von $\mathbf{A}_d$ stehen die Eigenwerte. Da sie alle reell sind, müssen die restlichen Koeffizienten null sein. Die Matrix **R** wird im weiteren Verlauf als Transformationsmatrix verwendet.

8.4 Stabilität linearer Systeme

Eines der wichtigsten Kriterien für die Beurteilung eines dynamischen Systems ist sein Stabilitätsverhalten. Allgemein kann dies wie folgt ausgedrückt werden:

Ein lineares System ist stabil, wenn es nach einer beschränkten Erregung mit einer beschränkten Bewegung am Ausgang reagiert oder in den ursprünglichen Zustand zurückkehrt. Tritt keines der beiden Verhalten ein, ist das lineare System instabil.

Die beschränkte Erregung kann entweder eine Anfangsauslenkung des Systems oder eine von außen auf das System wirkende Größe sein.
Eine Aussage zur Stabilität ist folglich mit der Lösung der Differenzialgleichung:

$$y^{(n)}(t) + \ldots + a_1\,\dot{y}(t) + a_0\,y(t) = b_m\,u^{(m)}(t) + \ldots + b_1\,\dot{u}(t) + b_0\,u(t) \qquad (8.33)$$

bzw. der Übertragungsfunktion:

$$G(s) = \frac{b_m\,s^m + \ldots + b_1\,s + b_0}{s^n + a_{n-1}\,s^{n-1} + \ldots + a_1\,s + a_0} \qquad (8.34)$$

die beide das Systemverhalten beschreiben, eng verbunden. Die Zeitantworten als Lösungen bestehen, wie auch unter Abschnitt 8.3 gezeigt, aus den Anteilen:

- der freien Bewegung $y_f(t)$, abhängig von den Anfangsbedingungen und
- der erzwungenen Bewegung $y_e(t)$, abhängig von der Eingangsgröße sowie ihren Anfangswerten:

$$y(t) = y_f(t) + y_e(t) \qquad (8.35)$$

Der Anteil der freien Bewegung ergibt sich aus dem homogenen Teil der die Systemdynamik beschreibenden linearen Differenzialgleichung. Die Lösungen werden für reelle bzw. konjugiertkomplexe Pole durch den Ansatz:

$$y_f(t) = C\, e^{st} \quad \text{bzw.} \quad y_f(t) = e^{\delta t}\left[C_1 \cos\omega t + C_2 \sin\omega t\right] \tag{8.36}$$

ermittelt. Die Koeffizienten C sind von den Anfangswerten:

$$y(0), \dot{y}(0), \ldots, y^{(n-1)}(0) \tag{8.37}$$

abhängig. Durch den Lösungsansatz wird der homogene Teil der Differenzialgleichung in das charakteristische Polynom – Gleichung (8.28) bzw. (8.29) – des betrachteten Systems überführt. Es stimmt mit dem Nenner der Übertragungsfunktion nach Gleichung (8.34) überein. Die Lösungen der durch *Nullsetzen* des charakteristischen Polynoms gebildeten *charakteristischen Gleichung* sind die Pole des Systems.

8.4.1 Lösungen der charakteristischen Gleichung

Die Pole können in sechs Klassen entsprechend ihrer Lage in der komplexen Zahlenebene eingeteilt werden. Damit ist es möglich, charakteristische Aussagen über den Verlauf der freien Bewegung eines Systems zu machen.

Die Abb. 8.3 liefert zu den Lösungen der charakteristischen Gleichung eines Systems, welches einer Anfangsauslenkung unterliegt, folgende Aussagen:

1. Das System strebt aperiodisch einem endlichen Wert zu und ist damit *stabil*, da gilt:

$$s < 0 \quad \Rightarrow \quad y_f(t \to \infty) = \lim_{t\to\infty} C\, e^{st} = 0 \tag{8.38}$$

2. Das System strebt periodisch einem endlichen Wert zu und ist damit *stabil*, da gilt:

$$\begin{aligned} &s = \delta \pm j\omega \\ &\delta < 0 \quad \Rightarrow \quad y_f(t \to \infty) = \lim_{t\to\infty} e^{\delta t}\left[C_1 \cos\omega t + C_2 \sin\omega t\right] = 0 \end{aligned} \tag{8.39}$$

3. Das System hat über alle Zeiten eine konstante Amplitude in der Größe der Anfangsauslenkung und ist damit *monoton grenzstabil*, da gilt:

$$s = 0 \quad \Rightarrow \quad y_f(t \to \infty) = \lim_{t\to\infty} C\, e^{st} = C \tag{8.40}$$

4. Das System führt Schwingungen mit konstanter Amplitude um die Anfangsauslenkung aus und ist damit *oszillierend grenzstabil*, da gilt:

$$s = \pm j\omega \quad \Rightarrow \quad y_f(t \to \infty) = C_1 \cos\omega t + C_2 \sin\omega t \tag{8.41}$$

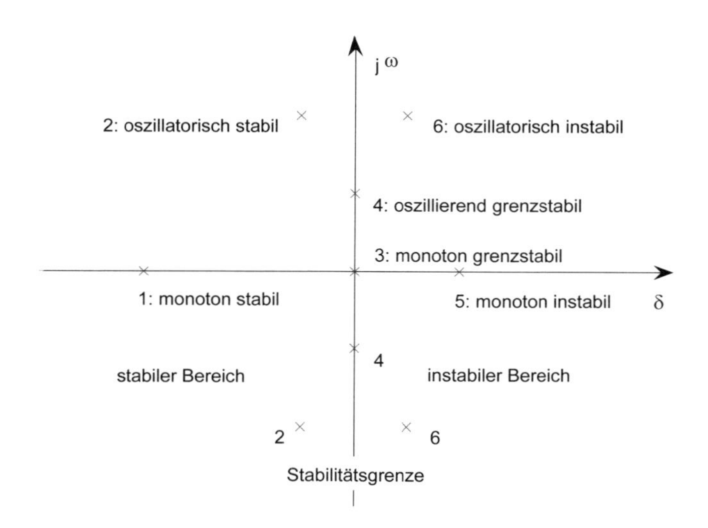

Abb. 8.3 *Die sechs möglichen Pollagen eines Systems zur Stabilitätsaussage*

5. Das System entfernt sich mit wachsender Amplitude von der Anfangsauslenkung und ist damit *monoton instabil*, da gilt:

$$s > 0 \quad \Rightarrow \quad y_f(t \to \infty) = \lim_{t \to \infty} C\, e^{s\,t} = \infty \tag{8.42}$$

6. Das System entfernt sich mit oszillierend wachsender Amplitude von der Anfangsauslenkung und ist damit *oszillatorisch instabil*, da gilt:

$$\begin{aligned} &s = \delta \pm j\omega \\ &\delta > 0 \quad \Rightarrow \quad y_f(t \to \infty) = \lim_{t \to \infty} e^{\delta t}\left[C_1 \cos\omega t + C_2 \sin\omega t\right] = \pm\infty \end{aligned} \tag{8.43}$$

Die Aussage, ob ein lineares System stabil, grenzstabil oder instabil ist, kann folglich nicht eine Frage der von außen auf das System einwirkenden Signale sein, sondern ist vielmehr im System selbst begründet.

Ein lineares dynamisches System ist asymptotisch stabil, wenn alle seine Eigenwerte – Pole – einen negativen Realteil aufweisen, d. h. $\Re e < 0$ *gilt.*

Aus systemtheoretischer Sicht entspricht der erste Fall einem PT_1-Glied, der zweite einem Schwingungsglied und der dritte Fall einem I-Glied. Durch eine Rückführung lässt sich das I-Glied in ein PT_1-Glied, also ein *stabiles* System, überführen.

Bei der im Kapitel 9 behandelten Reihenschaltung von Übertragungsgliedern und anschließender Rückkopplung, wie es bei der Bildung eines Regelkreises aus der Regelstrecke und dem Regler gewöhnlich geschieht, besteht die Gefahr, dass aus *stabilen* Einzelgliedern ein *instabiler* Regelkreis entsteht. Das Problem der möglichen Instabilität rückgekoppelter Systeme führte schon früh zu seiner Untersuchung, so z. B. durch Routh[84] (1860) [Routh-1898], Ljapunow [Ljapunow-1892], Hurwitz [Hurwitz-1895], Nyquist [Nyquist-1932] u. a.

Bis auf das Verfahren von Nyquist, welches von der Ortskurve der offenen Kette Aussagen über die Stabilität des geschlossenen Kreises macht, haben die anderen Verfahren die Differenzialgleichung bzw. ihre Koeffizienten als Grundlage zur Beurteilung des Stabilitätsverhaltens.

MATLAB stellt für die Beurteilung des Stabilitätsverhaltens die M-functions *margin*, *nyquist* und *rlocus* mit *rlocfind* zur Verfügung. Mit diesen Funktionen können die kritischen Werte bestimmt werden, die das System an die Grenze der Stabilität führen. Selbstverständlich können auch die M-functions *impulse* oder *step* sowie *eig*, *pzmap* und *roots* zur Beurteilung des Stabilitätsverhaltens genutzt werden.

8.4.2 Das Hurwitz-Kriterium

Das Hurwitz-Kriterium geht von den Koeffizienten der charakteristischen Gleichung (8.28) bzw. (8.29) aus und lautet wie folgt:
Das System (8.18) ist asymptotisch stabil, wenn:

- alle Koeffizienten $a_0 \ldots a_{n-1}$ des charakteristischen Polynoms (8.28) bzw. (8.29) positiv sind und $a_n = 1$ vorausgesetzt wird,
- der Wert der nachfolgenden Determinanten (8.44) und (8.45) größer als null ist.

$$H_n = \begin{vmatrix} a_1 & a_3 & a_5 & \cdots & \cdots & 0 \\ a_0 & a_2 & a_4 & \cdots & \cdots & 0 \\ 0 & a_1 & a_3 & \cdots & \cdots & 0 \\ 0 & \vdots & \vdots & \ddots & \vdots & \vdots \\ 0 & \cdots & \cdots & a_{n-3} & a_{n-1} & 0 \\ 0 & \cdots & \cdots & a_{n-4} & a_{n-2} & 1 \end{vmatrix} > 0 \tag{8.44}$$

$$H_1 = a_1 > 0 \qquad H_2 = \begin{vmatrix} a_1 & a_3 \\ a_0 & a_2 \end{vmatrix} > 0$$

$$H_3 = \begin{vmatrix} a_1 & a_3 & a_5 \\ a_0 & a_2 & a_4 \\ 0 & a_1 & a_3 \end{vmatrix} > 0 \quad \cdots \quad H_{n-1} > 0 \tag{8.45}$$

Das Hurwitz-Kriterium wurde im Beispiel 6.32 angewendet.

---

[84] Routh, Edward John *20.1.1831 Quebec (Canada) †7.6.1907 Cambridge (England), Mathematiker und Mechaniker

8.4.3 Von der offenen Kette zum geschlossenen Kreis

Grundlage zur Erläuterung des Zusammenhangs zwischen der offenen Kette und dem geschlossenen Kreis ist nachfolgender Signalflussplan Abb. 8.4:
Aus ihm lässt sich für die Ausgangsgröße des Regelkreises mit der Übertragungsfunktion $G_o(s)$ der offenen Kette folgende Gleichung ableiten:

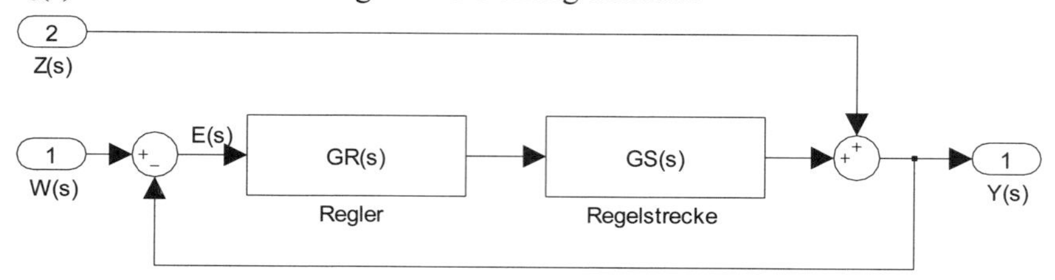

Abb. 8.4 *Regelkreis in der Standardform, Störgröße am Ausgang der Regelstrecke*

$$Y(s)=\frac{G_o(s)}{1+G_o(s)}W(s)-\frac{1}{1+G_o(s)}Z(s) \quad \text{mit} \quad G_o(s)=G_R(s)G_S(s) \tag{8.46}$$

Wird aus der Gleichung (8.46) die charakteristische Gleichung des geschlossenen Kreises:

$$1+G_o(s)=0 \tag{8.47}$$

in den Frequenzgang überführt und wie folgt umgestellt:

$$1+G_o(s=j\omega)=1+F_o(j\omega)=0 \quad \Rightarrow \quad F_o(j\omega)=-1 \tag{8.48}$$

so lässt sich die Beurteilung der Stabilität des geschlossenen Kreises auf die der offenen Kette übertragen. Da, wie oben festgestellt, die Stabilität eine dem linearen System innewohnende Eigenschaft ist, gilt nach der *Selbsterregungsbedingung* von Barkhausen[85] folgendes:

> *Ein von außen zum Schwingen angeregtes lineares System schwingt weiter, wenn die äußere Erregung entfernt und dafür das Ausgangssignal gegengekoppelt auf den Systemeingang geschaltet wird.*

Diese Aussage in einen Zusammenhang mit der Gleichung (8.48) gebracht, bedeutet, dass das geschlossene System sich an der Grenze der Stabilität befindet, wenn der dazugehörende Frequenzgang der offenen Kette '–1' ist.

Da der Frequenzgang in seine Amplitude, Gleichung (6.71), und in seine Phase, Gleichung (6.72), zerlegt werden kann, gilt:

> *Betragen bei einer offenen Kette die Amplitude des Frequenzganges* $|F_o(j\omega)| = 1$ *und die Phasendrehung* $\varphi = arg|F_o(j\omega)| = -\pi$*, dann befindet sich das dazugehörende geschlossene System, der Regelkreis, an der Grenze der Stabilität. Aus der imaginären*

---

85 Barkhausen, Heinrich Georg ∗2.12.1881 Bremen †20.2.1956 Dresden, Prof. für Schwachstromtechnik

Achse in der komplexen s-Ebene, als Grenze zur Beurteilung der Stabilität, ist der kritische Punkt $(-1, j0)$ *geworden.*

Nachfolgend werden die beiden Formen des Nyquist-Kriteriums behandelt.

8.4.4 Das Nyquist-Kriterium

Das Nyquist-Kriterium dient zur Beurteilung der Stabilität linearer Regelkreise, indem es vom Verlauf der Ortskurve – Kapitel 6.5.2 – der offenen Kette auf die Stabilität des geschlossenen Kreises schließt. Die M-function *nyquist* ist im Kapitel 6.5.3 beschrieben.

Für Übertragungsfunktionen der offenen Kette $G_0(s)$, die aus Grundgliedern entsprechend der Punkte 1 und 2 – stabile Systeme – sowie 3 – grenzstabiles System – des Abschnitts 8.4.1 gebildet sind, lautet das vereinfachte Nyquist-Kriterium, auch als *Linke-Hand-Regel* bezeichnet:

Wenn die Übertragungsfunktion der offene Kette $G_o(s)$ stabil oder grenzstabil ist[86], *dann ist für die Stabilität des zugehörigen geschlossenen Systems notwendig und hinreichend, dass beim Durchlaufen der Ortskurve von $F_o(j\omega)$ in Richtung wachsender Frequenzen* $0 \le \omega < \infty$ *der kritische Punkt* $(-1, j0)$ *links von ihr liegt.*

Das Nyquist-Kriterium macht neben der Aussage über die Art der Stabilität auch Angaben über den Stabilitätsvorrat eines im offenen Zustand stabilen Systems bezogen auf die Amplitude:

Der Amplitudenrand Am_R ist ein Maß für die relative Stabilität und berechnet sich aus dem Kehrwert des Betrages des Frequenzganges der offenen Kette für die Frequenz $\omega|_{-180°}$ bei der der Phasenwinkel $\varphi = -180°$ beträgt. Er gibt an, um welchen Faktor die Kreisverstärkung vergrößert werden kann, ehe die Stabilitätsgrenze erreicht wird.

$$Am_R = \frac{1}{\left| \left| F_o(\omega) \right|_{-180°} \right|} = \frac{1}{a} = K_{kr} \tag{8.49}$$

und über den Stabilitätsvorrat bezogen auf die Phase:

Der Phasenrand Ph_R ist ein Maß für die relative Stabilität und bezeichnet die Winkeldifferenz zwischen der negativen reellen Achse der komplexen F-Ebene und dem Punkt, an dem die Ortskurve der offenen Kette mit der Schnittfrequenz ω_s in den Einheitskreis eintritt, d. h. wo $|F_0(j\omega_s)| = 1$ wird. Er gibt an, um welchen Winkel die Phase noch in Richtung $\varphi = -180°$ verdreht werden kann, bis die Stabilitätsgrenze erreicht wird.

$$Ph_R = 180° - \left| \varphi(\omega_s) \right| \tag{8.50}$$

---

[86] Mit anderen Worten, wenn in der charakteristischen Gleichung der offenen Kette $N_o = 0$ keine Wurzeln mit positivem Realteil auftreten, wohl aber Nullwurzeln vorhanden sein können. [Popow-1958]

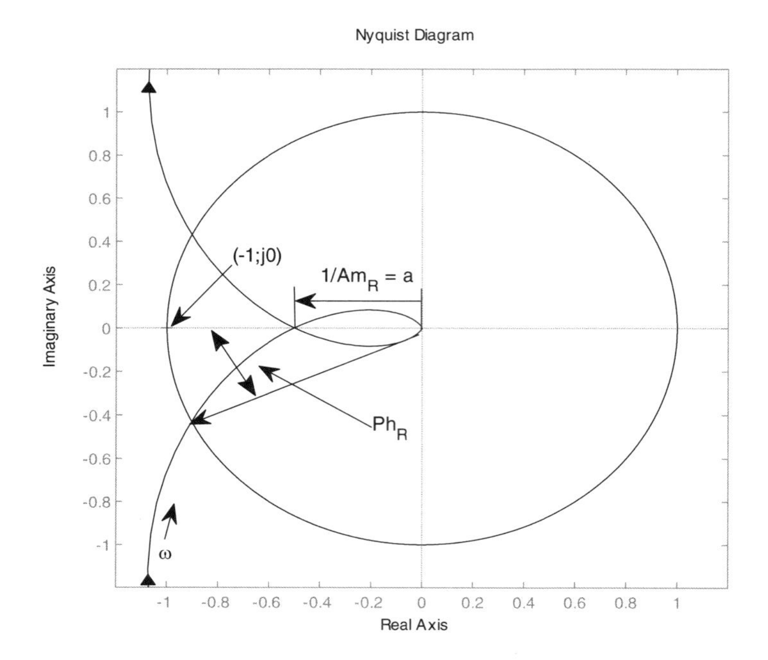

Abb. 8.5 *Phasenrand PH_R und Kehrwert des Amplitudenrandes a eines im geschlossenen Zustand stabilen Systems, dargestellt an der Ortskurve einer offenen Kette*

8.4.5 Das allgemeine Nyquist-Kriterium

Die Übertragungsfunktion $G_o(s)$ des aufgeschnittenen Regelkreises besteht aus einem gebrochenen rationalen Teil und gegebenenfalls einem Totzeitglied. Sie hat außer den Polen in der linken Hälfte der komplexen s-Ebene noch n_p Pole mit positivem Realteil und n_{im} Pole auf der imaginären Achse:

$$G_o(s) = \frac{1}{s^q} \frac{b_m s^m + \ldots + b_1 s + b_0}{a_{n-q} s^{n-q} + a_{n-(q+1)} s^{n-(q+1)} + \ldots + a_2 s^2 + a_1 s + a_0} e^{-sT_t} \quad (8.51)$$

mit $q \leq 2$, $m < n$.

Hierfür lautet das allgemeine Nyquist-Kriterium:

Die offene Kette mit der Übertragungsfunktion $G_o(s)$ mit n_p Polen mit positivem Realteil und n_{im} Polen auf der imaginären Achse führt genau dann auf einen stabilen Regelkreis, wenn der von dem kritischen Punkt $(-1, j0)$ an die Ortskurve $F_o(j\omega)$ gezogene Vektor $[1+F_o(j\omega)]$ beim Durchlaufen der Frequenz $0 \leq \omega < \infty$ die Winkeländerung $\Delta\varphi$ beschreibt.

$$\Delta\varphi = \pi\left(n_p + \frac{n_{im}}{2}\right) \quad (8.52)$$

8.4.6 Stabilitätswerte mit der M-function margin

Eigenschaft von *margin*[87]:
Berechnet Stabilitätswerte eines Systems.
Syntax:

[AmR,PhR,wa,wp] = margin(System)
[AmR,PhR,wa,wp] = margin(Am,Ph,w)

Beschreibung:
Die M-function *margin* berechnet den beim Schließen einer stabilen offenen Kette verbleibenden Amplitudenrand Am_R und Phasenrand Ph_R sowie die dazugehörenden Frequenzen des mit System gegebenen Eingrößensystems.
Ist nur die kritische Verstärkung K_{kr} gesucht, so gilt:
„Kkr = margin(System)“
Die M-function *margin* stellt bei Aufruf nur des rechts vom Gleichheitszeichen stehenden Teils, entsprechend der Darstellung im Bode-Diagramm, den Amplitudenverlauf und den Phasenverlauf getrennt dar und gibt die entsprechenden Werte an bzw. zeichnet sie ein.
Mit „[AmR,PhR,wa,wp] = margin(Am,Ph,w)“ werden der Amplituden- und Phasenrand berechnet bzw. graphisch dargestellt. Die Werte in der rechten Klammer wurden zuvor mit „[Am,Ph,w] = bode(System)“ ermittelt.

Beispiel 8.5
Der Amplituden- und Phasengang der aus der Regelstrecke:

$$G_S(s) = \frac{4}{s^3 + 6s^2 + 11s + 6}$$

und dem PI-Regler des Regelkreises, Kapitel 5.4.2, bestehenden offenen Kette ist mit der M-function *margin* darzustellen. Die Werte des Amplituden- und Phasenrandes sind anzugeben.
Lösung:

```
% Beispiel 8.5
disp('           ')
disp('                  Lösungen zum Beispiel 8.5')
% Die offene Kette des stabilisierten Inversen Pendels
GS = zpk([],[-1 -2 -3],4);
GR = rk_regler('GR');
Go = series(GS,GR);
fprintf('Go(s) ='), eval('Go')
% Das Bode-Diagramm mit dem Amplituden- und dem Phasenrand
margin(Go), grid
% Amplituden- und Phasenrand
[Kkr,PhR] = margin(Go);
disp([' Die kritische Verstärkung, entspricht dem '...
    'Amplitudenrand:'])
fprintf(' \t Kkr = %3.4f\n', Kkr)
disp(' Der dazugehörende Phasenrand:')
fprintf(' \t PhR = %3.4f°\n', PhR)
% Ende des Beispiels 8.5
```

---

[87] siehe auch die M-function *allmargin*!

Lösungen zum Beispiel 8.5

```
Go(s) =
Zero/pole/gain:
   20 (s+0.44)
----------------------
s (s+1) (s+2) (s+3)
```

Die kritische Verstärkung, entspricht dem Amplitudenrand:
Kkr = 2.2995
Der dazugehörende Phasenrand:
PhR = 29.8414°

- Für den Amplitudenrand gelten folgende Zusammenhänge:

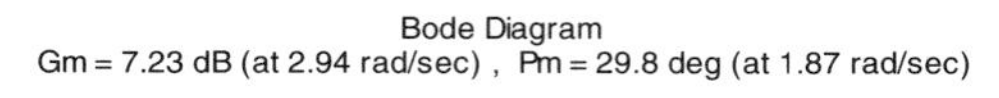

$$G_m = 20\lg(Am_R) = 7,23\,dB \quad \Rightarrow \quad Am_R = 10^{(G_m/20)} = 10^{0,3615} = 2,2988$$

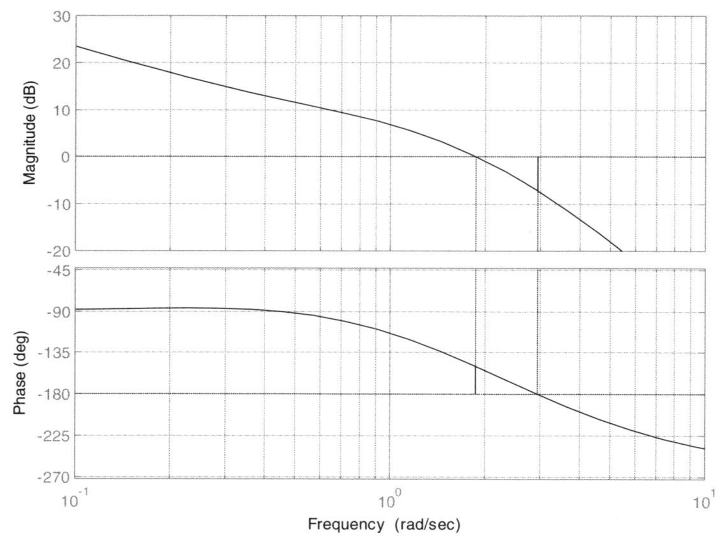

Abb. 8.6 Bode-Diagramm einer offenen Kette mit den Werten des Amplituden- und Phasenrandes, Beispiel 8.5

Beispiel 8.6

Das im Kapitel 5.1 behandelte System Stab-Wagen ist mit Hilfe des allgemeinen Nyquist-Kriteriums dahingehend zu untersuchen, ob durch eine negative Rückführung des Wegsignals auf die am Eingang wirkende Kraft, das System stabilisiert werden kann.

Zur graphischen Darstellung ist die M-function *margin* zu verwenden.

Lösung:

```
% Beispiel 8.6
disp('              ')
disp('                      Lösungen zum Beispiel 8.6')
% Zustandsmodell des Systems Stab-Wagen
ZM = stawa;
% Eigenwerte mit eig und mit esort sortiert als Zeilenvektor
Po = esort(eig(ZM.a))';
disp('Die Pole des Systems:')
fprintf(' %7.4f  %7.4f  %7.4f  %7.4f\n',Po)
% Für die Stabilisierung notwendige Winkeländerung
nim = 1; % 1 Pol im Ursprung
np  = 1; % 1 Pol in der rechten Halbebene
dphi = 180*(np + nim/2);
disp(['Die notwendige Winkeländerung für eine '...
    'erfolgreiche Stabilisierung'])
fprintf('des Systems Stab-Wagen beträgt: %1.0f°!\n',dphi)
% Zustandsmodell mit nur dem Weg als Ausgangsgröße
C = ZM.c(3,:); D = ZM.d(3,:);
set(ZM,'c',C,'d',D)
% Bode-Diagramm des im offenen Zustand instabilen Systems
margin(ZM)
% Ende des Beispiels 8.6
```

Lösungen zum Beispiel 8.6
Die Pole des Systems:
3.2434 0.0000 -0.0905 -3.8172
Die notwendige Winkeländerung für eine erfolgreiche Stabilisierung
des Systems Stab-Wagen beträgt: 270°!

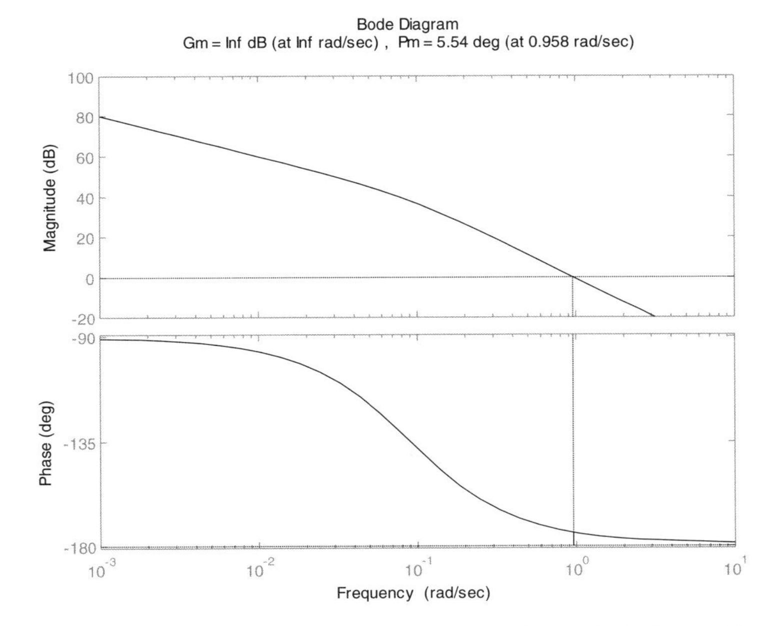

Abb. 8.7 *Instabiles offenes System, welches durch eine einfache Rückführung nicht stabilisiert werden kann*

Das System besitzt folgende Pole:

$$\begin{bmatrix} p_1 & p_2 & p_3 & p_4 \end{bmatrix} = \begin{bmatrix} 3{,}2434 & 0 & -0{,}0905 & -3{,}8172 \end{bmatrix}$$

Die Pole p_3 und p_4 befinden sich in der linken Halbebene. Der Pol p_2 liegt im Ursprung, er liefert $n_{im} = 1$. Der Pol p_1 liegt rechts von der imaginären Achse, er liefert $n_p = 1$. Das System ist also im offenen Zustand instabil. Die Winkeländerung muss:

$$\Delta\varphi = 270°$$

betragen, damit das geschlossene System durch die Rückführung stabilisiert werden kann. Wie die Auswertung des in Abb. 8.7 gezeigten Bode-Diagramms ergibt, beträgt in dem Bereich $0 \leq \omega < \infty$ mit $-90° \leq \varphi \leq -180°$ die Winkeländerung $\Delta\varphi(\omega) = 90°$. Somit kann die instabile offene Kette durch die o. a. negative Rückführung nicht stabilisiert werden!

8.4.7 Stabile offene Systeme mit Totzeit

Für stabile offene Systeme mit Totzeit gilt:

> *Ein System mit Totzeit, dessen offene Kette stabil ist, wird als geschlossenes System ebenfalls stabil sein, wenn die Ortskurve des Frequenzganges der offenen Kette mit wachsender Frequenz ω den kritischen Punkt* $(-1, j0)$ *nicht umfasst, d. h. ihn links liegen lässt. Linke-Hand-Regel.*

Beispiel 8.7

Im Beispiel 3.4 des Kapitels 3.4.4 wurde für ein PT_1-Glied mit einer Totzeit $T_t = 0{,}5\ s$ und einer Verzögerungszeitkonstante $T_1 = 0{,}15\ s$ die stationäre Verstärkung für den Fall ermittelt, dass die Ortskurve den kritischen Punkt $(Re;Im) = (-1;j0)$ durchläuft, was einem Betrag von $|F| = 1$ und einer Phase von $\varphi = -180°$ entspricht. Der kritische Wert ergab sich zu $V_{kr} = 1{,}25$ bei einer Kreisfrequenz $\omega_k = 4{,}997\ s^{-1}$. Für diesen sowie für die zwei zusätzlichen Werte $V = 1{,}0$ und $V = 1{,}5$ sind die Ortskurven graphisch darzustellen. Die Ergebnisse sind auszuwerten.

Lösung:

Gegeben ist die Übertragungsfunktion eines PT_1-Gliedes mit einem Totzeitglied in der Zeitkonstantenform:

$$G_{PTt}(s) = \frac{V}{1 + T_1 s} e^{-T_t s}$$

Für:

$$s = \delta + j\omega \quad \text{mit } \delta = 0 \qquad s \to j\omega$$

ergibt sich aus der Übertragungsfunktion $G(s)$ der Frequenzgang:

$$F_{PTt}(j\omega) = \frac{V}{1 + T_1 j\omega} e^{-T_t j\omega}$$

Die Erweiterung der o. a. Gleichung mit:

$$\frac{1-T_1 j\omega}{1-T_1 j\omega}$$

liefert den komplexen Frequenzgang, aufgespalten in seinen Realteil und seinen Imaginärteil:

$$F_{PTt}(j\omega) = \frac{V}{1+(T_1\omega)^2} e^{-T_t j\omega}(1-T_1 j\omega)$$

Wird der Totzeitanteil in der o. a. Gleichung durch die Eulersche Formel ersetzt:

$$e^{-T_t j\omega} = \cos(T_t\omega) - j\sin(T_t\omega)$$

so folgt der durch seinen Realteil und Imaginärteil beschriebene komplexe Frequenzgang:

$$\begin{aligned} F_{PTt}(j\omega) = & \frac{V}{1+(T_1\omega)^2}\left[\cos(T_t\omega) - T_1\omega\sin(T_t\omega)\right] \\ & -\frac{V}{1+(T_1\omega)^2}\left[\sin(T_t\omega) + T_1\omega\cos(T_t\omega)\right] j \end{aligned}$$

Für das Totzeitglied ist der Betrag des Frequenzganges, d. h. die Amplitude, über alle Frequenzen gleich eins, siehe Kapitel 6.6.5, so dass der Betrag des Gesamtfrequenzganges dem Betrag des Frequenzganges des PT_1-Gliedes entspricht:

$$\left|F_{PTt}(j\omega)\right| = K\frac{\sqrt{\cos^2(T_t\omega) + \sin^2(T_t\omega)}}{\sqrt{1+(T_1\omega)^2}} = \frac{K}{\sqrt{1+(T_1\omega)^2}}$$

und für die Phase ergibt sich:

$$\varphi(\omega) = -T_t\omega - \arctan(T_1\omega)$$

Für die Berechnung der Realteile und Imaginärteile folgt nach der weiter oben angeführten Frequenzganggleichung:

$$Re(\omega) = \frac{K}{1+(T_1\omega)^2}\left[\cos(T_t\omega) - T_1\omega\sin(T_t\omega)\right]$$

$$Im(\omega) = -\frac{K}{1+(T_1\omega)^2}\left[\sin(T_t\omega) + T_1\omega\cos(T_t\omega)\right]$$

```
% Beispiel 8.7
% PT1-Glied mit einer Totzeit
Tt = 0.5; T1 = 0.15; Vkr = 1.25; wkr = 4.997;
V = [1 Vkr 1.5];
N = [T1 1]; G = tf(1,N);
% Frequenzvektor
w = linspace(0.001*wkr,8,1000);
% Vereinbarungen
k = 1; l = 1; Re(k,l) = 0; Im(k,l) = 0;
```

```
% Real- und Imaginärwerte für die drei Verstärkungen
for k = 1:length(V)
    for l = 1:length(w)
        Vk = V(k)/(1+(T1*w(l))^2);
        Co = cos(Tt*w(l)); Si = sin(Tt*w(l));
        Re(k,l) = Vk*(Co-T1*w(l)*Si);
        Im(k,l) = -Vk*(Si+T1*w(l)*Co);
    end
end
% Zeitvektor für den Einheitskreis
t = 0:0.01:6.3;
% Graphische Darstellung des Ergebnisses
figure(1)
plot(Re(1,:),Im(1,:),'k',Re(2,:),Im(2,:),'k',...
    Re(3,:),Im(3,:),'k',cos(t),-sin(t),'k-.')
hold on
% Ortskurve des PT1-Gliedes ohne Totzeit
nyquist(G,'k')
% Grenzwerte der x und y-Achse des aktuellen Bildes
axis([-1.5 2 -1.75 1.5])

title(['Ortskurven eines PT_1-Gliedes mit Totzeit für'...
    ' V_1 = ',num2str(V(1)),', V_k_r = ',num2str(V(2)),...
    ', V_3 = ',num2str(V(3)),', T_1 = ', num2str(T1),...
    ' s, T_t = ', num2str(Tt),' s'])
% Werte aus der figure(1) ermittelt mit:
% File -> Generate M-File...
figure1 = gcf;
% Create textarrow
annotation(figure1,'textarrow',[0.7638 0.746428571428571],...
    [0.6363 0.528571428571429],'TextEdgeColor','none',...
    'FontSize',8,...
    'String',{'V_k_r = 1,25'});

% Create textarrow
annotation(figure1,'textarrow',...
    [0.635457142857142 0.583857142857142],...
    [0.766061904761905 0.640261904761905],...
    'TextEdgeColor','none',...
    'FontSize',8,...
    'String',{'Ortskurve des PT_1-Gliedes mit V = 1'});

% Create textbox
annotation(figure1,'textbox',...
    [0.607785714285714 0.503395238095238 0.09043 0.06244],...
    'String',{'V = 1,0'},...
    'FontSize',8,...
    'FitBoxToText','off',...
    'LineStyle','none');

% Create textbox
annotation(figure1,'textbox',...
    [0.767385714285713 0.505057142857143 0.09333 0.06244],...
    'String',{'V = 1,5'},...
    'FontSize',8,...
    'FitBoxToText','off',...
    'LineStyle','none');
```

```
% Create textarrow
annotation(figure1,'textarrow',[0.2336 0.2929],...
    [0.181066666666667 0.276166666666667],...
    'TextEdgeColor','none',...
    'FontSize',8,...
    'String',{'instabil'});

% Create textarrow
annotation(figure1,'textarrow',...
    [0.748014285714284 0.700014285714284],...
    [0.232314285714286 0.364314285714286],...
    'TextEdgeColor','none',...
    'FontSize',8,...
    'String',{'grenzstabil'});

% Create textarrow
annotation(figure1,'textarrow',[0.382142857142857 0.3132],...
    [0.485714285714286 0.428571428571429],...
    'TextEdgeColor','none',...
    'FontSize',8,...
    'String',{'stabil'});

% Create textarrow
annotation(figure1,'textarrow',[0.225 0.2589],...
    [0.685714285714286 0.5214],'TextEdgeColor','none',...
    'FontSize',8,...
    'String',{'(Re;Im) = (-1;0j)'});

% Create textarrow
annotation(figure1,'textarrow',...
    [0.635457142857142 0.583857142857142],...
    [0.766061904761905 0.640261904761905],...
    'TextEdgeColor','none',...
    'FontSize',8,...
    'String',{'Ortskurve des PT_1-Gliedes mit V = 1'});
% Ende des Beispiels 8.7
```

Aus Abb. 8.8 ist mit Hilfe der Linken-Hand-Regel zu erkennen, dass ein geschlossenes System, dessen offene Kette aus einem PT_1-Glied mit Totzeitanteil besteht, durch Vergrößerung der Verstärkung bzw. der Totzeit instabil werden kann. Bekanntlich hat der geschlossene Kreis, der aus einem rückgekoppelten PT_1-Glied ohne Totzeitanteil gebildet wird, wieder PT_1-Verhalten und ist für alle Verstärkungswerte stabil.

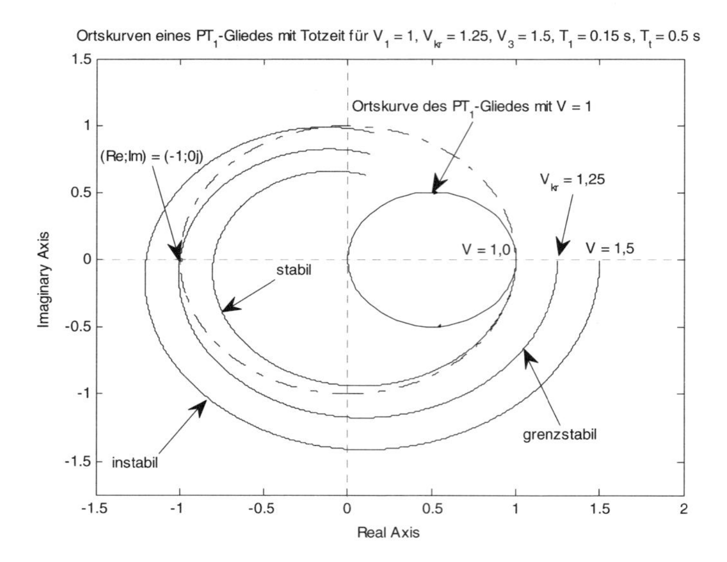

Abb. 8.8 *Lösung zum Beispiel 8.7*

Diese Zusammenhänge lassen sich auch mit der function *bode_litt* bzw. mit der M-function *nyquist* finden, wenn vorher die Übertragungsfunktion mit der M-function *tf*(Vkr,[T1 1],'iodelay',Tt) gebildet wird:

```
>> Vkr = 1.25; T1 = 0.15; Tt = 0.5;
>> G_Tt = tf(Vkr,[T1 1],'iodelay',Tt)
Transfer function:
                   1.25
exp(-0.5*s) * ------------
                0.15 s + 1
```

```
>> G_Tt = zpk(G_Tt)

Zero/pole/gain:
                  8.3333
exp(-0.5*s) * -----------
                (s+6.667)
```

Nachtrag: Die o. a. Übertragungsfunktion in der Zeitkonstantenform lässt sich wie folgt in die Pol-Nullstellen-Form umwandeln:

$$G(s) = \frac{V}{1+T\,s}e^{-T_t s} = \frac{\frac{V}{T}}{s+\frac{1}{T}}e^{-T_t s} = \frac{K}{s-p_1}e^{-T_t s}$$

8.5 Normalformen der Systemmatrix

Wie bereits im Kapitel 4.6.4 – Das Zustandsmodell – beschrieben, ist die Wahl der Zustandsgrößen nicht eindeutig. Gewöhnlich werden die Zustandsgrößen im Zusammenhang mit der theoretischen Prozessanalyse aus den Energiebilanzen abgeleitet und weisen damit einen physikalischen Charakter auf. Die so gewonnenen Zustandsgleichungen bilden die Standardform:

$$\begin{aligned}\dot{\mathbf{x}}(t) &= \mathbf{A}\,\mathbf{x}(t) + \mathbf{B}\,\mathbf{u}(t) \quad \mathbf{x}(t=0) = \mathbf{x}_0 \\ \mathbf{y}(t) &= \mathbf{C}\,\mathbf{x}(t) + \mathbf{D}\,\mathbf{u}(t)\end{aligned} \qquad (8.53)$$

Vielfach ist es wünschenswert Zustandsgleichungen in einer anderen, für den entsprechenden Einsatzfall günstigeren, als der Standardform darzustellen. Dies erfordert eine Transformation der gegebenen Zustandsgleichungen in die gewünschte Form, was voraussetzt, dass geeignete Transformationsverfahren gegeben sind. Die so gewonnenen neuen Formen der Darstellung des Zustandes werden als Normalformen bezeichnet.

Die Transformation der Zustandsgleichungen in eine Normalform lässt aus den ursprünglichen Zustandsgrößen neue Zustandsgrößen entstehen. Dies ist auch verständlich, denn von den Eingangsgrößen, Zustandsgrößen und Ausgangsgrößen des Systems sind nur die Zustandsgrößen nicht eindeutig bestimmt, also weitestgehend frei wählbar. Grundlage dieser Untersuchungen sind die in der Standardform mit Gleichung (8.53) vorliegenden Vektor-Matrix-Differenzialgleichungen und Vektor-Matrix-Ausgangsgleichungen des Zustandsmodells. Sie beschreiben ein lineares, zeitinvariantes System vollständig.

Nachfolgend werden die Diagonalform sowie die Regelungsnormalform und Beobachtungsnormalform behandelt, dem schließt sich ein gemeinsames Beispiel an.

8.5.1 Die Diagonalform der Zustandsgleichungen

Die Systemmatrix A

Wenn es gelingt, eine reelle quadratische Matrix **A** durch eine nichtsinguläre Transformationsmatrix in eine Diagonalmatrix zu überführen, dann gehört die Systemmatrix **A** als Spezialfall zur Klasse der diagonalähnlichen Matrizen.

Dies ist immer dann möglich, wenn **A** keine mehrfachen Eigenwerte besitzt. In der numerischen Mathematik und in den hier behandelten technischen Anwendungen gibt es keine scharfe Grenze zwischen den Fällen einfacher und mehrfacher Eigenwerte. Durch kleine Änderungen an den Elementen a_{ij} der Systemmatrix kann diese in eine Matrix mit einfachen Eigenwerten übergehen. Damit kann der bei technischen Anwendungen höchst seltene Fall von mehrfachen Eigenwerten überführt werden in eine Systemmatrix mit dicht benachbarten Eigenwerten [Faddejew[88]/Faddejewa[89]-1964].

---

[88] Faddejew, Dmitrij Konstantinowitsch *30.06.1907 Juchnow †20.10.1998 Leningrad, Mathematiker, siehe [89]

[89] Faddejewa, geb. Samjatina, Wera Nikolajewna *20.09.1906 Tambow †1983, Mathematikerin, Ehefrau von [88]

Die Änderungen an den Elementen der Systemmatrix sind sicher bei der Vielzahl von Koeffizienten aus denen sie zusammengesetzt sind, ohne Qualitätsverlust möglich.
Durch die geringfügige Veränderung eines oder mehrerer Elemente a_{ij} der Systemmatrix ändern sich die Koeffizienten der zu **A** gehörenden charakteristischen Gleichung und damit ihre Eigenwerte.
Liegt also der gewöhnlich anzunehmende Fall vor, dass die in der Standardform vorliegende Systemmatrix **A** nur verschiedene Eigenwerte besitzt, dann existiert stets eine nichtsinguläre Matrix mit der die Systemmatrix in eine Diagonalform transformiert werden kann. Als Transformationsmatrix, die diese Bedingungen erfüllt, ergibt sich die bereits weiter oben behandelte Matrix der Rechtseigenvektoren **R** nach Gleichung (8.27), auch als *Modalmatrix* bezeichnet.
Mit Hilfe der Modalmatrix **R** und ihrer Inversen $\mathbf{R}^{-1}$, gebildet aus den Linkseigenvektoren, kann die Systemmatrix **A** in eine Diagonalmatrix $\mathbf{A}_d$, mit Blöcken auf der Hauptdiagonalen in denen die Eigenwerte von **A** enthalten sind, transformiert werden. Diese Matrix entspricht einem Sonderfall der Jordan[90]-Normalform welche auch als *Diagonalform* bezeichnet wird:

Die Jordan-Normalform stellt, neben noch anderen Normalformen, eine günstige Ausgangsbasis für den Entwurf von Regeleinrichtungen im Zustandsraum dar.

Transformation der Standardform in die Diagonalform

Mit der Modalmatrix **R** nach Gleichung (8.27) wird der Zustand $x(t)$ der Standardform in den Zustand $x_d(t)$ der Jordan-Normalform bzw. Diagonalform transformiert.

Mit dem Ansatz:

$$\mathbf{x}(t) = \mathbf{R}\,\mathbf{x}_d(t) \tag{8.54}$$

folgt für die Zustandsgleichungen aus (8.53):

$$\begin{aligned} \dot{\mathbf{x}}(t) &= \mathbf{R}\,\dot{\mathbf{x}}_d(t) = \mathbf{A}\,\mathbf{R}\,\mathbf{x}_d(t) + \mathbf{B}\,\mathbf{u}(t) \qquad \mathbf{x}(0) = \mathbf{R}\,\mathbf{x}_d(0) \\ \mathbf{y}(t) &= \mathbf{C}\,\mathbf{R}\,\mathbf{x}_d(t) + \mathbf{D}\,\mathbf{u}(t) \end{aligned} \tag{8.55}$$

Da **R** eine nichtsinguläre Matrix ist, existiert ihre Inverse $\mathbf{R}^{-1}$, so dass sich damit das Zustandsmodell in die Diagonalform überführen lässt:

$$\dot{\mathbf{x}}_d(t) = \mathbf{R}^{-1}\,\mathbf{A}\,\mathbf{R}\,\mathbf{x}_d(t) + \mathbf{R}^{-1}\,\mathbf{B}\,\mathbf{u}(t) \tag{8.56}$$

Mit der Systemmatrix:

$$\mathbf{A}_d = \mathbf{R}^{-1}\,\mathbf{A}\,\mathbf{R} \tag{8.57}$$

und der Eingangsmatrix:

$$\mathbf{B}_d = \mathbf{R}^{-1}\,\mathbf{B} \tag{8.58}$$

---

[90] Jordan, Marie Ennemond Camille ∗5.1.1838 Croix_Rousse †21.1.1922 Paris, Mathematiker

folgt die Vektor-Matrix-Differenzialgleichung in der Diagonalform:

$$\dot{\mathbf{x}}_d(t) = \mathbf{A}_d\,\mathbf{x}_d(t) + \mathbf{B}_d\,\mathbf{u}(t)$$

$$\begin{bmatrix} \dot{x}_{d1} \\ \dot{x}_{d2} \\ \vdots \\ \dot{x}_{dn} \end{bmatrix} = \begin{bmatrix} p_1 & 0 & \cdots & 0 \\ 0 & p_2 & \cdots & 0 \\ \vdots & \vdots & \ddots & \vdots \\ 0 & 0 & \cdots & p_n \end{bmatrix} \begin{bmatrix} x_{d1} \\ x_{d2} \\ \vdots \\ x_{dn} \end{bmatrix} + \begin{bmatrix} b_{d11} & \cdots & b_{d1m} \\ b_{d21} & \cdots & b_{d2m} \\ \vdots & \ddots & \vdots \\ b_{dn1} & \cdots & b_{dnm} \end{bmatrix} \begin{bmatrix} u_1 \\ \vdots \\ u_m \end{bmatrix} \tag{8.59}$$

Mit der Ausgangsmatrix:

$$\mathbf{C}_d = \mathbf{C}\,\mathbf{R} \tag{8.60}$$

und der unveränderten Durchgangsmatrix:

$$\mathbf{D}_d = \mathbf{D} \tag{8.61}$$

folgt die Vektor-Matrix-Ausgangsgleichung:

$$\mathbf{y}(t) = \mathbf{C}_d\,\mathbf{x}_d(t) + \mathbf{D}_d\,\mathbf{u}(t) \tag{8.62}$$

Das Ergebnis der Transformation liefert eine besonders einfache Struktur der Differenzialgleichungen, da in jeder Gleichung nur die zur Ableitung gehörende Zustandsgröße auftritt. Damit sind die einzelnen Zustände untereinander nicht verkoppelt und nur von den Eingangsgrößen abhängig. Für das entkoppelte System von Differenzialgleichungen kann jede unabhängig von den anderen gelöst werden. Die Eingangsmatrix $\mathbf{B}_d$ der Diagonalform gibt Auskunft darüber welche Zustandsgrößen von welchen der einzelnen Steuergrößen gesteuert werden können.

Von der Standard- in die Diagonalform mit der M-function canon

Eigenschaft von *canon*:
Transformiert ein in der Standardform vorliegendes Zustandsmodell in die Diagonalform.
Syntax:
ZMd = canon(ZM,'modal')

Beschreibung:
Die Kommandofolge „canon(ZM,'modal')“ überführt ein in der Standardform vorliegendes Zustandsmodell in die Diagonalform, wie durch die Gleichungen (8.59) und (8.62) beschrieben.
'modal' bezieht sich auf die im Abschnitt 8.3.1 berechnete Modalmatrix **R**, sie spiegelt die Art und Weise – Modi – des dynamischen Verhaltens eines Systems wider, womit der Einfluss jedes Eigenwertes auf das Systemverhalten beurteilt werden kann.

Beispiel 8.8

Das Zustandsmodell des Antriebs nach Kapitel 5.2 ist aus der Standardform in die Diagonalform zu überführen. Der dazugehörende Signalflussplan ist darzustellen. Für die Ermittlung der Modellmatrizen ist die function *antrieb* zu verwenden.

Lösung:

```
>> ZA = antrieb;
>> ZAm = canon(ZA,'modal')
a =
            x1            x2
   x1   -61.75             0
   x2        0   -2.169e+004

b =
            u1      u2      u3
   x1   -10.14  -395.9   24.37
   x2  -0.3814   -14.9   343.7
```

```
c =
            x1         x2
   y1   0.9993   -0.07085
   y2   -2.402      63.84
   y3    372.8     -26.43
   y4   0.0846    -0.6327
d =
        u1  u2  u3
   y1    0   0   0
   y2    0   0   0
   y3    0   0   0
   y4    0  -1   0
Continuous-time model.
```

Da das System zwei reelle Eigenwerte hat, entsprechen diese den Elementen der Hauptdiagonalen der Systemmatrix $\mathbf{A}_d$, alle übrigen Werte sind null.

Wie aus dem Signalflussplan Abb. 8.9 zu ersehen ist, wirken alle drei Eingangssignale auf die beiden Zustandsgrößen ein. Im Standardmodell wirken dagegen die Kraft $F(t)$ und das konstante Reibdrehmoment auf die erste Zustandsgröße $v(t)$ und die dritte Eingangsgröße Ankerspannung $u_a(t)$ hat lediglich Einfluss auf die zweite Zustandsgröße $i_a(t)$. Zwischen den Zuständen existiert keine Kopplung. Die Ausgangssignale sind im Gegensatz zum Standardmodell von beiden Zuständen abhängig. Wie bereits weiter oben nachgewiesen, bleibt die Durchgangsmatrix unverändert.

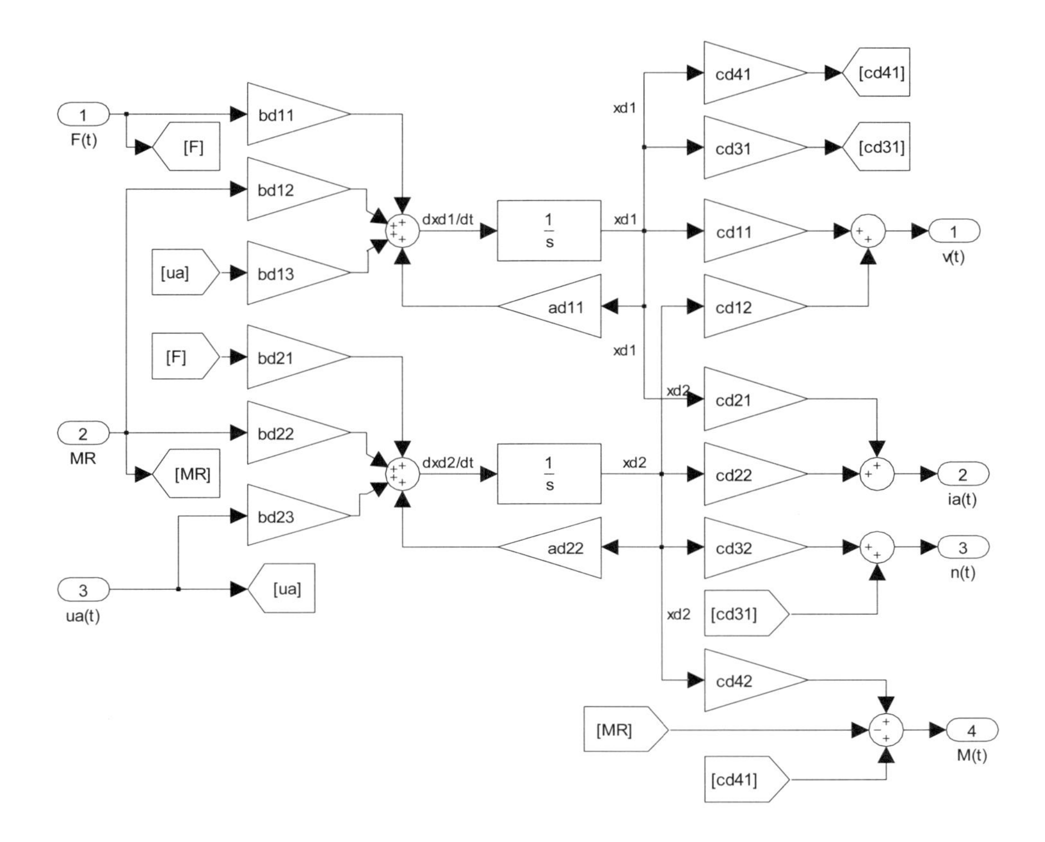

Abb. 8.9 *Signalflussplan des Antriebs in Diagonalform*

8.5.2 Regelungsnormalform für Eingrößensysteme

Die Beschreibung der Zustandsgleichungen in der Regelungsnormalform wird hier nur für Systeme mit einer Eingangsgröße behandelt, daraus folgen die Vektor-Matrix-Differenzialgleichung:

$$\dot{\mathbf{x}}_r(t) = \mathbf{A}_r\,\mathbf{x}_r(t) + \mathbf{b}_r\,u(t) \tag{8.63}$$

und die Vektor-Matrix-Ausgangsgleichung:

$$y(t) = \mathbf{c}_r\,\mathbf{x}_r(t) + d_r\,u(t) \tag{8.64}$$

Es existieren zwei grundsätzliche Möglichkeiten zum Erzeugen dieser Normalform, je nachdem ob das System als Übertragungsfunktion oder als Zustandsmodell in der Standardform vorliegt.

In der Regelungsnormalform besteht die letzte Zeile der Systemmatrix aus den negativen Koeffizienten der zur Systemmatrix **A** gehörenden Koeffizienten der charakteristischen Gleichung a_i, wenn $a_n = 1$ gilt.
Ihre Bedeutung ergibt sich aus dem Umstand, dass der Einfluss der Polverschiebung in einem Regelsystem durch ein Steuergesetz in der Form von Rückführungen der Zustandsgrößen besonders übersichtlich nachvollzogen werden kann.

Regelungsnormalform aus der Standardform eines Zustandsmodells

Der Zustandsvektor für die Regelungsnormalform ergibt sich aus der Transformation:

$$\mathbf{x}_r(t) = \mathbf{T}\,\mathbf{x}(t) \tag{8.65}$$

- mit der Transformationsmatrix:

$$\mathbf{T} = \begin{bmatrix} \leftarrow \mathbf{t'} \rightarrow \\ \leftarrow \mathbf{t'A} \rightarrow \\ \vdots \\ \leftarrow \mathbf{t'A}^{n-1} \rightarrow \end{bmatrix} \tag{8.66}$$

Der Zeilenvektor **t'** bestimmt sich aus folgenden Gleichungen:

$$\mathbf{t'b} = 0 \quad \mathbf{t'Ab} = 0 \quad \cdots \quad \mathbf{t'A}^{n-2}\,\mathbf{b} = 0 \tag{8.67}$$

Der Vektor der Anfangswerte ergibt sich mit der Gleichung (8.65) für $t \to 0$:

$$\mathbf{x}_r(0) = \mathbf{T}\,\mathbf{x}(0) \tag{8.68}$$

Die Systemmatrix in der Regelungsnormalform ergibt sich unter der Voraussetzung, dass für $a_n = 1$ gilt:

$$\mathbf{A}_r = \mathbf{T}\,\mathbf{A}\,\mathbf{T}^{-1} = \begin{bmatrix} 0 & 1 & 0 & \cdots & 0 \\ 0 & 0 & 1 & \cdots & 0 \\ \vdots & \vdots & \vdots & \cdots & \vdots \\ 0 & 0 & 0 & \cdots & 1 \\ -a_0 & -a_1 & -a_2 & \cdots & -a_{n-1} \end{bmatrix} \tag{8.69}$$

- Der Eingangsvektor:

$$\mathbf{b}_r = \mathbf{T}\,\mathbf{b} = \begin{bmatrix} 0 & 0 & \cdots & 0 & 1 \end{bmatrix}' \tag{8.70}$$

- Die Ausgangsmatrix:

$$\mathbf{C}_r = \mathbf{C}\,\mathbf{T}^{-1} \tag{8.71}$$

- Der Durchgangswert verändert sich nicht, d. h. es gilt:

$$\mathbf{d}_r = \mathbf{d} \tag{8.72}$$

Regelungsnormalform aus der Übertragungsfunktion in Polynomform

Es wird von einem gleichen Zählergrad und Nennergrad ausgegangen:

$$G(s)=\frac{Y(s)}{U(s)}=\frac{b_n\,s^n+b_{n-1}\,s^{n-1}+\ldots+b_1\,s+b_0}{s^n+a_{n-1}\,s^{n-1}+\ldots+a_2\,s^2+a_1\,s+a_0} \qquad (8.73)$$

1. Schritt
   Bilden der Funktion für die Ausgangsgröße aus Gleichung(8.73):

$$Y(s)=\frac{b_n s^n+b_{n-1}s^{n-1}+\ldots+b_1 s+b_0}{s^n+a_{n-1}s^{n-1}+\ldots+a_2 s^2+a_1 s+a_0}U(s) \qquad (8.74)$$

2. Schritt
   Einführen einer Abkürzung für den Nenner von Gleichung (8.73):

$$N(s)=s^n+a_{n-1}\,s^{n-1}+\ldots+a_2\,s^2+a_1\,s+a_0 \qquad (8.75)$$

3. Schritt
   Zerlegen von Gleichung (8.74) in ihre Teilbrüche:

$$Y(s)=\left[b_0+b_1\,s+\ldots+b_{n-1}\,s^{n-1}+b_n\,s^n\right]\frac{U(s)}{N(s)} \qquad (8.76)$$

4. Schritt
   Festlegen der ersten Zustandsgröße:

$$X_1(s)=\frac{U(s)}{N(s)} \quad \bullet\!\!-\!\!\circ \quad x_1(t) \qquad (8.77)$$

5. Schritt
   Einführen der ersten Zustandsgröße in Gleichung (8.76):

$$Y(s)=\left[b_0+b_1\,s+\ldots+b_{n-1}\,s^{n-1}+b_n\,s^n\right]X_1(s) \qquad (8.78)$$

6. Schritt
   Festlegen der zweiten bis n-ten Zustandsgröße:

$$\begin{aligned}
s\,X_1(s)&=X_2 & \bullet\!\!-\!\!\circ \quad \dot{x}_1(t)&=x_2\\
s^2X_1(s)&=s\,X_2=X_3 & \bullet\!\!-\!\!\circ \quad \ddot{x}_1(t)&=\dot{x}_2=x_3\\
&\vdots & &\vdots\\
s^{n-1}X_1(s)&=\ldots=X_n & \bullet\!\!-\!\!\circ \quad x_1^{(n-1)}(t)&=\ldots=x_n\\
s^nX_1(s)&=\ldots=s\,X_n & \bullet\!\!-\!\!\circ \quad x_1^{(n)}(t)&=\ldots=\dot{x}_n
\end{aligned} \qquad (8.79)$$

7. Schritt
   Differenzialgleichung für die n-te Zustandsgröße.
   Aus der ersten Zustandsgröße im Frequenzbereich folgt:

$$X_1(s)=\frac{U(s)}{N(s)} \quad \Rightarrow \quad N(s)\,X_1(s)=U(s) \qquad (8.80)$$

mit den Zwischenschritten:

$$\left.\begin{array}{c}\left(s^n + a_{n-1}\, s^{n-1} + \ldots + a_2\, s^2 + a_1\, s + a_0\right) X_1(s) = U(s) \\ \bullet\!\!-\!\!\circ \\ x_1^{(n)}(t) + a_{n-1}\, x_1^{(n-1)}(t) + \ldots + a_2\, \ddot{x}_1(t) + a_1\, \dot{x}_1(t) + a_0\, x_1(t) = u(t)\end{array}\right\}$$

und

$$\left.\begin{array}{c}x_1^{(n)}(t) + a_{n-1}\, x_1^{(n-1)}(t) + \ldots + a_2\, \ddot{x}_1(t) + a_1\, \dot{x}_1(t) + a_0\, x_1(t) \\ = \\ \dot{x}_n(t) + a_{n-1}\, x_n(t) + \ldots + a_2\, x_3(t) + a_1\, x_2(t) + a_0\, x_1(t) = u(t)\end{array}\right\}$$

Daraus folgt die gesuchte Differenzialgleichung für die n-te Zustandsgröße:

$$\dot{x}_n(t) = -a_0\, x_1(t) - a_1\, x_2(t) - \ldots - a_{n-1}\, x_n(t) + u(t) \tag{8.81}$$

8. Schritt
   Bilden der Vektor-Matrix-Differenzialgleichung für den Zustand.
   Die letzte Zeile der Systemmatrix enthält die Koeffizienten der charakteristischen Gleichung. Diese Darstellung entspricht der Vektor-Matrix-Differenzialgleichung mit der Systemmatrix $\mathbf{A}_r$ nach Gleichung (8.69) und dem Eingangsvektor $\mathbf{b}_r$ nach Gleichung (8.70). Auf eine Wiedergabe der Matrizen wird verzichtet.
9. Schritt
   Bilden der Vektor-Matrix-Ausgangs-Gleichung.
   Die Ausgangsgröße folgt aus der Gleichung (8.76) mit (8.77):

$$\left.\begin{array}{lll}Y(s) = b_0\, X_1(s) + b_1\, s\, X_1(s) & +\ldots & +b_{n-1}\, s^{n-1}\, X_1(s) + b_n\, s^n\, X_1(s) \\ Y(s) = b_0\, X_1(s) + b_1\, X_2(s) & +\ldots & +b_{n-1}\, X_n(s) + b_n\, s\, X_n(s) \\ & \bullet\!\!-\!\!\circ & \\ y(t) = b_0\, x_1(t) + b_1\, x_2(t) & +\ldots & +b_{n-2}\, x_{n-1}(t) + b_{n-1}\, x_n(t) + b_n\, \dot{x}_n(t)\end{array}\right\}$$

Nach einigen Zwischenschritten ergibt sich für die Ausgangsgröße $y(t)$ der Zeilenvektor $\mathbf{c}_r$:

$$\mathbf{c}_r = \left[\left(b_0 - a_0 b_n\right) \quad \left(b_1 - a_1 b_n\right) \quad \cdots \quad \left(b_{n-1} - a_{n-1} b_n\right)\right] \tag{8.82}$$

und die Durchgangsmatrix als Skalar d_r zu:

$$d_r = b_n \tag{8.83}$$

Regelungsnormalform mit der function rn_form

Eigenschaft von *rn_form*:
Transformiert ein Zustandsmodell bzw. eine Übertragungsfunktion in die Regelungsnormalform. Es ist eine Funktion des Verfassers.
Syntax:

```
ZMr = rn_form(System,'ZMr')
Tr = rn_form(System,'TMr')
```

Beschreibung:
Mit der function *rn_form* wird ein Modell in die Regelungsnormalform, unter Verwendung der Gleichungen (8.65) bis (8.83), überführt.
Diese Funktion wurde geschrieben, da die in der *Control System Toolbox* enthaltene und oben bereits behandelte M-function *canon* keinen geeigneten Transformationstyp bereitstellt bzw. die noch zu behandelnde M-function *ss2ss* eine Transformationsmatrix erfordert.

```
function Aus = rn_form(System,Typ)
% Mit ZMr = rn_form(System,'ZM') wird ein 'System' in die
% Regelungsnormalform transformiert.
% Mit Tr = rn_form(System,'Tr') wird die Transformations-
% matrix berechnet.
% 'System' kann eine Übertragungsfunktion oder ein Zustands-
% modell sein.
if strcmp(Typ,'ZM') == 1
    fall = 0;
elseif strcmp(Typ,'Tr') == 1
    fall = 1;
end

[A,B,C,D] = ssdata(System);
[n,m] = size(B); r = size(C); r = r(1);
if m > 1
      disp('Achtung!')
      disp(['   Von den Matrizen ''B'' und ''D'' wird',...
        ' jeweils nur die zur '])
      disp('    1. Steuergröße gehörende Spalte verwendet!')
end
b = B(:,1); d = D(:,1);
st = ctrb(A,b); nst = length(A)-rank(st);
if nst >= 1
    fall =2;
else
    % Vereinbarungen
    M = zeros(size(A)); Tr = zeros(size(A));
    for k = 1:size(A), M(k,:) = (A^(k-1)*b)'; end
    tz(n,1) = 1; t1 = (M)^-1*tz;
    for k = 1:size(A), Tr(k,:) = t1'*A^(k-1); end
end
switch fall
    case 0  % Ausgabe des Zustandsmodells in der RNF
            Ar = Tr*A*(Tr)^-1; br = Tr*b;
            Cr = C*(Tr)^-1; dr = d;
        for k = 1:n % Ersetzen von Werten < 1e-5 durch 0
            for l = 1:n
                if abs(Ar(k,l)) < 1e-5, Ar(k,l) = 0; end
            end
            if abs(br(k,1)) < 1e-5, br(k,1) = 0; end
        end
        for k = 1:r % Ersetzen von Werten < 1e-5 durch 0
            for l = 1:n
                if abs(Cr(k,l)) < 1e-5, Cr(k,l) = 0; end
            end
        end
        Aus = ss(Ar,br,Cr,dr);
```

```
    case 1  % Ausgabe der Transformationsmatrix
        Aus = Tr;
    case 2
        disp('Achtung!')
        disp(['   Mit der 1. Steuergröße ist das System ',...
            'nicht steuerbar!'])
    otherwise
       error('Die Abkürzung für "Typ" ist falsch!')
end
% Ende der function rn_form
```

Beispiel 8.9

Das Zustandsmodell des Antriebs nach Kapitel 5.2 ist aus der Standardform für die dritte Eingangsgröße in die Regelungsnormalform zu überführen. Der dazugehörende Signalflussplan ist darzustellen. Für die Ermittlung der Modellmatrizen ist die function *antrieb* zu verwenden.

Lösung:

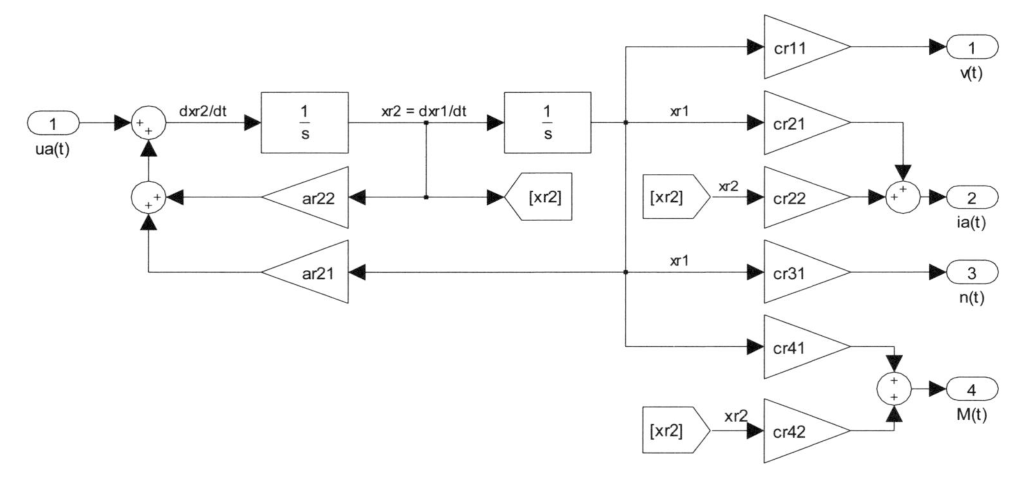

Abb. 8.10 Signalflussplan des Antriebs in der Regelungsnormalform

```
ZA = antrieb; [A,B,C,D] = ssdata(ZA); b = B(:,3); d = D(:,3); set(ZA,'b',b,'d',d)
Achtung!
        Von den Matrizen 'B' und 'D' wird jeweils nur die zur
           1. Steuergröße gehörende Spalte verwendet!
>> [ZAr] = rn_form(ZA,'ZM'); format bank
>> Ar = ZAr.a
Ar =
                  0         1.00
        -1339490.39    -21754.43
>> br = ZAr.b
br =
         0
         1
>> Cr = ZAr.c
Cr =
         526691.30            0
          84993.73     21881.84
      196466072.60            0
          31291.51      -215.40
>> dr = ZAr.d'
dr =
     0     0     0     0
```

Die letzte Zeile der Systemmatrix enthält die negativen Koeffizienten a_0 und a_1 der charakteristischen Gleichung. Die Eingangsgröße wirkt nur auf die zweite Zustandsgröße. Der Signalflussplan in Abb. 8.10 entspricht einer Reihenschaltung der zwei Teilsysteme mit Rückkopplung der zwei Zustände auf den Eingang. Die vier Ausgangsgrößen bleiben erhalten. Von den drei Eingangsgrößen interessierte nur die dritte Größe, d. h. die Ankerspannung.

Beispiel 8.10
Für das im Kapitel 5.5 beschriebene sprungfähige Netzwerk – function *nw_spf* – ist die Übertragungsfunktion in die Regelungsnormalform zu überführen. Die Werte der stationären Verstärkungen beider Beschreibungsformen sind zu vergleichen.

Lösung:

```
>> G = nw_spf('G'); [ZAr] = rn_form(G,'ZM')
a =                                      c =
          x1   x2                                  x1    x2
    x1     0    1                            y1   3.2  -0.8
    x2   -16  -10
                                         d =
b =                                                u1
        u1                                   y1  0.8
    x1   0                               Continuous-time model.
    x2   1
>> VG = dcgain(G); VZA = dcgain(ZAr); V = [VG, VZA]
V =
     1    1
```

In der zweiten Zeile der Systemmatrix $\mathbf{A}_r$ sind erwartungsgemäß die negativen Werte der Koeffizienten a_0 und a_1 des Nennerpolynoms enthalten. Die stationären Verstärkungen sind, wie zu erwarten war, gleich.

8.5.3 Beobachtungsnormalform für Eingrößensysteme

Die Beobachtungsnormalform ist im Zusammenhang mit dem noch zu behandelnden Problem der Beobachtbarkeit eines Systems besonders übersichtlich. Es werden nur die Systemgleichungen und nicht der erforderliche Algorithmus angegeben, hierzu siehe z. B. [Föllinger[91] u. a.-1994] und [Lunze-1996].

---

91 Föllinger, Otto *10.10.1924 Hanau †18.1.1999 Karlsruhe, Prof. für Regelungstechnik

Die Vektor-Matrix-Differenzialgleichung:

$$\dot{\mathbf{x}}_b(t) = \mathbf{A}_b\,\mathbf{x}_b(t) + \mathbf{b}_b\,u(t)$$
$$\begin{bmatrix} \dot{x}_{b1}(t) \\ \dot{x}_{b2}(t) \\ \vdots \\ \dot{x}_{bn}(t) \end{bmatrix} = \begin{bmatrix} 0 & 0 & \dots & 0 & -a_0 \\ 1 & 0 & \dots & 0 & -a_1 \\ \vdots & \vdots & \dots & \vdots & \vdots \\ 0 & 0 & \dots & 1 & -a_{n-1} \end{bmatrix} \begin{bmatrix} x_{b1}(t) \\ x_{b2}(t) \\ \vdots \\ x_{bn}(t) \end{bmatrix} + \begin{bmatrix} b_0 - a_0 b_n \\ b_1 - a_1 b_n \\ \vdots \\ b_{n-1} - a_{n-1} b_n \end{bmatrix} u(t) \tag{8.84}$$

Die Ausgangsgleichung:

$$y(t) = \mathbf{c}_b\,\mathbf{x}(t) + d_b\,u(t)$$
$$y(t) = \begin{bmatrix} 0 & 0 & \dots & 1 \end{bmatrix} \mathbf{x}(t) + b_n\,u(t) \tag{8.85}$$

Analogien zwischen der Beobachtungs- und Regelungsnormalform

Zwischen den Systemmatrizen sowie den Eingangs- und Ausgangsvektoren der Regelungsnormalform und der Beobachtungsnormalform ein und desselben Eingrößensystems, d. h. von Systemen mit einem Eingang und einem Ausgang, bestehen folgende Zusammenhänge:

Systemmatrix:

$$\mathbf{A}_b = \mathbf{A}'_r \tag{8.86}$$

Eingangsvektor:

$$\mathbf{b}_b = \mathbf{c}'_r \tag{8.87}$$

Ausgangsvektor:

$$\mathbf{c}_b = \mathbf{b}'_r \tag{8.88}$$

Die Durchgangsmatrizen sind gleich.

Beobachtungsnormalform mit der function bn_form

Eigenschaft von *bn_form*:
Transformiert ein Zustandsmodell bzw. eine Übertragungsfunktion in die Beobachtungsnormalform. Es ist eine Funktion des Verfassers.
Syntax:

```
ZMb = bn_form(System,'ZM')
Tb = bn_form(System,'Tb')
```

Beschreibung:
Mit der function *bn_form* wird ein Modell in die Beobachtungsnormalform unter Verwendung der Gleichungen (8.84) und (8.85) überführt. Diese Funktion wurde geschrieben, da die in der *Control System Toolbox* enthaltene und oben bereits behandelte M-function *canon* keinen geeigneten Transformationstyp bereitstellt bzw. die noch zu behandelnde M-function *ss2ss* eine Transformationsmatrix erfordert. Die dazu notwendigen Ableitungen sind der Fachliteratur zu entnehmen, wie z. B. [Föllinger u. a.-1994] und [Lunze-1996].

```
function Aus = bn_form(System,Typ)
% Mit ZMb = bn_form(System,'ZM') wird ein 'System' in die
% Beobachtungsnormalform transformiert.
% Mit Tb = bn_form(System,'Tb') wird die Transformations-
% matrix berechnet. 'System' kann eine Übertragungsfunktion
% oder ein Zustandsmodell sein.

if strcmp(Typ,'ZM') == 1
    fall = 0;
elseif strcmp(Typ,'Tb') == 1
    fall = 1;
end

[A,B,C,D] = ssdata(System);
m = size(B); m = m(2); [r,n] = size(C);
if r > 1
      disp('Achtung!')
      disp([' Von den Matrizen ''C'' und ''D'' werden'...
        'jeweils nur die zur '])
      disp('  1. Ausgangsgröße gehörenden  Zeilen verwendet!')
end
c = C(1,:); d = D(1,1);
bo = obsv(A,c); nbo = length(A)-rank(bo);
if nbo >= 1
    fall = 2;
else
    % Vereinbarungen
    M = zeros(size(A)); S = zeros(size(A));
    for k = 1:size(A), M(k,:)=(c*A^(k-1)); end
    sz(n,1) = 1; s1 = (M)^-1*sz;
    for k = 1:size(A), S(:,k) = A^(k-1)*s1; end
end

switch fall
    case 0  % Zustandsmodell in der Beobachtungsnormalform
            Ab = S^-1*A*S; Bb = S^-1*B;
            cb = c*S; db = d;
        for k = 1:n % Ersetzen von Werten < 1e-5 durch 0
            for l = 1:n
                if abs(Ab(k,l)) < 1e-5, Ab(k,l) = 0; end
            end
            if abs(cb(1,k)) < 1e-5, cb(1,k) = 0; end
        end
        for k = 1:m % Ersetzen von Werten < 1e-5 durch 0
            for l = 1:n
                if abs(Bb(l,m)) < 1e-5, Bb(l,m) = 0; end
            end
        end
        Aus = ss(Ab,Bb,cb,db);
    case 1  % Ausgabe der Transformationsmatrix
        Aus = inv(S);
    case 2
        disp('Achtung!')
        disp(['    Mit der 1. Ausgangsgröße ist das System'...
            'nicht beobachtbar!'])
        Aus = [];
    otherwise
       error('Die Abkürzung für "Typ" ist falsch!')
end
% Ende der function bn_form
```

Beispiel 8.11

Das Zustandsmodell des Antriebs ist in die Beobachtungsnormalform zu überführen.

Lösung:

```
>> ZA = antrieb; ZAb = bn_form(ZA,'ZM');
Achtung!
 Von den Matrizen 'C' und 'D' werden jeweils nur die zur
    1. Ausgangsgröße gehörenden Zeilen verwendet!
>> Ab = ZAb.a
Ab =
         0  -1339490.39
      1.00     -21754.43
>> cb = ZAb.c
cb =
         0        1.00
>> db = ZAb.d
db =
         0           0           0
>> Bb = ZAb.b
Bb =
   -219711.44  -8582477.95    526691.30
       -10.10      -394.59            0
```

Da über die erste Ausgangsgröße der Antrieb beobachtbar ist, hat die function *bn_form* die drei weiteren Ausgangsgrößen gestrichen. In der zweiten Spalte von $\mathbf{A}_r$ stehen die negativen Koeffizienten der charakteristischen Gleichung des Systems. Zwischen den Systemmatrizen der Beobachtungsnormalform und der Regelungsnormalform besteht nach Gleichung (8.86) folgender Zusammenhang:

```
>> Ar = ZAr.a; Ar'
ans =
         0  -1339490.39
      1.00     -21754.43
>> Ab
Ab =
         0  -1339490.39
      1.00     -21754.43
```

Beispiel 8.12

Für das im Kapitel 5.5 beschriebene sprungfähige Netzwerk – function *nw_spf* – ist die Übertragungsfunktion in die Beobachtungsnormalform zu überführen. Das Ergebnis ist mit der im Beispiel 8.10 gefundenen Regelungsnormalform auf der Basis der Gleichungen (8.86) bis (8.88) zu vergleichen.

Lösung:

```
% Beispiel 8.12
disp('               ')
disp('                        Lösungen zum Beispiel 8.12')
% Die Übertragungsfunktion des sprungfähigen Netzwerkes
G = nw_spf('G');
% Übertragungsfunktion in der Beobachtungsnormalform
disp('Beobachtungsnormalform')
ZNb = bn_form(G,'ZM');
[Ab,bb,cb,db]= ssdata(ZNb);
printsys(Ab,bb,cb,db)
% Analogien zur Regelungsnormalform
```

```
Ar = Ab'; br = cb'; cr = bb'; dr = db';
disp('Regelungsnormalform')
printsys(Ar,br,cr,dr)
% Ende des Beispiels 8.12
```

Lösungen zum Beispiel 8.12

```
Beobachtungsnormalform                      Regelungsnormalform
a =                                         a =
              x1          x2                              x1          x2
   x1          0   -16.00000                   x1          0     1.00000
   x2    1.00000   -10.00000                   x2  -16.00000   -10.00000
b =                                         b =
              u1                                          u1
   x1    3.20000                               x1          0
   x2   -0.80000                               x2    1.00000

c =                                         c =
              x1          x2                              x1          x2
   y1          0     1.00000                   y1    3.20000    -0.80000
d =                                         d =
              u1                                          u1
   y1    0.80000                               y1    0.80000
```

Die Ergebnisse der rechten Spalte, mit den Gleichungen (8.86) bis (8.88) berechnet, stimmen mit denen von Beispiel 8.10 überein, d. h. die Transponierte von $\mathbf{A}_b$ entspricht der Systemmatrix $\mathbf{A}_r$ in der Regelungsnormalform, die Koeffizienten des Eingangsvektors sind in der Regelungsnormalform die Koeffizienten des Ausgangsvektors. Die Werte der Durchgangsmatrix sind gleich.

8.5.4 Regelungs- und Beobachtungsnormalform mit der M-function ss2ss

Eigenschaft von *ss2ss*:
Transformiert ein Zustandsmodell bei vorgegebener Transformationsmatrix in die entsprechende Normalform.
Syntax:

ZMT = ss2ss(ZM,T)

Beschreibung:
Die Überführung eines Zustandsmodells in die Diagonalform geschieht mit der inversen Modalmatrix $\mathbf{R}^{-1}$, welche mittels der M-function *eig* gefunden wird. Die Beobachtungsnormalform eines Zustandsmodells ist mit der Transformationsmatrix $\mathbf{T}_b$ aus der function *bn_form* und in die Regelungsnormalform mit der Transformationsmatrix $\mathbf{T}_r$ aus der function *rn_form* möglich. Jede beliebige andere Transformationsmatrix liefert entsprechende Zustandsgleichungen.

8.6 Steuerbarkeit und Beobachtbarkeit

In den vorhergehenden Abschnitten wurden grundsätzliche Eigenschaften des Systems, ausgehend von der Systemmatrix **A**, betrachtet. Daneben spielen die Systemeigenschaften der vollständigen Steuerbarkeit und vollständigen Beobachtbarkeit eine zentrale Rolle im Zusammenhang mit der gezielten Steuerung eines zu automatisierenden Systems und der Erfassung seiner Systemzustände.
Diese Eigenschaften geben an, ob in einem dynamischen System durch die Eingangssignale alle Energiespeicher und oder Informationsspeicher in linear unabhängiger Weise beeinflussbar sind bzw. ob aus den Ausgangssignalen auf den Systemzustand geschlossen werden kann [Schwarz-1979].
Die Begriffe der Steuerbarkeit und Beobachtbarkeit gehen auf Kalman[92] zurück, der sie 1960 im Zusammenhang mit einer allgemeinen Theorie zur optimalen Steuerung von Prozessen eingeführt hat.
Gilbert[93] ist es zu verdanken, dass er sie am Beispiel multivariabler, linearer, zeitinvarianter Systeme näher erläuterte [Korn-1974].

8.6.1 Steuerbarkeit

Ein lineares zeitinvariantes System heißt vollständig zustandssteuerbar, wenn es in einem Zeitintervall $0 \leq t \leq T$ aus jedem beliebigen Anfangszustand $\mathbf{x}(0)$ durch einen geeigneten Steuervektor $\mathbf{u}(t)$ in jeden beliebigen Endzustand $\mathbf{x}(T)$ überführt werden kann.

Der Eingangsvektor $\mathbf{u}(t)$ ist dabei keinen Beschränkungen unterworfen. Anschaulich ist es, die o. a. Aussage im Zusammenhang mit den in der Diagonalform dargestellten Zustandsgleichungen zu betrachten. Für die Überführung der Standardform in die Diagonalform siehe Abschnitt 8.5.1.
Das System ist entsprechend o. a. Definition steuerbar, wenn es in einem Zeitintervall beliebiger Dauer T aus jedem beliebigen Anfangszustand $\mathbf{x}(t=0)$ durch einen geeigneten Steuervektor $\mathbf{u}(t)$ in jeden beliebigen Endzustand $\mathbf{x}_e(t)$ überführt werden kann. Da in der Diagonalform die einzelnen Zustände $x_d(t)$ nicht miteinander verkoppelt sind, ist unmittelbar zu schließen, dass die Eingangsmatrix der Diagonalform $\mathbf{B}_d$ keine Nullzeilen besitzen darf, damit eine gezielte Beeinflussung der Zustände durch die Steuergrößen $\mathbf{u}(t)$ möglich ist.

Beispiel 8.13
Die nachfolgend angeführte Vektor-Matrix-Differenzialgleichung ist aus der Standardform in die Diagonalform zu überführen. An den entkoppelten Systemgleichungen ist zu zeigen, dass die Steuergröße $u_1(t)$ nur den ersten Zustand steuern kann. Die zur Transformation notwendige Modalmatrix **R** ist mit der M-function *eig* zu berechnen. Die Koeffizienten der Modalmatrix sollen möglichst ganzzahlig sein, d. h. die mit der M-function *eig* gewonnene

---

92 Kalman, Rudolf Emil ∗19.5.1930 Budapest, Systemwissenschaftler in den USA

93 Gilbert, Elmer Grant ∗29.3.1930 Joliet, Ill. (USA), Regelungstheoretiker

Matrix ist mit der Gleichung (8.22) umzurechnen. Der Signalflussplan für die Diagonalform ist darzustellen.

$$\begin{bmatrix} \dot{x}_1(t) \\ \dot{x}_2(t) \\ \dot{x}_3(t) \end{bmatrix} = \begin{bmatrix} 3 & 2 & -1 \\ -2 & -1 & 4 \\ -2 & -2 & -4 \end{bmatrix} \begin{bmatrix} x_1(t) \\ x_2(t) \\ x_3(t) \end{bmatrix} + \begin{bmatrix} 1 & 0 \\ -1 & 0 \\ 0 & 1 \end{bmatrix} \begin{bmatrix} u_1(t) \\ u_2(t) \end{bmatrix}$$

Lösung:

```
% Beispiel 8.13
disp('              ')
disp('                       Lösungen zum Beispiel 8.13')
% Eingabe der Matrizen
A = [3 2 -1;-2 -1 4;-2 -2 -4]; B = [1 0;-1 0;0 1];
fprintf('Systemmatrix A'), printmat(A)
fprintf('Eingangsmatrix B'), printmat(B)
% Modalmatrix und Systemmatrix in Diagonalform.
[K,Ad] = eig(A);
% Durch Probieren haben sich folgende Werte für tau_i
% als günstig erwiesen:
tau1 = K(1,1); tau2 = K(1,2)/2; tau3 = K(1,3);
% Die Rechtseigenvektoren und ihre Matrix
r1 = 1/tau1*K(:,1); r2 = 1/tau2*K(:,2); r3 = 1/tau3*K(:,3);
fprintf('Die Matrix der Rechtseigenvektoren - Modalmatrix R')
R = [r1 r2 r3];
printmat(R,'','1 2 3','r1 r2 r3')
% Die Eingangsmatrix zur Diagonalform
Bd = R^-1*B; n = size(A);
for i = 1:n % Ersetzen von Werten < 1e-5 durch 0
     if abs(Bd(i,1)) < 1e-5, Bd(i,1) = 0; end
end
disp(['Die Vektor-Matrix-Differenzialgleichung in '...
    'Diagonalform:'])
ZMd = ss(Ad,Bd,[],[]);
fprintf('Systemmmatrix in Diagonalform Ad = ZMd.a')
printmat(Ad)
fprintf('Eingangsmatrix zur Diagonalform Bd = ZMd.b')
printmat(Bd)
% Ende des Beispiels 8.13
```

Lösungen zum Beispiel 8.13

Systemmatrix A

	--1-->	--2-->	--3-->
--1-->	3.00000	2.00000	-1.00000
--2-->	-2.00000	-1.00000	4.00000
--3-->	-2.00000	-2.00000	-4.00000

Eingangsmatrix B

	--1-->	--2-->
--1-->	1.00000	0
--2-->	-1.00000	0
--3-->	0	1.00000

```
Die Matrix der Rechtseigenvektoren - Modalmatrix R
                 r1          r2          r3
 1          1.00000     2.00000     1.00000
 2         -1.00000    -3.50000    -2.00000
 3   1.88001e-016       1.00000     1.00000

Die Vektor-Matrix-Differenzialgleichung in Diagonalform:
Systemmmatrix in Diagonalform Ad = ZMd.a
             --1-->      --2-->      --3-->
  --1-->    1.00000           0           0
  --2-->          0    -1.00000           0
  --3-->          0           0    -2.00000

Eingangsmatrix zur Diagonalform Bd = ZMd.b
             --1-->      --2-->
  --1-->    1.00000     1.00000
  --2-->          0    -2.00000
  --3-->          0     3.00000
```

Die Modalmatrix **K** ist ungünstig konditioniert, aus diesem Grunde erscheint es sinnvoll, sie spaltenweise mit einem willkürlich gewählten Koeffizienten τ_i zu dividieren, so dass sich eine Modalmatrix **R** mit möglichst ganzen Zahlen ergibt. Durch Probieren haben sich die in Beispiel8_13 angegebenen Werte für τ_i als günstig erwiesen. Damit ergeben sich die einzelnen Rechtseigenvektoren, die dazugehörende Matrix **R** sowie die Diagonalmatrix $\mathbf{A}_d$ und die Eingangsmatrix $\mathbf{B}_d$ in Form der Vektor-Matrix-Differenzialgleichung:

$$\begin{bmatrix} \dot{x}_{d1}(t) \\ \dot{x}_{d2}(t) \\ \dot{x}_{d3}(t) \end{bmatrix} = \begin{bmatrix} 1 & 0 & 0 \\ 0 & -1 & 0 \\ 0 & 0 & -2 \end{bmatrix} \begin{bmatrix} x_{d1}(t) \\ x_{d2}(t) \\ x_{d3}(t) \end{bmatrix} + \begin{bmatrix} 1 & 1 \\ 0 & -2 \\ 0 & 3 \end{bmatrix} \begin{bmatrix} u_1(t) \\ u_2(t) \end{bmatrix}$$

Die Steuergröße $u_1(t)$ hat nur Einfluss auf den Zustand $x_{d1}(t)$, $u_2(t)$ beeinflusst alle drei Zustände und steuert sie damit. Das durch den Signalflussplan in Abb. 8.11 und die o. a. Gleichung beschriebene System ist somit durch die Steuergröße $u_1(t)$ nicht vollständig steuerbar.

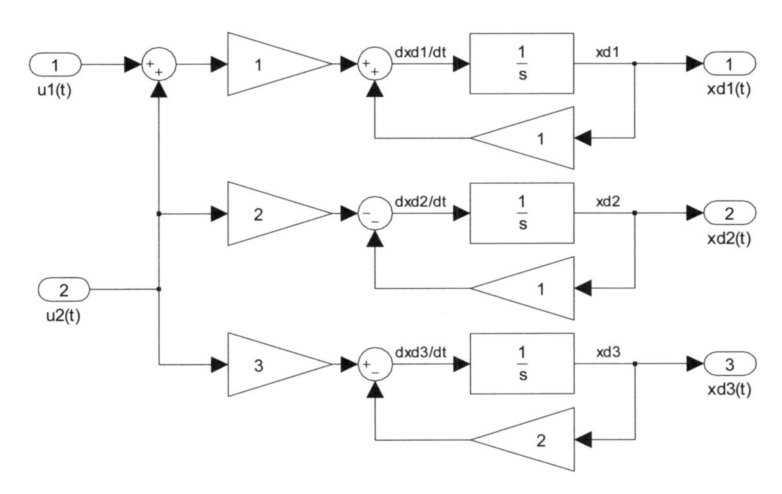

Abb. 8.11 *Signalflussplan eines nicht vollständig steuerbaren Systems*

8.6.2 Kriterium der Steuerbarkeit nach Kalman

Die Steuerbarkeitsmatrix und ihr Rang

Von *Kalman* wurde im Jahre 1960, ausgehend von der als *Steuerbarkeitsmatrix* bezeichneten Kombination der Eingangsmatrix und Systemmatrix:

$$\mathbf{S}_{st} = \begin{bmatrix} \mathbf{B} & \mathbf{A}\mathbf{B} & \mathbf{A}^2\mathbf{B} & \cdots & \mathbf{A}^{n-1}\mathbf{B} \end{bmatrix} \tag{8.89}$$

das Kriterium:

$$Rg(\mathbf{S}_{st}) = Rg\begin{bmatrix} \mathbf{B} & \mathbf{A}\mathbf{B} & \mathbf{A}^2\mathbf{B} & \cdots & \mathbf{A}^{n-1}\mathbf{B} \end{bmatrix} = n \tag{8.90}$$

zur Beurteilung der vollständigen Steuerbarkeit eines Systems n-ter Ordnung angegeben. Es besagt:

> *Jede der n Zustandsgrößen $x_i(t)$ kann über mindestens eine der m Steuergrößen $u_j(t)$ gesteuert werden, wenn der* Rang *der Matrix $\boldsymbol{S}_{st}$ gleich n ist. Eine Matrix **AB** vom Typ (n,m) hat den* Rang *Rg(**AB**)* = r, *wenn mindestens eine r-reihige von null verschiedene Unterdeterminante vorhanden ist, aber alle* (r+1)*-reihigen Unterdeterminanten verschwinden, d. h. $r \leq min(n,m)$. Der* Rang *einer Matrix gibt gleichbedeutend an, dass in der Matrix r Spalten und Zeilen linear unabhängig sind* [*Schwarz*-1979]

Wird die Steuerbarkeitsmatrix für jede Steuergröße $u_i(t)$ getrennt aufgestellt und untersucht, so liefert der Rang dieser Matrix die maximal mögliche Anzahl der Zustände die diese Steuergröße steuern kann. Die sich aus dem Rang ergebende Zahl soll als *maximaler Steuerbarkeitsindex* $stu_{i\,max}$ bezeichnet werden:

$$stu_{i\,\max} = Rg\begin{bmatrix} \mathbf{b}_{u_i} & \mathbf{A}\mathbf{b}_{u_i} & \mathbf{A}^2\mathbf{b}_{u_i} & \cdots & \mathbf{A}^{n-1}\mathbf{b}_{u_i} \end{bmatrix} \tag{8.91}$$

> *Gilt für alle $u_i(t)$, dass ihr maximaler Steuerbarkeitsindex $stu_{i\,max} = n$, d. h. gleich der Systemordnung ist, dann ist das System* streng zustandssteuerbar.

Steuerbarkeitstest mit der M-function ctrb und anderen M-functions

Eigenschaft von *ctrb*:
Berechnet aus der Systemmatrix und Eingangsmatrix eines Zustandsmodells, bzw. aus dem kompletten Zustandsmodell, die Steuerbarkeitsmatrix nach Kalman.
Syntax:

Sst = ctrb(A,B)
Sst = ctrb(System)
nst = length(A) - rank(Sst)
Sstui = ctrb(A,B(:,i))
stui = rank(Sstui)

Beschreibung:
Der Funktionsaufruf „Sst = ctrb(A,B)“, „Sst = ctrb(ZM.a,ZM.b)“ bzw. „Sst = ctrb(System)“ gibt die in Gleichung (8.89) angegebene Steuerbarkeitsmatrix $\mathbf{S}_{st}$ aus. Mit dem Kommando „nst = length(A) - rank(Sst)“ wird die Anzahl der nichtsteuerbaren Zustände berechnet. S*stui* ist die zur *i*-ten Steuergröße gehörende Steuerbarkeitsmatrix. „stui = rank(Sstui)“ berechnet die Anzahl von Zustandsgrößen, die von der *i*-ten Steuergröße gesteuert werden können.

Beispiel 8.14

Das in Beispiel 8.13 gegebene Modell ist mit der M-function *ctrb* zu untersuchen, d. h. es sind getrennt für die beiden Steuergrößen die Steuerbarkeitsmatrix für das Gesamtsystem sowie die Anzahl der Zustände, die durch die Steuergrößen gesteuert werden können, zu berechnen.

Lösung:

```
% Beispiel 8.14
disp('            ')
disp('                        Lösungen zum Beispiel 8.14')
% Die Matrizen A und B
A = [3 2 -1;-2 -1 4;-2 -2 -4]; B = [1 0;-1 0;0 1];
disp('Steuerbarkeitsmatrix:')
eval('Sst = ctrb(A,B)')
disp('Anzahl der nichtsteuerbaren Zustände:')
eval('nst = length(A) -rank(Sst)')
disp('Steuerbarkeitsmatrix für u1:')
eval('Sstu1 = ctrb(A,B(:,1))')
disp('Die durch u1 steuerbaren Zustände:')
eval('stu1 = rank(Sstu1)')
disp('Steuerbarkeitsmatrix für u2:')
eval('Sstu2 = ctrb(A,B(:,2))')
disp('Die durch u2 steuerbaren Zustände:')
eval('stu2 = rank(Sstu2)')
% Ende des Beispiels 8.14
```

Lösungen zum Beispiel 8.14

```
Steuerbarkeitsmatrix:
Sst =
     1   0   1  -1   1   9
    -1   0  -1   4  -1 -18
     0   1   0  -4   0  10
Anzahl der nichtsteuerbaren Zustände:
nst =
     0
Steuerbarkeitsmatrix für u1:
Sstu1 =
     1   1   1
    -1  -1  -1
     0   0   0
```

```
Die durch u1 steuerbaren Zustände:
stu1 =
     1
Steuerbarkeitsmatrix für u2:
Sstu2 =
     0  -1   9
     0   4 -18
     1  -4  10
Die durch u2 steuerbaren Zustände:
stu2 =
     3
```

Mit den beiden Steuergrößen zusammen können alle drei Zustände gesteuert werden. Die Steuergröße $u_1(t)$ kann nur einen der drei Zustände steuern, dagegen können mit der Steuergröße $u_2(t)$ alle drei Zustände gesteuert werden.

Die in diesem Beispiel berechneten Zusammenhänge können an Hand des in der Abb. 8.11 gezeigten Signalflussplanes überprüft werden.

Bemerkung:

Nur wenn die Systemeigenschaft der vollständigen Zustandssteuerbarkeit vorliegt, können folgende Aufgaben gelöst werden:

- Erzeugen jeder beliebigen Eigenwertverteilung durch Zustandsrückführung – *Modale Regelung*.
- Lösen der durch das *Prinzip der optimalen Steuerung – optimal control* – vorgegebenen Aufgabenstellung.

8.6.3 Beobachtbarkeit

Ein lineares zeitinvariantes System heißt vollständig zustandsbeobachtbar, wenn der Anfangszustand $\mathbf{x}(0)$ *eindeutig aus den über ein Zeitintervall* $0 \le t \le T$ *bekannten Verläufen des Eingangssignals* $\mathbf{u}(t)$ *und des Ausgangssignals* $\mathbf{y}(t)$ *bestimmt werden kann.*

Vereinfacht gilt, dass ein System beobachtbar heißt, wenn Messungen des Ausgangsvektors $\mathbf{y}(t)$ hinreichend Informationen enthalten, um damit sämtliche Glieder des Zustandsvektors $\mathbf{x}(t)$ identifizieren zu können. Da im Allgemeinen nicht jeder Zustand gemessen werden kann, ist wichtig zu klären, inwieweit die nicht messbaren Zustände aus den am Ausgang zur Verfügung stehenden Größen über Linearkombinationen nachgebildet werden können.

Wird als Grundlage der Betrachtung wieder die Diagonalform gewählt, so gilt:

$$\begin{aligned} \dot{\mathbf{x}}(t) &= \mathbf{R}\,\dot{\mathbf{x}}_d(t) = \mathbf{A}\,\mathbf{R}\,\mathbf{x}_d(t) + \mathbf{B}\,\mathbf{u}(t) \qquad \mathbf{x}(0) = \mathbf{R}\,\mathbf{x}_d(0) \\ \mathbf{y}(t) &= \mathbf{C}\,\mathbf{R}\,\mathbf{x}_d(t) + \mathbf{D}\,\mathbf{u}(t) \end{aligned} \tag{8.92}$$

Beispiel 8.15

Für das in Beispiel 8.13 und Beispiel 8.14 behandelte System ist mit der Ausgangsgleichung:

$$\begin{bmatrix} y_1(t) \\ y_2(t) \end{bmatrix} = \begin{bmatrix} 1 & 1 & 0 \\ 1 & 0 & 0 \end{bmatrix} \begin{bmatrix} x_1(t) \\ x_2(t) \\ x_3(t) \end{bmatrix} + \begin{bmatrix} 0 & 0 \\ 0 & 0 \end{bmatrix} \begin{bmatrix} u_1(t) \\ u_2(t) \end{bmatrix} \tag{8.93}$$

zu untersuchen, wie viele Zustände über die Ausgangsgrößen beobachtet werden können. Der Signalflussplan für die Diagonalform ist anzugeben.

Lösung:

```
% Beispiel 8.15
% Die Lösung dieses Beispiels erfordert, dass vorab
% Beispiel8_13 gestartet wurde, d. h. es muss sich die
% Matrix der Rechtseigenvektoren R im Workspace befinden!
disp('            ')
disp('                        Lösung zum Beispiel 8.15')
% Matrix C
C = [1 1 0;1 0 0];
fprintf('Diagonalform der Matrix C mit R aus Beispiel 8.13!')
Cd = C*R;
[n,m] = size(Cd)
for k = 1:n % Ersetzen von Werten < 1e-5 durch 0
    for l = 1:m
        if abs(Cd(k,l)) < 1e-5, Cd(k,l) = 0; end
    end
end
printmat(Cd,'Cd = C*R')
% Ende des Beispiels 8.15
```

Lösung zum Beispiel 8.15

Diagonalform der Matrix C mit R aus Beispiel 8.13!

Cd = C*R =

	--1-->	--2-->	--3-->
--1-->	0	-1.50000	-1.00000
--2-->	1.00000	2.00000	1.00000

Die Durchgangsmatrix bleibt eine Nullmatrix.

Da das Element $c_{d11} = 0$ ist, kann über den Ausgang $y_1(t)$ nicht auf die Zustandsgröße x_{d1}(t) geschlossen werden, d. h. x_{d1}(t) ist durch $y_1(t)$ nichtbeobachtbar. Dies ist an Hand des in Abb. 8.12 gezeigten Signalflussplanes deutlich zu sehen. Andererseits kann durch die Steuergröße $u_1(t)$ nur der Zustand x_{d1}(t) von den drei Zuständen gesteuert werden. Mit dem Ausgang $y_2(t)$ können alle drei Zustandsgrößen beobachtet werden.

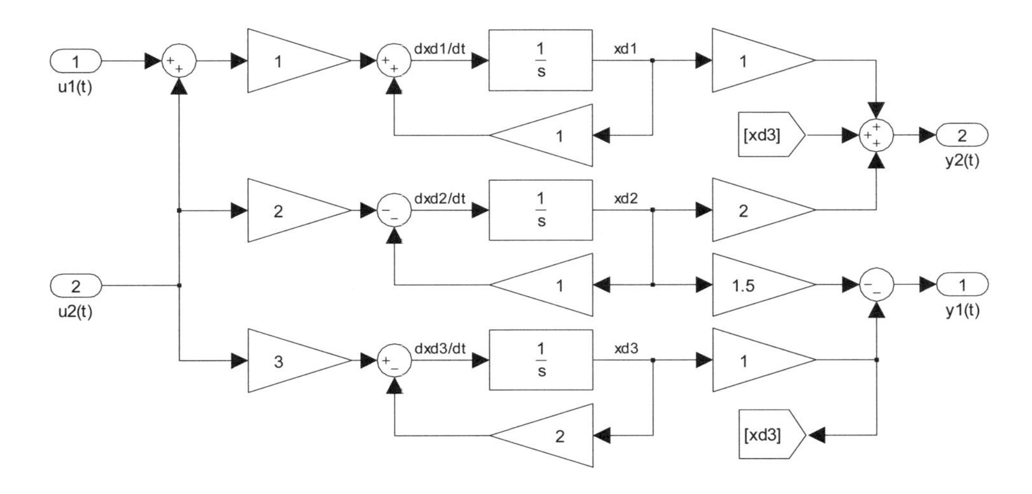

Abb. 8.12 Signalflussplan eines nicht vollständig steuerbaren und beobachtbaren Systems

8.6.4 Kriterium der Beobachtbarkeit nach Kalman

Die Beobachtbarkeitsmatrix und ihr Rang

Von *Kalman* wurde 1960, ausgehend von der als *Beobachtbarkeitsmatrix* bezeichneten Kombination der Ausgangs- und Systemmatrix:

$$S_b = \begin{bmatrix} \mathbf{C} & \mathbf{C}\mathbf{A} & \mathbf{C}\mathbf{A}^2 & \cdots & \mathbf{C}\mathbf{A}^{n-1} \end{bmatrix}' \tag{8.94}$$

das Kriterium:

$$Rg(S_b) = Rg\begin{bmatrix} \mathbf{C} & \mathbf{C}\mathbf{A} & \mathbf{C}\mathbf{A}^2 & \cdots & \mathbf{C}\mathbf{A}^{n-1} \end{bmatrix}' = n \tag{8.95}$$

zur Beurteilung der Beobachtbarkeit eines Systems n-ter Ordnung angegeben:

Jede der n Zustandsgrößen $x_i(t)$ kann über mindestens eine der r Ausgangsgrößen $y_j(t)$ beobachtet werden, wenn der Rang der Matrix $\mathbf{S}_b$ gleich n ist.

Wenn auch hier die Beobachtbarkeitsmatrix für jede Ausgangsgröße getrennt aufgestellt und untersucht wird, liefert der Rang dieser Matrix die maximal mögliche Anzahl der Zustände, die über die entsprechende Ausgangsgröße $y_j(t)$ beobachtet werden können. Die sich ergebende Zahl soll als maximaler Beobachtbarkeitsindex $by_{j\,\max}$ bezeichnet werden:

Gilt für alle $y_j(t)$, dass ihr maximaler Beobachtbarkeitsindex $by_{j\,max} = n$, d. h. gleich der Systemordnung ist, dann ist das System streng zustandsbeobachtbar.

$$by_{j_{\max}} = Rg\begin{bmatrix} \leftarrow & \mathbf{c}_{y_j} & \rightarrow \\ \leftarrow & \mathbf{c}_{y_j}\mathbf{A} & \rightarrow \\ & \vdots & \\ \leftarrow & \mathbf{c}_{y_j}\mathbf{A}^{n-1} & \rightarrow \end{bmatrix} \tag{8.96}$$

Beobachtbarkeitstest mit der M-function obsv und anderen M-functions

Eigenschaft von *obsv*:
Berechnet aus der System- und Ausgangsmatrix eines Zustandsmodells, bzw. aus dem kompletten Zustandsmodell, die Beobachtbarkeitsmatrix nach Kalman.
Syntax:

Sb = obsv(A,C)
Sb = obsv(System)
nb = length(A) - rank(Sb)
Sbyj = obsv(A,C(j,:))
byj = rank(Sbyj)

Beschreibung:
Der Funktionsaufruf „Sb = obsv(A,C)", „Sb = obsv(ZM.a,ZM.c)" bzw. „Sb = obsv(System)" gibt die in Gleichung (8.94) angegebene Beobachtbarkeitsmatrix $\mathbf{S}_b$ aus. Mit „nb = length(A) - rank(Sb)" wird die Anzahl der nichtbeobachtbaren Zustände berechnet. $\mathbf{S}by_j$ ist die auf die j-te Ausgangsgröße $y_j(t)$ bezogene Beobachtbarkeitsmatrix. „byj = rank(Sbyj)" berechnet die Anzahl von Zustandsgrößen, die von der j-ten Ausgangsgröße $y_j(t)$ beobachtet werden können.

Beispiel 8.16

Für das in Beispiel 8.15 behandelte System sind die Beobachtbarkeitsmatrizen für das Gesamtsystem und für die beiden Ausgangsgrößen zu berechnen. Die Anzahl der nicht beobachtbaren Zustände ist anzugeben. Mit den Beobachtbarkeitsmatrizen ist die mögliche Anzahl der durch die beiden Ausgangsgrößen zu beobachtenden Zustände zu ermitteln. Die Ergebnisse sind mit denen von Beispiel 8.15 zu vergleichen.

Lösung:

```
% Beispiel 8.16
% Die Lösung dieses Beispiels erfordert, dass vorab
% Beispiel8_13 und Beispiel8_15 gestartet wurden!
disp('            ')
disp('                  Lösungen zum Beispiel 8.16')
% Beobachtbarkeitsmatrix des Gesamtsystems
Sbo = obsv(A,C);
disp('Anzahl der nicht beobachtbaren Zustände:')
eval('nbo = length(A)-rank(Sbo)')
disp(['damit können alle drei Zustände beobachtet '...
    'werden!'])
% Beobachtbarkeitsmatrix für y1
Sby1 = obsv(A,C(1,:));
disp('Anzahl der über y1 beobachtbaren Zustände:')
eval('by1 = rank(Sby1)')
```

```
disp(['damit können über y1 nur zwei Zustände '...
    'beobachtet werden!'])
% Beobachtbarkeitsmatrix für y2
Sby2 = obsv(A,C(2,:));
disp('Anzahl der über y2 beobachtbaren Zustände:')
eval('by2 = rank(Sby2)')
disp(['damit können über y2 alle drei Zustände '...
    'beobachtet werden!'])
% Ende des Beispiels 8.16
```

Lösungen zum Beispiel 8.16

```
Anzahl der nicht beobachtbaren Zustände:
nbo =
   0
damit können alle drei Zustände beobachtet werden!
Anzahl der über y1 beobachtbaren Zustände:
by1 =
   2
damit können über y1 nur zwei Zustände beobachtet werden!
Anzahl der über y2 beobachtbaren Zustände:
by2 =
   3
damit können über y2 alle drei Zustände beobachtet werden!
```

Die oben gemachten Aussagen bestätigen die Ergebnisse von Beispiel 8.15.

8.6.5 Kanonische Zerlegung eines Systems

Wie aus den vorhergehenden Abschnitten dieses Kapitels zu ersehen ist, kann unter Bezugnahme auf die Eigenschaften der Steuerbarkeit und Beobachtbarkeit ein System in folgende vier Teilsysteme mit den Eigenschaften:

- steuerbar und beobachtbar
- steuerbar aber nichtbeobachtbar
- nichtsteuerbar aber beobachtbar
- nichtsteuerbar und nichtbeobachtbar

zerlegt werden.

Die Zerlegung ist aus der Darstellung in der Diagonalform gut zu ersehen. Mit den M-functions *ctrbf* sowie *obsvf* gelingt die Zerlegung in einen steuerbaren und einen nichtsteuerbaren Teil. Entsprechendes gilt für die Beobachtbarkeit.

Zerlegung nach der Steuerbarkeit eines Systems mit der M-function ctrbf

Eigenschaft von *ctrbf*:

Zerlegt ein durch sein Zustandsmodell beschriebenes System in einen steuerbaren und einen nichtsteuerbaren Teil, für den Fall, dass der Rang r der Steuerbarkeitsmatrix kleiner oder gleich der Ordnung n des Systems ist, d. h. wenn $r \leq n$ gilt.

Syntax:

```
[Aui,bui,cui,Tui,kui] = ctrbf(A,B(:,i),C)
```

Beschreibung:

$\mathbf{A}_{u_i}$ ist eine untere Dreiecksmatrix:

$$\mathbf{A}_{u_i} = \left[\begin{array}{c|c} \mathbf{A}_{nst} & 0 \\ \hline \mathbf{A}_{21} & \mathbf{A}_{st} \end{array}\right] \tag{8.97}$$

Die linke obere Matrix $\mathbf{A}_{nst}$ verkörpert den nichtsteuerbaren und die rechte untere Matrix den steuerbaren Teil der Systemmatrix $\mathbf{A}$. $\mathbf{A}_{21}$ stellt die Kopplung zwischen dem nichtsteuerbaren und dem steuerbaren Teil her. $\mathbf{b}_{ui}$ ist der Eingangsvektor, der im oberen Bereich den nichtsteuerbaren und im unteren Bereich den steuerbaren Teil beinhaltet:

$$\mathbf{b}_{u_i} = \left[\begin{array}{c} 0 \\ \hline \mathbf{b}_{st} \end{array}\right] \tag{8.98}$$

$\mathbf{c}_{ui}$ ist die zum aufgeteilten System gehörende Ausgangsmatrix. $\mathbf{T}_{ui}$ ist die Transformationsmatrix, mit der die Matrizen des geteilten Systems wie folgt gewonnen werden:

$$\begin{aligned} \mathbf{A}_{u_i} &= \mathbf{T}_{u_i}\,\mathbf{A}\,\mathbf{T}_{u_i}' \\ \mathbf{b}_{u_i} &= \mathbf{T}_{u_i}\,\mathbf{B}(:,i) \\ \mathbf{c}_{u_i} &= \mathbf{C}\,\mathbf{T}_{u_i}' \end{aligned} \tag{8.99}$$

$\mathbf{k}_{ui}$ ist ein Vektor vom Typ $(1,n)$. Die Summe der Elemente von $\mathbf{k}_{ui}$ ergibt die Anzahl der steuerbaren Zustände.

Beispiel 8.17

Die Zustandsgleichungen des in den vorhergehenden Beispielen dieses Kapitels behandelten Systems sind für die Steuergröße $u_1(t)$, die laut Beispiel 8.13 nur einen der drei Zustände steuern kann, mit der M-function *ctrbf* zu untersuchen. Das Ergebnis ist durch die Zustandsgleichungen sowie als Signalflussplan darzustellen.

Lösung:

```
>> [Ast1,bst1,cst1,Tst1,kst1] = ctrbf(A,B(:,1),C)
Ast1 =
   -4.0000   -2.8284   -0.0000
    2.1213    1.0000    0.0000
    3.5355   -4.0000    1.0000
bst1 =
         0
         0
   -1.4142
cst1 =
         0    1.4142    0.0000
         0    0.7071   -0.7071
Tst1 =
         0         0    1.0000
    0.7071    0.7071         0
   -0.7071    0.7071         0
kst1 =
     1     0     0
```

Die Systemmatrizen werden zur besseren Übersicht als Vektor-Matrix-Gleichungen dargestellt:

$$\begin{bmatrix} \dot{x}_{ns1}(t) \\ \dot{x}_{ns2}(t) \\ \hline \dot{x}_{s1}(t) \end{bmatrix} = \left[\begin{array}{cc|c} -4{,}0000 & -2{,}8284 & 0 \\ 2{,}1213 & 1{,}0000 & 0 \\ \hline 3{,}5355 & -4{,}0000 & 1 \end{array}\right] \begin{bmatrix} x_{ns1}(t) \\ x_{ns2}(t) \\ \hline x_{s1}(t) \end{bmatrix} + \begin{bmatrix} 0 \\ 0 \\ \hline -1{,}4142 \end{bmatrix} u_1(t)$$

$$\begin{bmatrix} y_1(t) \\ y_2(t) \end{bmatrix} = \left[\begin{array}{cc|c} 0 & 1{,}4142 & 0 \\ 0 & 0{,}7071 & -0{,}7071 \end{array}\right] \begin{bmatrix} x_{ns_1}(t) \\ x_{ns_2}(t) \\ \hline x_s(t) \end{bmatrix} + \begin{bmatrix} 0 \\ 0 \end{bmatrix} u_1(t)$$

Das Ergebnis ist ein nichtsteuerbares Teilsystem 2. Ordnung und ein steuerbares Teilsystem 1. Ordnung, was auch der Vektor kst_1 aussagt.

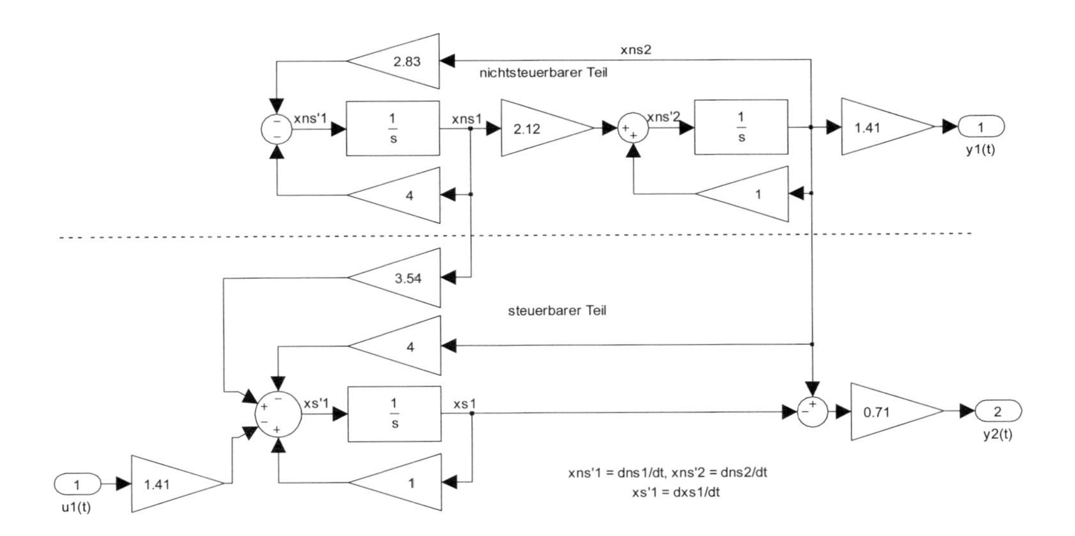

Abb. 8.13 *Signalflussplan eines Systems mit den Teilen nichtsteuerbar und steuerbar*

Zerlegung nach der Beobachtbarkeit eines Systems mit der M-function obsvf

Eigenschaft von *obsvf:*

Zerlegt ein durch sein Zustandsmodell beschriebenes System in einen beobachtbaren und einen nichtbeobachtbaren Teil, für den Fall, dass der Rang r der Beobachtbarkeitsmatrix kleiner oder gleich der Ordnung n des Systems ist, d. h. wenn $r \leq n$ gilt.

Syntax:

```
[Ayj,byj,cyj,Tyj,kyj] = obsvf(A,B,C(j,:))
```

Beschreibung:

$\mathbf{A}_{yj}$ ist eine obere Dreiecksmatrix:

$$\mathbf{A}_{y_j} = \left[\begin{array}{c|c} \mathbf{A}_{nbo} & \mathbf{A}_{12} \\ \hline 0 & \mathbf{A}_{bo} \end{array}\right] \tag{8.100}$$

Die linke obere Matrix $\mathbf{A}_{nbo}$ verkörpert den nichtbeobachtbaren und die rechte untere Matrix den beobachtbaren Teil der Systemmatrix **A**. $\mathbf{A}_{12}$ stellt die Kopplung zwischen beiden Teilen her. $\mathbf{b}_{yj}$ ist die zum aufgeteilten System gehörende Eingangsmatrix. $\mathbf{c}_{yj}$ ist der Ausgangszeilenvektor der den nichtbeobachtbaren und den beobachtbaren Teil beschreibt:

$$\mathbf{c}_{y_j} = \left[\begin{array}{c|c} 0 & \mathbf{c}_{bo} \end{array}\right] \tag{8.101}$$

$\mathbf{T}_{yj}$ ist die Transformationsmatrix, mit der die Matrizen des geteilten Systems gewonnen werden. $\mathbf{k}_{yj}$ ist ein Vektor vom Typ $(1,n)$. Die Summe der Elemente von $\mathbf{k}_{yj}$ ergibt die Anzahl der beobachtbaren Zustände.

Beispiel 8.18

Die Zustandsgleichungen des in den vorhergehenden Beispielen dieses Kapitels behandelten Systems sind für die Ausgangsgröße $y_1(t)$, die laut Beispiel 8.15 nur zwei der drei Zustände beobachten kann, mit der M-function *obsvf* zu untersuchen. Das Ergebnis ist durch die Zustandsgleichungen sowie als Signalflussplan darzustellen.

Lösung:

```
>> [Abo1,bbo1,cbo1,Tbo1,kbo1] = obsvf(A,B,C(1,:))
Abo1 =
    1.0000  -3.5355   4.0000
   -0.0000  -4.0000  -2.8284
         0   2.1213   1.0000
bbo1 =
   -1.4142  -0.0000
    0.0000  -1.0000
    0.0000        0
cbo1 =
         0         0  -1.4142
Tbo1 =
   -0.7071   0.7071  -0.0000
    0.0000  -0.0000  -1.0000
   -0.7071  -0.7071        0
kbo1 =
     1     1     0
```

Die Systemmatrizen werden zur besseren Übersicht als Vektor-Matrix-Gleichungen dargestellt:

$$\left[\begin{array}{c} \dot{x}_{nb1}(t) \\ \hline \dot{x}_{b1}(t) \\ \dot{x}_{b2}(t) \end{array}\right] = \left[\begin{array}{c|cc} 1 & -3{,}5355 & 4{,}0000 \\ \hline 0 & -4{,}0000 & -2{,}8284 \\ 0 & 2{,}1213 & 1{,}0000 \end{array}\right] \left[\begin{array}{c} x_{nb1}(t) \\ x_{b1}(t) \\ x_{b2}(t) \end{array}\right] + \left[\begin{array}{c|c} -1{,}4142 & 0 \\ \hline 0 & -1 \\ 0 & 0 \end{array}\right] \left[\begin{array}{c} u_1(t) \\ \hline u_2(t) \end{array}\right]$$

$$\left[y_1(t)\right] = \left[\begin{array}{c|cc} 0 & 0 & -1{,}4142 \end{array}\right] \left[\begin{array}{c} x_{nb1}(t) \\ \hline x_{b1}(t) \\ x_{b2}(t) \end{array}\right] + \left[\begin{array}{c|c} 0 & 0 \\ \hline 0 & 0 \\ 0 & 0 \end{array}\right] \left[\begin{array}{c} u_1(t) \\ \hline u_2(t) \end{array}\right]$$

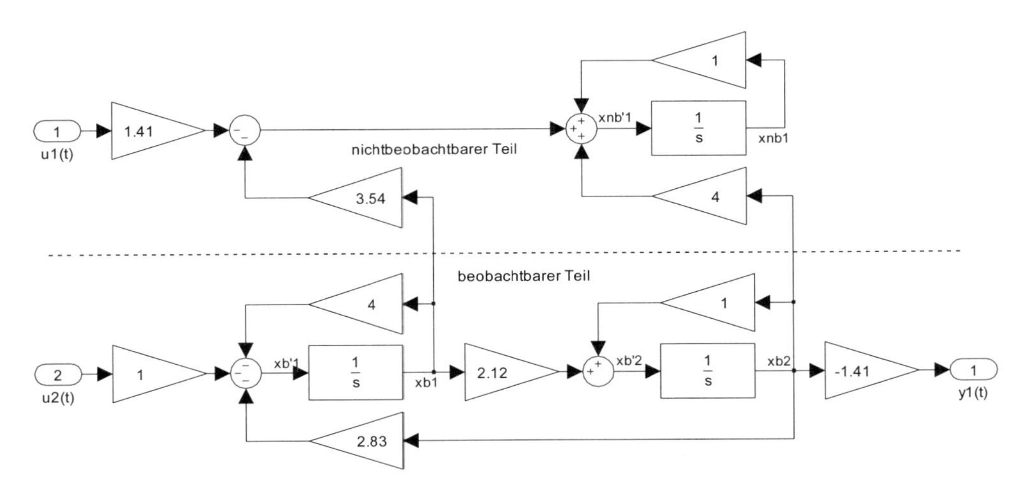

Abb. 8.14 *System mit den Teilen nichtbeobachtbar und beobachtbar*

Das Ausgangssignal $y_1(t)$ wird direkt aus der zweiten Zustandsgröße $x_{bo2}(t)$ und indirekt aus der ersten Zustandsgröße $x_{bo1}(t)$ des beobachtbaren Teilsystems erzeugt, so dass beide Zustände aus $y_1(t)$ rekonstruiert werden können. Das nichtbeobachtbare Teilsystem wirkt nicht auf das beobachtbare zurück, so dass sein Zustand $x_{nbo1}(t)$ nicht aus $y_1(t)$ rekonstruiert werden kann.

Dieser Sachverhalt wird besonders übersichtlich, wenn das System mit den beiden gleichen Wertepaaren (y_1,u_1) und (y_1,u_2) in der Diagonalform dargestellt wird, wie in Abb. 8.14 geschehen.

Beispiel 8.19

Das Modell der Brückenschaltung nach Kapitel 5.6 ist mit den M-functions *ctrbf* und *obsvf* für den Fall der Abgleichbedingung:

$$R_2 R_3 = \frac{L}{C}$$

zu untersuchen. Dieser Zustand wird erreicht, wenn für $R_2 = 4\ \Omega$ gilt.

Bemerkung: Zur Lösung dieser Aufgabe ist die function *bruecke* zu verwenden.

Lösung:

```
% Berechnungen zum Beispiel 8.19
% Das Zustandsmodell
ZM = bruecke('ZM','abgeg');
disp('              ')
disp('                 Lösungen zum Beispiel 8.19')
disp('Eigenwerte der abgeglichenen Brückenschaltung:')
eval('Ew = eig(ZM)')
disp(['Aufspalten in einen steuerbaren und einen '...
    'nichtsteuerbaren Teil:'])
[Aui,bui,cui,Tui,kui] = ctrbf(ZM.a,ZM.b,ZM.c);
% Ersetzen von Werten < 1e-5 durch 0
n = size(Aui);
```

```
for k = 1:n
    for l = 1:n
        if abs(Aui(k,l)) < 1e-5, Aui(k,l) = 0; end
    end
      if abs(bui(k,1)) < 1e-5, bui(k,1) = 0; end
      if abs(cui(1,k)) < 1e-5, cui(1,k) = 0; end
end
eval('Aui,bui,cui,Tui,kui')
disp(['Aufspalten in einen beobachtbaren und einen '...
    'nichtbeobachtbaren Teil:'])
[Ayj,byj,cyj,Tyj,kyj] = obsvf(ZM.a,ZM.b,ZM.c);
% Ersetzen von Werten < 1e-5 durch 0
n = size(Ayj);
for k = 1:n
    for l = 1:n
        if abs(Ayj(k,l)) < 1e-5, Ayj(k,l) = 0; end
    end
      if abs(byj(k,1)) < 1e-5, byj(k,1) = 0; end
      if abs(cyj(1,k)) < 1e-5, cyj(1,k) = 0; end
end
eval('Ayj,byj,cyj,Tyj,kyj')
% Übertragungsfunktion der abgeglichenen Brückenschaltung
G  = bruecke('G','abgeg');
% Ende des Beispiels 8.19
```

Lösungen zum Beispiel 8.19

Eigenwerte der abgeglichenen Brückenschaltung:

```
Ew =
  -10
  -40
```

Aufspalten in einen steuerbaren und einen nichtsteuerbaren Teil:

```
Aui =                          cui =
 -40.0000         0             -4.1231       0
  16.0000  -10.0000            Tui =
bui =                           -0.2425   0.9701
        0                       -0.9701  -0.2425
  -8.2462                      kui =
                                   1    0
```

Aufspalten in einen beobachtbaren und einen nichtbeobachtbaren Teil:

```
Ayj =                          cyj =
 -10.0000  -16.0000                 0  -4.1231
        0  -40.0000            Tyj =
byj =                            0.9701   0.2425
   8.2462                       -0.2425   0.9701
        0                      kyj =
                                   1    0
```

Übertragungsfunktion der abgeglichenen Brückenschaltung

```
num/den =
          0
  --------------------
  s^2 + 50 s + 400
```

Da der Zähler der Übertragungsfunktion 0 ist, wird auch G(s) = 0!

Unter Beachtung der Gleichungen (8.97) bis (8.99) für das Aufspalten des Systems in einen steuerbaren und einen nichtsteuerbaren Teil ist zu erkennen, dass der zu dem Eigenwert –40 gehörende Zustand nichtsteuerbar ist – Element (1,1) der Matrix $\mathbf{A}_{ui}$ bzw. $\mathbf{A}_{nst}$ in Gleichung (8.97). Dies ist auch aus dem Element $\mathbf{b}_{ui}(1,1) = 0$ zu ersehen.

Unter Beachtung der Gleichungen (8.100) und (8.101) für das Aufspalten des Systems in einen beobachtbaren und einen nichtbeobachtbaren Teil ist zu erkennen, dass der zu dem Eigenwert –10 gehörende Zustand nichtbeobachtbar ist – Element (1,1) der Matrix $\mathbf{A}_{yj}$ bzw. $\mathbf{A}_{nbo}$ in Gleichung (8.100). Dies ist auch aus dem Element $\mathbf{c}_{yj}(1,1) = 0$ zu ersehen.

Da ein System sowohl steuerbar als auch beobachtbar sein muss, um eine Übertragungsfunktion bilden zu können, existiert für die abgeglichene Brückenschaltung keine Übertragungsfunktion, was der Nullvektor des Zählers bestätigt.

8.6.6 Minimalkonfiguration eines Systems

Die Matrixübertragungsfunktion und die Ausgangsgleichungen

Für die Behandlung von Systemen im Zusammenhang mit dem Entwurf der Automatisierungseinrichtung können gewöhnlich nur die Teile eines Systems verwendet werden, die sowohl steuerbar als auch beobachtbar sind. Die aus einem Zustandsmodell gebildeten möglichen Übertragungsfunktionen werden in der Matrixübertragungsfunktion zusammengefasst:

$$\mathbf{G}(s) = \frac{\mathbf{Y}(s)}{\mathbf{U}(s)} = \mathbf{C}(s\mathbf{I} - \mathbf{A})^{-1}\mathbf{B} + \mathbf{D} \qquad (8.102)$$

Ist die Ordnung der einzelnen Übertragungsfunktionen der Matrixübertragungsfunktion kleiner als die durch das Zustandsmodell angegebene Systemordnung, so ist die Differenz eine Folge der Kürzung von Nullstellen mit den Polen des Systems. Ursache für das Kürzen von Polen und Nullstellen ist das Vorhandensein von Teilsystemen die entweder nichtsteuerbar, nichtbeobachtbar oder weder steuerbar noch beobachtbar sind.
Aus der Gleichung (8.102) ergibt sich für die Ausgangsgleichungen als Kombination der einzelnen Übertragungsfunktion mit den Eingangsgrößen:

$$\mathbf{Y}(s) = \mathbf{G}(s)\mathbf{U}(s)$$
$$\begin{bmatrix} Y_1 \\ \vdots \\ Y_r \end{bmatrix} = \begin{bmatrix} G_{11} & \cdots & G_{1m} \\ \vdots & \ddots & \vdots \\ G_{r1} & \cdots & G_{rm} \end{bmatrix} \begin{bmatrix} U_1 \\ \vdots \\ U_m \end{bmatrix} \qquad (8.103)$$

Bemerkung: im Allgemeinen gilt $r \neq m$!

Die M-function minreal zur Bestimmung der Minimalkonfiguration

Eigenschaft von *minreal*:
Reduktion von Zuständen, die keine Verbindung zwischen dem Eingang und Ausgang eines Systems herstellen.
Syntax:

ZMm = minreal(ZM)
[Zm,Nm] = minreal(Z,N)
[Num,Pom] = minreal(Nu,Po)

Beschreibung:
Das mit „ZMm = minreal(ZM)" berechnete System enthält nur den steuerbaren und beobachtbaren Teil des Gesamtsystems ZM.
„[Zm,Nm] = minreal(Zählerpolynom,Nennerpolynom)" gibt die nach der Kürzung verbliebenen Polynome aus. „[Num,Pom] = minreal(Nullstellen,Pole)" gibt die verbliebenen Nullstellen und Pole aus. Es wird eine Information über die Anzahl der gestrichenen Zustände bzw. Pol-/Nullstellen-Kürzungen ausgegeben.

Beispiel 8.20

Für das in den vorhergehenden Beispielen behandelte System 3. Ordnung in Diagonalform, entsprechend der Gleichungen, mit zwei Eingangs- und zwei Ausgangsgrößen sind für die vier Ausgangs-/Eingangs-Kombinationen, (y_1,u_1), (y_1,u_2), (y_2,u_1) und (y_2,u_2), die jeweiligen Minimalrealisierungen gesucht. In einem ersten Schritt sind die Matrixübertragungsfunktion nach Gleichung (8.102) und ihre Übertragungsfunktionen zu berechnen.

Lösung:

Bemerkung:
Das System ist von dritter Ordnung und hat folglich auch drei Eigenwerte bzw. Pole. Zu jeder Zustandsgröße korrespondiert ein Eigenwert.

```
% Berechnungen zum Beispiel 8.20
% Die im Beispiel 8.13 berechneten Matrizen
A = [1 0 0;0 -1 0;0 0 -2]; B = [1 1;0 -2; 0 3];
% Die im Beispiel 8.15 berechneten Matrizen
C = [0 -1.5 -1;1 2 1]; D = zeros(2);
disp('            ')
disp('                   Lösungen zum Beispiel 8.20')
disp('            Die Matrix-Übertragungsfunktion')
syms s
disp('G ='), G = C*(s*eye(3)-A)^(-1)*B;
pretty(G), disp('            ')

disp('                Wertepaar (y1,u1)')
ZM11 =  minreal(ss(A,B(:,1),C(1,:),D(1,1)));
[Z11,N11,K11] = ss2zp(ZM11.a,ZM11.b,ZM11.c,ZM11.d,1);
G11 = zpk(Z11,N11,K11); fprintf('G11 ='), eval('G11')
disp('            ')

disp('                Wertepaar (y1,u2)')
ZM12 = minreal(ss(A,B(:,2),C(1,:),D(1,1)));
[Z12,N12,K12] = ss2zp(ZM12.a,ZM12.b,ZM12.c,ZM12.d,1);
G12 = zpk(Z12,N12,K12);
```

```
fprintf('G12 ='), eval('G12')
disp('             ')
disp('                    Wertepaar (y2,u1)')
ZM21 = minreal(ss(A,B(:,1),C(2,:),D(1,1)));
[Z21,N21,K21] = ss2zp(ZM21.a,ZM21.b,ZM21.c,ZM21.d,1);
G21 = zpk(Z21   ,N21,K21);
fprintf('G21 ='), eval('G21')
disp('             ')
disp('                    Wertepaar (y2,u2)')
ZM22 = minreal(ss(A,B(:,2),C(2,:),D(1,1)));
[Z22,N22,K22] = ss2zp(ZM22.a,ZM22.b,ZM22.c,ZM22.d,1);
G22 = zpk(Z22,N22,K22); fprintf('G22 ='), eval('G22')
% Ende des Beispiels 8.20
```

Lösungen zum Beispiel 8.20

```
G =
 +-                                    -+
 |              3        3              |
 |   0,      ------- - -------          |
 |           (s + 1)  (s + 2)           |
 |                                      |
 |    1        1        4         3     |
 | -------, ------- - ------- + ------- |
 | (s - 1)  (s - 1)  (s + 1)   (s + 2)  |
 +-                                    -+
```

Wertepaar (y1,u1)

```
3 states removed.
G11 =
Zero/pole/gain:
0
```

Wertepaar (y1,u2)

```
1 state removed.
G12 =
Zero/pole/gain:
    3
-----------
(s+2) (s+1)
```

Wertepaar (y2,u1)

```
2 states removed.
G21 =
Zero/pole/gain:
  1
-----
(s-1)
```

Wertepaar (y2,u2)

```
G22 =
Zero/pole/gain:
    - (s-7)
-----------------
(s+2) (s+1) (s-1)
```

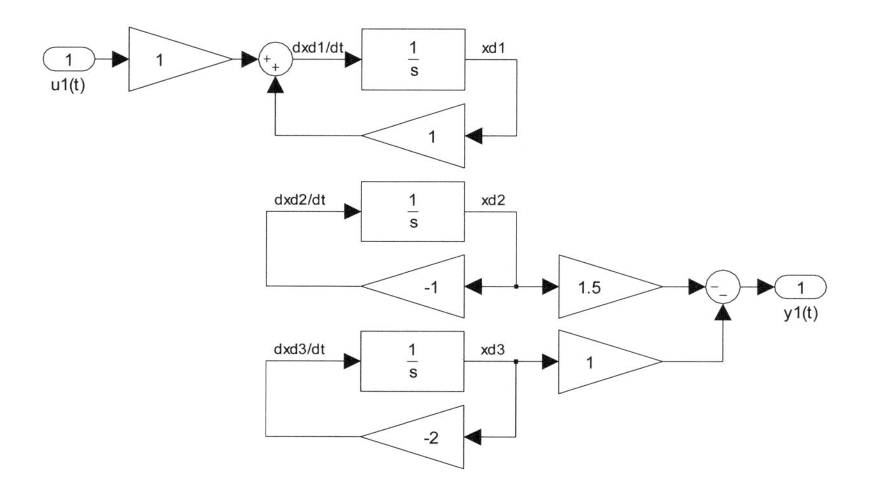

Abb. 8.15 *System 3. Ordnung ohne Kopplung zwischen Eingang und Ausgang*

- Wertepaar (y_1,u_1)
  Die oben angegebene Matrixübertragungsfunktion ergibt für die Übertragungsfunktion $G_{11}(s) = 0$, d. h. es wurden alle drei Pole durch entsprechende Nullstellen gekürzt, was dem Streichen aller drei Zustände entspricht. Dies bedeutet, dass kein Zustand existiert der eine Verbindung zwischen dem Eingang und dem Ausgang herstellt. Es kann somit weder ein Zustandsmodell noch eine Übertragungsfunktion gebildet werden.
- Wertepaar (y_1,u_2)
  Für das Wertepaar (y_1,u_2) ergibt sich die Übertragungsfunktion:

  $$G_{12}(s) = \frac{3}{s+1} - \frac{3}{s+2}$$

  d. h. es wurde der zum ersten Zustand gehörende Pol durch die entsprechende Nullstelle gekürzt. Die Übertragungsfunktion beschreibt ein stabiles System 2. Ordnung.
  Es wurde ein Zustand gestrichen, somit verbleibt ein System mit zwei Zustandsgrößen, die eine Kopplung zwischen dem Eingang und Ausgang herstellen.

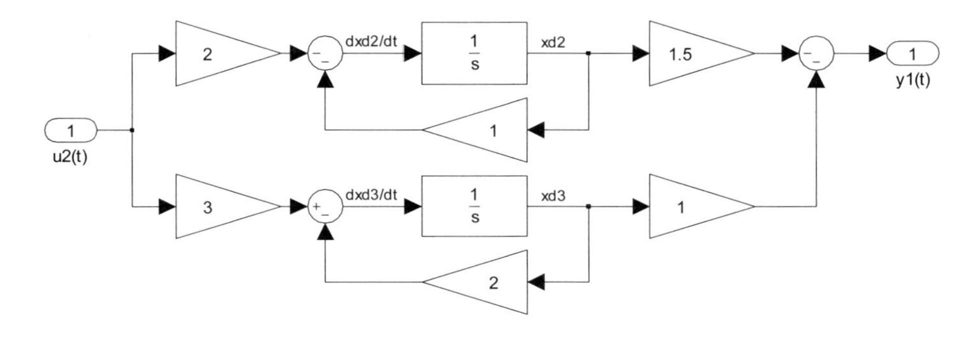

Abb. 8.16 Teilsystem 2. Ordnung durch Reduktion des Zustandes x_{d1}

- Wertepaar (y_2,u_1)
  Für das Wertepaar (y_2,u_1) ergibt sich die Übertragungsfunktion:

  $$G_{21}(s)=\frac{1}{s-1}$$

  d. h. es wurden der zum zweiten und zum dritten Zustand gehörende Pol durch entsprechende Nullstellen gekürzt. Die Übertragungsfunktion beschreibt ein instabiles System 1. Ordnung.
  Es wurden der zweite und dritte Zustand gestrichen, somit verbleibt ein System mit einer Zustandsgröße, die eine Kopplung zwischen dem Eingang und Ausgang herstellt, wie im Signalflussplan Abb. 8.17 dargestellt.

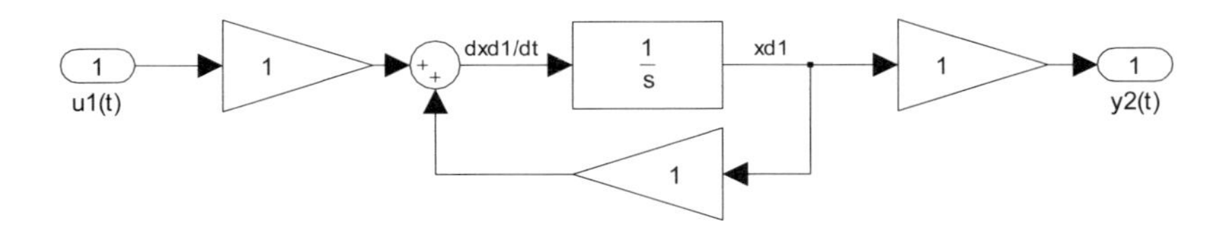

Abb. 8.17 Instabiles Teilsystem 1. Ordnung durch Reduktion von zwei Zuständen

- Wertepaar (y_2,u_2)
  Für das Wertepaar (y_2,u_2) ergibt sich die Übertragungsfunktion:

  $$G_{22}(s)=\frac{1}{s-1}-\frac{4}{s+1}+\frac{3}{s+2}$$

  d. h. es wurden keine Pole gekürzt. Die Übertragungsfunktion beschreibt das vollständige System 3. Ordnung und ist somit vollständig steuerbar und beobachtbar.
  Es wurde keiner der drei Zustände gestrichen, was bedeutet, dass mit $u_2(t)$ alle drei Zustände gesteuert und über $y_2(t)$ alle drei Zustände beobachtet werden können.

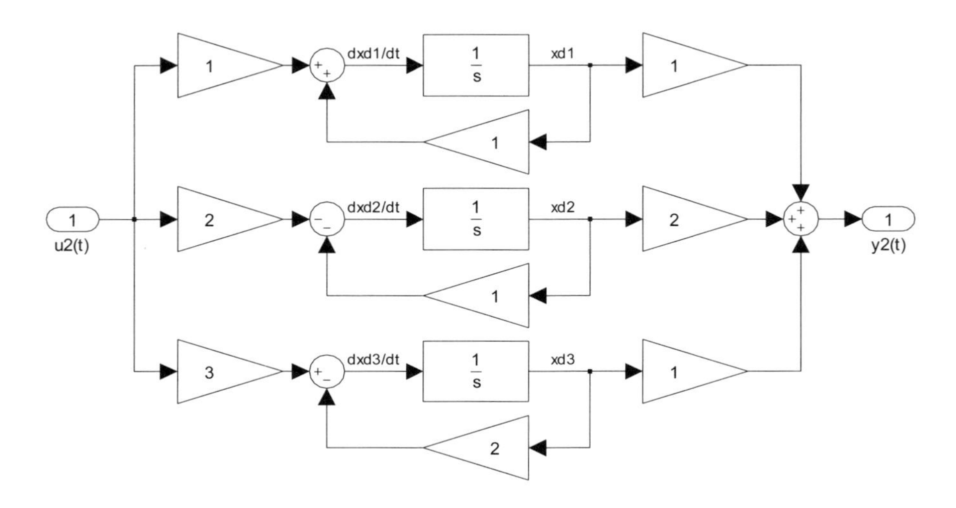

Abb. 8.18 *Über u_2 steuerbarer und über y_2 beobachtbarer Teil des Systems 3. Ordnung*

8.7 Transformationen

Wie vorangehend dargestellt, besteht zwischen den Modellformen im Zeitbereich und Frequenzbereich ein eindeutiger Zusammenhang. Nachfolgend werden Möglichkeiten der Transformation zwischen dem Zeitbereich und dem Frequenzbereich sowie den verschiedenen Darstellungsformen der Übertragungsfunktion angegeben.

8.7.1 Zustandsmodelle

Die als Zustandsmodell beschriebenen Systeme:

$$\begin{aligned} \dot{\mathbf{x}}(t) &= \mathbf{A}\,\mathbf{x}(t) + \mathbf{B}\,\mathbf{u}(t) \\ \mathbf{y}(t) &= \mathbf{C}\,\mathbf{x}(t) + \mathbf{D}\,\mathbf{u}(t) \end{aligned} \tag{8.104}$$

lassen sich durch Laplacetransformation in die Matrixübertragungsfunktion:

$$\mathbf{G}(s) = \frac{\mathbf{Y}(s)}{\mathbf{U}(s)} = \mathbf{C}(s\,\mathbf{I} - \mathbf{A})^{-1}\,\mathbf{B} + \mathbf{D} = \begin{bmatrix} G_{11}(s) & \cdots & G_{1m}(s) \\ \vdots & \ddots & \vdots \\ G_{r1}(s) & \cdots & G_{rm}(s) \end{bmatrix} \tag{8.105}$$

überführen.

Transformation in die Polynomform mit der M-function ss2tf

Eine Übertragungsfunktion in Polynomform besteht aus einem Zählerpolynom und einem Nennerpolynom in s, d. h. es ist eine gebrochen rationale Funktion. Der Koeffizient der höchsten Potenz des Nennerpolynoms soll eins sein, somit gilt:

$$G(s)=\frac{Z(s)}{N(s)}=\frac{b_m\,s^m+b_{m-1}\,s^{m-1}+\ldots+b_1\,s+b_0}{s^n+a_{n-1}\,s^{n-1}+\ldots+a_2\,s^2+a_1\,s+a_0}\qquad n\geq m \tag{8.106}$$

Eigenschaft von *ss2tf*:
Berechnet aus den Koeffizienten der Matrizen nach Gleichung (8.104) die Koeffizienten des Zähler- und Nennerpolynoms für das i-te Eingangssignal $u_i(t)$ nach Gleichung (8.106).
Syntax:

[Z,N] = ss2tf(A,B,C,D,iu)

Beschreibung:
Für den Fall, dass es r Ausgangsgrößen gibt, ist **Z** eine Matrix, deren Zeilenzahl mit der Anzahl der Ausgangssignale r übereinstimmt, siehe auch Gleichung (8.102) bzw. (8.105).

Beispiel 8.21
Für das mit Hilfe der function *ipendel*, Kapitel 5.3, zu gewinnende Zustandsmodell des Inversen Pendels sind die Übertragungsfunktionen für die erste Eingangsgröße, $u_a(t)$, in der Polynomform zu berechnen und die Pol-Nullstellen-Kürzungen zu ermitteln. Diese Ergebnisse sind mit den drei k-Vektoren, die aus dem Beobachtbarkeitstest folgen, zu vergleichen.

Lösung:

```
% Berechnungen zum Beispiel 8.21
% Das Zustandsmodell des Inversen Pendels
[A,B,C,D] = ipendel;
disp('           ')
disp('        Lösungen zum Beispiel 8.21 - Inverses Pendel')
% Matrixübertragungsfunktion für ua(t), es ist der 1. Eingang
[Z,N] = ss2tf(A,B,C,D,1);
disp([' Matrix der Zählerpolynome der '...
    'Matrixübertragungsfunktion für ua(t)'])
eval('Z')
disp('           ')
disp(' Nennerpolynom der Matrixübertragungsfunktion')
eval('N')
[k,m] = size(Z);
n = length(N);
for i = 1:n % Ersetzen von Werten < 1e-5 durch 0
      if abs(N(i)) < 1e-5, N(i) = 0; end
    for j = 1:k
        if abs(Z(j,i)) < 1e-5, Z(j,i) = 0; end
    end
end
% Bilden der Übertragungsfunktionen
G = tf(1,1);
for j = 1:k
```

```
    G(j,:) = tf(Z(j,:),N);
end
% Die Matrixübertragungsfunktion des Inversen Pendels
disp('            ')
disp([' Die Matrixübertragungsfunktion des '...
    'Inversen Pendels für ua(t)'])
eval('G')
% G1(s)
disp(' Pol-Nullstellen-Kürzung bei G1(s) = Phi(t)/ua(t)')
[Z1m,N1m] = minreal(Z(1,:),N);
eval('G1 = tf(Z1m,N1m)')
% G2(s)
disp(' Pol-Nullstellen-Kürzung bei G2(s) = s(t)/ua(t)')
[Z2m,N2m] = minreal(Z(2,:),N);
eval('G2 = tf(Z2m,N2m)')
% G3(s)
disp(' Pol-Nullstellen-Kürzung bei G3(s) = ia(t)/ua(t)')
[Z3m,Nm] = minreal(Z(3,:),N);
eval('G3 = tf(Z3m,Nm)')
% Beobachtbarkeitstest
disp('                Beobachtbarkeitstest')
[Ay1,by1,cy1,Ty1,ky1] = obsvf(A,B,C(1,:));
[Ay2,by2,cy2,Ty2,ky2] = obsvf(A,B,C(2,:));
[Ay3,by3,cy3,Ty3,ky3] = obsvf(A,B,C(3,:));
eval('ky1')
eval('ky2')
eval('ky3')
% Ende des Beispiels 8.21
```

```
              Lösungen zum Beispiel 8.21 - Inverses Pendel
 Matrix der Zählerpolynome der Matrixübertragungsfunktion für ua(t)
Z =
         0   -0.0000  -152.6528        0         0
         0    0.0000     2.6643   1.2567  -28.2839
    1.0060    1.1281   -12.9409  -5.7512         0

 Nennerpolynom der Matrixübertragungsfunktion
N =
    1.0000    7.4698   -9.8688  -73.1119        0

 Die Matrixübertragungsfunktion des Inversen Pendels für ua(t)

Transfer function from input to output...
              -152.7 s^2
 #1:  ------------------------------------
      s^4 + 7.47 s^3 - 9.869 s^2 - 73.11 s

        2.664 s^2 + 1.257 s - 28.28
 #2:  ------------------------------------
      s^4 + 7.47 s^3 - 9.869 s^2 - 73.11 s

      1.006 s^4 + 1.128 s^3 - 12.94 s^2 - 5.751 s
 #3:  --------------------------------------------
         s^4 + 7.47 s^3 - 9.869 s^2 - 73.11 s
```

```
 Pol-Nullstellen-Kürzung bei G1(s) = Phi(t)/ua(t)
1 pole-zero(s) cancelled

Transfer function:
         -152.7 s
-------------------------------------
s^3 + 7.47 s^2 - 9.869 s - 73.11

 Pol-Nullstellen-Kürzung bei G2(s) = s(t)/ua(t)
0 pole-zero(s) cancelled

Transfer function:
    2.664 s^2 + 1.257 s - 28.28
-------------------------------------------
s^4 + 7.47 s^3 - 9.869 s^2 - 73.11 s

 Pol-Nullstellen-Kürzung bei G3(s) = ia(t)/ua(t)
1 pole-zero(s) cancelled

Transfer function:
1.006 s^3 + 1.128 s^2 - 12.94 s - 5.751
---------------------------------------------
  s^3 + 7.47 s^2 - 9.869 s - 73.11

        Beobachtbarkeitstest
ky1 =
   1   1   1   0
ky2 =
   1   1   1   1
ky3 =
   1   1   1   0
```

- Die Zähler-Matrix **Z** besteht aus den drei Zeilen Z(1,:) Z(2,:) und Z(3,:), es sind die zu den drei Ausgangsgrößen gehörenden Zählerpolynome $Z_1(s)$, $Z_2(s)$ und $Z_3(s)$.
  Die erste Zeile von **Z** liefert mit **N** die Übertragungsfunktion zwischen der Ankerspannung $u_a(t)$ des Motors und dem Winkel $\Phi(t)$ des Stabes in °.
  Die Übertragungsfunktion $G_1(s)$ hat zwei Nullstellen und einen Pol im Ursprung der komplexen Ebene, so dass sich ein Pol-Nullstellen-Paar $p_1 = n_1 = 0$ kürzt, siehe $\mathbf{k}_{y1}$.
- Die zweite Zeile von **Z** liefert mit N die Übertragungsfunktion zwischen der Ankerspannung $u_a(t)$ des Motors und dem Weg s(t) des Wagens. Es finden keine Kürzungen statt, siehe $\mathbf{k}_{y2}$.
- Die dritte Zeile von **Z** liefert mit N die Übertragungsfunktion zwischen der Ankerspannung $u_a(t)$ des Motors und dem Ankerstrom $i_a(t)$. Die Übertragungsfunktion $G_3(s)$ hat eine Nullstelle und einen Pol im Ursprung der komplexen Ebene, so dass sich ein Pol-Nullstellen-Paar $p_1 = n_1 = 0$ kürzt, siehe $\mathbf{k}_{y3}$. Da die Grade von Zähler- und Nennerpolynom übereinstimmen, handelt es sich um ein sprungfähiges System.

Wird die M-function *minreal* auf die drei Übertragungsfunktionen angewendet, so ergibt sich für $G_1(s)$ und $G_3(s)$ die Kürzung eines Pol-Nullstellen-Paars. Die mit der M-function *obsvf* gefundenen drei *k*-Vektoren:

$$\begin{aligned} k_{y_1} &= [1 \quad 1 \quad 1 \quad 0] = \sum k_{y_1} = 3 \\ k_{y_2} &= [1 \quad 1 \quad 1 \quad 1] = \sum k_{y_2} = 4 \\ k_{y_3} &= [1 \quad 1 \quad 1 \quad 0] = \sum k_{y_3} = 3 \end{aligned}$$

bestätigen dieses Ergebnis, da $\mathbf{k}_{y1}$ und $\mathbf{k}_{y3}$ als Summenwert 3 aufweisen, sind somit nur drei von vier Zuständen über die Ausgangsgrößen eins und drei beobachtbar. Über die zweite Ausgangsgröße, den Weg $s(t)$, können dagegen alle vier Zustände beobachtet werden. Die Übertragungsfunktion $G_2(s)$ weist auch keine Pol-Nullstellen-Kürzung auf.

Transformation in die Polynomform mit der M-function tf

Eigenschaft von *tf*:
Berechnet aus einem Zustandsmodell die möglichen Übertragungsfunktionen.
Syntax:

G = tf(ZM)

Beschreibung:
Liefert für *m* Eingangsgrößen die zu den *r* Ausgangsgrößen gehörenden Übertragungsfunktionen in *m* Blöcken.

Das Inverse Pendel hat zwei Eingangsgrößen, d. h. $m = 2$, so dass die Matrixübertragungsfunktion in zwei Blöcken ausgegeben wird.
Die im Beispiel 8.21 gefundenen drei Übertragungsfunktionen wurden nur darum in einem Block ausgegeben, da mit „[Z,N] = ss2tf (A,B,C,D,**1**)", auf den **1**. Eingang Bezug genommen wurde. Mit „G = tf(ZM)", wenn für „ZM = ipendel" gilt, wären in 2 Blöcken jeweils drei Übertragungsfunktionen ausgegeben worden.

Beispiel 8.22
Für das vereinfachte Antriebsmodell, Kapitel 5.2, sind aus dem Zustandsmodell die Übertragungsfunktionen mit der M-function *tf* (ZM) zu bestimmen.

Lösung:

```
% Berechnungen zum Beispiel 8.22
% Das Zustandsmodell des vereinfachten Antriebs
ZA = antrieb(1);
% Die Übertragungsfunktionen
G = tf(ZA);
disp('           ')
disp('                Lösungen zum Beispiel 8.22')
disp('Matrixübertragungsfunktion des vereinfachten Antriebs')
eval('G')
% Ende des Beispiels 8.22
```

Lösungen zum Beispiel 8.22
Matrixübertragungsfunktion des vereinfachten Antriebs

```
Transfer function from input 1 to output...
      -10.1
 #1:  -----------
      s + 61.58

       24.22
 #2:  -----------
      s + 61.58

Transfer function from input 2 to output...
      -394.6
 #1:  -----------
      s + 61.58

       945.9
 #2:  -----------
      s + 61.58

Transfer function from input 3 to output...
       24.22
 #1:  -----------
      s + 61.58

      1.006 s + 3.908
 #2:  -------------------
         s + 61.58
```

Das vereinfachte Modell des Antriebs ist von erster Ordnung, hat drei Eingangsgrößen und zwei Ausgangsgrößen, so dass sich für jede der drei Eingangsgrößen ein Block von zwei Übertragungsfunktionen erster Ordnung ergibt.

Transformation in die Pol-Nullstellen-Form mit der M-function ss2zp

Eine Übertragungsfunktion in Pol-Nullstellen-Form besteht aus dem Verstärkungsfaktor K sowie den in Produktform angeordneten Nullstellen als Zähler und den Polen als Nenner:

$$G(s) = K\frac{(s-n_1)(s-n_2)\ldots(s-n_m)}{(s-p_1)(s-p_2)\ldots(s-p_n)} \qquad n \geq m \tag{8.107}$$

mit dem Verstärkungsfaktor:

$$K = \frac{b_m}{a_n} \tag{8.108}$$

Die Koeffizienten a_n und b_m ergeben sich aus den zu den jeweils höchsten Potenzen von s gehörenden Koeffizienten des Zählerpolynoms und Nennerpolynoms der Übertragungsfunktion in Polynomform nach Gleichung (8.106). Über den Zusammenhang zwischen dem Verstärkungsfaktor K und der stationären Verstärkung V siehe Kapitel 6.4.3.

Eigenschaft von *ss2zp*:
Berechnet aus den Koeffizienten der Matrizen nach Gleichung (8.104) die Pole Po_i, die Nullstellen Nu_j und den Verstärkungsfaktor K der Übertragungsfunktion in Gleichung (8.107).
Syntax:

```
[Nu,Po,K] = ss2zp(A,B,C,D,iu)
```

Beschreibung:
Für den Fall, dass es r Ausgangsgrößen gibt, ist **Nu** eine Matrix, deren Spaltenzahl mit der Anzahl r der Ausgangssignale übereinstimmt, d. h. die zu jedem Ausgangssignal gehörenden endlichen Nullstellen sind spaltenweise angeordnet, siehe auch Gleichung (8.102), (8.103) und (8.105).

Beispiel 8.23
Es sind die im Beispiel 8.22 gestellten Aufgaben mit der M-function *ss2zp* zu lösen. Die Ergebnisse sind zu vergleichen.

Lösung:

```
>> [A,B,C,D] = ipendel;
>> [Nu,Po,K] = ss2zp(A,B,C,D,1)
Nu =
   0.0000   -3.5026  -3.9876
        0    3.0309   3.3006
      Inf       Inf  -0.4343
      Inf       Inf        0
Po =
        0
   3.1323
  -3.1192
  -7.4830
K =
 -152.6528
    2.6643
    1.0060
>> [Z1,N] = tfdata(zpk(Nu(1:2,1),Po(:),K(1)),'v')
Z1 =
     0        0  -152.6528   0.0000  0
N =
1.0000   7.4698    -9.8688  -73.1119  0
>> G1 = tf([0 0 Z1(3) 0 0],N)

Transfer function:
          -152.7 s^2
------------------------------------------
s^4 + 7.47 s^3 - 9.869 s^2 - 73.11 s

>> G2 = tf(zpk(Nu(1:2,2),Po(:),K(2)))
```

```
Transfer function:
   2.664 s^2 + 1.257 s - 28.28
------------------------------------------
s^4 + 7.47 s^3 - 9.869 s^2 - 73.11 s

>> G3 = tf(zpk(Nu(:,3),Po(:),K(3)))

Transfer function:
1.006 s^4 + 1.128 s^3 - 12.94 s^2 - 5.751 s
---------------------------------------------------
    s^4 + 7.47 s^3 - 9.869 s^2 - 73.11 s
```

Die Ergebnisse stimmen überein. Die Darstellung wurde von der Pol-Nullstellen-Form zum Vergleich in die Polynomform transformiert.

8.7.2 Übertragungsfunktion in Polynomform

Ein durch seine Übertragungsfunktion nach Gleichung beschriebenes System kann in folgende Beschreibungsformen überführt werden.

Transformation in ein Zustandsraummodell mit der M-function tf2ss

Eigenschaft von *tf2ss*:
Überführt eine in der Polynomform nach Gleichung (8.106) vorliegende Übertragungsfunktion in ein äquivalentes Zustandsmodell nach Gleichung (8.104).
Syntax:

[A,B,C,D] = tf2ss(Z,N)

Beschreibung:
Für den Fall, dass das System r Ausgangsgrößen hat, besteht **Z** aus r Zeilen und die Ausgangsmatrix **C** sowie die Durchgangsmatrix **D** haben ebenfalls r Zeilen.
Da eine Übertragungsfunktion nur von dem steuerbaren und beobachtbaren Teil eines Systems gebildet werden kann, fehlen bei der Rücktransformation in den Zustandsbereich eventuelle nichtsteuerbare und/oder nichtbeobachtbare Teile eines Zustandsmodells.

Transformation in die Pol-Nullstellen-Form mit der M-function tf2zp

Eigenschaft von *tf2zp*:
Überführt eine in der Polynomform nach Gleichung (8.106) vorliegende Übertragungsfunktion in eine äquivalente Übertragungsfunktion der Pol-Nullstellen-Form nach Gleichung (8.107).
Syntax:

[Nu,Po,K] = tf2zp(Z,N)

Beschreibung:
Für den Fall, dass das System r Ausgangsgrößen hat und **Z** somit aus r Zeilen besteht, wird **Nu** zu einer Matrix mit r Spalten.

Transformation in Partialbrüche mit der M-function residue

Die Übertragungsfunktion in Polynomform nach Gleichung (8.106) kann mit Hilfe der Partialbruchzerlegung – Residuensatz – in eine für die Laplace-Rücktransformation besonders günstige Form zerlegt werden:

$$G(s)=\frac{Z(s)}{N(s)}=K+\frac{r_1}{s-p_1}+\frac{r_2}{s-p_2}+\cdots+\frac{r_n}{s-p_n} \tag{8.109}$$

mit den Residuen und Polen:

$$R=\begin{bmatrix}r_1 & r_2 & \cdots & r_n\end{bmatrix}' \quad \text{und} \quad Po=\begin{bmatrix}p_1 & p_2 & \cdots & p_n\end{bmatrix}' \tag{8.110}$$

Eigenschaft von *residue*:
Zerlegt eine in der Polynomform nach Gleichung (8.106) vorliegende Übertragungsfunktion in ihre Pole und Residuen sowie einen eventuellen Koeffizienten.
Syntax:

[R,Po,K] = residue(Z,N)

Beschreibung:
Die Funktion *residue ist* eine MATLAB-Grundfunktion.

Beispiel 8.24

Für die Übertragungsfunktion des im Kapitel 5.5 beschriebenen sprungfähigen Netzwerkes mit der function *nw_spf* ist die analytische Funktion der Sprungantwort $h(t)$ im Zeitbereich anzugeben. Zuvor ist die um $1/s$ erweiterte Übertragungsfunktion in seine Pole Po und Residuen R sowie in den eventuell vorhandenen Koeffizienten K zu zerlegen.

Lösung:

```
% Berechnungen zum Beispiel 8.24
disp('               ')
disp('                 Lösungen zum Beispiel 8.24')
fprintf(['  Übertragungsfunktion des sprungfähigen '...
    'Netzwerks'])
G = nw_spf('G');
eval('G')
% Zähler- und Nennerpolynom
[Z,N] = tfdata(G,'v');
% Erweiterung des Nennerpolynoms um s
disp('Erweiterung des Nennerpolynoms um s - Einheitssprung')
eval('N = [N 0]')
disp('   ')
disp('     Zerlegung der Übertragungsfunktion')
[R,Po,K] = residue(Z,N);
fprintf('Residuen R    %5.1f  %5.1f    %5.1f\n',R )
fprintf('Pole Po       %5.0f  %5.0f    %5.0f\n',Po)
if isempty(K) == 1
    fprintf('Konstante K    []\n')
else
    fprintf('Konstante K   %5.1f\n',K)
end
% Symbolische Lösung der Zeitantwort
syms s r1 r2 r3 p1 p2 p3
```

```
disp('   ')
disp('         Übergangsfunktion')
hs = ilaplace(r1/(s-p1) + r2/(s-p2) + r3/(s-p3));
r1 = 0.2; r2 = -0.4; r3 = 1;
p1 = -8; p2 = -2; p3 = 0;
h = subs(hs);
fprintf(' h(t) =')
pretty(h)
% Ende des Beispiels 8.24
```

```
            Lösungen zum Beispiel 8.24
    Übertragungsfunktion des sprungfähigen Netzwerks
Transfer function:
0.8 s^2 + 7.2 s + 16
------------------------
   s^2 + 10 s + 16

Erweiterung des Nennerpolynoms um s - Einheitssprung
N =
   1   10   16   0

   Zerlegung der Übertragungsfunktion
Residuen R     0.2  -0.4    1.0
Pole Po         -8    -2      0
Konstante K    []

      Übergangsfunktion
 h(t) =
        1               2
 -------------- - ------------- + 1
 (5 exp(8 t))  (5 exp(2 t))
```

Die Sprungantwort im Frequenzbereich:

$$H(s) = G(s)U(s) = \frac{0,8s^2 + 7,2s + 16}{s^2 + 10s + 16}\frac{1}{s}$$

Die Sprungantwort im Frequenzbereich, zerlegt mit der Residuenformel:

$$H(s) = K + \frac{r_1}{s - p_1} + \frac{r_2}{s - p_2} + \frac{r_3}{s - p_3} = \frac{0,2}{s+8} - \frac{0,4}{s+2} + \frac{1}{s}$$

Die Sprungantwort im Zeitbereich (Übergangsfunktion) durch Laplace-Rücktransformation:

$$h(t) = r_1 e^{p_1 t} + r_2 e^{p_2 t} + r_3 e^{p_3 t}$$
$$h(t) = 0,2e^{-8t} - 0,4e^{-2t} + 1$$

8.7.3 Übertragungsfunktion in Pol-Nullstellen-Form

Auf Beispiele für die M-function in diesem Abschnitt wird verzichtet! Es wird empfohlen die Beispiele der vorhergehenden Abschnitte entsprechend zu verwenden.

Transformation in ein Zustandsmodell mit M-function zp2ss

Eigenschaft von *zp2ss*:
Überführt ein durch seine Pole, seine Nullstellen und seinen Verstärkungsfaktor gegebenes System nach Gleichung (8.107) in ein äquivalentes Zustandsmodell nach Gleichung (8.104).
Syntax:

[A,B,C,D] = zp2ss(Nu,Po,K)

Beschreibung:
Die Pole des Systems werden in einem Spaltenvektor **Po** abgelegt. Die Nullstellen sind spaltenweise in der Matrix **Nu** anzuordnen, für jedes Ausgangssignal eine Spalte. Die zu jeder Spalte der Matrix **Nu** gehörenden Verstärkungsfaktoren sind in einem Vektor **K** anzuordnen. Da eine Übertragungsfunktion nur von dem steuerbaren und beobachtbaren Teil eines Systems gebildet werden kann, fehlen bei der Rücktransformation in den Zustandsbereich eventuelle nichtsteuerbare und/oder nichtbeobachtbare Teile eines Zustandsmodells.

Transformation in die Polynomform mit M-function zp2tf

Eigenschaft von *zp2tf*:
Überführt ein durch seine Pole und Nullstellen sowie seinen Verstärkungsfaktor gegebenes System nach Gleichung (8.109) in eine äquivalente Übertragungsfunktion nach Gleichung (8.104).
Syntax:

[A,B,C,D] = zp2tf(Nu,Po,K)

Beschreibung:
Die Pole des Systems werden in einem Spaltenvektor **Po** abgelegt. Die Nullstellen sind spaltenweise in der Matrix **Nu** anzuordnen, für jedes Ausgangssignal eine Spalte. Die zu jeder Spalte der Matrix **Nu** gehörenden Verstärkungsfaktoren sind in einem Vektor **K** anzuordnen.

8.7.4 Signalflussplan

Linearisierung mit der M-function linmod[94]

Eigenschaft von *linmod*:
Linearisiert ein durch seinen Signalflussplan gegebenes nichtlineares System um den gegebenen Arbeitspunkt und gibt die Zustandsmatrizen aus.
Syntax:

[A,B,C,D] = linmod('Abb',x0,u0)

Beschreibung:
'Abb' entspricht dem Namen unter dem der Signalflussplan abgelegt ist. In dem Vektor **x**0 sind die Arbeitspunktwerte der Zustandsgrößen und in dem Vektor **u**0 sind die Arbeitspunktwerte der steuerbaren und nichtsteuerbaren Eingangsgrößen abgelegt.

Beispiel 8.25
Gegeben sind der Signalflussplan des nichtlinearen Systems Stab-Wagen entsprechend Beispiel 3.7 und Abb 3.22 in Kapitel 3.7 ohne den Zählerausgang *n* und die function *stawa_nl*.

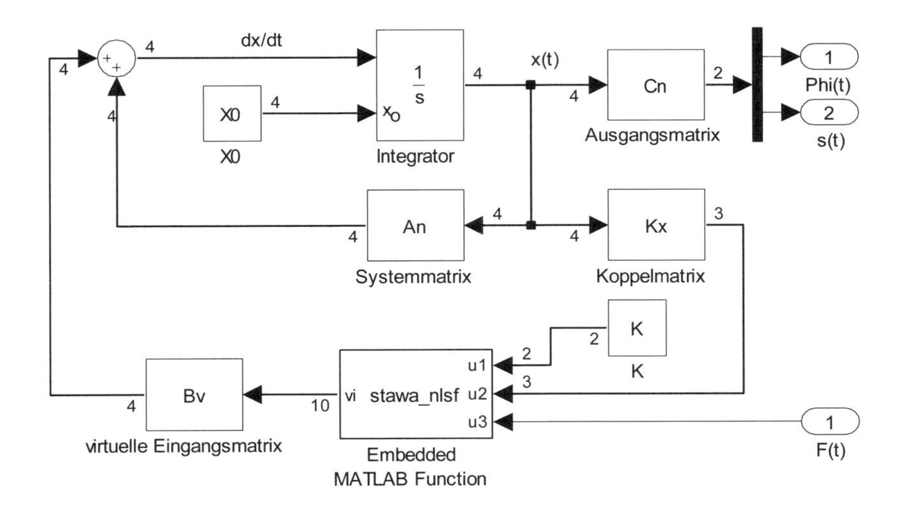

Abb. 8.19 Signalflussplan des nichtlinearen Systems Stab-Wagen

Gesucht sind die Zustandsgleichungen des mit der M-function *linmod* linearisierten nichtlinearen Systems Stab-Wagen mit den Arbeitspunktwerten nach Gleichung (5.46). Das Ergebnis der Linearisierung ist mit den Modellgleichungen im Kapitel 5.1.4, function *stawa*, sowie den Eigenwerten zu vergleichen.

---

[94] siehe auch die M-function *linmod2*!

```
% Berechnungen zum Beispiel 8.25
% Es muss der Signalflussplan Abb8_19 geöffnet sein!
% Datenbereitstellung für Abb8_19
% - nichtlineares System Stab-Wagen -
[An,Bv,Cn,F,K,Kx,X0] = stawa_nl;
% Aufruf der Linearisierungsfunktion mit Übergabe der
% Arbeitspunktwerte für die 4 Zustandsgrößen und
% des Arbeitspunktwertes für die Eingangsgröße
[A,B,C,D] = linmod('Abb8_19',[0 0 0 0],0);
% Zustandsmodell des linearisierten Stab-Wagen-Modells
ZM = stawa;
disp('              ')
disp('                 Lösungen zum Beispiel 8.25')
disp('         Linearisierung eines nichtlinearen Systems')
fprintf(' Ausgabe der Matrizen zum Vergleich')
% Systemmatrix
printmat(A,'A'), C13 = ZM.c([1,3],:); D13 = ZM.d([1,3],:);
set(ZM,'c',C13,'d',D13), printmat(ZM.a,'stawa.a')
% Eingangsmatrix
printmat(B,'B'), printmat(ZM.b,'stawa.b')
% Ausgangsmatrix
printmat(C,'C'), printmat(ZM.c,'stawa.c')
% Durchgangsmatrix
D12 = [D, ZM.d];
printmat(D12,'Durchgangsvektoren',...
    '--1--> --2-->','D stawa.d')
% Die Eigenwerte zum Vergleich
Po1 = esort(eig(A)); Po2 = esort(eig(ZM.a));
Po = [Po1 Po2];
printmat(Po,'Eigenwerte','--1--> --2--> --3--> --4-->',...
    'linmod_A stawa_A')
% Übereinstimmungsaussage
if abs(Po1 - Po2) <= 1e-10
    disp('        Die Systeme stimmen überein!')
end
% Ende des Beispiels 8.25
```

Lösung:

Lösungen zum Beispiel 8.25
Linearisierung eines nichtlinearen Systems
Ausgabe der Matrizen zum Vergleich

A =

	--1-->	--2-->	--3-->	--4-->
--1-->	0	1.00000	0	0
--2-->	12.37879	-0.55002	0	0.11429
--3-->	0	0	0	1.00000
--4-->	-2.57214	0.11429	0	-0.11429

stawa.a =

	--1-->	--2-->	--3-->	--4-->
--1-->	0	1.00000	0	0
--2-->	12.37879	-0.55002	0	0.11429
--3-->	0	0	0	1.00000
--4-->	-2.57214	0.11429	0	-0.11429

```
B =                                      stawa.b =
              --1-->                                   --1-->
    --1-->        0                         --1-->         0
    --2-->  -1.14286                        --2-->  -1.14286
    --3-->        0                         --3-->         0
    --4-->   1.14286                        --4-->   1.14286
C =
              --1-->     --2--   --3-->      --4-->
    --1-->  57.29578       0         0          0
    --2-->        0        0   1.00000          0

stawa.c =
              --1-->     --2--   --3-->      --4-->
    --1-->  57.29578       0         0          0
    --2-->        0        0   1.00000          0

Durchgangsvektoren =                     Eigenwerte =
                 D    stawa.d                          linmod_A    stawa_A
    --1-->       0      0                   --1-->     3.24344     3.24344
    --2-->       0      0                   --2-->           0           0
                                            --3-->    -0.09052    -0.09052
                                            --4-->    -3.81722    -3.81722
    Die Systeme stimmen überein!
```

Wie oben zu sehen, stimmen die Ergebnisse mit denen unter Kapitel 5.1.4 ermittelten bzw. mit der function *stawa* berechneten Werten überein.

Systemgleichungen mit der M-function linmod für den Zeit- oder Frequenzbereich

Eigenschaft von *linmod*:
Berechnet für ein durch seinen Signalflussplan gegebenes lineares System die Zustandsmatrizen bzw. das Zähler- und Nennerpolynom einer Übertragungsfunktion und gibt sie aus.
Syntax:

```
[A,B,C,D] = linmod('Abb')
[Z,N] = linmod('Abb')
```

Beschreibung:
'Abb' entspricht dem Namen unter dem der Signalflussplan abgelegt ist.

Beispiel 8.26

Für die Brückenschaltung nach Kapitel 5.6 ist für den Signalflussplan nach Abb. 5.24 mit Hilfe der M-function *linmod* die Übertragungsfunktion zu bestimmen und mit der Übertragungsfunktion zu vergleichen, die sich mit der function *bruecke* ergibt.

Lösung:

```
% Berechnungen zum Beispiel 8.26
% Die für den Simulink-Signalflussplan Abb5_24 notwendigen
% Koeffizienten werden mit:
% [a11, a12, a21, a22, b11, b21, c11] = bruecke
% gefunden. Danach ist Abb5_24 unter Simulink aufzurufen!
[a11, a12, a21, a22, b11, b21, c11, c12] = bruecke;
disp('              ')
disp('                 Lösungen zum Beispiel 8.26')
% Das Zähler- und Nennerpolynom aus Bild5_24
[Z1,N1] = linmod('Abb5_24');
% Die Übertragungsfunktion
disp('  Übertragungsfunktion mit der M-function ''linmod''')
G1 = tf(Z1,N1);
eval('G1')
% Übertragungsfunktion mit der function 'bruecke'
G2 = bruecke('G');
[Z2,N2] = tfdata(G2,'v');
ZS = abs(sum(Z1-Z2)); NS = abs(sum(N1-N2));
if ZS < 1e-5, ZS = 0; end
if NS < 1e-5, NS = 0; end
eval('G2')
if and((ZS == 0),(NS == 0)) == 1
    disp('        Die Ergebnisse stimmen überein.')
else
    disp('    Die Ergebnisse stimmen nicht überein!')
end
% Ende des Beispiels 8.26
```

```
                 Lösungen zum Beispiel 8.26
  Übertragungsfunktion mit der M-function 'linmod'

Transfer function:
    7.9 s
-----------------
s^2 + 10.5 s + 84

        Übertragungsfunktion der Brückenschaltung

Transfer function:
    7.9 s
-----------------
s^2 + 10.5 s + 84

        Die Ergebnisse stimmen überein.
```

Auf die Wiedergabe der Abbildung 5.24 wird verzichtet.

Zustandsgleichungen mit den M-functions blkbuild, connect

Auf eine Behandlung dieser M-functions wird verzichtet, da sie im Gegensatz zu der M-function *linmod* mit wesentlich mehr Aufwand verbunden sind.

9 Kopplung von Systemen

Ein aus mehreren Teilsystemen bestehendes dynamisches System ist im Allgemeinen dadurch gekennzeichnet, dass seine Teilsysteme untereinander seriell, parallel oder über einen Rückführungszweig verbunden sind. Folglich kann als einfachste Form der Verbindung zweier linearer Systeme, beschrieben durch ihre Übertragungsfunktionen oder Zustandsgleichungen, die Reihenschaltung, Parallelschaltung oder Rückführungsschaltung angegeben werden.

9.1 Beschreibung durch Übertragungsfunktionen

In diesem Kapitel wird die Verknüpfung zweier dynamischer Systeme, beschrieben durch ihre Übertragungsfunktionen, behandelt. Grundlage ist ein Übertragungsglied mit seiner Übertragungsfunktion:

$$G_i(s) = \frac{Z_i(s)}{N_i(s)} \quad \text{mit} \quad i = 1,2 \quad \text{bzw.} \quad i = v,r \tag{9.1}$$

und seinem Signalflussplan:

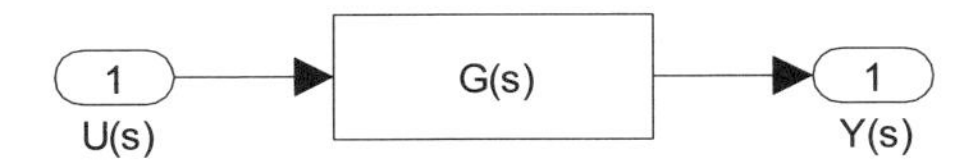

Abb. 9.1 *Signalflussplan eines Übertragungsgliedes im Frequenzbereich*

9.1.1 Reihenschaltung mit der M-function series

Bei der Reihenschaltung zweier Übertragungsglieder wird davon ausgegangen, dass das Eingangssignal des zweiten Übertragungsgliedes gleich dem Ausgangssignal des ersten Übertragungsgliedes ist:

$$Y_1(s) = U_2(s) \tag{9.2}$$

1
U1(s)
G1(s)
Y1(s) = U2(s)
G2(s)
1
Y2(s)

Abb. 9.2 *Reihenschaltung der Übertragungsglieder G_1 und G_2*

Damit ergibt sich für die Reihenschaltung zweier Übertragungsglieder:

$$G_{12}(s) = \frac{Y_2(s)}{U_1(s)} = G_1(s)G_2(s) \tag{9.3}$$

Eigenschaft von *series*:
Bildet für die Reihenschaltung zweier Übertragungsglieder die resultierende Übertragungsfunktion.
Syntax:

G12 = series(G1,G2)

Beschreibung:
Die Übertragungsfunktion der Reihenschaltung wird entsprechend Gleichung (9.3) gebildet.

Beispiel 9.1
Es ist die Übertragungsfunktion aus der Reihenschaltung eines *P*-Gliedes und eines *I*-Gliedes:

$$G_1(s) = K_R = 6\,;\; G_2(s) = \frac{1}{T_I s} = \frac{1}{2s}$$

gesucht. Das Ergebnis ist in der Standardform darzustellen.

Lösung:

```
% Beispiel 9.1
% Eingabe der gegebenen Werte als Übertragungsfunktionen
G1 = tf(6,1); G2 = tf(1,[2 0]);
disp('           ')
disp('   Lösungen zum Beispiel 9.1 - Reihenschaltung')
disp('Zeitkonstantenform')
G12 = series(G1,G2);
[Z,N] = tfdata(G12,'v');
fprintf('G12(s) ='), eval('G12')
disp('Standardform')
fprintf('G12(s) ='), eval('minreal(G12)')
disp(['Die Übertragungsfunktionen stimmen überein, '...
    'wenn beachtet wird,'])
fprintf('dass KI/TI = %1.0f gilt!\n',Z(1,2)/N(1,1))
% Ende des Beispiels 9.1
```

Lösungen zum Beispiel 9.1 – Reihenschaltung

Zeitkonstantenform	Standardform
G12(s) =	G12(s) =
Transfer function:	Transfer function:
6	3
---	-
2 s	s

Die Übertragungsfunktionen stimmen überein, wenn beachtet wird, dass KI/TI = 3 gilt!

Das *I*-Glied bleibt erhalten, aber seine Verstärkung wird mit der des *P*-Gliedes vervielfacht. Mit der M-function *minreal* wurde die Standardform erzeugt.

9.1.2 Parallelschaltung mit der M-function parallel

Bei der Parallelschaltung wird vorausgesetzt, dass beide Übertragungsglieder mit dem gleichen Eingangssignal versorgt werden, d. h. es gilt:

$$U(s) = U_1(s) = U_2(s) \tag{9.4}$$

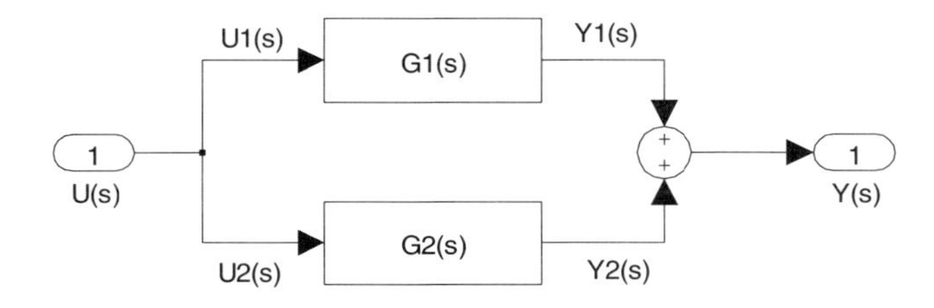

Abb. 9.3 *Parallelschaltung der Übertragungsglieder* G_1 *und* G_2

Das gemeinsame Ausgangssignal ergibt sich aus der Summe der einzelnen Ausgangssignale:

$$Y(s) = Y_1(s) + Y_2(s) \tag{9.5}$$

damit folgt für die Übertragungsfunktion der Parallelschaltung:

$$G_{1|2}(s) = \frac{Y(s)}{U(s)} = G_1(s) + G_2(s) \tag{9.6}$$

Eigenschaft von *parallel*:
Bildet aus zwei parallel geschalteten Übertragungsgliedern die Gesamtübertragungsfunktion.
Syntax:

G1|2 = parallel(G1,G2)

Beschreibung:
Die Übertragungsfunktion der Parallelschaltung wird entsprechend Gleichung (9.6) gebildet. Im Falle eines negativen Ausgangssignals ist die entsprechende Übertragungsfunktion mit negativem Vorzeichen einzutragen.

Beispiel 9.2
Die in Beispiel 9.1 gegebenen beiden Übertragungsfunktionen sind als Parallelschaltung miteinander zu verknüpfen. Das Ergebnis ist in der Standardform darzustellen.

Lösung:

```
% Beispiel 9.2
% Eingabe der gegebenen Werte als Übertragungsfunktionen
G1 = tf(6); G2 = tf(1,[2 0]);
disp('              ')
disp('Lösungen zum Beispiel 9.2 - Parallelschaltung')
disp('Zeitkonstantenform')
fprintf('G1_2 ='), eval('parallel(G1,G2)')
[Z,N] = tfdata(G1_2,'v');
disp('Standardform')
fprintf('G1_2 ='), eval('minreal(G1_2)')
fprintf(['Ergibt sich durch Division von Zähler und '...
    'Nenner mit %1.0f!\n'],N(1))
% Ende des Beispiels 9.2
```

Lösungen zum Beispiel 9.2 – Parallelschaltung

Zeitkonstantenform	Standardform
G1_2 =	G1_2 =
Transfer function:	Transfer function:
12 s + 1	6 s + 0.5
----------	---------
2 s	s

Ergibt sich durch Division von Zähler und Nenner mit 2!

Das Ergebnis ist ein *I*-Glied mit Vorhalt 1. Ordnung, wie bei einem PI-Regler.

9.1.3 Rückführschaltung mit der M-function feedback

Eine Rückführschaltung besteht aus einem Vorwärts- und Rückführzweig. Wird das Ausgangssignal im Rückführzweig negativ auf den Eingang des Übertragungsgliedes im Vorwärtszweig geschaltet, so liegt eine *Gegenkopplung* vor, anderenfalls handelt es sich um eine *Mitkopplung*.
Die Gegenkopplung entspricht dem Grundprinzip des einschleifigen Regelkreises.

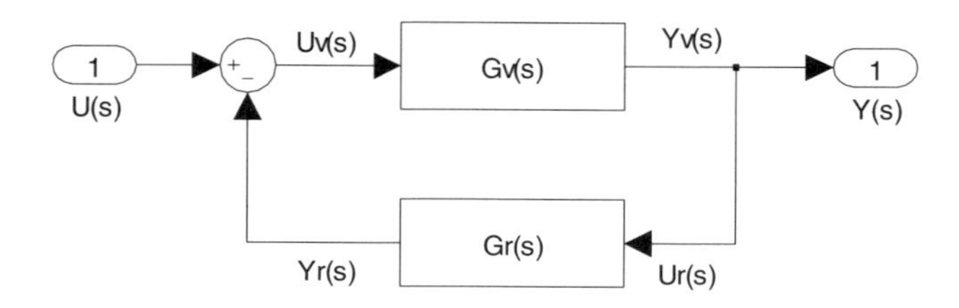

Abb. 9.4 *Gegenkopplung der Übertragungsglieder Gv und Gr (–)*

Aus Abb. 9.4 ergibt sich mit dem Eingangssignal des Vorwärtsgliedes:

$$U_v(s) = U(s) - Y_r(s) \tag{9.7}$$

die Übertragungsfunktion für eine Gegenkopplung (–):

$$G_g(s) = \frac{Y(s)}{U(s)} = \frac{G_v(s)}{1 + G_v(s)G_r(s)} \tag{9.8}$$

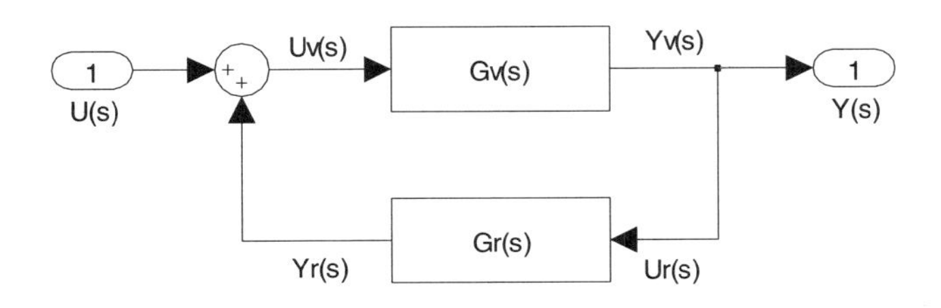

Abb. 9.5 *Mitkopplung der Übertragungsglieder Gv und Gr (+)*

Aus Abb. 9.5 ergibt sich mit dem Eingangssignal des Vorwärtsgliedes:

$$U_v(s) = U(s) + Y_r(s)$$

die Übertragungsfunktion für eine Mitkopplung (+):

$$G_m(s) = \frac{Y(s)}{U(s)} = \frac{G_v(s)}{1 - G_v(s)G_r(s)} \tag{9.9}$$

mit der für beide Fälle geltenden Signalverzweigung:

$$Y(s) = Y_v(s) = U_r(s) \tag{9.10}$$

Eigenschaft von *feedback*:
Bildet von je einem im Vorwärtszweig und im Rückführzweig befindlichen Übertragungsglied die gemeinsame Übertragungsfunktion.
Syntax:

```
G = feedback(Gv,Gr,sign)
```

Beschreibung:
Bei Vorgabe der Übertragungsfunktionen der Übertragungsglieder im Vorwärtszweig und Rückführzweig wird bei einer Gegenkopplung nach dem Prinzip:
Vorwärts durch Eins plus Vorwärts mal Rückwärts
und bei einer Mitkopplung:
Vorwärts durch Eins minus Vorwärts mal Rückwärts
die Übertragungsfunktion gebildet.
Für eine Gegenkopplung gilt *sign* = -1 oder es kann entfallen. Bei einer Mitkopplung ist für *sign* = 1 zu setzen.

Beispiel 9.3
Die in den beiden vorhergehenden Beispielen verwendeten Übertragungsfunktionen eines *P*-Gliedes und eines *I*-Gliedes sind wechselseitig als Gegenkopplung zu verschalten. Die Ergebnisse sind zu vergleichen und in der Standardform darzustellen.
Was liefert eine Mitkopplung?

Lösung:

```
                    Lösungen zum Beispiel 9.3
Gegenkopplung G1, G2                Gegenkopplung G2, G1
Transfer function:                  Transfer function:
 12 s                                 1
--------                            --------
2 s + 6                             2 s + 6

 Standardform G1, G2                 Standardform G2, G1
Transfer function:                  Transfer function:
 6 s                                 0.5
------                              ------
s + 3                               s + 3

Mitkopplung G1, G2
Zero/pole/gain:
 6 s
-----
(s-3)

Die Übertragungsfunktion aus der Mitkopplung ist instabil,
da der Pol bei +3 liegt!
```

Im Vorwärtszweig ein *P*-Glied und im gegengekoppelten Rückführzweig ein *I*-Glied liefert ein DT_1-Glied – *D*-Glied mit Verzögerung 1. Ordnung.

Im Vorwärtszweig ein *I*-Glied und im gegengekoppelten Rückführzweig ein *P*-Glied liefert ein PT_1-Glied – Verzögerung 1. Ordnung. Für beide Fälle ergibt sich der gleiche Nenner.

Bei einer Mitkopplung, $sign = 1$, ist der Koeffizient a_0 des Nenners negativ, so dass der dazugehörende Pol in der rechten Hälfte der Gaußschen Zahlenebene liegt und damit ist das System instabil! Siehe Hurwitz-Kriterium.

9.2 Beschreibung durch Zustandsgleichungen

Nachfolgend wird die Verknüpfung dynamischer Systeme, beschrieben durch Zustandsmodelle, behandelt. Grundlage ist ein Zustandsmodell mit seinen Zustandsgleichungen:

$$\begin{aligned}\dot{\mathbf{x}}_i(t) &= \mathbf{A}_i\,\mathbf{x}_i(t)+\mathbf{B}_i\,\mathbf{u}_i(t)\\ \mathbf{y}_i(t) &= \mathbf{C}_i\,\mathbf{x}_i(t)+\mathbf{D}_i\,\mathbf{u}_i(t)\end{aligned} \quad \text{mit} \quad i=1,2,\dots,n \tag{9.11}$$

und dem dazugehörenden Signalflussplan:

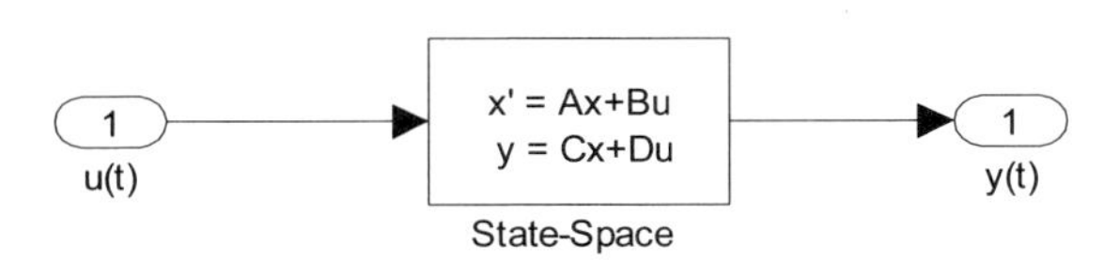

Abb. 9.6 *Signalflussplan eines Übertragungsgliedes im Zeitbereich – Zustandsmodell*

9.2.1 Vereinigung nicht gekoppelter Systeme mit der M-function append

Zwei nicht untereinander verkoppelte Systeme, entsprechend Gleichung (9.11), lassen sich wie folgt zu einem Gesamtsystem vereinigen.

Die Vektor-Matrix-Differenzialgleichung:

$$\begin{bmatrix}\dot{\mathbf{x}}_1(t)\\ \dot{\mathbf{x}}_2(t)\end{bmatrix} = \begin{bmatrix}\mathbf{A}_1 & \mathbf{0}\\ \mathbf{0} & \mathbf{A}_2\end{bmatrix}\begin{bmatrix}\mathbf{x}_1(t)\\ \mathbf{x}_2(t)\end{bmatrix} + \begin{bmatrix}\mathbf{B}_1 & \mathbf{0}\\ \mathbf{0} & \mathbf{B}_2\end{bmatrix}\begin{bmatrix}\mathbf{u}_1(t)\\ \mathbf{u}_2(t)\end{bmatrix} \tag{9.12}$$

Die Vektor-Matrix-Ausgangsgleichung:

$$\begin{bmatrix}\mathbf{y}_1(t)\\ \mathbf{y}_2(t)\end{bmatrix} = \begin{bmatrix}\mathbf{C}_1 & \mathbf{0}\\ \mathbf{0} & \mathbf{C}_2\end{bmatrix}\begin{bmatrix}\mathbf{x}_1(t)\\ \mathbf{x}_2(t)\end{bmatrix} + \begin{bmatrix}\mathbf{D}_1 & \mathbf{0}\\ \mathbf{0} & \mathbf{D}_2\end{bmatrix}\begin{bmatrix}\mathbf{u}_1(t)\\ \mathbf{u}_2(t)\end{bmatrix} \tag{9.13}$$

Der Signalflussplan:

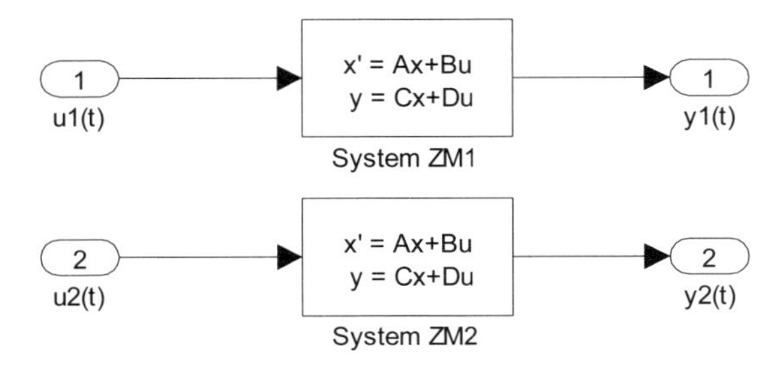

Abb. 9.7 *Nichtgekoppelte Parallelschaltung der Systeme* $\boldsymbol{ZM}_1$ *und* $\boldsymbol{ZM}_2$

9.2.2 Reihenschaltung mit der M-function series

Für den Fall, dass die Anzahl der Ausgänge $\mathbf{y}_1$ von System eins gleich der Anzahl der Eingänge $\mathbf{u}_2$ von System zwei ist, gilt:

$$\begin{bmatrix} \dot{\mathbf{x}}_1(t) \\ \dot{\mathbf{x}}_2(t) \end{bmatrix} = \begin{bmatrix} \mathbf{A}_1 & \mathbf{0} \\ \mathbf{B}_2\mathbf{C}_1 & \mathbf{A}_2 \end{bmatrix} \begin{bmatrix} \mathbf{x}_1(t) \\ \mathbf{x}_2(t) \end{bmatrix} + \begin{bmatrix} \mathbf{B}_1 \\ \mathbf{B}_2\mathbf{D}_1 \end{bmatrix} \mathbf{u}_1(t) \tag{9.14}$$

mit:

$$u_2(t) = y_1(t) \tag{9.15}$$

$$\mathbf{y}_2(t) = \begin{bmatrix} \mathbf{D}_2\mathbf{C}_1 & \mathbf{C}_2 \end{bmatrix} \begin{bmatrix} \mathbf{x}_1(t) \\ \mathbf{x}_2(t) \end{bmatrix} + \begin{bmatrix} \mathbf{D}_2\mathbf{D}_1 \end{bmatrix} \mathbf{u}_1(t) \tag{9.16}$$

Hierfür haben die Ausführungen des Abschnitts 9.1.1 Gültigkeit, wenn die Übertragungsfunktionen durch die Zustandsmodelle ersetzt werden.
Für den Fall, dass nicht alle Ausgangsgrößen $\mathbf{y}_1(t)$ des ersten Systems gleich Eingangsgrößen $\mathbf{u}_2(t)$ des zweiten Systems sind, wird für $\mathbf{y}_1(t)$ und $\mathbf{u}_2(t)$ folgende Aufgliederung angenommen:

$$\mathbf{y}_1(t) = \begin{bmatrix} \mathbf{y}_{11}(t) \\ \mathbf{y}_{12}(t) \end{bmatrix} \quad \mathbf{u}_2(t) = \begin{bmatrix} \mathbf{u}_{21}(t) \\ \mathbf{u}_{22}(t) \end{bmatrix} \quad \text{mit} \quad \mathbf{u}_{21}(t) = \mathbf{y}_{12}(t) \tag{9.17}$$

Mit den Gleichungen in (9.17) ergibt sich der in Abb. 9.8 angegebene Zustand. Nur die zum Teilausgangsvektor $\mathbf{y}_{12}(t)$ gehörenden Ausgänge sind gleichzeitig Eingänge für das zweite System und im Teilvektor $\mathbf{u}_{21}(t)$ vereinigt. Daneben existieren für System eins noch der Ausgangsvektor $\mathbf{y}_{11}(t)$ und für System zwei noch der Eingangsvektor $\mathbf{u}_{22}(t)$.

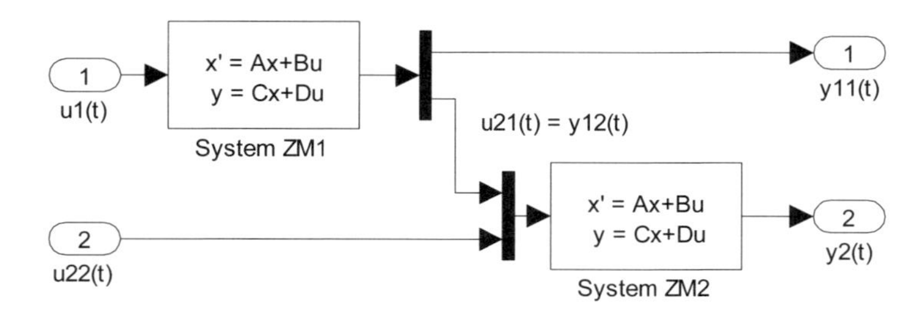

Abb. 9.8 *Reihenschaltung der Systeme ZM_1 und ZM_2 über $\mathbf{y}_{12}(t) = \mathbf{u}_{21}(t)$ gekoppelt*

Als Ergebnis des in Abb. 9.8 dargestellten Gesamtsystems ergeben sich als Vektor-Matrix-Differenzialgleichung:

$$\begin{bmatrix} \dot{\mathbf{x}}_1(t) \\ \dot{\mathbf{x}}_2(t) \end{bmatrix} = \begin{bmatrix} \mathbf{A}_1 & \mathbf{0} \\ \mathbf{B}_{21}\mathbf{C}_{12} & \mathbf{A}_2 \end{bmatrix} \begin{bmatrix} \mathbf{x}_1(t) \\ \mathbf{x}_2(t) \end{bmatrix} + \begin{bmatrix} \mathbf{B}_1 & 0 \\ \mathbf{B}_{21}\mathbf{D}_{12} & \mathbf{B}_{22} \end{bmatrix} \begin{bmatrix} \mathbf{u}_1(t) \\ \mathbf{u}_{22}(t) \end{bmatrix} \tag{9.18}$$

und als Vektor-Matrix-Ausgangsgleichung:

$$\begin{bmatrix} \mathbf{y}_{11}(t) \\ \mathbf{y}_2(t) \end{bmatrix} = \begin{bmatrix} \mathbf{C}_{11} & \mathbf{0} \\ \mathbf{D}_{21}\mathbf{C}_{12} & \mathbf{C}_2 \end{bmatrix} \begin{bmatrix} \mathbf{x}_1(t) \\ \mathbf{x}_2(t) \end{bmatrix} + \begin{bmatrix} \mathbf{D}_{11} & 0 \\ \mathbf{D}_{21}\mathbf{D}_{12} & \mathbf{D}_{22} \end{bmatrix} \begin{bmatrix} \mathbf{u}_1(t) \\ \mathbf{u}_{22}(t) \end{bmatrix} \tag{9.19}$$

Die nachfolgend angeführte M-function *series* liefert nicht die kompletten in den Gleichungen (9.18) und (9.19) angegebenen Systemmatrizen, sondern nur den zu $\mathbf{u}_1(t)$ und $\mathbf{y}_2(t)$ gehörenden Anteil:

$$\begin{bmatrix} \dot{\mathbf{x}}_1(t) \\ \dot{\mathbf{x}}_2(t) \end{bmatrix} = \begin{bmatrix} \mathbf{A}_1 & \mathbf{0} \\ \mathbf{B}_{21}\mathbf{C}_{12} & \mathbf{A}_2 \end{bmatrix} \begin{bmatrix} \mathbf{x}_1(t) \\ \mathbf{x}_2(t) \end{bmatrix} + \begin{bmatrix} \mathbf{B}_1 \\ \mathbf{B}_{21}\mathbf{D}_{12} \end{bmatrix} \mathbf{u}_1(t) \tag{9.20}$$

$$\mathbf{y}_2(t) = \begin{bmatrix} \mathbf{D}_{21}\mathbf{C}_{12} & \mathbf{C}_2 \end{bmatrix} \begin{bmatrix} \mathbf{x}_1(t) \\ \mathbf{x}_2(t) \end{bmatrix} + \begin{bmatrix} \mathbf{D}_{21}\mathbf{D}_{12} \end{bmatrix} \mathbf{u}_1(t) \tag{9.21}$$

Eigenschaft von *series*:
Bildet von zwei hintereinander geschalteten Systemen im Zustandsraum die resultierenden Zustandsgleichungen.
Syntax:

[A,B,C,D] = series(ZM1,ZM2,aus1,ein2)

Beschreibung:
Mit der M-function *series* wird nur der Teil berechnet der die direkte Kopplung zwischen den beiden Teilsystemen herstellt, wenn in *aus*1 die Ausgänge $\mathbf{y}_{12}$ des 1. Systems und in *ein*2 die Eingänge $\mathbf{u}_{21}$ des 2. Systems eingetragen werden, die miteinander korrespondieren. Das Ergebnis ist wie in den Gleichungen (9.20) und (9.21) angegeben. Für den Fall, dass die Anzahl der Ausgänge $\mathbf{y}_1$ von System eins gleich der Anzahl der Eingänge $\mathbf{u}_2$ von System zwei ist, gilt:

[A,B,C,D] = series(ZM1,ZM2)

Beispiel 9.4

Für die nachfolgend gegebenen zwei Systeme sind die Zustandsgleichungen des Gesamtsystems gesucht. Es sollen die Eingangs-Ausgangs-Beziehungen $u_{21} = y_{13}$ und $u_{22} = y_{14}$ gelten. Das Ergebnis ist mit der M-function *linmod* und einem Signalflussplan entsprechend Abb. 9.8 zu überprüfen.

- System eins

$$\dot{\mathbf{x}}_1(t) = \mathbf{A}_1\,\mathbf{x}_1(t) + \mathbf{B}_1\,\mathbf{u}_1(t)$$

$$\begin{bmatrix} \dot{x}_{11}(t) \\ \dot{x}_{12}(t) \end{bmatrix} = \begin{bmatrix} -1 & 0 \\ 2 & -4 \end{bmatrix} \begin{bmatrix} x_{11}(t) \\ x_{12}(t) \end{bmatrix} + \begin{bmatrix} 1 & 0 \\ 0 & 2 \end{bmatrix} \begin{bmatrix} u_{11}(t) \\ u_{12}(t) \end{bmatrix}$$

$$\mathbf{y}_1(t) = \begin{bmatrix} \mathbf{C}_{11} \\ \hline \mathbf{C}_{12} \end{bmatrix} \mathbf{x}_1(t) + \begin{bmatrix} \mathbf{D}_{11} \\ \hline \mathbf{D}_{12} \end{bmatrix} \mathbf{u}_1(t)$$

$$\begin{bmatrix} y_{11}(t) \\ y_{12}(t) \\ \hline y_{13}(t) \\ y_{14}(t) \end{bmatrix} = \begin{bmatrix} 1 & 0 \\ 0 & 1 \\ \hline 1 & -1 \\ -2 & 1 \end{bmatrix} \begin{bmatrix} x_{11}(t) \\ x_{12}(t) \end{bmatrix} + \begin{bmatrix} 0 & 2 \\ 1 & 0 \\ \hline 0 & 0 \\ 0 & 1 \end{bmatrix} \begin{bmatrix} u_{11}(t) \\ u_{12}(t) \end{bmatrix}$$

- System zwei

$$\dot{\mathbf{x}}_2(t) = \mathbf{A}_2\,\mathbf{x}_2(t) + [\mathbf{B}_{21} \mid \mathbf{B}_{22}]\,\mathbf{u}_2(t)$$

$$\begin{bmatrix} \dot{x}_{21}(t) \\ \dot{x}_{22}(t) \end{bmatrix} = \begin{bmatrix} 0 & 1 \\ -12 & -7 \end{bmatrix} \begin{bmatrix} x_{21}(t) \\ x_{22}(t) \end{bmatrix} + \left[\begin{array}{cc|c} 1 & 0 & 0 \\ 0 & 2 & -1 \end{array}\right] \begin{bmatrix} u_{21}(t) \\ u_{22}(t) \\ \hline u_{23}(t) \end{bmatrix}$$

$$y_2(t) = \mathbf{C}_2\,\mathbf{x}_2(t) + [\mathbf{D}_{21} \mid \mathbf{D}_{22}]\,\mathbf{u}_2(t)$$

$$y_2(t) = \begin{bmatrix} 0 & 1 \end{bmatrix} \begin{bmatrix} x_{21}(t) \\ x_{22}(t) \end{bmatrix} + \left[\begin{array}{cc|c} 1 & 0 & 0 \end{array}\right] \begin{bmatrix} u_{21}(t) \\ u_{22}(t) \\ \hline u_{23}(t) \end{bmatrix}$$

Lösung:

```
% Beispiel 9.4
% Die Lösung dieses Beispiels setzt voraus, dass Simulink
% gestartet und der Signalflussplan entsprechend Abb. 9.8
% - Abb9_08.mdl - geöffnet ist!
disp('                ')
disp('                    Lösungen zum Beispiel 9.4')
% Die Systemgleichungen
% System 1
A1 = [-1 0;2 -4]; B1 = [1 0;0 2];
C1 = [1 0;0 1;1 -1;-2 1]; D1 = [0 2;1 0;0 0;0 1];
ZM1 = ss(A1,B1,C1,D1);
% System 2
A2 = [0 1;-12 -7]; B2 = [1 0 0;0 2 -1];
C2 = [0 1]; D2 = [1 0 0];
ZM2 = ss(A2,B2,C2,D2);
% Spezifizieren der gemeinsamen Ein- und Ausgänge:
aus1 = [3 4]; ein2 = [1 2];

disp('         Das Gesamtsystem mit der M-function series')
ZMs = series(ZM1,ZM2,aus1,ein2);
fprintf('ZMs:')
printsys(ZMs.a,ZMs.b,ZMs.c,ZMs.d)
% Permutationsmatrix zum Vergleich von ZMs mit ZMl bzw. ZMg
P = [0 0 1 0;0 0 0 1;1 0 0 0;0 1 0 0];
ZMs.a = P*ZMs.a*P^-1;
ZMs.b = P*ZMs.b;
ZMs.c = ZMs.c*P^-1;
C = [zeros(2,4);ZMs.c];
D = zeros(3,3);
disp('      Das Gesamtsystem mit der M-function linmod')
```

```
[Al,Bl,Cl,Dl] = linmod('Abb9_08');
fprintf('ZMl:')
printsys(Al,Bl,Cl,Dl)
disp(['       Das Gesamtsystem mit den Gleichungen '...
    '(9.18) bis (9.21)'])
C11 = Cl(1:2,:); C12 = Cl(3:4,:);
D11 = Dl(1:2,:); D12 = Dl(3:4,:);
B21 = B2(:,1:2); B22 = B2(:,3);
D21 = D2(1,1:2); D22 = D2(1,3);
Ag = [Al zeros(2);B21*C12 A2];
Bg = [Bl zeros(2,1);B21*D12 B22];
Cg = [C11 zeros(2);D21*C12 C2];
Dg = [D11 zeros(2,1);D21*D12 D22];
fprintf('ZMg:')
printsys(Ag,Bg,Cg,Dg)
disp('        Vergleich der Matrizen der drei Systeme')
disp('  Systemmatrix')
disp(['         As                         Al'...
    '                           Ag'])
for k = 1:size(Ag)
    fprintf('% 4.0f % 4.0f % 4.0f % 4.0f\t\t|',ZMs.a(k,:))
    fprintf('% 4.0f % 4.0f % 4.0f % 4.0f\t\t|',Al(k,:))
    fprintf('% 4.0f % 4.0f % 4.0f % 4.0f\n',Ag(k,:))
end
disp('  Eingangsmatrix')
disp('        Bs           Bl                   Bg')
for k = 1:size(Ag)
    fprintf('% 4.0f % 4.0f\t|',ZMs.b(k,:))
    fprintf('% 4.0f % 4.0f % 4.0f\t\t|',Bl(k,:))
    fprintf('% 4.0f % 4.0f % 4.0f\n',Bg(k,:))
end
disp('  Ausgangsmatrix')
disp(['         Cs                         '...
    'Cl                          Cg'])

[n,m] = size(Cg);
for k = 1:n
    fprintf('% 4.0f % 4.0f % 4.0f % 4.0f\t\t|',C(k,:))
    fprintf('% 4.0f % 4.0f % 4.0f % 4.0f\t\t|',Cl(k,:))
    fprintf('% 4.0f % 4.0f % 4.0f % 4.0f\n',Cg(k,:))
end

disp('  Durchgangsmatrix')
disp('        Ds                   Dl                   Dg')
for k = 1:n
    fprintf('% 4.0f % 4.0f % 4.0f\t\t|',D(k,:))
    fprintf('% 4.0f % 4.0f % 4.0f\t\t|',Dl(k,:))
    fprintf('% 4.0f % 4.0f % 4.0f\n',Dg(k,:))
end
fprintf('\n                            Auswertung!\n')
disp('              Wie aus den Matrizen zu ersehen ist,')
disp('                stimmen von den drei Systemen')
disp('               nur die Systemmatrizen überein!')
% Ende des Beispiels 9.4
```

Auf die Wiedergabe der Ergebnisse wird auf Grund ihres großen Umfangs verzichtet, siehe Bildschirmausdruck! Der Vergleich der Ergebnisse ergibt:

- Die Systemmatrizen stimmen überein.
- In den Matrizen **B** und **D** fehlt jeweils die Spalte für die Eingangsgröße u_{23} des zweiten Systems.
- In den Matrizen **C** und **D** fehlen jeweils die zu den Ausgängen y_{11} und y_{12} des ersten Systems gehörenden Zeilen.

Es treten bei dem mit der M-function *series* berechneten System nur die Eingänge des ersten und die Ausgänge des zweiten Systems auf, was zu erwarten war.

9.2.3 Parallelschaltung mit der M-function parallel

Wenn für die Eingänge:

$$\mathbf{u}_1(t)=\mathbf{u}_2(t)=\mathbf{u}(t) \tag{9.22}$$

und für den gemeinsamen Ausgang:

$$\mathbf{y}(t)=\mathbf{y}_1(t)+\mathbf{y}_2(t) \tag{9.23}$$

gilt, ergibt sich als Zustandsmodell des Gesamtsystems:

$$\begin{bmatrix}\dot{\mathbf{x}}_1(t)\\ \dot{\mathbf{x}}_2(t)\end{bmatrix}=\begin{bmatrix}\mathbf{A}_1 & \mathbf{0}\\ \mathbf{0} & \mathbf{A}_2\end{bmatrix}\begin{bmatrix}\mathbf{x}_1(t)\\ \mathbf{x}_2(t)\end{bmatrix}+\begin{bmatrix}\mathbf{B}_1\\ \mathbf{B}_2\end{bmatrix}\mathbf{u}(t) \tag{9.24}$$

$$\mathbf{y}(t)=\begin{bmatrix}\mathbf{C}_1 & \mathbf{C}_2\end{bmatrix}\begin{bmatrix}\mathbf{x}_1(t)\\ \mathbf{x}_2(t)\end{bmatrix}+\left[\mathbf{D}_1+\mathbf{D}_2\right]\mathbf{u}(t) \tag{9.25}$$

Hierfür gelten die Ausführungen des Abschnitts 9.1.2 und die Abb. 9.3 sinngemäß, wenn die Übertragungsfunktionen durch die Zustandsmodelle ersetzt werden.
Für den Fall, dass die parallelgeschalteten Systeme neben den durch die Gleichungen (9.22) und (9.23) beschriebenen Eingangsvektoren und Ausgangsvektoren noch separate Eingangsvektoren:

$$\mathbf{u}_1(t)=\begin{bmatrix}\mathbf{u}_{11}(t)\\ \mathbf{u}(t)\end{bmatrix} \quad \text{und} \quad \mathbf{u}_2(t)=\begin{bmatrix}\mathbf{u}(t)\\ \mathbf{u}_{22}(t)\end{bmatrix} \tag{9.26}$$

sowie Ausgangsvektoren:

$$\mathbf{y}_1(t)=\begin{bmatrix}\mathbf{y}_{11}(t)\\ \mathbf{y}_{12}(t)\end{bmatrix} \quad \text{und} \quad \mathbf{y}_2(t)=\begin{bmatrix}\mathbf{y}_{21}(t)\\ \mathbf{y}_{22}(t)\end{bmatrix} \tag{9.27}$$

besitzen, ergibt sich mit dem 1. System:

$$\begin{aligned}\dot{\mathbf{x}}_1(t)&=\mathbf{A}_1\,\mathbf{x}_1(t)+\mathbf{B}_1\,\mathbf{u}_1(t)\\ &=\mathbf{A}_1\,\mathbf{x}_1(t)+\left[\mathbf{B}_{11}\;\vdots\;\mathbf{B}_{12}\right]\begin{bmatrix}\mathbf{u}_{11}(t)\\ \hdashline \mathbf{u}(t)\end{bmatrix}\end{aligned} \tag{9.28}$$

$$
\begin{aligned}
&\mathbf{y}_1(t) = \mathbf{C}_1\,\mathbf{x}_1(t) + \mathbf{D}_1\,\mathbf{u}_1(t)\\
&\begin{bmatrix} \mathbf{y}_{11}(t) \\ \hline \mathbf{y}_{12}(t) \end{bmatrix} = \begin{bmatrix} \mathbf{C}_{11.1} \\ \hline \mathbf{C}_{12.1} \end{bmatrix} \mathbf{x}_1(t) + \left[\begin{array}{c:c} \mathbf{D}_{11.11} & \mathbf{D}_{11} \\ \hdashline \mathbf{D}_{12.11} & \mathbf{D}_{12} \end{array}\right] \begin{bmatrix} \mathbf{u}_{11}(t) \\ \hline \mathbf{u}(t) \end{bmatrix}
\end{aligned}
\tag{9.29}
$$

und mit dem 2. System:

$$
\begin{aligned}
\dot{\mathbf{x}}_2(t) &= \mathbf{A}_2\,\mathbf{x}_2(t) + \mathbf{B}_2\,\mathbf{u}_2(t)\\
&= \mathbf{A}_2\,\mathbf{x}_2(t) + \left[\begin{array}{c:c} \mathbf{B}_{21} & \mathbf{B}_{22} \end{array}\right] \begin{bmatrix} \mathbf{u}(t) \\ \hline \mathbf{u}_{22}(t) \end{bmatrix}
\end{aligned}
\tag{9.30}
$$

$$
\begin{aligned}
&\mathbf{y}_2(t) = \mathbf{C}_2\,\mathbf{x}_2(t) + \mathbf{D}_2\,\mathbf{u}_2(t)\\
&\begin{bmatrix} \mathbf{y}_{21}(t) \\ \hline \mathbf{y}_{22}(t) \end{bmatrix} = \begin{bmatrix} \mathbf{C}_{21.2} \\ \hline \mathbf{C}_{22.2} \end{bmatrix} \mathbf{x}_2(t) + \left[\begin{array}{c:c} \mathbf{D}_{21} & \mathbf{D}_{21.22} \\ \hdashline \mathbf{D}_{22} & \mathbf{D}_{22.22} \end{array}\right] \begin{bmatrix} \mathbf{u}(t) \\ \hline \mathbf{u}_{22}(t) \end{bmatrix}
\end{aligned}
\tag{9.31}
$$

für das Gesamtsystem die Vektor-Matrix-Differenzialgleichung:

$$
\begin{bmatrix} \dot{\mathbf{x}}_1(t) \\ \hline \dot{\mathbf{x}}_2(t) \end{bmatrix} = \left[\begin{array}{c:c} \mathbf{A}_1 & \mathbf{0} \\ \hdashline \mathbf{0} & \mathbf{A}_2 \end{array}\right] \begin{bmatrix} \mathbf{x}_1(t) \\ \hline \mathbf{x}_2(t) \end{bmatrix} + \left[\begin{array}{c:c:c} \mathbf{B}_{11} & \mathbf{B}_{12} & \mathbf{0} \\ \hdashline \mathbf{0} & \mathbf{B}_{21} & \mathbf{B}_{22} \end{array}\right] \begin{bmatrix} \mathbf{u}_{11}(t) \\ \hline \mathbf{u}(t) \\ \hline \mathbf{u}_{22}(t) \end{bmatrix}
\tag{9.32}
$$

und die Vektor-Matrix-Ausgangsgleichung:

$$
\begin{aligned}
\mathbf{y}(t) \quad &= \quad \mathbf{y}_{12}(t) + \mathbf{y}_{21}(t)\\
\begin{bmatrix} \mathbf{y}_{11}(t) \\ \hline \mathbf{y}(t) \\ \hline \mathbf{y}_{22}(t) \end{bmatrix} \quad &= \quad \left[\begin{array}{c:c} \mathbf{C}_{11.1} & \mathbf{0} \\ \hdashline \mathbf{C}_{12.1} & \mathbf{C}_{21.2} \\ \hdashline \mathbf{0} & \mathbf{C}_{22.2} \end{array}\right] \begin{bmatrix} \mathbf{x}_1(t) \\ \hline \mathbf{x}_2(t) \end{bmatrix}\\
&+ \quad \left[\begin{array}{c:c:c} \mathbf{D}_{11.11} & \mathbf{D}_{11} & \mathbf{0} \\ \hdashline \mathbf{D}_{12.11} & \mathbf{D}_{12} + \mathbf{D}_{21} & \mathbf{D}_{21.22} \\ \hdashline \mathbf{0} & \mathbf{D}_{22} & \mathbf{D}_{22.22} \end{array}\right] \begin{bmatrix} \mathbf{u}_{11}(t) \\ \hline \mathbf{u}(t) \\ \hline \mathbf{u}_{22}(t) \end{bmatrix}
\end{aligned}
\tag{9.33}
$$

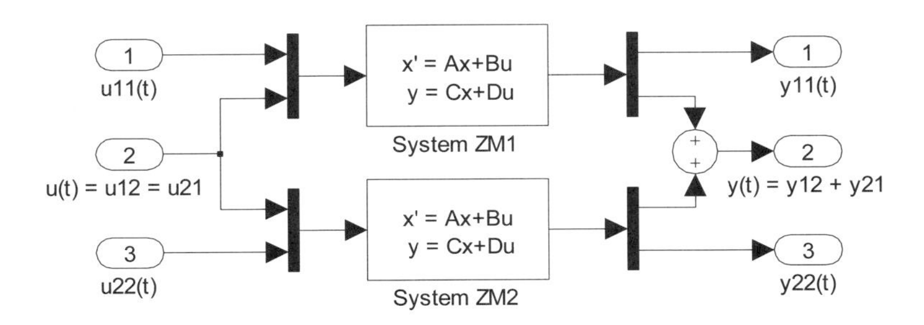

Abb. 9.9 *Parallelschaltung von ZM_1 und ZM_2 mit zusätzlichen Eingangs- und Ausgangsvektoren*

Eigenschaft von *parallel*:
Bildet die resultierenden Zustandsgleichungen von zwei parallel geschalteten Systemen im Zustandsraum

ZM = parallel(ZM1,ZM2,ein1,ein2,aus1,aus2)

Beschreibung:
Mit der M-function *parallel* werden für den Fall, dass die parallelgeschalteten Systeme Eingangsvektoren nach Gleichung (9.26) und Ausgangsvektoren nach Gleichung (9.27) aufweisen, die Zustandsgleichungen des resultierenden Modells entsprechend der Gleichungen (9.32) und (9.33) berechnet. Mit *ein*1 werden die zu $\mathbf{u}_{12}$ und mit *ein*2 die zu $\mathbf{u}_{21}$ gehörenden Eingangsgrößen, die den gemeinsamen Eingangsvektor $\mathbf{u}$ bilden, festgelegt. Entsprechendes gilt für $aus1 = \mathbf{y}_{12}$ und $aus2 = \mathbf{y}_{21}$ als gemeinsamer Ausgangsvektor nach Abb. 9.9.
Für den Fall, dass die Systeme einen gemeinsamen Eingangsvektor nach Gleichung (9.22) haben und sich der Ausgangsvektor nach der Gleichung (9.23) berechnet, gilt:

ZM = parallel(ZM1,ZM2)

Beispiel 9.5
Gegeben sind die Systemmatrizen der beiden parallelgeschalteten Systeme mit zusätzlichen Eingängen und Ausgängen:

- Das 1. System hat drei Eingänge und vier Ausgänge.

$$\mathbf{A}_1 = \begin{bmatrix} -1 & 0 \\ 2 & -4 \end{bmatrix} \quad \mathbf{B}_1 = \left[\begin{array}{c|cc} 1 & 0 & 2 \\ 0 & 1 & 0 \end{array}\right] \quad \mathbf{C}_1 = \left[\begin{array}{cc} 1 & 0 \\ 0 & 1 \\ \hline 1 & -1 \\ -2 & 1 \end{array}\right] \quad \mathbf{D}_1 = \left[\begin{array}{c|cc} 0 & 2 & 0 \\ 1 & 0 & 0 \\ \hline 0 & 0 & 0 \\ 0 & 0 & 1 \end{array}\right]$$

- Das 2. System hat drei Eingänge und Ausgänge.

$$\mathbf{A}_2 = \begin{bmatrix} 0 & 1 \\ -12 & -7 \end{bmatrix} \quad \mathbf{B}_2 = \left[\begin{array}{cc|c} 0 & 2 & 0 \\ 1 & 0 & 1 \end{array}\right] \quad \mathbf{C}_2 = \left[\begin{array}{cc} 0 & 1 \\ 1 & 0 \\ \hline 1 & 0 \end{array}\right] \quad \mathbf{D}_2 = \left[\begin{array}{cc|c} 0 & 2 & 0 \\ 1 & 0 & 0 \\ \hline 0 & 0 & 0 \end{array}\right]$$

Die Eingänge zwei und drei vom 1. System sowie eins und zwei vom 2. System sind die gemeinsamen Eingänge $\mathbf{u}$. Die Ausgänge drei und vier vom 1. System sowie eins und zwei vom 2. System bilden den gemeinsamen Ausgang $\mathbf{y}$. Gesucht sind die resultierenden Gleichungen nach (9.32) und (9.33). Das Ergebnis ist mit der M-function *linmod* und dem Signalflussplan entsprechend Abb. 9.9 zu überprüfen.

Lösung:

```
% Beispiel 9.5
% Die Lösung dieses Beispiels setzt voraus, dass der
% Signalflussplan entsprechend Abb. 9.9 -Abb9_09.mdl -
% geöffnet ist!
% Eingabe der Systemmatrizen in strukturierter Form nach
% Gleichung (9.20) und (9.21)
% System 1
```

```
A1 = [-1 0;2 -4];
B11 = [1;0]; B12 = [0 2;1 0]; B1 = [B11 B12];

C11_1 = [1 0;0 1]; C12_1 = [1 -1;-2 1];
C1 = [C11_1;C12_1];

D11_11 = [0;1]; D12_11 = [0;0];
D11 = [2 0;0 0]; D12 = [0 0;0 1];
D1 = [D11_11 D11;D12_11 D12];
ZM1 = ss(A1,B1,C1,D1);

% System 2
A2 = [0 1;-12 -7];
B21 = [0 2;1 0]; B22 = [0;1]; B2 = [B21 B22];

C21_2 = [0 1;1 0]; C22_2 = [1 0];
C2 = [C21_2;C22_2];
D21 = [0 2;1 0]; D21_22 = [0;0];
D22 = [0 0]; D22_22 = 0;
D2 = [D21 D21_22;D22 D22_22];
ZM2 = ss(A2,B2,C2,D2);

% Spezifizieren der gemeinsamen Ein- und Ausgänge:
ein1 = [2 3]; ein2 = [1 2];
aus1 = [3 4]; aus2 = [1 2];

disp('             ')
disp('                    Lösungen zum Beispiel 9.5')
disp('       Das Gesamtsystem mit der M-function parallel')
fprintf('ZMp:')
ZMp = parallel(ZM1,ZM2,ein1,ein2,aus1,aus2);
printsys(ZMp.a,ZMp.b,ZMp.c,ZMp.d)
disp('         Das Gesamtsystem mit der M-function linmod')
fprintf('ZMl:')
[Al,Bl,Cl,Dl] = linmod('Abb9_09');
printsys(Al,Bl,Cl,Dl)
disp(['        Zustandsmodell ZMl mit '...
    'mit den Gleichunge (9.32) und (9.33)'])
fprintf('ZMl:')
Ag = [A1 zeros(2);zeros(2) A2];
Bg = [B11 B12 zeros(2,1);zeros(2,1) B21 B22];
Cg = [C11_1 zeros(2);C12_1 C21_2;zeros(1,2) C22_2];
Dg = [D11_11 D11 zeros(2,1);...
    D12_11 D12+D21 D21_22;0 D22 D22_22];
ZMg = ss(Ag,Bg,Cg,Dg);
printsys(Ag,Bg,Cg,Dg)
disp('             Vergleich der Matrizen der drei Systeme')
disp(' Systemmatrix')
disp(['          Ap                        '...
    'Al                            Ag'])
for k = 1:size(Ag)
    fprintf('% 4.0f % 4.0f % 4.0f % 4.0f\t\t|',ZMp.a(k,:))
    fprintf('% 4.0f % 4.0f % 4.0f % 4.0f\t\t|',Al(k,:))
    fprintf('% 4.0f % 4.0f % 4.0f % 4.0f\n',Ag(k,:))
end
disp(' Eingangsmatrix')
disp(['           B                        '...
    'Bl                            Bg'])
for k = 1:size(Ag)
    fprintf('% 4.0f % 4.0f % 4.0f % 4.0f\t\t|',ZMp.b(k,:))
```

```
    fprintf('% 4.0f % 4.0f % 4.0f % 4.0f\t\t|',Bl(k,:))
    fprintf('% 4.0f % 4.0f % 4.0f % 4.0f\n',Bg(k,:))
end
disp('  Ausgangsmatrix')
disp(['            C                        '...
    'Cl                          Cg'])
[n,m] = size(Cg);
for k = 1:n
    fprintf('% 4.0f % 4.0f % 4.0f % 4.0f\t\t|',ZMp.c(k,:))
    fprintf('% 4.0f % 4.0f % 4.0f % 4.0f\t\t|',Cl(k,:))
    fprintf('% 4.0f % 4.0f % 4.0f % 4.0f\n',Cg(k,:))
end
disp('  Durchgangsmatrix')
disp(['            D                        '...
    'Dl                          Dg'])
for k = 1:n
    fprintf('% 4.0f % 4.0f % 4.0f % 4.0f\t\t|',ZMp.d(k,:))
    fprintf('% 4.0f % 4.0f % 4.0f % 4.0f\t\t|',Dl(k,:))
    fprintf('% 4.0f % 4.0f % 4.0f % 4.0f\n',Dg(k,:))
end
disp(['     Wie aus den Matrizen zu ersehen ist,'...
    ' stimmen die drei Systeme überein.'])
% Ende des Beispiels 9.5
```

Auf die Wiedergabe der Ergebnisse wird auf Grund ihres großen Umfangs verzichtet, siehe Bildschirmausdruck! Der Vergleich der Ergebnisse ergibt:
Die Ergebnisse stimmen überein.

9.2.4 Rückführschaltung mit der M-function feedback

Die verschiedenen Möglichkeiten der Rückführschaltung von Übertragungsgliedern wurden im Abschnitt 9.1.3 behandelt.

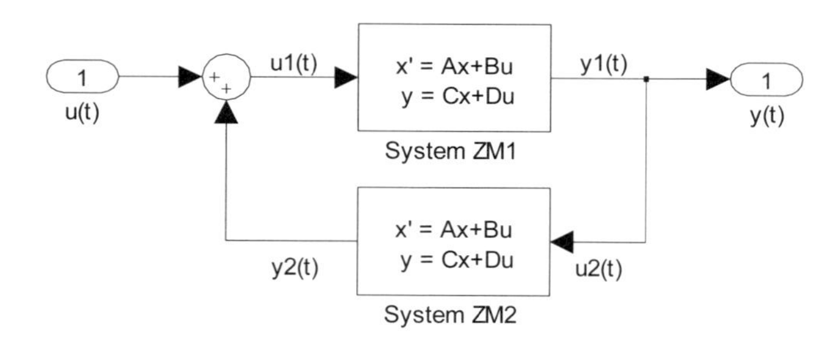

Abb. 9.10 Rückführschaltung der Systeme ZM_1 und ZM_2

Grundlage der weiteren Betrachtungen ist der Vektor-Matrix-Signalflussplan in Abb. 9.10 mit dem Vorzeichenfaktor:

$$v_z = \begin{cases} -1 & \hat{=} \text{ Gegenkopplung} \\ +1 & \hat{=} \text{ Mitkopplung} \end{cases} \tag{9.34}$$

Es gelten folgende Beziehungen:

$$\begin{aligned} \mathbf{u}_1(t) &= \mathbf{u}(t) + v_z\,\mathbf{y}_2(t) \\ \mathbf{y}_1(t) &= \mathbf{y}(t) \\ \mathbf{u}_2(t) &= \mathbf{y}(t) \end{aligned} \tag{9.35}$$

Die Ausgangsgleichung des Systems ergibt sich zu:

$$\mathbf{y}(t) = \mathbf{C}_1\,\mathbf{x}_1 + \mathbf{D}_1\,\mathbf{u}(t) + v_z\,\mathbf{D}_1\,\mathbf{y}_2(t) \tag{9.36}$$

In der Gleichung (9.36) ist die Ausgangsgleichung:

$$\begin{aligned} \mathbf{y}_2(t) &= \mathbf{C}_2\,\mathbf{x}_2(t) + \mathbf{D}_2\,\mathbf{y}(t) \\ &= \mathbf{D}_2\,\mathbf{C}_1\,\mathbf{x}_1(t) + \mathbf{C}_2\,\mathbf{x}_2(t) + \mathbf{D}_2\,\mathbf{D}_1\,\mathbf{u}(t) + v_z\,\mathbf{D}_2\,\mathbf{D}_1\,\mathbf{y}_2(t) \end{aligned} \tag{9.37}$$

zu ersetzen.

Die Terme für $\mathbf{y}_2(t)$ werden zusammengefasst und mittels der vorausgesetzt *nichtsingulären* Matrix:

$$\mathbf{E} = \left(\mathbf{I} - v_z\,\mathbf{D}_2\,\mathbf{D}_1\right)^{-1} \tag{9.38}$$

vereinfacht, so dass $\mathbf{y}_2(t)$ nur noch von den beiden Zustandsvektoren und dem Eingangsvektor abhängt:

$$\mathbf{y}_2(t) = \mathbf{E}\,\mathbf{D}_2\,\mathbf{C}_1\,\mathbf{x}_1(t) + \mathbf{E}\,\mathbf{C}_2\,\mathbf{x}_2(t) + \mathbf{E}\,\mathbf{D}_2\,\mathbf{D}_1\,\mathbf{u}(t) \tag{9.39}$$

Damit ergibt sich die Ausgangsgleichung des Systems zu:

$$\begin{aligned} \mathbf{y}(t) &= \left[(\mathbf{I} + v_z \mathbf{D}_1\,\mathbf{E}\,\mathbf{D}_2)\mathbf{C}_1 \;\middle|\; v_z\,\mathbf{D}_1\,\mathbf{E}\,\mathbf{C}_2 \right] \begin{bmatrix} \mathbf{x}_1(t) \\ \hline \mathbf{x}_2(t) \end{bmatrix} \\ &+ \mathbf{D}_1\left(\mathbf{I} + v_z \mathbf{E}\,\mathbf{D}_2\,\mathbf{D}_1\right)\mathbf{u}(t) \end{aligned} \tag{9.40}$$

Mit der Gleichung (9.40) lässt sich dann die Vektor-Matrix-Differenzialgleichung des rückgekoppelten Systems wie folgt angeben:

$$\begin{aligned} \begin{bmatrix} \dot{\mathbf{x}}_1(t) \\ \hline \dot{\mathbf{x}}_2(t) \end{bmatrix} &= \left[\begin{array}{c|c} (\mathbf{A}_1 + v_z\,\mathbf{B}_1\,\mathbf{E}\,\mathbf{D}_2\mathbf{C}_1) & v_z\,\mathbf{B}_1\,\mathbf{E}\mathbf{C}_2 \\ \hline \mathbf{B}_2\left(\mathbf{I} + v_z\,\mathbf{D}_1\,\mathbf{E}\,\mathbf{D}_2\right)\mathbf{C}_1 & (\mathbf{A}_2 + v_z\,\mathbf{B}_2\,\mathbf{D}_1\,\mathbf{E}\,\mathbf{C}_2) \end{array} \right] \begin{bmatrix} \mathbf{x}_1(t) \\ \hline \mathbf{x}_2(t) \end{bmatrix} \\ &+ \begin{bmatrix} \mathbf{B}_1\left(\mathbf{I} + v_z\,\mathbf{E}\,\mathbf{D}_2\,\mathbf{D}_1\right) \\ \hline \mathbf{B}_2\,\mathbf{D}_1\left(\mathbf{I} + v_z\,\mathbf{E}\,\mathbf{D}_2\,\mathbf{D}_1\right) \end{bmatrix} \mathbf{u}(t) \end{aligned} \tag{9.41}$$

Rückführschaltung mit einem zusätzlichen Eingangs- und Ausgangsvektor von ZM_1

Für den Fall, dass das System im Vorwärtszweig noch einen zusätzlichen Eingangsvektor und Ausgangsvektor entsprechend Abb. 9.11 aufweist, leiten sich folgende Beziehungen ab.

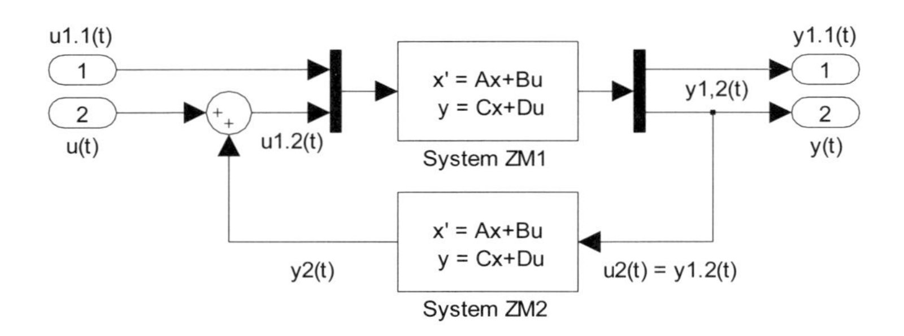

Abb. 9.11 *Rückführschaltung von ZM_1 und ZM_2 mit einem zusätzlichen Eingangs- und Ausgangsvektor von ZM_1*

- Die Gleichungen des Systems im Vorwärtszweig
  Eingangsvektor:

$$\mathbf{u}_1(t) = \begin{bmatrix} \mathbf{u}_{1.1}(t) \\ \hdashline \mathbf{u}_{1.2}(t) \end{bmatrix} = \begin{bmatrix} \mathbf{u}_{1.1}(t) \\ \hdashline \mathbf{u}(t) + v_z\, \mathbf{y}_2(t) \end{bmatrix}$$

$$\mathbf{u}_{1.2}(t) = \mathbf{u}(t) + v_z\, \mathbf{y}_2(t) \tag{9.42}$$

Vektor-Matrix-Differenzialgleichung:

$$\begin{aligned} \dot{\mathbf{x}}_1(t) &= \mathbf{A}_1\, \mathbf{x}_1(t) + \left[\mathbf{B}_{1.11} \;\vdots\; \mathbf{B}_{1.12}\right] \begin{bmatrix} \mathbf{u}_{1.1}(t) \\ \hdashline \mathbf{u}_{1.2}(t) \end{bmatrix} \\ &= \mathbf{A}_1\, \mathbf{x}_1(t) + \mathbf{B}_{1.11}\, \mathbf{u}_{1.1}(t) + \mathbf{B}_{1.12}\, \mathbf{u}(t) + v_z\, \mathbf{B}_{1.12}\, \mathbf{y}_2(t) \end{aligned} \tag{9.43}$$

Vektor-Matrix-Ausgangsgleichung:

$$\begin{aligned} \mathbf{y}_1(t) &= \begin{bmatrix} \mathbf{y}_{1.1}(t) \\ \hdashline \mathbf{y}_{1.2}(t) \end{bmatrix} \\ &= \begin{bmatrix} \mathbf{C}_{1.11} \\ \hdashline \mathbf{C}_{1.21} \end{bmatrix} \mathbf{x}_1(t) + \begin{bmatrix} \mathbf{D}_{1.11} & \vdots & \mathbf{D}_{1.12} \\ \hdashline \mathbf{D}_{1.21} & \vdots & \mathbf{D}_{1.22} \end{bmatrix} \begin{bmatrix} \mathbf{u}_{1.1}(t) \\ \hdashline \mathbf{u}_{1.2}(t) \end{bmatrix} \end{aligned} \tag{9.44}$$

Mit den Teilausgängen:

$$\begin{aligned} \mathbf{y}_{1.1}(t) &= \mathbf{C}_{1.11}\, \mathbf{x}_1(t) + \mathbf{D}_{1.11}\, \mathbf{u}_{1.1}(t) + \mathbf{D}_{1.12}\, \mathbf{u}(t) + v_z\, \mathbf{D}_{1.12}\, \mathbf{y}_2(t) \\ \mathbf{y}_{1.2}(t) &= \mathbf{C}_{1.21}\, \mathbf{x}_1(t) + \mathbf{D}_{1.21}\, \mathbf{u}_{1.1}(t) + \mathbf{D}_{1.22}\, \mathbf{u}(t) + v_z\, \mathbf{D}_{1.22}\, \mathbf{y}_2(t) \end{aligned} \tag{9.45}$$

- Die Gleichungen des Systems im Rückführzweig
  Eingangsvektor:

$$\begin{aligned}\mathbf{u}_2(t) &= \mathbf{y}(t) = \mathbf{y}_{1.2}(t)\\ \mathbf{u}_2(t) &= \mathbf{C}_{1.21}\,\mathbf{x}_1(t) + \mathbf{D}_{1.21}\,\mathbf{u}_{1.1}(t) + \mathbf{D}_{1.22}\,\mathbf{u}(t) + v_z\,\mathbf{D}_{1.22}\,\mathbf{y}_2(t)\end{aligned} \tag{9.46}$$

  Vektor-Matrix-Differenzialgleichung:

$$\begin{aligned}\dot{\mathbf{x}}_2(t) &= \mathbf{A}_2\,\mathbf{x}_2(t) + \mathbf{B}_2\,\mathbf{u}_2(t)\\ \dot{\mathbf{x}}_2(t) &= \left[\mathbf{B}_2\,\mathbf{C}_{1.21} \;\vdots\; \mathbf{A}_2\right]\begin{bmatrix}\mathbf{x}_1(t)\\ \hline \mathbf{x}_2(t)\end{bmatrix} + \left[\mathbf{B}_2\,\mathbf{D}_{1.21} \;\vdots\; \mathbf{B}_2\,\mathbf{D}_{1.22}\right]\begin{bmatrix}\mathbf{u}_{1.1}(t)\\ \hline \mathbf{u}(t)\end{bmatrix}\\ &+ v_z\,\mathbf{B}_2\,\mathbf{D}_{1.22}\,\mathbf{y}_2(t)\end{aligned} \tag{9.47}$$

  Vektor-Matrix-Ausgangsgleichung:

$$\begin{aligned}\mathbf{y}_2(t) &= \mathbf{C}_2\,\mathbf{x}_2(t) + \mathbf{D}_2\,\mathbf{u}_2(t)\\ \mathbf{y}_2(t) &= \mathbf{C}_2\,\mathbf{x}_2(t)\\ &+ \mathbf{D}_2\left[\mathbf{C}_{1.21}\,\mathbf{x}_1 + \mathbf{D}_{1.21}\,\mathbf{u}_{1.1}(t) + \mathbf{D}_{1.22}\,\mathbf{u}(t) + v_z\,\mathbf{D}_{1.22}\,\mathbf{y}_2(t)\right]\end{aligned} \tag{9.48}$$

Mit der vorausgesetzt *nichtsingulären* Matrix:

$$\mathbf{E} = \left(\mathbf{I} - v_z\,\mathbf{D}_2\,\mathbf{D}_{1.22}\right)^{-1} \tag{9.49}$$

und den folgenden Zusammenfassungen:

$$\begin{aligned}\mathbf{F} &= \mathbf{I} + v_z\,\mathbf{E}\,\mathbf{D}_2\,\mathbf{D}_{1.22}\\ \mathbf{G} &= \mathbf{I} + v_z\,\mathbf{D}_{1.22}\,\mathbf{E}\,\mathbf{D}_2\end{aligned} \tag{9.50}$$

ergeben sich für das Gesamtsystem die Vektor-Matrix-Differenzialgleichung:

$$\begin{aligned}\begin{bmatrix}\dot{\mathbf{x}}_1(t)\\ \hline \dot{\mathbf{x}}_2(t)\end{bmatrix} &= \left[\begin{array}{c|c}\mathbf{A}_1 + v_z\,\mathbf{B}_{1.12}\,\mathbf{E}\,\mathbf{D}_2\,\mathbf{C}_{1.21} & v_z\,\mathbf{B}_{1.12}\,\mathbf{E}\,\mathbf{C}_2\\ \hline \mathbf{B}_2\,\mathbf{G}\,\mathbf{C}_{1.21} & \mathbf{A}_2 + v_z\,\mathbf{B}_2\,\mathbf{D}_{1.22}\,\mathbf{E}\,\mathbf{C}_2\end{array}\right]\begin{bmatrix}\mathbf{x}_1(t)\\ \hline \mathbf{x}_2(t)\end{bmatrix}\\ &+ \left[\begin{array}{c|c}\mathbf{B}_{1.11} + v_z\,\mathbf{B}_{1.12}\,\mathbf{E}\,\mathbf{D}_2\,\mathbf{D}_{1.21} & \mathbf{B}_{1.12}\,\mathbf{F}\\ \hline \mathbf{B}_2\,\mathbf{G}\,\mathbf{D}_{1.21} & \mathbf{B}_2\,\mathbf{G}\,\mathbf{D}_{1.22}\end{array}\right]\begin{bmatrix}\mathbf{u}_{1.1}(t)\\ \hline \mathbf{u}(t)\end{bmatrix}\end{aligned} \tag{9.51}$$

und die Vektor-Matrix-Ausgangsgleichung:

$$\begin{aligned}\begin{bmatrix}\mathbf{y}_{1.1}(t)\\ \hline \mathbf{y}(t)\end{bmatrix} &= \left[\begin{array}{c|c}\mathbf{C}_{1.11} + v_z\,\mathbf{D}_{1.22}\mathbf{E}\,\mathbf{D}_2\,\mathbf{C}_{1.21} & v_z\,\mathbf{D}_{1.12}\,\mathbf{E}\,\mathbf{C}_2\\ \hline \mathbf{G}\,\mathbf{C}_{1.21} & v_z\,\mathbf{D}_{1.22}\,\mathbf{E}\,\mathbf{C}_2\end{array}\right]\begin{bmatrix}\mathbf{x}_1(t)\\ \hline \mathbf{x}_2(t)\end{bmatrix}\\ &+ \left[\begin{array}{c|c}\mathbf{D}_{1.11} + v_z\,\mathbf{D}_{1.12}\,\mathbf{E}\,\mathbf{D}_2\,\mathbf{D}_{1.21} & \mathbf{D}_{1.12}\,\mathbf{F}\\ \hline \mathbf{G}\,\mathbf{D}_{1.21} & \mathbf{G}\,\mathbf{D}_{1.22}\end{array}\right]\begin{bmatrix}\mathbf{u}_{1.1}(t)\\ \hline \mathbf{u}(t)\end{bmatrix}\end{aligned} \tag{9.52}$$

Die Ergebnisse der Gleichungen (9.51) und (9.52) lassen sich mit der M-function *feedback* berechnen.

> Eigenschaft von *feedback*:
> Bildet die resultierenden Zustandsgleichungen von je einem im Vorwärts- und Rückführzweig befindlichen System.
> Syntax:
>
> ZM = feedback(ZM1,ZM2,ein1,aus1,sign)
>
> Beschreibung:
> Die in den Gleichungen (9.51) und (9.52) angeführten Ergebnisse ergeben sich mit der o. a. Befehlsfolge, wenn in *ein*1 alle Eingänge vom 1. System, die gleich den Ausgangssignalen des 2. Systems sind, angegeben werden. Alle Ausgänge vom 1. System, die Eingänge des 2. Systems sind, werden in *aus*1 definiert. Für eine Gegenkopplung gilt *sign* = -1 bzw. kann es entfallen. Eine Mitkopplung ist durch *sign* = 1 gekennzeichnet.
> Die Ergebnisse der Gleichungen (9.41) und (9.40) berechnen sich mit:
>
> ZM = feedback(ZM1,ZM2,sign)
>
> Für *sign* gelten die oben gemachten Aussagen.

Liegen die Systeme als Simulink-Signalflusspläne vor, so empfiehlt sich die Ermittlung der Systemgleichungen mit Hilfe der M-function *linmod.*

Beispiel 9.6
Gegeben sind die Systemmatrizen der beiden Systeme:

- Das 1. System hat drei Eingänge und vier Ausgänge, es liegt im Vorwärtszweig.

$$\mathbf{A}_1 = \begin{bmatrix} -1 & 0 \\ 2 & -4 \end{bmatrix} \quad \mathbf{B}_1 = \left[\begin{array}{c|cc} 1 & 0 & 2 \\ 0 & 1 & 0 \end{array}\right] \quad \mathbf{C}_1 = \left[\begin{array}{cc} 1 & 0 \\ 0 & 1 \\ \hline 1 & -1 \\ -2 & 1 \end{array}\right] \quad \mathbf{D}_1 = \left[\begin{array}{c|cc} 0 & 2 & 0 \\ 1 & 0 & 0 \\ \hline 0 & 0 & 0 \\ 0 & 0 & 1 \end{array}\right]$$

- Das 2. System hat zwei Eingänge und zwei Ausgänge, es liegt im Rückführzweig.

$$\mathbf{A}_2 = \begin{bmatrix} 0 & 1 \\ -12 & -7 \end{bmatrix} \quad \mathbf{B}_2 = \begin{bmatrix} 0 & 2 \\ 1 & 0 \end{bmatrix} \quad \mathbf{C}_2 = \begin{bmatrix} 0 & 1 \\ 1 & 0 \end{bmatrix} \quad \mathbf{D}_2 = \begin{bmatrix} 0 & 2 \\ 1 & 0 \end{bmatrix}$$

Die Ausgänge drei und vier vom 1. System sind die beiden Eingänge des 2. Systems. Die beiden Ausgänge des 2. Systems werden negativ auf die Eingänge zwei und drei des 1. Systems geschaltet.
Gesucht sind die resultierenden Gleichungen nach (9.51) und (9.52). Das Ergebnis ist mit der M-function *linmod* und dem Signalflussplan nach Abb. 9.11 zu überprüfen.

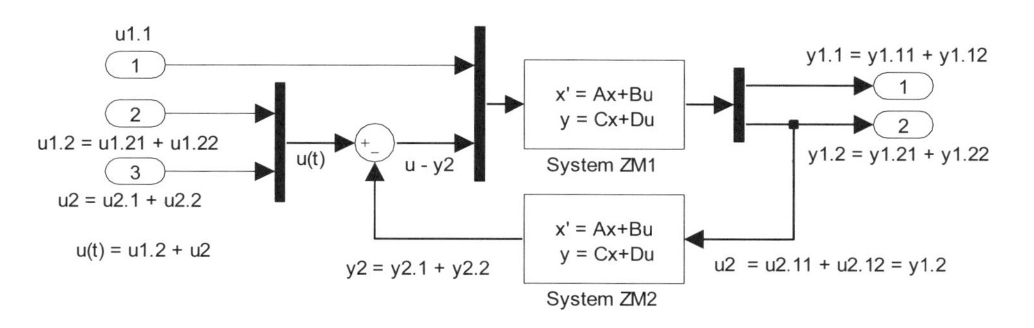

Abb. 9.12 *Signalflussplan zum Beispiel 9.6*

Lösung:

```
% Beispiel 9.6
% Eingabe der Systemmatrizen in strukturierter Form
% System 1
A1 = [-1 0;2 -4];
B1_11 = [1;0]; B1_12 = [0 2;1 0]; B1 = [B1_11 B1_12];
C1_11 = [1 0;0 1]; C1_21 = [1 -1;-2 1]; C1 = [C1_11;C1_21];
D1_11 = [0;1]; D1_12 = [2 0;0 0];
D1_21 = [0;0]; D1_22 = [0 0;0 1];
D1 = [D1_11 D1_12;D1_21 D1_22];
ZM1 = ss(A1,B1,C1,D1);
% System 2
A2 = [0 1;-12 -7];
B2 = [0 2;1 0];
C2 = [0 1;1 0];
D2 = [0 2;1 0];
ZM2 = ss(A2,B2,C2,D2);

disp('              ')
disp('                        Lösungen zum Beispiel 9.6')
disp('              Gesamtmodell mit der M-function feedback')
% Spezifizieren der Kopplungen zwischen den Systemen:
ein1 = [2 3];
aus1 = [3 4];
ZMg = feedback(ZM1,ZM2,ein1,aus1,-1);
printsys(ZMg.a,ZMg.b,ZMg.c,ZMg.d)
disp(['         Gesamtmodell mit den Gleichungen '...
    '(9.49) bis (9.52)'])
vz = -1;
E = (eye(2)-vz*D2*D1_22)^(-1);
F = (eye(2)+vz*E*D2*D1_22);
G = (eye(2)+vz*D1_22*E*D2);
A = [A1+vz*B1_12*E*D2*C1_21 vz*B1_12*E*C2;...
    B2*G*C1_21  A2+vz*B2*D1_22*E*C2];
B = [B1_11+vz*B1_12*E*D2*D1_21 B1_12*F;...
    B2*G*D1_21 B2*G*D1_22];
C = [C1_11+vz*D1_12*E*D2*C1_21  vz*D1_12*E*C2;...
    G*C1_21 vz*D1_22*E*C2];
D = [D1_11+vz*D1_12*E*D2*D1_21 D1_12*F;G*D1_21 G*D1_22];
```

```
ZM = ss(A,B,C,D);
printsys(A,B,C,D)
disp('            Gesamtmodell mit der M-function linmod')
[Al,Bl,Cl,Dl] = linmod('Abb9_12');
printsys(Al,Bl,Cl,Dl)
% Ende des Beispiels 9.6
```

Auf die Wiedergabe der Ergebnisse wird auf Grund ihres großen Umfangs verzichtet, siehe Bildschirmausdruck! Der Vergleich der Ergebnisse ergibt:
Die Ergebnisse stimmen überein.

10 Literaturverzeichnis

[Ackermann-1972] Ackermann, Jürgen
Der Entwurf linearer Regelungssysteme im Zustandsraum
Regelungstechnik und Prozeß-Datenverarbeitung[95] 20 (1972) H. 7, S. 297-300

[Ackermann-1977] Ackermann, Jürgen
Entwurf durch Polvorgabe
Regelungstechnik[96] 25 (1977) H. 6, S. 173 - 179 und H. 7, S. 209-215

[Angermann u. a.-2007] Angermann, Anne; Michael Beuschel, Martin Rau, Ulrich Wohlfarth
MATLAB – Simulink – Stateflow – Grundlagen, Toolboxen, Beispiele
München Wien: Oldenbourg Wissenschaftsverlag GmbH, 5., aktualisierte Auflage, 2007

[Beck-1924] Beck
Der gegenwärtige Stand im Bau und der Ausrüstung von Kraftwerken
„Für kleinere Kraftwerke gewinnt auch die Automatisierung immer mehr Eingang"
E. u. M.[97] 42. Jahrgang (1924) H. 44, S. 640-641, vom 2.11.1924

[Benker-2003] Benker, Hans
Mathematische Optimierung mit Computeralgebrasystemen
Berlin u. a.: Springer-Verlag, 2003

[Bode-1945] Bode, Hendrik Wade
Network Analysis and Feedback Amplifier Design
New York: Van Nostrand, 1945

[Brack-1972] Brack, Georg
Dynamische Modelle verfahrenstechnischer Prozesse
Reihe Automatisierungstechnik (RA) 115
Berlin: VEB Verlag Technik, 1972, 2., bearbeitete Auflage

---

95 Zeitschrift für Steuern, Regeln und Automatisieren, München: R. Oldenbourg Verlag

96 siehe Fußnote 95

97 Elektrotechnik und Maschinenbau; Zeitschrift des Elektrotechnischen Vereins in Wien, Wien: Verlag des Elektrotechnischen Vereins

[Bronstein/Semendjajew-1991] Bronstein, I. N., K. A. Semendjajew
Taschenbuch der Mathematik –
herausgegeben von G. Grosche, V. Ziegler † und D. Ziegler
Stuttgart Leipzig: B. G. Teubner Verlag, 1991, 25., durchgesehene Auflage
Moskau: Verlag Nauka, 1991

[Burmeister-1984] Burmeister, Heinz Ludwig
Theorie der automatischen Steuerung – Zustandsgleichungen linearer Systeme
Dresden: Zentralstelle für das Hochschulfernstudium, 1984

[Diebold-1956] Diebold, John
Die Automatische Fabrik – Ihre industriellen und sozialen Probleme
im Original: Automation – The Advent of the Automatic Factory
Frankfurt am Main: Nest Verlag, 3. Auflage, 1956

[Dietrich/Stahl-1963] Dietrich, Günter; Henry Stahl
Grundzüge der Matrizenrechnung
Leipzig: VEB Fachbuchverlag, 1963

[DiStefano u. a.-1976] DiStefano III, Joseph; Allen Strubberud; Ivan Williams
Regelsysteme – Theorie und Anwendung,
Düsseldorf u. a.: McGraw-Hill Book Company GmbH, 1976

[Doetsch-1989] Doetsch, Gustav
Anleitung zum praktischen Gebrauch der Laplace- und der Z-Transformation
München Wien: R. Oldenbourg Verlag, 6. Auflage, 1989

[Dolezalek-1938] Dolezalek, K. M.
Automatisierung in der Mengenfertigung
Masch.-Bau/Betrieb[98] Band 17 (1938) H. 21/22, S. 557-560

[Dolezalek-1941] Dolezalek, K. M.
Automatisierung in der feinmechanischen Mengenfertigung
als Regelungs- und Steuerungsaufgabe
VDI-Z.[99] Band 85 (1941) Nr. 4, S. 100-104, vom 25.1.1941

[Duden-1929] Matthias, Theodor u. a.
Der Große Duden
Rechtschreibung der deutschen Sprache und der Fremdwörter
Leipzig: Bibliographisches Institut, 10., neu bearbeitete und erweiterte Auflage, 1929

---

98 Maschinenbau – Der Betrieb, Organ der Arbeitsgemeinschaft deutscher Betriebsingenieure (ADB)
Berlin: VDI-Verlag GmbH

99 Zeitschrift des Vereins deutscher Ingenieure, Berlin: VDI-Verlag GmbH

[Duden-1989] Drosdowski, Günther u. a.
Duden – Deutsches Universalwörterbuch
Mannheim Leipzig Wien Zürich: Dudenverlag, 2., völlig neu bearbeitete und stark erweiterte Auflage, 1989

[Evans-1948] Evans, Walter R.
Graphical Analysis of Control Systems
Transactions AIEE[100], Part I, Vol. 67, 1948, pp. 547-551

[Faddejew/Faddejewa-1964] Faddejew Dimitrij K.; Wera N. Faddejewa
Numerische Methoden der linearen Algebra
Berlin: VEB Deutscher Verlag der Wissenschaften, 1964

[Fasol-2001] Fasol, Karl Heinz
Hermann Schmidt, Naturwissenschaftler und Philosoph
– Pionier der Allgemeinen Regelkreislehre in Deutschland
at[101] 49 (2001) H. 3, S. 136-144

[Föllinger u. a.-1994] Föllinger, Otto; Frank Dörrscheidt; Manfred Klittich
Regelungstechnik – Einführung in die Methoden und ihre Anwendung
Heidelberg: Hüthig Buch Verlag GmbH, 1994, 8. Auflage

[Föppl-1910] Föppl, A.
Vorlesungen über technische Mechanik Band VI
– Die wichtigsten Lehren der höheren Dynamik –
Leipzig Berlin: Verlag von B. G. Teubner , 1910

[Gantmacher-1958] Gantmacher, Felix R.
Matrizenrechnung Teil I
Allgemeine Theorie
Berlin: VEB Deutscher Verlag der Wissenschaften, 1958

[Gantmacher-1959] Gantmacher, Felix R.
Matrizenrechnung Teil II
Spezielle Fragen und Anwendungen
Berlin: VEB Deutscher Verlag der Wissenschaften, 1959

[Glattfelder/Schaufelberger-1997] Glattfelder, Adolf; Walter Schaufelberger
Lineare Regelsysteme – Eine Einführung mit MATLAB
Zürich: Hochschulverlag AG an der ETH Zürich, 1997

[Göldner-1982] Göldner, Klaus
Mathematische Grundlagen der Systemanalyse – Ausgewählte moderne Verfahren
Leipzig: VEB Fachbuchverlag, 1982

---

100 Journal: The American Institute of Mining, Metallurgical and Petroleum Engineers

101 Zeitschrift Automatisierungstechnik, München: Oldenbourg Wissenschaftsverlag

[Gramlich/Werner-2000] Gramlich, Günter; Wilhelm Werner
Numerische Mathematik mit Matlab
Heidelberg: dpunkt.verlag GmbH, 2000

[Horowitz/Hill-1997] Horowitz, Paul; Winfield Hill
The Art of Electronics
Cambridge: University Press, Second edition, 1997

[Hort-1922] Hort, Wilhelm
Technische Schwingungslehre
Ein Handbuch für Ingenieure, Physiker und Mathematiker
bei der Untersuchung der in der Technik angewendeten periodischen Vorgänge
Berlin: Verlag von Julius Springer, 1922

[Hurwitz-1895] Hurwitz, Adolf
Über die Bedingungen, unter welchen eine Gleichung
nur Wurzeln mit negativen reellen Theilen besitzt.
In: Mathematische Annalen 46. Band, S. 273-284
Leipzig: Druck und Verlag von B. G. Teubner, 1895

[Jäger-1996] Jäger, Kurt - Herausgeber
Lexikon der Elektrotechniker
Berlin Offenbach: VDE-Verlag, 1996

[KE-Mathe-1977]
Kleine Enzyklopädie Mathematik
Leipzig: VEB Bibliographisches Institut, 1977

[Kindler-1957] Kindler, Heinrich
Grundlagen der Regelungstechnik – 1. Lehrbrief
Dresden: Zentralstelle für das Hochschulfernstudium, 1957

[Kindler/Hinkel-1972] Kindler, Heinrich; Hannelore Hinkel
Theoretische Regelungstechnik – 1. Lehrbrief
Dresden: Zentralstelle für das Hochschulfernstudium, 1972

[Kneschke-1960] Kneschke, Alfred
Differentialgleichungen und Randwertprobleme, Band II
Partielle Differentialgleichungen
Berlin: VEB Verlag Technik, 1960

[Korn-1974] Korn, Ulrich
Automatische Steuerung 1. Lehrbrief – Zustandsraumbeschreibung
Berlin: VEB Verlag Technik, 1974

[Kortum-1961] Kortum, H.
Zur Definition der Begriffe Mechanisierung und Automatisierung
Zeitschrift Messen Steuern Regeln 4 (1961) H. 6, S. 229-237

[Kortum-1962] Kortum, H.
Einige Bemerkungen zum Stand der Begriffsbildung in der Automatisierungstechnik
Die Technik 17 (1962) H. 7, S. 523-528

[Kuhnert-1935] Kuhnert, Hans
Der Prozeß der Automatisierung und Mechanisierung und seine Einwirkung auf den schaffenden Menschen
Leipzig: Verlag Hans Buske, 1935

[Kulikowski/Wunsch-1973] Kulikowski, Roman; Gerhard Wunsch
Optimale und adaptive Prozesse in Regelungssystemen – Band 1
Berlin: VEB Verlag Technik, 1973

[Lexikon-NW-2000] Sauermost, Rolf
Lexikon der Naturwissenschaftler
Heidelberg Berlin: Spektrum Akademischer Verlag, 2000

[Ljapunow-1892] Ljapunow, Aleksandr Michajlowitsch
Das allgemeine Problem der Stabilität der Bewegung (in russischer Sprache)
Dissertation (Habilitationsschrift) an der Universität Moskau, 30.9./12.10[greg.] 1892
Charkow: Mathematische Gesellschaft 1892, V. 11, 250 Seiten

[Lloyd-1919] Lloyd, Ernest F.
The American Automatic Tool
The Journal of Political Economy 17 (1919) Number 6, pp. 457-465

[Löwe-2001] Löwe, Arno
Chemische Reaktionstechnik – mit MATLAB und SIMULINK
Weinheim u. a.: Wiley-VCH Verlag GmbH, 2001

[Lunze-1996] Lunze, Jan
Regelungstechnik 1 – Systemtheoretische Grundlagen
Analyse und Entwurf einschleifiger Regelungen
Berlin Heidelberg: Springer-Verlag, 1996

[Lunze-1997] Lunze, Jan
Regelungstechnik 2
Mehrgrößensysteme, Digitale Regelung
Berlin Heidelberg: Springer-Verlag, 1997

[Lutz/Wendt-2005] Lutz, Holger; Wolfgang Wendt
Taschenbuch der Regelungstechnik –
Frankfurt am Main: Wissenschaftlicher Verlag Harri Deutsch, 2005
6., erweiterte Auflage

[Mavilor-1995] Anonym
Gleichstrom-Scheibenläufermotoren, Baureihe MO 80 – 10000
Technische Beschreibung, Kennwerte-Übersicht
Heidelberg: Infranor-Firmenschrift, 1995

[Muschik u. a.-1980] Muschik, W.; N. Poliatzky; G. Brunk
Die Lagrangeschen Gleichungen bei Tschetajew-Nebenbedingungen
ZAMM[102] 60(1980) T46-47

[Nevins/Hill u. a.-1962] Nevins, Allan; Frank E. Hill u. a.
Ford – Decline and Rebirth – 1933-1962
New York: Charles Scribner's Sons, 1962

[Nyquist-1932] Nyquist, Harry
Regeneration theory
Bell. Syst. Techn. Journ.[103] 11 (1932) pp. 126 – 147

[Oppelt-1964] Oppelt, Winfried
Kleines Handbuch technischer Regelvorgänge
Berlin: VEB Verlag Technik, 1964

[Paul-2004] Paul, Reinhold
Elektrotechnik für Informatiker mit MATLAB und Multisim
Stuttgart Leipzig Wiesbaden: B. G. Teubner, 2004

[Peschel-1972] Peschel, Manfred
Kybernetik und Automatisierung, Reihe Automatisierungstechnik (RA) 30
Berlin: VEB Verlag Technik, 1972

[Piche-1931] Piche, Kamillo
Die Automatisierung von Wasserkraftwerken
E. u. M. 49. Jahrgang (1931) H. 12, S. 213-223, vom 22.3.1931

[Pietruszka-2005] Pietruszka, Wolf Dieter
MATLAB in der Ingenieurpraxis – Modellbildung, Berechnung und Simulation
Stuttgart Leipzig Wiesbaden: B. G. Teubner Verlag, 2005

[Pollock-1964] Pollock, Friedrich
Automation – Materialien zur Beurteilung ihrer ökonomischen und sozialen Folgen
Mitwirkung von Emil J. Walter und Pierre Rolle
Frankfurt am Main: Europäische Verlagsanstalt, 1964

[Popow-1958] Popow, Evgenij P.
Dynamik automatischer Regelsysteme – in deutscher Sprache
herausgegeben von Prof. Dr. Herbert Bilharz † und Dr. Peter Sagirow
Berlin: Akademie-Verlag, 1958

---

[102] Zeitschrift für Angewandte Mathematik und Mechanik, Wiley-VCH Verlag, Weinheim

[103] The Bell System Technical Journal

[Pound/Witte-1925] Pound, Arthur
Der eiserne Mann in der Industrie – Die soziale Bedeutung der automatischen Maschine
Berechtigte Übertragung und Bearbeitung von Irene M. Witte
München und Berlin: Verlag von R. Oldenbourg, 1925

[Pound-1922] Pound, Arthur
The Iron Man in Industry
– An Outline of the Social Significance of Automatic Machinery –
Boston: The Atlantic Monthly Press, 1922

[Reinisch-1979] Reinisch, Karl
Analyse und Synthese kontinuierlicher Steuerungssysteme
Berlin: VEB Verlag Technik, 1979

[Roeper-1958] Roeper, Hans
Die Automatisierung – Neue Aspekte in Deutschland/Amerika und Sowjetrussland
Stuttgart-Degerloch: Verlag Dr. Heinrich Seewald, 1958

[Rothe-1960] Rothe, Rudolf
Höhere Mathematik für Mathematiker, Physiker, Ingenieure – Teil II
Integralrechnung · Unendliche Reihen · Vektorrechnung nebst Anwendungen
Leipzig: B. G. Teubner Verlagsgesellschaft, 1960

[Routh-1898] Routh, Edward John
Die Dynamik der Systeme starrer Körper
1. Band: Die Elemente
2. Band: Die höhere Dynamik
Leipzig: Druck und Verlag von B. G. Teubner, 1898

[Rüdiger/Kneschke-1964] Rüdiger, Dieter; Alfred Kneschke
Technische Mechanik – Band 3 Kinematik und Kinetik
Leipzig: B. G. Teubner Verlagsgesellschaft, 1964

[Rühlmann-1885] Rühlmann, M.
Vorträge über Geschichte der Technischen Mechanik
und der damit in Zusammenhang stehenden mathematischen Wissenschaften
Leipzig: Baumgärtner's Buchhandlung, 1885

[Scheel-1968] Scheel, K. H.
Zur Darstellung nichtlinearer kontinuierlicher Mehrgrößen-Systeme
Düsseldorf: IFAC-Symposium für Mehrgrößenregelsysteme, Oktober 1968

[Scherf-2003] Scherf, Helmut E.
Modellbildung und Simulation dynamischer Systeme
– Mit Matlab- und Simulink-Beispielen
München Wien: Oldenbourg Wissenschaftsverlag GmbH, 2003

[Scholz/Vogelsang-1991] Scholz, Günter; Klaus Vogelsang
Kleines Lexikon – Einheiten Formelzeichen Größen
Leipzig: Fachbuchverlag, 1991

[Schott-2004] Schott, Dieter
Ingenieurmathematik mit MATLAB
Leipzig: Fachbuchverlag Leipzig im Carl Hanser Verlag, 2004

[Schwarz-1979] Schwarz, Helmut
Zeitdiskrete Regelungssysteme – Einführung
Berlin: Akademie-Verlag, 1979

[Schweizer-2008] Schweizer, Wolfgang
MATLAB® kompakt
München: Oldenbourg Wissenschaftsverlag GmbH, 2008, 3. Auflage

[Teml u. a.-1980] Teml, Adolf – Herausgeber
Friedrich-Tabellenbücher – Elektrotechnik
Leipzig: VEB Fachbuchverlag, 19., neubearbeitete Auflage, 1980

[Tietze/Schenk-1978] Tietze, Ulrich; Christoph Schenk
Halbleiter-Schaltungstechnik
Berlin Heidelberg New York: Springer-Verlag, 4. völlig neubearb. u. erw. Aufl., 1978

[Tucholsky-1924] Tucholsky, Kurt (Pseudonym: Peter Panter)
Der Bahnhofsvorsteher
Vossische Zeitung – Berlinische Zeitung von Staats= und gelehrten Sachen
Berlin: Verlag Ullstein, Montag 20.10.1924

[Tucholsky-1928] Tucholsky, Kurt (Pseudonym: Ignaz Wrobel)
Berlin und die Provinz
Die Weltbühne: Wochenschrift für Politik, Kunst, Wirtschaft.
Berlin: Verlag die Weltbühne, 13.1.1928, Nr. 11, S. 405

[Überhuber u. a.-2004] Überhuber, Christoph, Stefan Katzenbeisser, D. Prätorius
MATLAB 7 – Eine Einführung
Wien New York: Springer Verlag, 2004

[Vauck/Müller-1974] Vauck, Wilhelm R. A.; Hermann A. Müller
Grundoperationen chemischer Verfahrenstechnik
Eine Einführung
Dresden: Verlag Theodor Steinkopff, 4., überarbeitete Auflage, 1974

[Veltmann-1876] Veltmann, Wilhelm.
Über die Bewegung einer Glocke
Dingler's Polytechnisches Journal Bd. 220 (1876) H. 6, S. 481-495
Augsburg: Druck und Verlag der J. G. Cotta'schen Buchhandlung, 1876

[Veltmann-1880] Veltmann, Wilhelm
Die Kölner Kaiserglocke. Enthüllungen über die Art und Weise wie der Kölner Dom zu einer mißrathenen Glocke gekommen ist. Nebst wissenschaftlich-technischen Untersuchungen über die Fehler der Glocke und die Mittel zur Abhülfe, sowie über die Principien der Glockenmontirung überhaupt.
Bonn: Verlag und Druck von P. Hauptmann, 1880

[Vossische Zeitung-1932]
Binnenmarkt entscheidet – Exportpflege durch Inlandsaufträge
Abschluss der AEG und die Rede des Konzernchefs Dr. Carl Friedrich von Siemens auf der Generalversammlung der Siemens und Halske AG am 29. Februar 1932
Beilage: Finanz- und Handelsblatt der Vossischen Zeitung
Berlin: Verlag Ullstein, Mittwoch, 2. März 1932 Abend-Ausgabe Nr. 105

[Weber, Max-1908] Weber, Max
Methodologische Einleitung für die Erhebung des Vereins für Sozialpolitik über Auslese und Anpassung (Berufswahl und Berufsschicksal) der Arbeiterschaft der geschlossenen Großindustrie (1908)
Zur Psychophysik der industriellen Arbeit (1908-09)
In: Gesammelte Aufsätze zur Soziologie und Sozialpolitik
herausgegeben von Marianne Weber
Tübingen: J. C. B. Mohr (Paul Siebeck) Verlag, 1924

[Weber-1918] Weber, Moritz
Die Grundlagen der Ähnlichkeitsmechanik und ihre Verwertung bei Modellversuchen, unter besonderer Berücksichtigung schiffbautechnischer Anwendungen
Aus: Schiffbautechnische Gesellschaft.
20. ordentliche Hauptversammlung, 1918. [Bericht]
Berlin: Springer Verlag, 1918

[Weber-1929] Weber, Moritz
Das allgemeine Ähnlichkeitsprinzip der Physik und sein Zusammenhang mit der Dimensionslehre und der Modellwissenschaft
Schiffbautechnische Gesellschaft
30. ordentliche Hauptversammlung, Berlin, den 21. bis 23. November 1929 [Bericht]
Berlin: Springer Verlag, 1929

[Weber-1941] Weber, Moritz
Die Lagrangeschen Bewegungsgleichungen für verallgemeinerte Koordinaten
VDI-Zeitschrift, Bd. 85 (1941) Nr. 21, S. 471-480

[Wiener-1968] Wiener, Norbert
Kybernetik – Regelung und Nachrichtenübertragung in Lebewesen und der Maschine
Reinbek bei Hamburg: Rowohlt Taschenbuch Verlag GmbH, 1968

[Wußing u. a.-1992] Wußing, Hans-Ludwig – Herausgeber
Fachlexikon abc – forscher und erfinder
Thun/Frankfurt am Main: Verlag Harri Deutsch, 1992

Index

C

D

T

V